建筑遗产保护丛书

建筑遗产保护教育部重点实验室

朱光亚　主编

整体思维下建筑遗产利用研究

Research on the Uses of Architectural Heritage under the Holistic Thinking

徐进亮　著

东南大学出版社・南京

内容简介

本书基于整体性思维方式，力求建立一套建筑遗产合理利用体系。通过综合分析建筑遗产保护与利用的矛盾、溯源和相互关系，提出利用涉及的各项工作环节以及相互的关联性。通过理论研究与实践案例，首先是分析建筑遗产保护与利用的关系，提出合理利用的工作体系、各个工作环节的相互关联性。其次是分别对价值体系、评估体系、产权机制、经济测算以及管理机制等具体工作环节内容进行阐述分析。再次是规范与引导利用主体，重点研究专业的建筑遗产利用方式，包括展示性利用与功能性利用，分析如何充分发挥建筑遗产的价值、资源配置、效益和使用效率，并通过实践案例分析，说明其可行性及科学合理性。具有一定的创新性与实用性。

图书在版编目(CIP)数据

整体思维下建筑遗产利用研究 / 徐进亮著.
—南京：东南大学出版社，2020.9
(建筑遗产保护丛书/朱光亚主编)
ISBN 978-7-5641-9142-9

Ⅰ.①整… Ⅱ.①徐… Ⅲ.①建筑—文化遗产—资源利用—研究—中国 Ⅳ.①TU-87

中国版本图书馆 CIP 数据核字(2020)第 190035 号

出版发行	东南大学出版社
出 版 人	江建中
网　　址	http://www.seupress.com
电子邮箱	press@seupress.com
社　　址	南京市四牌楼 2 号
邮　　编	210096
电　　话	025-83793191(发行)　025-57711295(传真)
经　　销	全国各地新华书店
印　　刷	南京玉河印刷厂
开　　本	787mm×1092mm　1/16
印　　张	27
字　　数	545 千
版　　次	2020 年 9 月第 1 版
印　　次	2020 年 9 月第 1 次印刷
书　　号	ISBN 978-7-5641-9142-9
定　　价	95.00 元

本社图书若有印装质量问题，请直接与营销部联系。电话(传真)：025-83791830

继往开来，努力建立建筑遗产保护的现代学科体系[①]

建筑遗产保护在中国由几乎是绝学转变成显学只不过是二三十年时间。差不多五十年前，刘敦桢先生承担瞻园的修缮时，能参与其中者凤毛麟角，一期修缮就费时六年；三十年前我承担苏州瑞光塔修缮设计时，热心参加者众多而深入核心问题讨论者则十无一二，从开始到修好费时十一载。如今保护文化遗产对民族、地区、国家以至全人类的深远意义已日益被众多社会人士所认识，并已成各级政府的业绩工程。这确实是社会的进步。

不过，单单有认识不见得就能保护好。文化遗产是不可再生的，认识其重要性而不知道如何去科学保护，或者盲目地决定保护措施是十分危险的，我所见到的因不当修缮而危及文物价值的例子也不在少数。在今后的保护工作中，十分重要的一件事就是要建立起一个科学的保护体系，从过去几十年正反两方面的经验来看，要建立这样一个科学的保护体系并非易事，依我看至少要获得以下的一些认识。

首先，就是要了解遗产。了解遗产就是系统了解自己的保护对象的丰富文化内涵，它的价值以及发展历程，了解其构成的类型和不同的特征。此外，无论在中国还是在外国，保护学科本身也走过了漫长的道路，因而还包括要了解保护学科本身的渊源、归属和发展走向。人类步入 21 世纪，科学技术的发展日新月异，CAD 技术、GIS 和 GPS 技术及新的材料技术、分析技术和监控技术等大大拓展了保护的基本手段，但我们在努力学习新技术的同时要懂得，方法不能代替目的，媒介不能代替对象，离开了对对象本体的研究，离开了对保护主体的人的价值观念的关注，目的就沦丧了。

其次，要开阔视野。信息时代的到来缩小了空间和时间的距离，也为人类获得更多的知识提供了良好的条件，但在这信息爆炸的时代，保护科学的体系构成日益庞大，知识日益精深，因此对学科总体而言，要有一种宏观的开阔的视野，在建立起

---

① 本文是潘谷西教授为城市与建筑遗产保护教育部重点实验室（东南大学）成立写的一篇文章，征得作者同意并经作者修改，作为本丛书的代序。

学科架构的基础上使得学科本身成为开放体系，成为不断吸纳和拓展的系统。

再次，要研究学科特色。任何宏观的认识都代替不了进一步的中观和微观的分析，从大处说，任何对国外的理论的学习都要辅之以对国情的关注；从小处说，任何保护个案都有着自己的特殊的矛盾性质，类型的规律研究都要辅之以对个案的特殊矛盾的分析，解决个案的独特问题更能显示保护工作的功力。

最后，就是要通过实践验证。我曾多次说过，建筑科学是实践科学，建筑遗产保护科学尤其如此，再动人的保护理论如果在实践中无法获得成功，无法获得社会的认同，无法解决案例中的具体问题，那就不能算成功，就需要调整甚至需要扬弃，经过实践不断调整和扬弃后保留下来的理论，才是保护科学体系需要好好珍惜的部分。

潘谷西

2009年11月于南京

丛书总序

建筑遗产保护丛书是酝酿了多年的成果。大约在1978年，东南大学通过恢复建筑历史学科的研究生招生，开启了新时期的学科发展继往开来的历史。1979年开始，根据社会上的实际需求，东南大学承担了国家一系列重要的建筑遗产保护工程项目，也显示了建筑遗产保护实践与建筑历史学科的学术关系。1987年后的十年间东南大学发起申请并承担国家自然科学基金重点项目中的中国建筑历史多卷集的编写工作，研究和应用相得益彰；又接受国家文物局委托举办的古建筑保护干部专修科的任务，将人才的培养提上了工作日程。90年代，特别是中国加入世界遗产组织后，建筑遗产的保护走上了和世界接轨的进程。人才培养也上升到成规模地培养硕士和博士的层次。东大建筑系在开拓新领域、开设新课程、适应新的扩大了的社会需求和教学需求方面投入了大量的精力，除了取得多卷集的成果和大量横向研究成果外，还完成了教师和研究生的一系列论文。

2001年东南大学建筑历史学科经评估成为中国第一个建筑历史与理论方面的国家重点学科。2009年城市与建筑遗产保护教育部重点实验室（东南大学）获准成立，并将全面开展建筑遗产保护的研究工作，特别是将从实践中凝练科学问题的多学科的研究工作承担了起来，形势的发展对学术研究的系统性和科学性提出了更为迫切的要求。因此，有必要在前辈奠基及改革开放后几代人工作积累的基础上，专门将建筑遗产保护方面的学术成果结集出版，此即为《建筑遗产保护丛书》。

这里提到的中国建筑遗产保护的学术成果是由前辈奠基，绝非虚语。今日中国的建筑遗产保护运动已经成为显学且正在接轨国际并日新月异，其基本原则：将人类文化遗产保护的普世精神和与中国的国情、中国的历史文化特点相结合的原则，早在营造学社时代就已经确立，这些原则经历史检验已显示其长久的生命力。当年学社社长朱启钤先生在学社成立时所说的“一切考工之事皆本社所有之事……一切无形之思想背景，属于民俗学家之事亦皆本社所应旁搜远绍者……中国营造学社者，全人类之学术，非吾一民族所私有”的立场，“依科学之眼光，作有系统之研究”,“与世界学术名家公开讨论”的眼界和体系,“沟通儒匠,浚发智巧”的切入点,都是今日建筑遗产保护研究中需要牢记的。

当代的国际文化遗产保护运动发端于欧洲并流布于全世界,建立在古希腊文化和希伯来文化及其衍生的基督教文化的基础上,又经文艺复兴弘扬的欧洲文化精神是其立足点;注重真实性,注重理性,注重实证是这一运动的特点,但这一运动又在其流布的过程中不断吸纳东方的智慧,1994年的《奈良文告》以及2007年的《北京文件》等都反映了这种多元的微妙变化;《奈良文告》将原真性同地区与民族的历史文化传统相联系可谓明证。同样,在这一文件的附录中,将遗产研究工作纳入保护工作系统也是一个有远见卓识的认识。因此本丛书也就十分重视涉及建筑遗产保护的东方特点以及基础研究的成果。又因为建筑遗产保护涉及多种学科的多种层次研究,丛书既包括了基础研究也包括了应用基础的研究以及应用性的研究,为了取得多学科的学术成果,一如遗产实验室的研究项目是开放性的一样,本丛书也是向全社会开放的,欢迎致力于建筑遗产保护的研究者向本丛书投稿。

遗产保护在欧洲延续着西方学术的不断分野的传统,按照科学和人文的不同学科领域,不断在精致化的道路上拓展;中国的传统优势则是整体思维和辩证思维。1930年代的营造学社在接受了欧洲的学科分野的先进方法论后又经朱启钤的运筹和擘画,在整体上延续了东方的特色。鉴于中国直到当前的经济发展和文化发展的不均衡性,这种东方的特色是符合中国多数遗产保护任务,尤其是不发达地区的遗产保护任务的需求的,我们相信,中国的建筑遗产保护领域的学术研究也会向学科的精致化方向发展,但是关注传统的延续,关注适应性技术在未来的传承,依然是本丛书的一个侧重点。

面对着当代人类的重重危机,保护构成人类文明的多元的文化生态已经成为经济全球化大趋势下的有识之士的另一种强烈的追求,因而保护中国传统建筑遗产不仅对于华夏子孙,也对整个人类文明的延续有着重大的意义。在认识文明的特殊性及其贡献方面,本丛书的出版也许将会显示另一种价值。

朱光亚

2009年12月20日于南京

序

随着我国经济实力的提升和城市化进程的推进，人们忽然发现，20世纪末那种城市面貌一年一个样，三年大变样的时代需要终结了，留住历史的记忆不仅是老一代人的情感需求，也是后代得以认知自己之所自出的历史文化背景的文化教育需求，是中华文明得以继续传承和发展的必要条件。值得留下记忆的各类建筑遗产的数量迅速增加，在建筑遗产如何既获得保存又获得合理利用的问题上，人们无论在实践中还是理论上都遭遇着巨大的困惑和艰难，甚至进退维谷。徐进亮博士的《整体思维下建筑遗产利用研究》正是应时代的需要而出版的专门讨论建筑遗产利用问题的新著。

书名冠以整体思维就是为克服后工业时代的专业分工带来的碎片化思维问题而提出的。学术发展的确需要分解和解析后的深化，但解决如遗产保护这类的社会问题却大多要面对叠加在一起的各种问题，因而综合的整体的统揽性的思维，瞄准终极目标并具有可操作性的工作路线就是必须的。

合理利用的大量的操作层面涉及经济学领域的诸多问题，自从人类进入商品交易的社会，经济上的计算就是如同布帛麦菽一样须臾不可离开的。经济活动、经济规律构成了人类社会其他一切活动的基础和依托。一如马克思主义原理就是以马克思的政治经济学为其核心基础一样，以传承人类文明基因为宗旨的文化遗产保护活动在总体上也必须认识这一基本常识，只是不能将它作为终极目标而已。

徐进亮来自历史文化名城苏州，天然地留恋于历史文化遗迹，他又是经济学领域的博士，多年在遗产利用领域中耕耘，他的学术和环境优势或许可以使他的论述不至偏颇，他已经在建筑遗产保护和利用领域的经济学分析方面有所建树，我希望本书的出版为我国建筑遗产的合理利用的实践提供新的启示，相关研究成果也在未来更为广阔且丰富变化的利用实践中获得充实和完善。

朱光亚

2020年9月3日于石头城下

目　录

0 绪论

2018年10月,中共中央办公厅、国务院办公厅发布了《关于加强文物保护利用改革的若干意见》(以下简称"2018《若干意见》"),意味着文物工作已被纳入中央全面深化改革的整体战略部署,文物保护迎来了新时代。2018《若干意见》重点指出:"进一步做好文物保护利用和文化遗产保护传承工作","在保护中发展、在发展中保护"。保护是主线,保护与利用是关系,"活起来"是要求。其中"主要任务"的第八条进一步强调:"大力推进文物合理利用。充分认识利用文物资源对提高国民素质和社会文明程度、推动经济社会发展的重要作用。地方各级文物部门要加强统筹规划,依法加大本行政区域文物资源配置力度。文物博物馆单位要强化基本公共文化服务功能,盘活用好国有文物资源。支持社会力量依法依规合理利用文物资源,提供多样化多层次的文化产品与服务。"

国家文物局与有关部门认真学习贯彻,连续出台了一系列政策文件,组织研讨会应对当前深化文物保护利用改革的重大契机。国家文物局刘玉珠局长指出[①]:"要坚持文物保护利用并重,大力推进文物合理利用,推动文物工作融入现代社会。"在这个大背景下,文物保护学界意识到必须调整原有的文物保护利用理念,进行实践性创新,努力在文物资源资产管理、利用模式等方面实现突破。

0.1 研究背景

建筑遗产作为历史长河遗留下来的物质遗存,具有延续历史文化、艺术价值的特殊意义。建筑遗产地理区位一般较为优越,但经历了长年的风吹雨打,年久失修、破损不堪的情况较为普遍,在现代社会经济、城市建设更新中建筑遗产成为一种"另类"存在,其保护与利用的冲突现象随处可见。主要包括:

1) 毫不保留,规模拆除

随着我国社会经济迅速发展、城市化进程不断加快,城市现代化的观念盛行。城市高楼大厦的建设、各类开发区的兴起、房地产项目的不断开发等使得土地市场不断升温,许多历史悠久的老街坊、古城区遭遇了毁灭性拆除。那些承载着记忆与传统的

① 国家文物局有关负责人解读《关于加强文物保护利用改革的若干意见》[EB/OL].(2018-10-09). www.gov.cn/zhengce/2018-10/09/content_5328860.htm.

建筑遗产也在城市化建设与旧城改造中迅速灭失，这些在一定程度上导致了中国传统文化的失落。例如，苏州在20世纪90年代中期以主干道干将路拆迁建设作为标志，开始进入了城市化快速推进的发展阶段，虽然此举对苏州市区的经济发展起了关键性作用，但是保留了数百年的古城被拦腰截断，大量建筑遗产殁为尘土，加上后来的街坊改造、拆旧建新，导致目前苏州古城只残留下部分历史街区，基本不复明清、民国时期的古城历史遗韵。又如，许多学者都认为老北京城的破坏性开发是“一件令人悲哀的事”①，北京儒福里、果子巷等一批老胡同四合院，由于城市化进程中各种利益群体竞相争夺土地而遭到强制性拆迁，最终彻底消失。同样，个人也会有类似行为。2017年上海巨鹿路888号优秀历史建筑被业主私自拆毁，改建成钢结构别墅。这些为追求经济发展而采取的方式不仅引发了一系列的社会稳定问题，更是造成了人类文化遗产的损毁②。

2）馆藏保存，门可罗雀

在长期的争论与实践开展中，学界、政界以及诸多社会组织逐渐意识到，在充分保护的基础上合理利用建筑遗产，实现其自身历史文化价值的当代展示，无疑是建筑遗产可持续性保护最为有效的方式。人们对于重要物品最简单的保护方式是保管收藏。可移动文物由于体积较小，采用陈列式的收藏方式，特别是博物馆等集中性的收藏保管模式，其保管维护成本属于可控范围内，而且收藏文物越多，每个文物的保管成本分摊越低。但类似于建筑遗产等不可移动的物品由于体积庞大，几乎无法做到馆藏式保管③；而且离开了建筑遗产所处的地理环境，其蕴含的历史文化价值也大幅减弱。另一方面中国的建筑遗产多数属于木构建筑，防潮、防火、防虫措施要求较高，细部木构件易损，需要时常更新维护，“古迹保护至关重要的一点在于日常维护④”，如果单纯采用博物馆式原封不动的保存方式，很难做到合理保护。当然，有些建筑遗产具有非常特殊的历史文化价值，哪怕采用“冷冻式”保护方式，也要将这些建筑遗产延存下去，例如世界文化遗产、全国重点文物保护单位等。但是，即使是地方政府投入大量的保护资金，对于数量众多的普通建筑遗产来说仍无疑是杯水车薪。政府的财力毕竟有限，冷冻式保护的对象不可能过多。大部分建筑遗产仍然需要通过自我使用、自我维护来解决资金与保护问题。因此，无论是出于经济效益，还是出于社会效益和保护使用价值的目的，都需要对建筑遗产进行利用，不得随意空置。

1964年颁布的《威尼斯宪章》旨在保护世界建筑遗产，解决“二战”以后众多建筑遗产因缺乏足够经费和民众参与而被迫闲置、损毁甚至拆迁的问题，明确指出“为社会公益而使用文物建筑，有利于它的保护⑤”；1976颁布的《内罗毕宣言》也提出，在保护建

---

① 陈克元. 浅谈历史建筑保护[J]. 科协论坛(下半月)，2007(1)：126-127.

② 张杰，庞骏，董卫. 悖论中的产权、制度与历史建筑保护[J]. 现代城市研究，2006，21(10)：10-15.

③ 梁凡，萧晓达. 明轩：纽约大都会博物馆是中国庭院[J]. 世界建筑，1982(1)：52-53.

④ 马炳坚.《威尼斯宪章》与中国的文物古建筑保护修缮[J]. 古建园林技术，2007(3)：34-38.

⑤ 第二届历史古迹建筑师及技师国际会议. 保护文物建筑及历史地段的国际宪章[A]. 第二届历史古迹建筑师及技师国际会议，1964.

筑遗产的过程中应坚持“在立足原样性的基础上，采取恢复生命力的行动使建筑遗产能够长期生存下去”的保护思路[①]。此外，联合国教科文组织(UNESCO)文物保护顾问费尔顿博士和法国建筑学家亚当·杰迪德在20世纪末也曾分别提出“维持文物建筑的最好方法是适当的使用它们”与“如果建筑遗产拥有未来的话，那么从根本上来说，其未来就在于改变和转换建筑遗产自身，以适应新的要求[②]”。

3）低效利用，资源浪费

有一些建筑遗产并没有空置，也不属于博物馆性质或旅游观赏类，但实际的使用效率极低，资源浪费严重。通常有两种情况：

一种情况是建筑遗产的使用率不足。这种情况在各地旧城区、古村落内比较普遍，年轻人纷纷离开，空留老人独居。原有老建筑只使用了一两间，其他建筑物全部闲置，数年过后，老建筑破败不堪，无人打理，也没有资金及时维修。此外，由于没有好的利用方案，也没有科学的专业团队参与，一些企业单位会将自有的旧城内老建筑闲置或用来随意堆放杂物，不维修、不转让，或者等待旧城改造的房屋征收，以换取资金。

另一种情况后果比较严重。通常是类似于政绩工程的部分民俗文旅小镇项目改造，以成都龙潭水乡和常州杨桥古镇等古镇为代表。这些项目没有专业定位，前期缺乏科学论证，匆匆上马盲目投资，失败后一片萧瑟，无人问津，资源严重浪费。失败的原因很多：比如某个地方政府扶持的古镇修复项目，虽然保存了古镇的原始风貌，但是由于要求原居民迁出，一定程度上还是遗失了古镇的传统文化与习俗；其次，过于原生态的古镇虽然古色古香，但没有一定的商业文化产业支持以及宣传推广手段薄弱，缺少人气；再次，古镇旅游过于千篇一律，同质化严重，有些项目选择了省时省力的“照抄”模式，完全丧失了自身特点，定位不明确；还有的文化项目资源整合利用不够，周边基础设施建设滞后，交通通达性不高，政府资金不到位，小镇内文化产业没有形成优势互补，相互竞争大，不利于产业集群效应，导致人气活力不足。例如成都龙潭水乡项目，功能定位一开始就存在问题，建筑风格没有体现当地特色，设计混乱不分主次，导致文化灵魂不明确；商业思路老套，没有产业核心、商业特色和旅游亮点；营销模式、后期运营思路与初期开发模式不同，无法留住消费人群。这些项目总投资超110亿，造成了严重的资源浪费与资金积压，损失惨重[③]。

经济学特别重视“稀缺资源的最优配置”研究，提高资源利用效率就是要求在既定资源条件下，获得尽可能多的产品种类和数量，给社会提供尽可能多的效用与效益。如何挖潜建筑遗产利用内涵、盘活存量资产、促进利用方式转变，如何科学定位，避免重复建设，这是一项任重而道远的工程。

---

① 于砚民.《内罗毕宣言》[J].大自然，1996(3)：9.

② 刘俊琳. 历史建筑的动态保护[J].中国城市经济，2010(5)：201.

③ 美丽乡村与民宿.成都等地区盲目投资110亿的9个文旅小镇破产真相揭露！[EB/OL].(2018-08-13).http://www.sohu.com/a/246835486_723439.

4）过度利用，不堪重负

建筑遗产作为一种文化遗产，对城市、社会和民众来说具有特殊的历史文化内涵。由于建筑遗产的存在与受到的保护限制，造成私人收益与社会收益、或私人成本与社会成本不一致，导致建筑遗产在其利用与维护中必然产生外部性，既存在正外部性，也存在负外部性。重要的或著名的建筑遗产景区能够提升所在区域的整体经济效益，拉动旅游、住宿、餐饮、商业和其他相关行业的综合性发展等，使得社会收益大于私人收益，产生正外部性。针对建筑遗产或历史文化景区的开发利用，实际经营者通常只考虑自身的经济效益，通过大兴土木来进行深度开发，或许会增加私人收益，但是会对生态环境产生负面影响，加大社会成本，而实际经营者却未对此支付更多的私人成本；或是为了吸引更多的人群，将单位收益下调以提高总收益，这种利润的增加是建立在社会总利润减少的基础上，是以支付社会成本为代价取得的，从而产生负外部性。本书认为，对于重要的建筑遗产或文化遗产，正外部性带来的经济收益应高于其具有的负外部性，这也是各地兴起“申遗热”和保护建筑遗产的原因所在，但这些趋势同时导致了丽江老街人满为患，凤凰古城随意收费，祖辈的文化遗存成为当代人的敛财工具，严重影响了建筑遗产以及周边环境的保护与管理。我国已有多处世界遗产(湖南张家界、云南丽江)收到联合国教科文组织世界遗产委员会的警告。建筑遗产的过度利用不仅破坏了属于人类的宝贵资源，消耗了大量的社会财富，也极大损害了我国的旅游形象。所以，建筑遗产保护的重要性无可置疑，相关人员必须意识到，无人知晓的静默，只是高墙背后的萧瑟，等待着屋漏瓦落；妥协于商业企图而丧失合理利用的基本原则，只会导致建筑遗产因野蛮掠夺而快速消亡。

当前，建筑遗产保护利用不平衡不充分的矛盾已经深刻影响到传统文化遗产的保存与延续。2018《若干意见》指出：“当前，面对新时代新任务提出的新要求，文物保护利用不平衡不充分的矛盾依然存在，文物资源促进经济社会发展作用仍需加强；一些地方文物保护主体责任落实还不到位，文物安全形势依然严峻；文物合理利用不足、传播传承不够，让文物活起来的方法途径亟须创新。”在这个大背景下，文物与建筑遗产保护界已经开始意识到必须调整原有的文物保护利用理念，进行实践性创新。

0.2 研究意义

我国把深化文物保护利用改革提升到了党和国家事业发展全局的高度，要求全面提高对文物保护利用重要性的认识，增强责任感、使命感、紧迫感，进一步解放思想、转变观念，从坚定文化自信、传承中华文明、实现中华民族伟大复兴中国梦的战略高度切实做好文物保护利用各项工作。

目前很有必要对建筑遗产保护与利用的问题进行深入探讨。例如，如何规范、引导与调整利用主体；展示性利用怎么做才能趋于合理有效，更加符合市场需求；如何通过功能性利用专业分析，充分反映资源配置优化、良好的功能使用效率和效果；还有产权机制的完善、多层次评估体系的深化以及建筑遗产经济评价体系的建立等，这些问题都要进行系统性研究。

本书全面梳理与分析了建筑遗产利用问题，可以弥补国内当前相关理论研究的不足，可以指导实际利用工作的开展，为明确建筑遗产利用的基本原则、前提条件、重点方向、具体方式等问题提供科学依据，突破传统的保护利用思维瓶颈的限制，为深化文物与建筑遗产保护利用体制机制改革和加强政策制度顶层设计提供决策支持和价值参考。

0.3 研究目标与内容

0.3.1 研究目标

目前政府部门、大专院校、行业机构以及社会各界对建筑遗产保护利用的学术研究与实践工作非常多，基于不同的目标都有不同的解读与操作。当前，建筑遗产保护利用管理模式正处于重大改革时期，本书力求基于整体性思维方式建立一套建筑遗产合理利用体系。通过综合分析建筑遗产保护与利用的矛盾、起源和相互关系，提出建筑遗产保护和利用涉及的各项工作环节以及相互的关联性；通过理论研究与实践案例分析，对建筑遗产利用工作中评估体系、产权机制、展示性利用方式、功能性利用方式、经济测算、管理机制以及大数据研究等进行重点阐述研究。本书的研究目标是建立相对完整的建筑遗产合理利用体系以及相关工作环节内容，帮助完善建筑遗产资源资产管理模式，为建立文化遗产类资源资产动态管理机制提供参考依据。

0.3.2 研究内容

基于以上研究目标，本书将理论分析与实证研究相结合，主要从三个方面开展研究：首先通过分析建筑遗产保护与利用的关系，基于整体性思维方式，提出合理利用的工作体系、各个工作环节的相互关联性；其次，分别对评估体系、产权体制、经济测算以及管理机制等相关工作环节内容进行阐述分析；再次，重点研究专业的遗产利用方式，探究如何充分发挥建筑遗产的价值、资源配置、效益和使用效率，并通过实践案例分析，说明其可行性及科学合理性。

1）提出建筑遗产合理利用的工作体系

建筑遗产合理利用体系的研究成果很多，本书基于整体性思维方式，提出建筑遗产合理利用的工作体系，说明各项工作环节的作用，彼此之间的相互关联性，各自对建筑遗产合理利用的影响等，同时对整体性思维方式如何引导建筑遗产合理利用工作体系的建立以及对建筑遗产可持续发展的影响进行阐述。

2）重点研究建筑遗产合理利用方式的运行机制

通过理论探讨与实践案例分析，以人为中心，重点研究展示、延续功能或赋予适宜新功能等利用方式如何做到相对科学专业、全面合理，尽可能充分发挥建筑遗产的价值、使用效率，实现社会效益与经济效益的综合效果。

3）建筑遗产利用体系中其他工作环节的作用与影响分析

阐述更加完善的价值评估、可利用性评估以及管理条件评估体系；探讨产权机制对建筑遗产合理利用的影响以及应采取的措施；构建科学全面的建筑遗产经济测算体系，显化利用的经济效果；分析管理机制在建筑遗产利用实施中的地位与作用。

1 建筑遗产保护与利用

2006年,罗哲文先生接受采访时指出:"对遗产保护和建设发展来说,保护不是阻碍、发展不是破坏,而是相辅相成、相得益彰、相互促进、协调发展的①。"

1.1 建筑遗产保护与利用的概念

2015版《中国文物古迹保护准则》(以下简称"2015《中国准则》")指出:"在中国,我们面临的主要问题是如何处理好经济社会发展与文化遗产保护的关系,实现发展与保护的共赢。中国目前正在经历一个经济快速发展期,不少地方存在单纯追求经济利益、忽视文化遗产保护的现象,甚至为了短期经济利益不惜破坏文化遗产;还有一些地方在经济发展后开始重视文化遗产保护,投入了大量经费,但却没有按照正确的保护理论去加以保护,结果好心办了坏事。"②国家文物局2016年发布的《关于促进文物合理利用的若干意见》指出:"文物工作在传承文明、服务社会、促进发展等方面的作用日益凸显,加大文物保护力度、推进文物合理适度利用日渐成为社会共识。同时,文物利用仍然存在着文物资源开放程度不高、利用手段不多、社会参与不够以及过度利用、不当利用等问题。"③可以看到建筑遗产保护领域中客观存在如何利用的问题,相关思考和探索也在不断进行。

1.1.1 保护的概念

"保护"在遗产保护理论概念体系中是一个基本术语。目前遗产界对"保护"概念的定义和阐释随意性较大,没有一个权威性的统一的术语标准。本书做一些简单罗列。

《中华人民共和国文物保护法》(简称《文物保护法》)④认为文物工作贯彻保护为主、抢救第一、合理利用、加强管理的方针,侧重于保存的含义。

---

① 林卿颖. 遗产保护,机不可失、时不再来:访国家文物局古建筑专家组组长罗哲文[J]. 建筑与文化,2006(11),22-23.

② 国际古迹遗址理事会中国国家委员会. 2015中国文物古迹保护准则[M]. 2015年修订. 北京:文物出版社,2015.

③ 国家文物局《关于促进文物合理利用的若干意见》(文物政发〔2016〕21号),2016.

④ 全国人民代表大会常务委员会. 中华人民共和国文物保护法[M]. 2015修订版. 北京:中国法制出版社,2015.

2015《中国准则》规定，保护是指为保存文物古迹及其环境和其他相关要素进行的全部活动。有效保护是指为消除或抑制各种危害文物古迹本体及其环境安全的因素所采取的技术和管理措施。

《保护世界文化和自然遗产公约》提到了遗产的确认、保护、保存、展示等①，未明确保护的含义，但至少说明公约认为保护不等同于保存。

《奈良真实性文件》②将保护定义为所有旨在了解一项遗产，掌握其历史和意义，确保其自然形态，并在必要时进行修复和增强的行为。

《巴拉宪章》③进一步指出，保护是指保护某一场所以保存其文化重要性的一切过程。根据具体情况，保护可包括以下程序：保留或重新推出某一用途；保留相关性和意义；维护、保存、修复、重建、改造和诠释；一般来说可能包括一个以上的上述活动。维护是指对某遗产地的构造环境所采取的持续保护措施，将保护的范围进行扩大。

常青教授认为建筑遗产的"保护"(conservation)有狭义与广义两个概念。狭义的保护仅指维持历史建筑不继续损坏的"保存"(preservation)。广义的保护包括：第一，对历史建筑的保存研究和价值判定；第二，干预程度较低的定期维护和修复；第三，干预程度较高的整修、翻新和复原；第四，在特殊情况下的扩建、加建和重建等④。这里的广义概念类似于《巴拉宪章》的定义。

国内的保护概念侧重于保存，国外的保护概念经过不断演化已经覆盖到保护文化遗产的一切领域。

林源博士将建筑遗产保护理解为保护建筑遗产本体及其相关历史环境并使它们保持安全、良好状态的一切行为活动，具体包括研究、工程技术干预、展示、利用、改善及发展、环境修整、教育、管理等几方面的内容。将保护的概念从"建筑遗产本身的认知"延伸到"当代社会如何利用建筑遗产的问题"。⑤

张松教授给出的定义是"保护是指保护项目及其环境所进行的科学的调查、勘测、鉴定、登录、修缮、改善等活动，包括对历史建筑、传统民居等的修缮和维修，以及对历史街区、历史环境的改善和整治"。⑥

本书倾向的"保护"概念包含了保存研究、价值判定、定期维护、修缮、整修、翻新和复原与适当的扩建、加建和重建等活动。

1.1.2　利用的概念

2015《中国准则》第40条规定："应根据文物古迹的价值、特征、保存状况、环境条

---

① 联合国教科文组织. 保护世界文化和自然遗产公约[M]. 北京：法律出版社，2006.

② Raymond Lemaire，Herb Stovel. 奈良真实性文件[M]. 北京：文物出版社，1994.

③ 澳大利亚国家宪章委员会. 巴拉宪章[Z]. 澳大利亚国家宪章委员会，1999.

④ 常青. 对建筑遗产基本问题的认知[J]. 建筑遗产，2016(1)：44-61.

⑤ 林源. 中国建筑遗产保护基础理论研究[D]. 西安：西安建筑科技大学，2007.

⑥ 张松. 历史城市保护学导论：文化遗产和历史环境保护的一种整体性方法[M]. 2版. 上海：同济大学出版社，2014：10.

件，综合考虑研究、展示、延续原有功能和赋予文物古迹适宜的当代功能的各种利用方式。”“合理利用是保持文物古迹在当代社会生活中的活力，促进保护文物古迹及其价值的重要方法。”《中国准则》将展示归入利用，这是一个重要探索。

《巴拉宪章》指出，保护性利用是指延续性、调整性和修复性利用，是合理且理想的保护方式。同时，《巴拉宪章》认为诠释应当提高公众对遗产地的认识和体验乐趣，同时应具有合理的文化内涵，与国内的展示有些类似，属于保护过程的一部分，不属于利用。

2017《实施〈世界遗产公约〉操作指南——中文版》①（以下简称 2017《操作指南》）第 119 条：“世界遗产存在多种现有和潜在的利用方式，其生态和文化可持续的利用可能提高所在社区的生活质量。”

2016 国家文物局《关于促进文物合理利用的若干意见》说明了利用的基本原则与措施，未涉及概念。

许多学者包括刘庆余②、邢启坤③、张建忠④等对当前建筑遗产开发利用的理解主要是指商业形态与旅游开发。林源认为利用是基于遗产资源延续原有功能或赋予新功能的活动，展示是说明遗产内容、价值和文化意义的手段，展示是保护的一项基本且重要的内容。⑤ 陆地对利用的认识则进一步扩大，认为利用不仅是当下的、急切变现式的利用，对建筑遗产的观察、认识与享受本质上也是一种利用。⑥

根据 2015《中国准则》整体思路，目前学术界公认的建筑遗产利用方式主要分为三大类：展示、延续原有功能和赋予适宜的当代功能。

展示是对建筑遗产的特征、价值及相关的历史、文化、社会、事件、人物关系及其背景进行解释，以及对相关研究成果进行表述，应尽可能对遗产的价值做出完整、准确地阐释。展示的目的是使观众能完整、准确地认识建筑遗产的价值，尊重、传承优秀的历史文化传统，自觉参与对建筑遗产的保护。

保持原有功能，特别是原有功能已经成为建筑遗产价值重要组成部分的，应鼓励延续原有的使用方式。延续原有功能体现出特定的文化意义，具有“活态”特征。对于具有“活态”特征的建筑遗产，应延续原有功能，保护其具有文化价值的传统生产和生活方式，不得轻易改变其使用性质。

由于时代、环境的变化或者条件的限制，当原有功能无法延续时，可赋予文物古迹适宜的当代功能。适宜的当代功能必须尊重一个地点的文化意义，在确保遗产安全、

---

① 联合国教科文组织世界遗产中心. 实施《世界遗产公约》操作指南（2017 中文版）[DB/OL]. [2017-07-12]. http://www.icomoschina.org.cn/download.list_php? class=33.

② 刘庆余. 国外线性文化遗产保护与利用经验借鉴[J]. 东南文化，2013(2)：29-35.

③ 邢启坤. 我国世界文化遗产的合理利用及可持续发展模式探讨[J]. 世界遗产论坛，2009(0)：340-344.

④ 张建忠. 中国帝陵文化价值挖掘及旅游利用模式[D]. 西安：陕西师范大学，2013.

⑤ 林源. 中国建筑遗产保护基础理论研究[D]. 西安：西安建筑科技大学，2007.

⑥ 陆地. 作为方法论的保护及其和利用的关系[EB/OL]. http://blog.sina.com.cn/s/blog_8e15a8d80102wx7m.html.

价值不受损害的前提下，根据其价值、自身特点和现状选择最合理的利用方式。香港特区政府2008年推出《活化历史建筑伙伴计划》（Revitalising Historic Buildings Through Partnership Scheme），把政府持有的历史建筑及法定古迹活化再用。国内一些专家如张朝枝①认为活化利用就是Adaptive Reuse，也可译为“适应性利用”或“改造性利用”，也直接称“再利用”，是指为建筑遗产找到合适的用途（即容纳新功能），使得该场所的文化价值得以最大限度地传承和再现，同时对建筑重要结构的改变降到最低限度。赵云②指出，活化利用是指转变旧建筑的功能或对其进行改造以适应新的使用需求，并同时保留旧建筑历史特征的过程。王妍③认为，活化利用字面可理解为闲置或破败的历史建筑适时保护前提下，对实体建筑进行改造和再利用。可以认为，建筑遗产活化利用或再利用就是调整并赋予适宜的新功能的行为。

从利用者或使用者的角度上讲，展示性利用定位于让人“看”，功能性利用定位于让人“用”。因此，建筑遗产活化利用的“活”字不是在物本身，而是在于利用的人。所以，分析建筑遗产利用必须要全面考虑人的因素。

因此，本书认为“利用”就是在一定的保护原则和前提条件下，规范引导利用主体，通过展示、延续功能或赋予适宜的新功能等方式，发挥建筑遗产社会效益和经济效益的行为。展示与诠释可称之为“展示性利用”，延续原有功能与赋予适宜的新功能可称之为“功能性利用”。

1.2 建筑遗产的稀缺性

经济学领域中，把用来满足人类欲望的物品分为两类：免费物品和经济物品（资源物品）。经济物品的生产需要使用资源，需要成本。在既定资源下，其数量、质量和种类都是有限的，只能满足人类的部分需要。也就是说，与人类无穷的欲望相比，经济物品的数量、质量和种类总是缺乏的、不足够的，这种不足就是稀缺性。

建筑遗产相对于人类社会的需求与欲望是一种资源物品。建筑遗产稀缺性是指其数量有限且不可再生，这是保护与利用产生矛盾的根源。建筑遗产蕴含的独特历史文化价值的不可再生性和不可替代性，意味着建筑遗产不能被其他同类物品所替代。一旦遭到毁坏，其所蕴含的全部物质和文化信息以及所保存的历史痕迹都不能被一个现代复制品所替代，因此建筑遗产保护就显得更加重要。建筑遗产能够提高人们当前和将来的福祉，满足人们日益增长的文化精神需求。

稀缺性分为绝对稀缺和相对稀缺。从绝对性来说，建筑遗产作为一种不可再生的资源，总量有限，具有绝对的稀缺性。主要体现在以下三个方面：

---

① 张朝枝，刘诗夏.城市更新与遗产活化利用：旅游的角色与功能[J].城市观察，2016(5)：139-146.

② 活化利用，传统经典更具当代活力[EB/OL].(2017-05-18).http://xh.xhby.net/mp3/pc/c/201705/18/c323467.html.

③ 王妍.珠海历史建筑保护和活化利用的思考[J].中华建设，2018(6)：123-125.

第一，文化价值。文化价值是体现建筑遗产稀缺性最为重要的方面。文化一旦成为资源的核心和本质，就表明了这种资源的社会性和人类活动赋予资源的深厚的价值取向。特定文化形成了特定历史，这种各具特色、各有千秋的文化信息不断沉淀于建筑遗产当中，使其具有不可替代性，成为非常稀缺的资源。正是这样一种稀缺的文化价值折射人们对于建筑遗产刻骨铭心的向往和难舍的情结情怀，并使建筑遗产的人与建筑、人与历史、人与文化的关系变相递升为人与人的关系，从而融入现代经济生活，实现其特殊文化价值。

第二，时间价值。时间价值反映建筑遗产的历史稀缺性，主要指建筑遗产形成的历史久远性。对于建筑遗产来说，自身的价值主要体现在它保留了当初的原始信息并记录了历史活动，这种真实、完整和具有生活气息的建筑遗产使得自身得到了持久的认同，具有稀缺性。例如，复制的人文景观仅仅具有观赏性，且由于缺乏时间沉淀能任意随处复制，不具备唯一性。此外，有些建筑遗产在特定的历史时期，对推动特定的国家、民族、地区的社会、经济和文化等发展起过重要作用，具有历史稀缺性。这种历史稀缺性随着时间的推移还会显得更加珍贵。

第三，空间价值。建筑遗产的稀缺性还体现在空间价值上，反映建筑遗产的地域稀缺性，也就是地方比较优势所在。这种稀缺性表现在与遗产地风土人情和居民的关系上。这类长期的传承，造就了建筑遗产与生俱来的地域特色，正如周庄离不开江南水乡及其民居环境。以民国建筑遗产来说，其空间分布极不平衡。从全国来看，大城市多于小城市，城市多于农村。就江苏省而言，南京民国建筑遗产最多，无锡、南通、镇江、苏州等地区相对较少，县级城市更少，且各城市的建筑遗产特征有着较为明显的差异。

从相对性来说，建筑遗产的稀缺性也是由建筑遗产资源的供给与需求之间的关系来反映的。一定程度上，随着时间的推移和历史的沉淀，建筑遗产承载的历史因素越多就越珍贵。同时人们的生活水平日益提高，对于建筑遗产需求的持续增长与供给的有限性构成了建筑遗产资源的稀缺性。随着旅游业的繁荣，建筑遗产品牌效应及其特殊的历史资源凸显出稀缺经营的价值内涵。如历史文化名城、名镇、名村等品牌及其特有的文化内涵使遗产旅游需求具有明显的指向性，让人们享受历史文化与自然环境，传统与现代相互交织的同时，给地方带来了巨大的社会效益与经济效益。正是由于明显的经济效益，使得当地开发利用的需求越来越迫切，希望快速将那些沉默的建筑遗产资源，甚至只是一个传统村落，改造成一个按照市场规律运作的经济存在形式，达到规模效应、资源整合并产生利润。

相对于免费物品，作为有限资源存在的建筑遗产与人类无穷的需求相比，供给总是不足的。正是在这些商业需求的驱使下，建筑遗产本体、价值信息和环境等受到严重威胁，建筑遗产保护与利用的矛盾变得越来越突出。因此，稀缺性是产生其矛盾的根源。

1.3 建筑遗产保护与利用关系分析

1.3.1 理论框架

国内学术界对建筑保护与利用的矛盾与共生问题研究成果很多，很大部分是基于不同的实际案例进行分析，论证一些和谐共生的发展模式。目前尚缺乏一个全面阐述建筑遗产保护与利用关系的理论体系，也没有建筑遗产利用学、建筑遗产管理学或建筑遗产经济学一类的专业书籍。周卫《历史建筑保护与再利用》①是基于新旧空间之间关联理论和关联模式角度分析，并不是完整的保护与利用体系；于海广、王巨山《中国文化遗产保护概论》②偏重于物质文化遗产与非物质文化遗产的关联性以及各自的保护概论。张松《历史城市保护学导论》(第 2 版)对国内外的历史城市保护历程、标准进行了回顾与总结，指明了一些研究方向，但未做整体性阐述。这些书籍不足以支持对建筑遗产保护利用的研究指导，需要新的理论高度。

东南大学朱光亚教授在《建筑遗产保护学》③中较为完整地阐述了涉及建筑遗产保护的理论、学科、法律文件以及政策行为，从理论到实践的发展阶段，指出了建筑遗产保护与利用本身都是一种手段或过程，体现出了整体(真实性)、系统(完整性)和继往

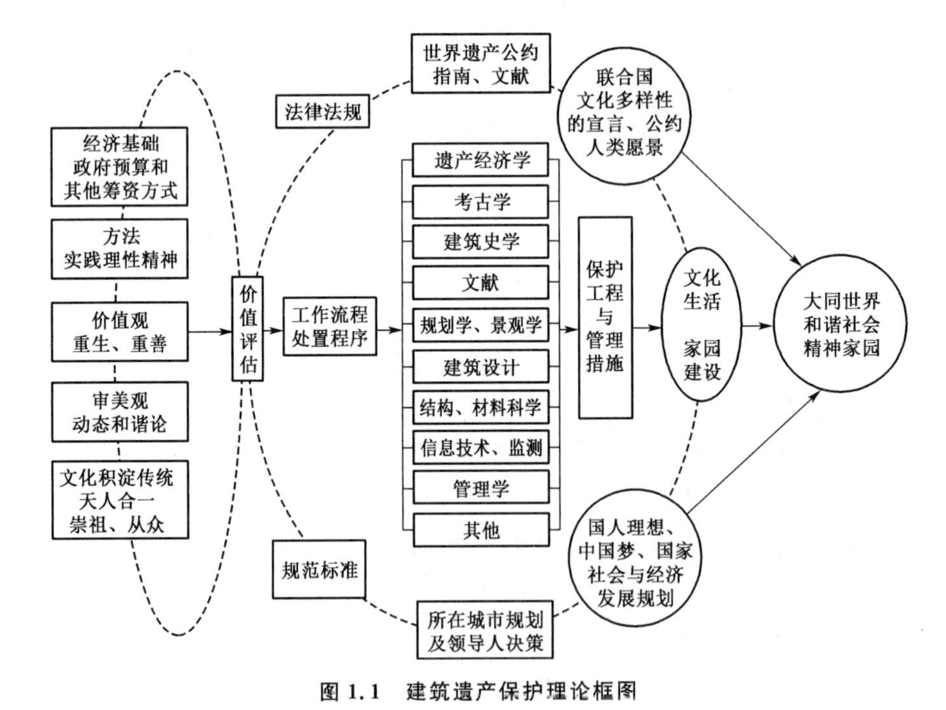

图 1.1 建筑遗产保护理论框图

① 周卫. 历史建筑保护与再利用[M]. 北京：中国建筑工业出版社，2009.

② 于海广，王巨山. 中国文化遗产保护概论[M]. 济南：山东大学出版社，2008.

③ 朱光亚，等. 建筑遗产保护学[M]. 南京：东南大学出版社，2020.

开来（延续性），是保护理论研究与实践工作的整合，目的是将建筑遗产顺利传承下去，最终建立大同世界和谐社会和精神家园的共生。以构建起一套较为完整的建筑遗产保护的理论框架，也为解决建筑遗产利用问题的研究指明了方向。

1.3.2 对象认知

传统意义上的理解，建筑遗产保护和利用的对象是指物质对象（土地、建筑物、附着物和环境等有形物质存在）和非物质对象（与物质遗产相关联的非物质文化传统）。物质对象是指切实存在的、具有固定形态和样貌的建筑遗产实体及环境，非物质对象则是物质对象所承载或蕴含的、非实存形态的文化、价值或理念。建筑实体是非物质文化遗产得以存在和延续的前提和保障，所谓皮之不存毛将焉附。如果建筑遗产保护不当，其所蕴含的非物质文化遗产将受到损失，建筑遗产本身被破坏，所有价值也将不复存在，最多只是一个记忆。

仔细分析发现，保护对象与利用对象两者其实是有区别的。

保护的对象比较明确。2015《中国准则》第 2 条："保护是指为保存文物古迹及其环境和其他相关要素进行的全部活动。保护的目的是通过技术和管理措施真实、完整地保存其历史信息及其价值。""文物古迹的环境既包括体现文物古迹价值的自然环境，也包括相关的人文环境。相关要素包括附属文物、非物质文化遗产，工业科技遗产的设备、仪器等。"本体特指作为物质对象的建筑实体以及建筑实体所承载和蕴含的非物质元素，正是这些特殊的历史信息及其价值的存在为人们所关注与享受，才使建筑遗产与普通建筑得以区分。同时，由于建筑遗产通常都是依附于整体社会环境或文化系统而建构、形成和保存的，建筑遗产的开发利用也应关注建筑遗产所处的周围环境以及整体文化氛围和建筑系统。因此，保护的真正对象主要是指这些特征信息，建筑遗产本体实物与环境是特征信息与价值的物质存在基础。

本书所述的利用包括展示、延续功能或更改功能。展示的对象偏重于建筑遗产的特征信息，延续功能或更改功能的对象则不同。建筑遗产在建造之初，一般都有某一实用功能，将建筑遗产作为不动产来使用，才是当年建造的初衷。建筑遗产是土地以及附着于土地上的建筑物、构筑物、树木、山石、池塘及水井等附属物的综合体。除了碑刻、石雕、壁画等特殊实物以外，大部分的建筑遗产如建筑物、建筑群、遗址等，满足人们使用功能要求的是"空间"。建筑空间是人们为了满足生产或生活的需要，运用各种建筑主要要素与形式所构成的内部空间与外部空间的统称。建筑包括墙、地面、屋顶、门窗等围成建筑的内部空间，以及建筑物与周围环境中的树木、山峦、水面、街道、广场等形成建筑的外部空间。当然，建筑遗产本体实物与环境也是其空间的物质存在基础。

因此，目前国内建筑遗产保护与展示的对象主要是"特征信息与价值"；功能性利用的对象主要是"空间"，无论延续原有功能还是赋予新功能。虽然建筑遗产实物与环境是特征信息和空间的存在基础，前者消失，后两者无法存在，利用会增大破坏特征信息的风险，但从逻辑上说，建筑遗产保护与利用的对象是不同的。许多学者在研究中简单将保护与利用的对象视为建筑遗产实物与环境，并未做进一步细分，简单认为"一用就坏"，造成两者的矛盾从理论逻辑上无法调和。其实不然，如果产权限制规定合理，将特征信息保护与空间使用进行细致严格的区分，让使用者清晰知道利用权限与保护范围的差异性，从制度上尽量控制破坏的风险，从实践中不断总结与改进，便使可持续利用具有可行性。所以，认知到建筑遗产保护与利用的对象各有差异是解决两者矛盾的重要前提。

1.3.3 形成当前利用问题的原因分析

出现问题就要解决问题，其前提是分析问题，找到产生问题的根源。建筑遗产保护与利用为何会产生矛盾？曹兵武提出："让文物活起来至少可以分为两个层面，一是文物本体要尽可能保护好利用好，二是文物中蕴含的历史科学艺术社会等信息与价值应尽可能挖掘、展示、传播起来。"①建筑遗产所承载和蕴含的特殊的历史文化信息及其价值的存在，一直为人们所关注与享受，使得建筑遗产与普通建筑得以区分。同样，虽然政府一直鼓励新城建设，但是旧城区由于交通设施、教育医疗与历史习俗的缘故，人们仍然习惯以旧城区为中心，正如北京、上海、西安等。除了一些偏远村镇以外，大部分建筑遗产位于旧城区或交通便捷的地方，地理区位比较稀缺优越，就是俗称的"地段好"。然而，建筑遗产的"空间"确实不适应现代城市经济发展，无论是居住还是商务办公。相对于动辄百米大厦，建筑遗产空间规模极为有限。也就是说，建筑遗产占据的地段稀缺，但是空间小、又不实用。因此，除了一些必须保护的重点文物遗产以外，城市管理者需要权衡：是保全这些特殊历史文化信息与价值，放弃稀缺地段；还是旧城改造推平重建，放弃历史建筑或街区。

由于土地财政的快速发展，城市管理者通常的选择是能拆就拆，这就不难理解那些历史悠久的老街坊、古城区为何会遭遇规模性拆除。如果不能拆，管理者要么选择"不理"，等待老建筑破败不堪，没有资金集中维修，自然淘汰；要么选择"用足"，尽量挖掘建筑遗产的特殊价值与社会影响用于商业运营。例如著名的文物景区能给所在区域带来整体经济效益的提升，拉动旅游、住宿、餐饮、商业和其他相关行业的综合发展，这也是各地兴起"申遗热"的原因所在。但结果是老街人满为患，古城严重商业化，祖辈的文化遗产成为当代人的敛财工具，过度利用严重影响了遗产本体以及环境的保护与管理。

因此，建筑遗产被破坏或过度利用的根源是其蕴含的特殊信息价值与其所处的地段空间稀缺性所产生的选择性冲突。这种冲突源于人们对行为利益的衡量，这是人之本能，就如趋利避害。所有社会现象均源于个体的行为与互动，资源的稀缺使得人们需要在期望的额外收益和成本之间权衡，各方利益人会在特定的情况下做出在自己的领域中认为最优化的决定。但在个体层面上的利益最大化由于缺乏协调的专业化，到

① 曹兵武.落实文物保用的主体责任 做好让文物活起来的大文章[N].中国文物报，2019-11-01(4).

群体层面上就会产生互不兼容。人们不知道别人对自己期待什么，也不知道自己对别人期待什么，缺乏一套清晰的、被普遍接受的规则。人们按照自己的资源和能力追逐各自感兴趣的特定目标，对别人的利益、资源与能力不管不顾。糟糕的情况下会演变为破坏性争斗，最终带来的往往是混乱，不是财富。事实上，自己的计划要成功必需依赖与他人的合作，需要引入协调合作的思维，通过人们的互动，根据具体情况来制定新的规则。人们追求各自目标和决策时要求相互协调与退让，所依赖的合理方式和手段最终是由“规则”塑造的。人们最终有效利用还是浪费稀缺资源，理解“规则”对解释这个问题大有益处。大部分社会互动是由参与者了解并遵守的规则引导和协调的。目前国内建筑遗产合理利用的“规则”是严重缺失的。

2015《中国准则》指出：“在实践中却长期存在着利用方式相对单一或利用过度等问题。随着社会对文化遗产关注程度的不断提高，加大合理利用文物古迹，已成为中国文化遗产保护面临的重要挑战”。2016 年国家文物局《关于促进文物合理利用的若干意见》也指出“文物利用仍然存在着文物资源开放程度不高、利用手段不多、社会参与不够以及过度利用、不当利用等问题”。2018《若干意见》更是明确指出：“文物合理利用不足、传播传承不够，让文物活起来的方法途径亟须创新。”

与遗产保护的发达国家相比，我国在遗产保护、利用研究的过程中存在不少问题。[①] 主要体现在如下方面：一是重视遗产的申报，轻视有效保护与管理；二是重视遗产的经济功能与旅游开发，轻视遗产的教育、文化等公益性，对遗产的本身价值、真实性、完整性与环境质量问题研究较少；三是重视遗产体制内的管理手段，轻视保护的社会参与；四是重视具有旅游开发潜力的遗产项目，轻视历史价值高但开发潜力小的遗产。究其原因，主要有：

1）保护规划的空泛性

目前国内建筑遗产保护规划的编制工作更多是从理论上展开，过多关注保护（保存）。其中的保护利用规划部分与当地城市的总体规划、详细规划容易产生冲突，与当地旅游规划的设计思路完全是两种观点，甚至与最终的项目利用实施方案严重脱节。这些差异最终导致建筑遗产保护规划经常成为实质上的“挂图”。

2）价值评估的静态性

许多以保存和修复为主导思路的建筑遗产价值评估主要着重于建筑遗产本体、环境和信息的保存情况分析，对可利用性评估通常是一带而过或是以房屋高度体量、结构安全、道路状况等内容作为主要评估因素，与是否适宜展示、利用功能如何延续或调整没有实质性关系，也不能为利用规划部分的制定提供建设性的参考依据。

3）产权机制不够完善

私人所有的建筑遗产往往由于难以获得充足的资金支持而日渐破败甚至损毁；公

---

① 陈金华，秦耀辰，孟华. 国外遗产保护与利用研究进展与启示[J]. 河南大学学报（社会科学版），2007，47（6）：104-108.

有的建筑遗产常在政府的规模化改造中逐渐失去了其赖以存续的独特色彩和活力，或是由于无人照管而破落不堪。产权界定、保护限制等方面的不明确性使得建筑遗产流转、使用与经营存在着很多不确定因素，也缺乏社会参与。可以看出，解决建筑遗产利用实践中诸多问题的前提在于建筑遗产产权机制的完善。

4）利用方案的非专业和随意性

目前国内的建筑遗产的保护规划偏重于对建筑遗产的价值评估与保护措施，对利用规划部分的分析深度不够。对适宜于展示性利用的建筑遗产简单理解为博物馆式展陈，缺乏整体利用方案。对适宜于功能性利用的建筑遗产，在确定功能总体定位与业态布局的专业性上有所欠缺，受外界因素影响大，随意性强，利用可行性方面存在一定的薄弱环节。利用规划的结论内容与项目实际情况不能完全紧密配合。

5）项目经济测算理论与技术的空白

国内缺乏建筑遗产经济价值评估的理论与技术规范。建筑遗产保护规划中经济测算主要停留在项目成本初步预算，可能的收益与成本费用的参数指标选项不齐全，没有考虑评价计算期，以静态分析为主，也没有参照国家对建设项目经济评价的技术规范进行计算与表述。

6）管理监督的缺失

管理监督实际贯穿建筑遗产调查、价值评估、保护规划、修缮设计、维护保存、修复改建、展示利用、宣传推广等所有环节。管理监督的有效性直接影响到建筑遗产利用能否科学合理实施。目前由于国内商业经济思维的主导，对于建筑遗产保护利用的管理监督存在缺失，管理体系建设不完善，严重缺乏监督机制。

7）不重视对人的研究

建筑遗产保护对象是遗产本体及环境等，利用对象也是物；但能否合理利用却取决于使用的人。展示性利用关注于“看”的人；功能性利用关注于“用”的人，无论是消费性使用（居住）还是经营性使用（商铺）。产权归属又影响着利用。当前许多建筑遗产项目利用规划、利用策划或咨询的重点往往是遗产保护、功能定位、用地布局以及文化发展等，却忽略了利用研究的核心部分，即当前以及将来可能的使用者。这一点在商业地产策划分析中是重中之重。前文所言，建筑遗产的相对稀缺性取决于人的喜好与需求。目前建筑遗产利用研究中，未谈及人的定位与发展的分析都是“空中楼阁”，也是容易导致低效利用的主要原因。

1.3.4 建筑遗产保护与利用的相互关系

2015《中国准则》对合理利用问题专辟章节，分别从不同的角度阐述了合理利用的原则和方法，提出应根据文物古迹的价值、特征、保存状况、环境条件，综合考虑研究、展示、延续原有功能和赋予文物古迹适宜的当代功能等各种利用方式，强调了利用的公益性和可持续性，反对和避免过度利用。这本身也是中国文化遗产保护的重要探索。

2016年国家文物局《关于促进文物合理利用的若干意见》提出了文物利用的基本原则，即坚持把社会效益放在首位，注重发挥文物的公共文化服务和社会教育功能，传承弘扬中华优秀文化，秉持科学精神、遵守社会公德；坚持依法合规，严格遵守文物保护等法律法规，注重规范要求，切实加强监管；坚持合理适度，文物利用必须以确保文物安全为前提，不得破坏文物、损害文物、影响文物环境风貌；文物利用必须控制在文物资源可承载的范围内，避免过度开发。

2018《若干意见》直接指出："统筹好文物保护与经济社会发展，在保护中发展、在发展中保护。"

林源认为，在建筑遗产利用与保护之间关系的分析上，要从理论、国家制度、教育管理等宏观层面着手，利用须以保护为前提，不可影响展示功能。此外，林源提出了六个利用原则：一是以保护为前提，有利保护，促进保护；二是能够体现遗产的价值与文化意义；三是遗产利用的公益性质不能改变；四是必须遵守可持续发展原则；五是遗产利用不能影响遗产的展示；六是遗产利用产生的经济收益要用于保护及相关事业的发展。① 这些利用原则与《中国准则》秉持的利用理念一脉相承，更加具体化。

目前，学界对建筑遗产保护与利用的关系存在着一些基本共识：

(1) 保护与利用并不矛盾。静态保护与动态开发并重，遗产保护工作的完备是合理利用的基础，只有探明遗产功能，确定价值，看到保护过程中的问题才能使之得到更好利用。

(2) 通过对建筑遗产保护利用及投资管理模式的探索，建立多元开放的保护开发平台，实现多元主体的保护开发道路也得到肯定。要创造新的资源整合机制，将遗产的科研、监督、保护和利用进行有机整合。②

(3) 保证建筑遗产的公益性质，须从历史遗迹保护利用的角度评价利用的优劣，以可持续发展原则量度改造利用的成败。③

一般来说，建筑遗产的利用或再利用是指在保存基本形态和样貌，保护其历史传统和文化内涵的基础上，将其与民众的当代需求相结合、与市场经济的逻辑和规律相结合、与城市规划和政府政策相结合、与当代文化发展和核心价值相结合，实现历史传统的当代呈现，进而促进潜在文化功能的提升和重塑，在社会经济文化体系中获得更深层次的社会存在意义与价值。事实上就现存意义，对建筑遗产进行保护的根本目的就是利用建筑遗产所内蕴的丰富和珍贵的文化、价值资源及其现实指向，以更好地为当代或未来社会提供多样性服务，从而在人类社会与建筑遗产之间建构起一种相融并存、互利共享的桥梁，既能盘活闲置的老建筑又可以将人类文化精神财富保存和延续，

---

① 林源.中国建筑遗产保护基础理论研究[D].西安：西安建筑科技大学，2007.

② 刘庆柱.关于遗产功能、保护与利用的问题(代序)[J].世界遗产论坛，2009(0)：5-7.

③ 姚萍，赵晔.基于上海新天地对历史遗产保护利用问题的思考[J].辽东学院学报(自然科学版)，2009，16(1)：75-78.

并重赋予建筑空间以新生命。[①] 因此，正是基于这个意义，建筑遗产的利用是加强保护的必要手段，是同一过程的两个方面，两者互为补充、不可分离。

1）保护是利用的实现基础和目标

建筑遗产由于具有历史文化、科学、艺术价值等，对人类社会和城市的发展都具有重要意义。城市历史是连续不断的创造过程，每个时期的创造和积累都是不可复制的。建筑遗产记载了城市不同时期的发展历史，传承了城市的文脉，同时还延续着城市生活方式。建筑遗产的保护需要以维护建筑遗产的格局，改善街区的物质环境，延续街区生活性为前提。

如果这些基本价值存在的实物没能得到很好保护，就谈不上建筑遗产的利用。历史不会重演，岁月痕迹一旦抹去也不复存在。历史文化资源的稀缺性与不可再生性，决定了保护是利用的基础。为获得老街区的经济效益，通过高仿重建等手段来弥补历史文化价值的方式不可取也不可行。在建筑遗产得到良好维护的前提下，就可以合理利用建筑遗产，发挥其资源与功能价值，并可以根据街区内划定的保护对象的类别与等级，研究不同保护对象的利用方式。利用应该是一种保护性利用。

总之，建筑遗产作为城市历史文化遗产体系中的重要组成，需延续活力才称得上对其保护，这也是建筑遗产需要利用的原因，有所发展才能更好地保护。英国有一个比喻："城市就像一本厚厚的历史书，每一代人都不要把前代人所书写的精华部分抹去，同时不要忘记写上当代最有代表性内容"。

2）利用是保护的重要手段和途径[②]

利用是帮助人们了解遗产价值和文化意义的活动。采取恰当的方式，使历史文化资源得以很好的诠释。对仍然持续原有功能的，利用就是延续其功能并使之更好的发挥；对已经失去原有使用功能的遗产，利用是对其功能某种意义上的恢复；对无法恢复的，利用需要赋予其新功能。

建筑遗产的合理利用作为世人所体验的一种方式，一方面获得很好的社会效益与经济价值；另一方面也能促进街区的发展，为街区的保护提供经济基础。有了经济基础，建筑遗产保护工作更好开展，形成良性循环。建筑遗产的保护主要针对本身需要保护的信息与内容。利用要从发展的角度，从社会、经济、文化等多层次去综合权衡和整体把握，探索遗产的合理利用方式，获得可持续再生的活力，承担街区的部分功能并与城市发展有机结合。

综上所述，建筑遗产领域中，"遗"是历史的存续，需要保护；"产"是现实的体现，需要盘活。保护是支持利用和发展的，利用同时也是强调以保护为基础的。缺乏利用的"静态保护"会使建筑遗产失去活力和发展动力；不考虑保护的破坏式发展也会使遗产

---

① 王正刚. 城市发展中的古建筑保护研究[J]. 文艺理论与批评，2014(2)，132-136.

② 全面来说，利用只是保护的其中一种途径、手段或方式。对于必须保存的纪念物建筑遗产而言，可以不需要有实际使用功能，就是展示性利用或冷冻式保存；但对于大部分建筑遗产，如历史建筑而言，功能性利用可以注入动态的生命，更好与社会的人发生互动的关系。

失去地域特色和文化底蕴。值得强调的是,建筑遗产的可持续利用更是人们的一种行为活动,这样的活动离不开参与其中各方在职能分工和收益分享上的紧密配合和良性互动。通过建筑遗产的有效利用,资源、资产和收益被重新得到更有效的合理配置。各方既是要素的提供者,也是获益者。企业提供开发资金并负责具体的运营,获得利润;政府为项目提供政策指导、监督开发,同时获得税收收入,加大遗产保护投入和力度;当地居民或村民通过参与旅游服务业实现就业转移、增加收入,改善生活条件,并增强自觉保护意识,最终实现建筑遗产的有效保护与利用。

本书认为,建筑遗产保护是利用的实现基础与目标,利用是实现目标的重要手段和途径,文化价值传承与可持续发展是建筑遗产保护利用的最终目标。同济大学陆地教授一言以蔽之:"如今越来越关注利用,强调利用,希望通过利用'释放'遗产的内在价值,将遗产置于当下社会建构的态势下,我们在道德伦理上也不应忘记我们的未来责任,不应忘记永续利用这个终极目的及其唯一且必然的方法论:保护。"①

1.4 建筑遗产保护与利用的可持续发展

"可持续发展"一词指"既满足当代人的需求,又不对后代人满足其需求构成威胁的发展",体现了代际公平原则。世界遗产可持续发展的精神见之于《世界遗产公约》②。

2017《操作指南》指出,自1972年通过《保护世界文化和自然遗产公约》以来,国际社会全面接受"可持续发展"这一概念,并进一步明确"保护、保存自然和文化遗产就是对可持续发展的巨大贡献"。目前国内外的建筑遗产问题的产生、理论的建立、相应的保护措施等研究取得了明显成果,但就建筑遗产保护、利用与发展的可持续性的理论与实践相结合仍需加强。特别是如何在妥善处理保护与利用之间关系,充分发挥建筑遗产的价值,协调人与自然之间的关系,更好地实现建筑遗产发展的可持续性仍是目前研究的重要方向。

在对建筑遗产合理利用的探讨中,可持续性的思想越来越得到重视。2017《操作指南》第119条明确指出:"可持续使用。世界遗产存在多种现有和潜在的利用方式,其生态和文化可持续的利用可能提高所在社区的生活质量。""世界遗产的相关立法、政策和策略措施都应确保其突出普遍价值的保护,支持对更大范围的自然和文化遗产的保护、促进和鼓励所在社区公众和所有利益相关方的积极参与,作为遗产可持续保护、保存、管理、展示的必要条件。"

在建筑遗产领域,结合其特性,可持续利用的内涵一方面是在发挥建筑遗产资源

① 陆地. 作为方法论的保护及其和利用的关系[EB/OL]. http://blog.sina.com.cn/s/blog_8e15a8d80102wx7m.html.

② 童明康. 世界遗产与可持续发展[EB/OL]. http://blog.sina.com.cn/s/blog_723f8acb01015aap.html.

经济价值的同时要注意同保护建筑遗产环境和资源、促进当地居民生活质量提升相互协调；另一方面要拓展其内涵，突出对建筑遗产所蕴含的历史、文化的保护和发展的可持续性和延续性。着重强调发展、协调和延续，全方位地涵盖了“自然、经济、社会”复杂且系统的运行规则和“人口、资源、环境与发展”的辩证关系，为实现传统文化的延续性、经济发展的延续性和生态环境的延续性提供了新的思路。

金一先生从保护、经营、传承三方面总结可持续利用策略，分析可持续理念的三大范畴——环境、社会和经济效益，并结合实例探讨建筑遗产保护与利用的发展趋势和遗产地可持续发展内涵，得出了利用社会资源改造发展经济，节能生态改造、普及环保以及保障社区利益是遗产可持续发展的重要构成要素等结论①。还有学者提出有些地方对保护内涵认识不足，认为保护就是静态的“原封不动”的冻结式保护，从而导致建筑遗产资源性破坏甚至消失或者资源的浪费②。这种保护虽然一定程度上实现了建筑遗产社会价值和环境价值，却使稀缺遗产资源的经济价值未能得到很好的体现，也制约了保护的长久发展。

如何实现建筑遗产的可持续利用，通过借鉴清华大学胡绍学教授与梁乔博士共同提出的“历史街区保护中的双系统模式的建构”研究③，认为在建筑遗产可持续发展过程中，其发展与保护可分为两个系统：系统一是物质形态系统，即建筑遗产构成的历史价值与风貌的物质环境的保护，即社会价值和环境价值，这是前提和根本；系统二是关注建筑遗产的经济价值，即为建筑遗产营造现代生活系统，以便在保护的同时实现经济的合理利用，满足现代生活需要。两个系统的有效结合就是保护与发展的有机结合，其保护就是一种历史延续和保存，其发展就是现代生活方式、价值观念、物质技术条件对历史状态的冲击、融合或更替。两者的协调发展为历史文化注入了新的活力，让建筑遗产的保护与发展具有可持续发展的内在生命力。

目前遗产旅游是旅游发展的一大领域。表面上，发展旅游与保护之间存在着不可调和的矛盾。由于建筑遗产的稀缺性，全国的历史文化瑰宝理应原封不动地被保护起来。实际上，不能因为旅游开发利用会造成负面影响就完全否定其可行性，而是要在保护好建筑遗产的前提下，尽量降低旅游开发利用的负面影响，寻求旅游开发和建筑遗产保护之间的协调发展之路。可持续发展即是追求建筑遗产开发与生态环境保护、当地居民发展、建筑遗产保护之间相互统筹的一种思路。罗哲文先生指出：“遗产保护不考虑经济效益是不行的。离开经济效益，保护工作难以完善。作为保护工作者，不反对经济效益，而是应当考虑正常的经济效益，在保护的前提下谈经济效益。”④

环境效益是衡量生产劳动过程对生态平衡和生态环境的影响，把人们的劳动耗费

① 金一，严国泰. 基于社区参与的文化景观遗产可持续发展思考[J]. 中国园林，2015，31(3)：106-109.

② 国家文物局. 海峡两岸及港澳地区建筑遗产再利用研讨会论文集及案例汇编[C]. 北京：文物出版社，2013.

③ 梁乔. 历史街区保护的双系统模式的建构[J]. 建筑学报，2005(12)：36-38.

④ 罗哲文. 历史文化遗产保护要与经济社会发展相结合[J]. 中华建设，2008(6)：32-33.

同耗费这些劳动对生态环境变化的影响进行比较。[①]（建筑遗产本体与环境）

社会效益就是某一项人类活动满足公共需要的度量。广义的社会效益，是相对于经济效益而言的，它包括了政治效益，社会思想文化效益等。（遗产价值与社会影响）

经济效益是指尽量少的劳动耗费获得尽量多的经营成果，或者以同等的劳动消耗取得更多的经营成果，经济效益是资金占用成本支出与有用生产成果之间的比较。（经济价值）

根本上讲，环境效益是经济效益和社会效益的基础，经济效益、社会效益是环境效益的延伸，三者互为条件，相互影响。2016 年国家文物局《关于促进文物合理利用的若干意见》指出：合理利用要“坚持把社会效益放在首位。注重发挥文物的公共文化服务和社会教育功能，传承弘扬中华优秀文化，秉持科学精神、遵守社会公德。”

因此，本书认为，实现建筑遗产利用的可持续性应当以社会效益为根本，在保证社会效益、环境效益的前提下，实现经济效益的可持续性，然后由经济效益反哺社会效益、环境效益，达到相互依存、相互促进的辩证统一。

1.5 建筑遗产合理利用工作体系分析

1.5.1 合理利用的概述

文物工作的基本原则是“保护为主、抢救第一、合理利用、加强管理”。2015《中国准则》第 40 条表述的概念是“合理利用是保持文物古迹在当代社会生活中的活力，促进保护文物古迹及其价值的重要方法”。从条文上看，合理利用包括了三个重点：一是重要方法，二是保护本体与价值，三是保持社会活力。一是手段，二是前提，三是目标。

前提是利用的底线，不允许违反，突破底线就是过度利用。2015《中国准则》第 40 条规定：“以不损害文物古迹价值为前提，在文物古迹能够承载的范围内，不改变文物古迹特征的，突出文物古迹公益性。”从原文上分析，前提是指不得损害、不得改变，突出公益性是利用过程中要遵循的原则。

目标是利用的方向，确定之后不得偏离，力求实现。2015《中国准则》第 40 条规定：“利用会引发社会对文物古迹的进一步关注，在产生广泛的社会效益的同时也产生经济效益，促进地方经济的发展。文物古迹作为社会公共财富，应当通过必要的程序保证其利用的公平性和社会效益的优先性。”从原文上分析，利用有两个目标：一是产生广泛的社会效益；二是产生经济效益，促进地方经济的发展。利用的公平性和社会效益的优先性是建筑遗产利用要遵循的基本原则。文物古迹是社会公共财富，所以特意强调公益性、利用的公平性与社会效益等；对于非公产权的保护等级较低的建筑遗产，这方面的严格性就相对弱化。

---

① 曲福田. 资源经济学[M]. 北京：中国农业出版社，2001.

2017《操作指南》119条也有类似规定："世界遗产存在多种现有和潜在的利用方式，其生态和文化可持续的利用可能提高所在社区的生活质量。缔约国和合作者必须确保这些可持续使用或任何其他的改变不会对遗产的突出的普遍价值、完整性和/或真实性造成负面影响。"

2016《关于促进文物合理利用的若干意见》指出："保护为主，抢救第一，合理利用，加强管理。""坚持合理适度。文物利用必须以确保文物安全为前提，不得破坏文物、损害文物、影响文物环境风貌。文物利用必须控制在文物资源可承载的范围内，避免过度开发。"

2018《若干意见》明确指出："要从坚定文化自信、传承中华文明、实现中华民族伟大复兴中国梦的战略高度，提高对文物保护利用重要性的认识，增强责任感使命感紧迫感，进一步解放思想、转变观念，深化文物保护利用体制机制改革，加强文物政策制度顶层设计，切实做好文物保护利用各项工作。"

建筑遗产合理利用由一系列的工作环节组成，各自有其作用，彼此相互关联、相互协调，综合组成一套完整的利用结构体系，并不是单纯的功能定位或利用方式。

1.5.2 建筑遗产利用的工作环节分析

1）相关文献研究

对于建筑遗产的合理利用，需从分析其类型与特点着手。评估并挖掘其历史文化内涵，在物质文化与非物质文化互生统一思想的指导下，将有形遗产的管理与无形文明的传承相结合进行利用①。同时应注重自然文化遗产在开发管理中产权制度的差异化、法治化与规范化②。编制科学严谨的遗产保护与管理规划，完善其法律体系，构建权责统一、分工明确的遗产管理体制，并开发与建筑遗产相配套的多种经营方式，提高经济效益的同时，确保遗产资源的公益性③④⑤。在遗产地资源如何实现的探讨中，进行分区保护，严格控制开发，分类规划游览路线，合理安排客流⑥，发展生态、低碳旅游的同时，加强工作人员的专业培训，强化监督机制，明确管理部门的核心责任，逐步纠正政出多门，多头管理的弊端⑦。

随着人民生活水平的提高，旅游逐渐成为一种普遍行为，在旅游项目中占有较大比重的各地建筑遗产也逐渐引起广大游客的关注。不断增加的游客数量和不文明的旅游行为使许多建筑遗产遭到了严重破坏，因此对于建筑遗产可持续发展的研究逐渐

---

① 宋才发．论世界遗产的合理利用与依法保护[J]．黑龙江民族丛刊，2005(2)：84-90.

② 吕晓斌．基于产权视角的自然文化遗产保护机制研究[D]．武汉：中国地质大学(武汉)，2013.

③ 化蕾．从明十三陵的发展浅谈世界遗产的合理利用及可持续开发模式[C]//世界遗产论坛暨全球化背景下的中国世界遗产事业学术研讨会论文集．南京，2008.

④ 刘利元．拓展文化遗产 合理利用空间[N]．南方日报，2015-10-10(F02).

⑤ 刘庆余．国外线性文化遗产保护与利用经验借鉴[J]．东南文化，2013(2)：29-35.

⑥ 刘正威．黄山世界文化与自然双遗产的可持续发展研究[D]．北京：中国地质大学(北京)，2013.

⑦ 蒋小玉．北京延庆遗产资源的保护与可持续发展研究[D]．北京：中国地质大学(北京)，2010.

成为学者研究的热点。对于建筑遗产的可持续利用，众多学者从原因入手，提出了一些应对措施。徐嵩龄[1]、张朝枝[2]等人认为旅游人数的剧增以及不规范的管理是造成建筑遗产破坏的重要原因，提出在建筑遗产的利用和管理中应该强调法律保护。李平在其硕士论文中提到利用模式应当基于价值评估、完善的保护机制、开展普查、完善相关法律和法规、规划和统筹等，并提出五种开发利用模式[3]。刘庆余结合国外文化遗产利用提出需要完善的法律法规、规划、多方合作参与、综合价值等[4]。

彭飞在其博士论文[5]中通过 CNKI 以及调研收集的案例总结了全国工业遗产项目再利用的运作流程，重点提到价值评估分级、调查与安全性评估、产权归属、现状分析、上位规划、规划布局、特色空间规划、策略设计、再利用评价、项目定位、城市设计、项目设计、工程修缮施工、资产评估、保护选择、再利用模式、功能业态、产业结构调整、经济性、物业管理等。

李先逵先生在《中国建筑文化遗产保护利用问题与对策》[6]一文中认为合理利用要对五个方面的问题系统加以研究，即文化遗产的保护问题、研究问题、法规问题、规划问题、管理问题。保护是首要，研究是基础，法规是关键，规划是保证，管理是手段。

因此从相关文献研究可以看到，建筑遗产利用的工作环节主要包括评估、法规、产权、研究、规划、经营方式、管理监督等。

2）相关政策文件研究

2018《若干意见》主要任务共分十六条，基本涵盖了文物与遗产保护利用管理的各个方面，详见表 1.1。

表 1.1 2018《若干意见》条文的利用环节分析表

条文	主要内容	细节内容	利用工作环节
第一条	保护利用的目标		宣传管理
第二条	保护利用理念的推广与价值传播体系		宣传管理
第三条	完善革命文物保护传承体系	强调展示	利用内容与展示利用方式
第四条	开展国家文物督察试点		管理
第五条	建立文物安全长效机制		管理
第六条	建立文物资源资产管理机制	管理机制的重大调整、资产管理情况、登录制度、大数据库，确定了利用机制与制度的转变	管理机制重大调整、产权机制、资产经济、数据管理

① 徐嵩龄. 中国文化与自然遗产的管理体制改革[J]. 管理世界，2003(6)：63-73.

② 张朝枝，郑艳芬. 文化遗产保护与利用关系的国际规则演变[J]. 旅游学刊，2011，26(1)：81-88.

③ 李平. 工业遗产保护利用模式和方法研究[D]. 西安：长安大学，2008.

④ 刘庆余. 国外线性文化遗产保护与利用经验借鉴 [J]. 东南文化，2013(2)：29-35.

⑤ 彭飞. 我国工业遗产再利用现状及发展研究[D]. 天津：天津大学，2015.

⑥ 李先逵. 中国建筑文化遗产保护利用问题与对策[C]//2008 年华南地区古村古镇保护与发展研讨会. 广州，2008.

续表 1.1

条文	主要内容	细节内容	利用工作环节
第七条	建立健全不可移动文物保护机制	审批制度，国土空间规划，完善考古制度，健全遗产使用预警和巡查，建立保护利用示范区，推动资源整合与连片利用，要创新机制，适度发展服务业和休闲农业	规划、管理、利用方式
第八条	大力推进文物合理利用	加大资源配置力度，强化基本公共文化服务功能，盘活资源，支持社会力量合理利用	利用方式、产权机制、管理
第九条	健全社会参与机制	探索社会力量参与使用和运营管理、促进文物旅游融合发展	社会参与、产权机制、利用方式
第十条	激发博物馆创新活力	强调了展示的方式以及单位的预算管理，人员绩效考核，财产权确权	展示利用、资产财务管理、产权机制
第十一条	促进文物市场活跃有序发展	交易与中介服务	产权机制、管理
第十二条	深化“一带一路”文物交流合作		宣传管理
第十三条	加强科技支撑	多种科技手段	展示利用方式
第十四条	创新人才机制		人员管理
第十五条	加强文物保护管理队伍建设		管理
第十六条	完善文物保护投入机制		管理

2016 年国家文物局《关于促进文物合理利用的若干意见》六条措施关于利用工作环节的分析详见表 1.2。

表 1.2　国家文物局 2016《关于促进文物合理利用的若干意见》条文的利用环节分析表

条文	主要内容	细节内容	利用工作环节
第一条	扩大文物资源社会开放度		展示利用、管理
第二条	促进馆际交流提高藏品利用率		展示利用、管理
第三条	加强革命文物展示利用		利用内容与展示利用方式
第四条	创新利用方式		展示利用方式、管理
第五条	落实文化创意产品开发政策	财政支持、知识产权、专项资金、税费优惠与奖励	管理
第六条	鼓励社会力量参与		管理、产权机制

2015《中国准则》共计四十七条，涵盖了对象、价值、评估、利用原则、人员管理、社会共同参与、保护原则、保护与管理工作程序（包括调查、评估、确定文物保护单位等级、制定文物保护规划、实施文物保护规划、定期检查文物保护规划及其实施情况，其中管理条文中提到了对经济效益的分析）、保护措施（包括保养维护与监测、加固、修缮、保护性设施建设、迁移以及环境整治）、合理利用（涉及研究、展示、延续原有功能和赋予文物古迹适宜的当代功能的各种利用方式，提到了促进社会效益与经济效益）。

通过相关政策文件研究得出的结论是建筑遗产利用的工作环节包括产权机制、调查与评估、保护规划、利用方式、利用内容、多元化管理机制等。

3）建筑遗产利用的工作环节分析结论

根据上述的文献资料与政策文件的分析可以看出，文献研究偏重于功能利用和规划引导，政策文件偏重于展示利用和管理机制。综上得出建筑遗产利用的主要工作环节包括产权机制、保护规划、调查评估、利用方式以及管理机制等方面。工程修缮技术归属于保护领域，传播宣传归属于管理机制。

① 产权机制

建筑遗产不仅是物理意义的土地和改良物，还包括其所有权固有的全部利益和权力，这种权利与利益称为产权。产权的整体可以视为一种权力束，涵盖了全部利益关系，包括使用、租赁、处置、放弃等权利。这里不仅要区别建筑遗产的所有权和其他不同的权益，还要分析其权利的限制条件（制度设置），以及这些限制条件对建筑遗产利用、社会效益与经济效益的影响，产权限制可以通过保护等级、保护规划等规范文件来明确。

② 保护规划

建筑遗产保护规划是指为保护历史建筑而设计的一系列制度体系、行为方式、政策目标等，它与一般的城市规划虽然在制定过程、执行形式等方面较为相似，但涉及范围远小于后者，其规划目标更加侧重建筑遗产的保护与合理利用，目标明确而单一。在我国较长的一段时间内，保护规划的各种要求和普通的城市规划在编制格式和层级划分等方面基本上没有差别[①]，但是近年来，鉴于各地建筑遗产保护过程中出现混乱失序的窘境，建筑遗产保护规划的重要性逐渐得到了广泛认可和重视。要真正能够使保护规划切实起到引导、规范建筑遗产保护利用的实际作用，必然离不开相关规划专题体系（特别是利用规划）的构建和完善。

③ 调查与评估

建筑遗产评估至少包括价值评估、可行性评估和管理条件评估三个方面。价值评估是确定保护等级的依据；可行性评估是通过客观认识现存建筑遗产的使用状况，对其可利用潜力有一个客观量化的评价；管理评估是对管理条件与安全因素的现状进行评估。三者各有侧重，共同作为建筑遗产合理利用的依据和选择。目前除了价值评估以外，建筑遗产可行性评估与管理条件评估的理论、内容和方法等不够成熟与完善，需要积极创新与不断实践，以适应新形势下的中国建筑遗产保护发展潮流。

④ 利用方式

2015《中国准则》指出："应当根据文物古迹的价值、类型、保存状况、环境条件等分级、分类选择适宜的利用方式。"建筑遗产利用方式主要就是展示、延续原有功能和赋予适宜的当代功能。展示性利用方式在各种政策文件中出现较多；功能性利用除了保留原有功能以外，当前国内再利用模式最常见有博物馆模式、遗产景观模式、公共休闲模式、创意产业模式以及旅游购物模式等。

① 王涛.建筑遗产保护规划与规划体系[J].规划师，2005，21（7）：104-105.

⑤ 管理机制

张成渝认为要从研究、法规、规划、利用和管理等五个方面进行有机统一，才能形成一个良性循环系统工程，从微观层面提出要通过功能分区、数字化管理、完善立法等具体管理手段来解决建筑遗产利用的实际问题。[①] 同时，亦有学者从盈利、公平性、土地利用等多个角度开展分析，认为健全法律体制，完善管理机制，建立社区参与制，将有利于减少因立法落后、管理不善、将遗产效益与官员绩效挂钩等原因出现的不公平问题[②]。还有学者提倡制定专项法规，对旅游地设施进行合理规划[③]。2018《若干意见》提出：要"充实力量，提升革命文物、社会文物、文物资源资产、文物国际合作与传播等方面的管理能力。"尽管研究角度与尺度各不相同，但建筑遗产管理机制基本都包括了建筑遗产保护、法律法规、优惠政策、规划编制与实施、利用实施、传播宣传、交流学习、平台搭建、科技创新、数据化管理、机构人员管理、财务管理、社会管理多元化、管理监督等基本内容。

1.5.3 整体思维方式导向

1）什么是整体思维方式

整体思维方式是指在认识事物的过程中，从普遍联系和永恒发展的基本视角出发，将事物理解为由各要素、各环节、各方面之间相互影响，相互制约，相互作用的有机整体[④]。作为一种哲学研究范式，认为事物之间是相互联系、相互制约的，以事物整体性的视角分析其整体与部分、整体与整体之间的相互作用和相互关系[⑤]。其特定的原则和规律可归纳为三个部分：

① 连续性原则，是从时间发展纵轴方面反映客观整体，把整个客观整体视为一个有机延续而不间断的发展过程。

② 立体性原则，是从横轴方面，即对客观事物自身包含的各种属性的整体考察与反映，将整体事物内在诸因素之间错综复杂关系的潜网清晰地展示出来。

③ 系统性原则，是从纵横两方面对客观事物进行分析和综合，并按客观事物本身所固有的层次和结构，逻辑再现客观事物的全貌[⑥]。

现代科学发展的明显特点就是既高度分化又高度综合。越是从整体角度对各个部分（元素）做出精确的理解和掌握，就越能正确地进行研究。研究本身就是一个自我辩证否定的过程，整体思维在这个过程中是具有必然性的。

---

① 张成渝.世界遗产视野下的地质遗产的功能及其关系研究[J].北京大学学报(自然科学版),2006,42(2):226-230.

② 李纪.世界遗产利用与保护中的不公平问题[J].中国地名,2006(6):88-89.

③ 干剑.中国世界遗产周边土地利用问题及其对策研究[J].经济师,2005(2):12-13.

④ 孙德忠.马克思主义的整体性与大学生整体性思维的培养[J].武汉理工大学学报(社会科学版),2012,25(5),753-757.

⑤ 苗雪，廖启云.基于整体性思维方式的意识形态特质认知[J].吕梁学院学报,2016,6(4),79-83.

⑥ 木.李时英:谈谈整体思维[J].百科知识,1993(7):13.

2）建筑遗产保护利用要引入整体思维方式的原因

目前建筑遗产保护与利用的内容较为碎片化，涉及各种流程、工作环节与管理部门众多。如果仍然采取碎片化和按照行政区划条块分割以及政出多门的治理方法，就会不断上演哈定所说的“公地悲剧”①。为此，需要以整体思维进行引导，突破原有狭隘的保护方式，构建一个全流程、多环节、多元化的合作机制，整合保护、设计、修复、利用、运营以及管理等人员队伍，凝聚跨专业力量，促进遗产保护利用由分散走向集中，由点到面，由浅入深。建筑遗产保护利用是一个由各组成部分和工作环节所构成的有机系统，各环节的局部性工作领域都处于作为整体性而存在的紧密联系之中，处于牵一发而动全身的相互影响和相互制约之中。

一是，整体思维方式促进遵循建筑遗产合理利用行为是一个整体的规律基础上的关联性、协同性的运营理念，付诸系统性实践，有助于推动建筑遗产保护利用的协调发展。由于各个工作环节都是作为有机命脉体系中的一个重要环节而存在和发展，因此，建筑遗产合理利用必须遵循系统所固有的具有内在联系的客观自然规律，不能做评估工作的只负责评估，做运营工作的只负责运营，或单纯就做管理。应该从建筑遗产保护利用是一个统一整体的辩证思维出发，将评估、规划、修建、运营、管理等各方面力量有机地整合起来，建立一套清晰的、有效的、能被普遍接受的规则，促进从内在系统优化的角度加以保护、修复和利用。

二是，整体思维方式倡导建立建筑遗产利用各个工作环节利益协调、责任分担、资源整合和管理协同的理念，有助于在利用过程中形成强有力的利益共同体、责任共同体和发展共同体。剖析各个工作环节的职能、作用与效果，理顺其中的相互逻辑结构以及利益关系是推动建筑遗产合理利用的关键。围绕建筑遗产利用的众多利益涉及不同对象和不同领域，如果不确立整体思维，就无法在认同整体利益基础上达到利益共识。没有利益认同与共识，保护利用与管理主体就没有主动性和积极性。除了利益关系协调以外，还要认识到对待建筑遗产利用问题并不是单纯的文物系统或住建部门的事情，这不仅涉及建筑维护和环境建设，还涉及经济建设、社会建设和文化建设等更多领域。只有从整体保护利用的战略高度出发，才能在建筑遗产利用的系统性、整体性和协同性基础上产生良好效果。

三是，整体思维方式是一种将着手于眼前应对当前建筑遗产保护危机和着眼于未来构建利用资源节约型、经济合理型以及发展和谐型相结合的战略性思维，有助于近期任务与长期目标的结合、代内关系与代际关系的结合、社会文化价值与经济价值的结合。整体思维作为一种将历史与现实、当前与未来有机连接起来的思维方式，将促

① 公地悲剧：一群牧民面对向他们开放的草地，每一个牧民都想多养一头牛，因为多养一头牛增加的收益大于其购养成本，是合算的，尽管因平均草量下降，可能使整个牧区的牛的单位收益下降。如果每个牧民都多增加一头牛，草地将可能被过度放牧，从而不能满足牛的食量，致使所有牧民的牛均饿死。这就是公共资源的悲剧。对公共资源悲剧的防止有两种办法：一是制度上的，即建立中心化的权力机构，无论这种权力机构是公共的还是私人的，私人对公地的拥有即处置便是在使用权力；二是道德约束，道德约束与非中心化的奖惩联系在一起。

进文物、古建、建筑遗产与个人、单位和公众进一步协调共生,促进自我到社会的整体性变革,建立大循环的保护利用的社会格局,强化政府、企业、社会公众、非政府组织多元主体合作治理的思维,推动形成建筑遗产的可持续性发展①。

3)整体思维方式对建筑遗产合理利用行为的引导分析

建筑遗产无疑是一种稀缺资源,引入整体思维方式的目标就是为了促进其有效利用。基于整体思维,对建筑遗产利用工作体系结构与相互关系进行研究。

① 基于整体优化与权衡的思维,看待建筑遗产保护与利用的矛盾。各方利益人会在特定的情况下做出他们认为最优的抉择,他们可能在自己的领域中做得非常专业化,但是缺乏协调的专业化,带来的却是混乱,不是财富。人们只按照各自的资源和能力,追逐各自感兴趣的特定目标,对别人的利益、资源与能力不管不顾,但往往自己的计划要成功,需要依赖与他人的合作②。保护与利用在各方利益人不考虑相互调整时就产生了矛盾。首先要有协调合作的整体思维,通过人的互动,根据具体的项目情况来制定新的规则。可持续发展由社会效益、环境效益和经济效益三个效益组成,也要有协调合作的主导思维,做到灵活,才能充分发挥能动性。

② 整体思维要求人们建立与遵守规则的普遍思维。产权作为规则中最重要的部分,也是建筑遗产资源资产利用管理的核心。明确界定谁在法律上拥有什么可以帮助人们澄清不同的选择和机会,在自愿的前提下,产权与其他服务类的衍生权益可以进行交易或交换,增加交易双方的机会和财富。

③ 基于整体思维构建建筑遗产利用各个工作环节的相互关系。以产权作为基本出发点,根据可靠的信息与激励,随着时间的演化,通过法律、习俗、道德、技术相互作用,不断协调、谨慎选择,直至建立起一种可靠的优化模式。因此,可以理解为,在建筑遗产利用过程中,产权是基础与核心,评估是信息与现状条件的反映,法律、规划和技术是关键因素,依赖多方利益人的协调合作,通过多方案的选择、衡量和不断调整,最终实现资源配置的优化方案。当然任何方案都不是完美的,既能顾及所有事实,又能对所有价值一视同仁。只有以动态的思维去不断调整、观察事实,并用理论来解释其原因。这里只是提供一种思考方式。

④ 资源要素的优化配置以及利益协调,引导人们依照具体的专业化手段,将所具备的资源要素相互组合,去选择、衡量与优化利用方案。正如2015《中国准则》提出的应当根据文物古迹的价值、类型、保存状况、环境条件等分级、分类选择适宜的利用方式。研究个体行为和协作互动时,特别重视个体的选择。个体一直在比较,期望有额外的收益成本或额外效益,这就是优化的本质。如何判断是否产生优化需要合理的评价指标。人们通常用货币来衡量特定选择的收益成本或额外效益,一点适度的变动就

① 方世南.以整体性思维推进生态治理现代化[J].山东社会科学,2016(6),12-16.

② 保罗·海恩,彼得·勃特克,大卫·普雷契特科.经济学的思维方式[M].英文版.史晨,译.北京:机械工业出版社,2017.

会使很多人改变他们的行为。因此，建筑遗产利用过程中需要引入经济性评价，将显化的经济测算结果作为一种可衡量的标准，来判读其利用行为是否合理。

⑤ 以整体思维推动建筑遗产保护利用所要达到的理想境界是善治，善治本身就包含着制度与文化结合的理念①。善治的主要手段是法治与管理，主要方式是多元生态治理主体的合作共治。因此，建筑遗产合理利用的管理监督制度非常重要，没有制度就没有规范，就没有刚性的约束。提升管理监督考核领域，全面引入建筑遗产资源资产利用管理的绩效评价指标，完善人的绩效评价管理的考核指标，启动覆盖物的全生命周期管理的全过程绩效评价。客观真实反映利用管理效果，并将考评结果与部门、个人的年度绩效综合评定挂钩，提升建筑遗产资源利用管理效能。

因此，运用整体思维方式引导建筑遗产合理利用，有助于按照客观原则和规律来获得良好绩效。这种思维方式吸收了非线性动力学中关于涨落放大机制的思想，在思维过程中会自觉检测到系统中的微小变化。对于正涨落，积极有效地加以利用；对于负涨落，采取相应措施弱化或者消除，避免因微小的漏洞引起的蝴蝶效应给建筑遗产保护利用造成的重大影响。运用整体思维方式指导建筑遗产合理利用，关注全局协调与细部环节相结合，注重关联、防微杜渐②。

1.5.4 建立建筑遗产合理利用的工作体系

学术界有许多关于建筑遗产利用模式的研究，有基于共生思想、基于可持续性的，也有基于理论研究、基于实际案例的。可以看出，经过多年的学术理论研究与实践工作探索，建筑遗产的合理利用体系仍然错综复杂、支离破碎。基于不同的目标与出发点，对其合理利用模式有着不同解读与操作。总体上不成体系，各工作环节之间的结构关系缺乏理论支撑，还没有形成一套清晰的、有效的、能被普遍接受的建筑遗产合理利用体系。

本书基于整体思维方式，提出建筑遗产合理利用的工作体系是："在保护的基本原则下，科学评估是建筑遗产合理利用的依据与前提，产权明晰是实现合理利用的基础，利用方式是实现合理利用的手段，规范管理是实现合理利用的保障，经济可行是衡量合理利用的指标。彼此相互配合、协调促进，规范引导利用主体，最终实现建筑遗产保护与利用的可持续发展。"

建筑遗产合理利用工作体系分析见图 1.2 所示。

1）产权机制

文物资源反映的是物质存在，体现其稀缺性和效用性；文物资产反映其权益，体现了排他性和约束性。利用就是在权益约束的前提下，实现效用性的手段与方法。产权是否清晰，是否可以移转，引导遗产保护利用方向和使用功能的延续或调整。做好建

① 方世南．以整体性思维推进生态治理现代化[J]．山东社会科学，2016(6)：12-16.

② 苏飞．当代整体性思维视野下的文化建设[D]．烟台：鲁东大学，2014.

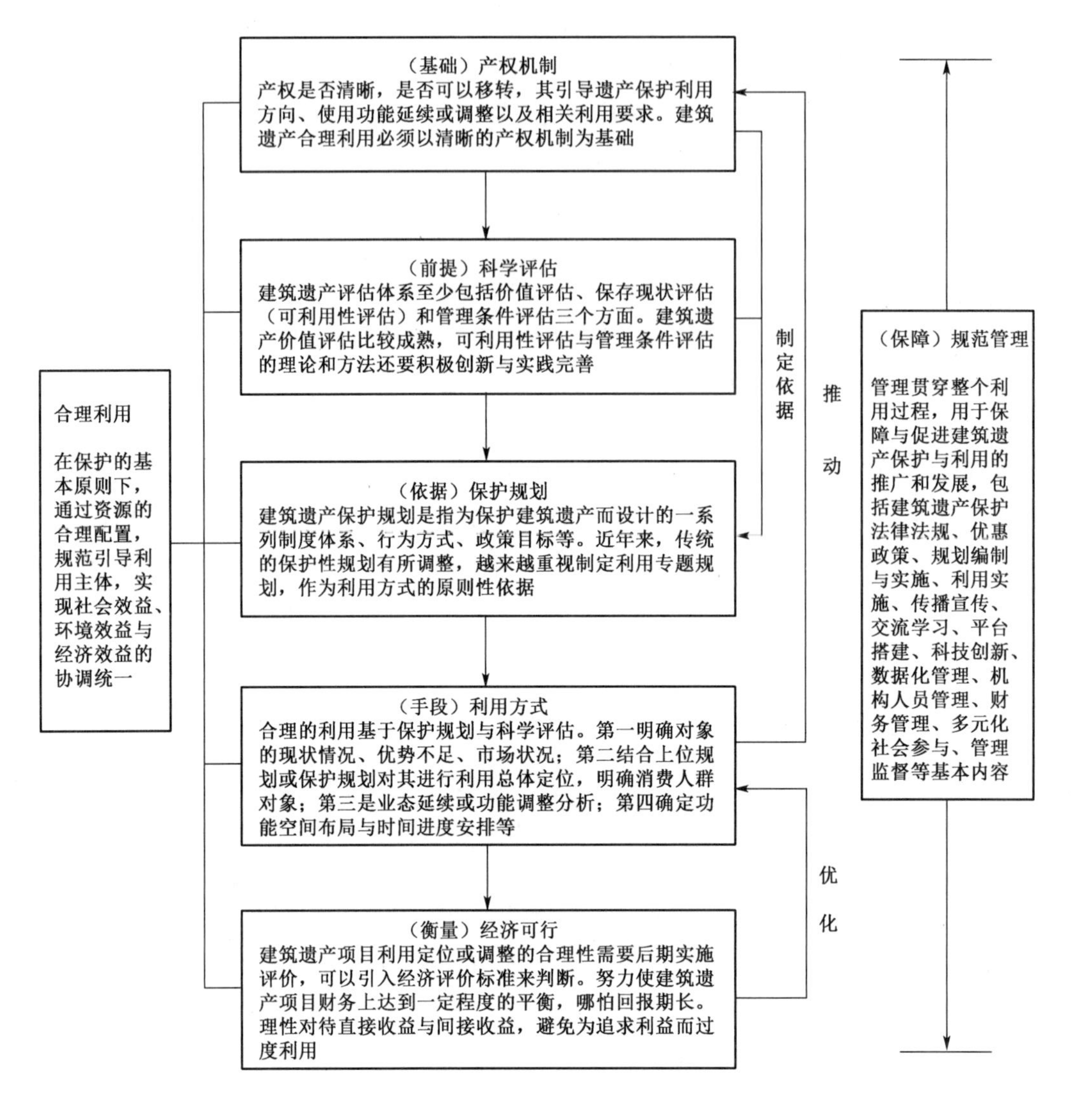

图 1.2　建筑遗产合理利用工作体系分析图

筑遗产资源资产管理和合理利用，必须以清晰的产权机制为基础。

2）保护规划

规划是协调的产物，也是规则的体现。建筑遗产保护利用、更新改造要有前瞻性的考虑，以使其更具有社会经济持续再生的活力。这一前瞻性考虑的具体制度化和操作化形式，就是建筑遗产保护规划及其规划专题体系。建筑遗产的保护规划强调保护限制的设置，需具有可操作性。比如要明确建筑遗产利用时“不能动／建议不动”的严格保护部分、“必须加（如卫生间）／建议加”的基础设施部分、“不能加／建议不加”的修建改建部分，以及其他必须要体现的内容等。

3）科学评估

正确的分析判断来源于可靠的信息，需要基于全面的、现状的真实情况，并排除杂乱与纷扰。2015《中国准则》要求应当根据文物古迹的价值、类型、保存状况、环境条件等分级、分类选择适宜的利用方式。评估是根据对文物古迹及相关历史、文化的调查、研究，对文物古迹的价值、保存状况和管理条件做出的评价，说明了建筑遗产调查评估的结论是合理利用的前提条件。

4）利用方式

建筑遗产的利用方式主要就是展示，延续原有功能和赋予适宜的当代功能。使观众能完整、准确地认识建筑遗产的价值，尊重、传承优秀的历史文化传统，自觉参与对遗产的保护是展示性利用的目标。合理的功能性利用更是需要专业的分析思维，基于保护规划与科学评估，进行全方位的市场调查与现状分析，项目定位、功能分区和用地布局，合理性评价与管理等。选择确定科学合理的利用方式是实现建筑遗产合理利用最重要的环节，需要各项工作的配合与协调。

5）规范管理

2015《中国准则》提出，“管理：是文物古迹保护的基本工作。管理包括通过制定具有前瞻性的规划，认识、宣传和保护文物古迹的价值；建立相应的规章制度；建立各部门间的合作机制；及时消除文物古迹存在的隐患；控制文物古迹建设控制地带内的建设活动；联络相关各方和当地社区；培养高素质管理人员；对文物古迹定期维护；提供高水平的展陈和价值阐释；收集、整理档案资料；管理旅游活动；保障文物古迹安全；保证必要的保护经费来源。”管理贯穿建筑遗产保护利用的全过程，设定其限度与计划，并不断发展与调整。规范管理是促进建筑遗产保护利用顺利实施的基本保障。

6）经济可行

经济性评价结果可作为一种衡量标准，来判断建筑遗产利用行为是否合理。以前通常不重视，但是现在基于整体思维方式与可持续性理念，也要逐步将这项工作提到重要的位置。经济可行是指在保证社会效益、环境效益的前提下，对建筑遗产实现其消费功能（居住）；或是通过经营实现一定的经济效益，更多体现在经营功能（商铺、酒店、办公、旅游消费）。即便不能完全实现经济平衡，至少也可以弥补部分前期投入或维护成本，提高项目的可持续性运行能力。必须注意到，遗产的保护利用应“赚”之有道，要理性对待保护工作之后的收益，而不应过度注重保护过程中的利益①。

1.6 建筑遗产合理利用与区域经济发展

建筑遗产合理利用应该遵循保护与利用相协调的原则，正确处理历史文化的保护与现代化建设的关系。保护是为了保证建筑遗产不受破坏，为一定历史文化时期提供

① 麻勇斌.文化遗产保护与利用工作中的三个关系七个问题和五个矛盾[J].贵州师范大学学报(社会科学版),2008(4):38-43.

真实的见证；利用需要依靠自身的优势，适度发展相关产业，如旅游开发、健康养生等经济活动，这些不仅不会对建筑遗产造成破坏，而且成了展示历史遗产风貌的新途径。

2008 年，罗哲文指出"离开经济社会效益遗产很难保护好。保护工作越来越受到重视，就是因为对于历史文化名城的保护和利用发挥出了效益。有的是经济效益，有的是社会效益。当然社会效益是首先考虑的。最好是两者具备。人们越来越意识到，保护不是包袱，而是财富。旅游是一个非常重要的桥梁。旅游本身就是一个文化产业，一方面具有增长知识、锻炼身体、受教育、提供科学研究等作用；另一方面，旅游就是要带来经济效益，就如同开发商要挣钱是一样的，越多越好。之所以有的地方，保护工作与旅游发展产生矛盾，是因为没有处理好二者关系，处理好了应该不会发生矛盾。首先，要做好保护规划，宾馆、商店、旅游设施的建设，都应当以保护规划为准。其次，还应当解决人流的问题，将人流错开。如果旅游和保护做得比较好，可以两全其美，相得益彰。"①

1）建筑遗产的合理利用有利于当地经济的发展

建筑遗产作为一种特殊资源，除了本身具有的历史、科学和社会价值之外，还具有一定的经济价值，在长期有效的保护中具有较强的外部性。这种外部性对地方经济产生巨大影响，主要体现在对旅游业的推动作用，从而带动许多相关产业的发展，形成新的商业增长点。尤其是作为商业区的历史街区，不但可以增加个人投资，同时也可以刺激经济发展。

建筑遗产作为旅游资源使用时具有特殊性。这种特殊性体现在建筑遗产对一个地方产生的品牌效应、区域地标效应、区域符号效应，并通过带动旅游消费和周边产业发展，为地方经济增长注入长久生命力。"旅游目的地"几乎成为了历史名镇、村、历史文化街区和历史名街所在地的代名词，这些"金字招牌"可以增加当地的就业机会、经济收入、贸易和税收，促进相关旅游、文化和对外交流活动的蓬勃开展，并产生可观的旅游经济效益、知名度和品牌效益，甚至为当地产业结构的优化做出贡献。据相关数据分析，在法国遗产保护利用过程中产生大量就业机会，包括直接、间接、诱发创造的就业人数。直接就业人数指各种遗产利用和保护机构的人数；间接就业人数指遗产保护和修复领域的人数；诱发就业人数指将遗产作为原型，如艺术和工艺、文化产业甚至一些非文化活动产生的就业人数。世界旅游城市联合会（WTCF）与中国社会科学院旅游研究中心发布的《世界旅游经济趋势报告（2018）》显示，"平均 10 000 个旅游者创造 1.15 个就业岗位，1 个是平时岗位，0.15 个是临时岗位"。因此，建筑遗产在作为旅游经济发展的同时，必将带动相关服务业，如餐饮、交通、通信、旅馆、娱乐业的发展。报告表明，超过 30％的旅游业收入属于相关配套服务业。尤其在一些偏远地区以其特有的建筑遗存为依据和资源，带动具有地方特色的传统工艺品的制作与研发，形成地区产业发展点，完成产业结构调整。以云南香格里拉古城为例，这座偏远小城从一个

① 罗哲文.历史文化遗产保护要与经济社会发展相结合[J].中华建设，2008(6)：32-33.

被遗忘的角落迅速成了令人向往的旅游胜地，其原因就在于香格里拉立足自身独特而丰富的历史文化遗产和生态资源，进行了适度利用与宣传展示，以古城建筑遗产保护带动了当地旅游经济发展。

2）当地经济的发展促进建筑遗产的保护

经济收益是建筑遗产保护的物质基础。纵观世界发展，曾经对建筑遗产保护花大力气的地方，如今社会效益和经济效益都较好，在投入产出上都取得了丰厚的回报。例如，西班牙依靠其丰富的遗产资源，接待游客 4 820 万人次，旅游收入 570 亿美元（2015 年）；法国的旅游收入达到 460 亿美元（2015 年）。[①] 建筑遗产的固有属性决定了其与其他类型旅游资源存在差异，体现在遗产资源的原创性、稀缺性、不可再生性和不可替代性。这些特性赋予了建筑遗产在经济发展中的优先地位。因此在建筑遗产的保护中，当地经济的发展程度具有很大的影响。也正是建筑遗产的特殊性，在保护中需要投入大量的资金、技术等。通过建筑遗产的地区分布可以看出，经济发展条件较好的省份，建筑遗产的保存完好程度以及产生的效益要明显高于经济相对落后的省份和地区。当地经济的发展，能为建筑遗产的保护提供多方面、多渠道的资金来源，有利于保护和修复建筑遗产本身，对建筑遗产所传承的历史价值亦能提供较好的保存和发展条件。也正是在这样一种良性循环中，当地经济的发展，更能促进建筑遗产保护的技术和管理发展，增加具备遗产保护管理资质的专业人员配备，使建筑遗产的保护和管理更加规范化。

3）总体评价

建筑遗产可以带来旅游经济效益，成为当地的经济增长点，打造一个地方名片。这些持续稳定增长的核心就是有效保护建筑遗产。在利用上要摒弃急功近利、竭泽而渔的利用方式；做好长远规划，有效规范和制止诸多破坏行为的发生。本着保护、适度、长远的原则，不单是做建筑遗产的旅游经济文章，更要从吸引投资、带动相关产业发展的角度入手，形成一个以建筑遗产为核心的经济文化圈。积极调整地方不利于建筑遗产保护和发展需要的产业结构，大力发展高新技术产业，在满足遗产保护的前提下，谋求地方经济持续、稳定发展，让建筑遗产形成促进地方经济发展的“永动机”。

当然，建筑遗产的保护有效与否不能简单地用经济价值来衡量。常言道“黄金有价玉无价”，真正无价的应该是建筑遗产本体、信息以及所蕴含的文化、历史价值内涵。保护建筑遗产，就是保护无价的历史，就是保护民族和地区的文化之根，就是保护人们生存发展的人文环境。因此，建筑遗产从来都不是也不应该是地方社会经济发展建设的附属品，它们之间是共生互动的关系。促进经济发展的同时也要更好地保护建筑遗产，两者是相辅相成的。此外，我国经济发展并不平衡，东中西部地区存在差异，城市

---

① 世界旅游组织：2015 年中国旅游收入位居第二[EB/OL]. http://www.p5w.net/news/gncj/201605/t20160513_1445867.htm.

和农村存在差异，历史名村、名镇与历史街区亦存在差异，不能片面地按照统一的模式去利用和保护，应该“因地制宜”，发挥建筑遗产最大的综合效益。

处理好保护、利用与经济发展的关系，摒弃“建筑遗产保护是经济发展的包袱”这种错误观念。建筑遗产有着悠久的文化底蕴和广泛的社会影响，具有很高的可利用价值。在保护建筑遗产的基本前提下，充分挖掘内涵价值特征，合理发挥建筑遗产的社会效用，整合建筑遗产的资源优势，带动相关产业的配套发展，以产生更大的经济效益和社会效益，使得建筑遗产的保护工作和经济发展最终实现双赢，达到“鱼与熊掌兼得”的可持续发展目标。

2 利用的根本:建筑遗产价值体系

前国家文物局副局长童明康指出:“价值是遗产的根本,没有了价值一切利用都是空谈。”[①]建筑遗产是物质化的历史文化信息载体,科学合理的价值评估是保护与利用的重要依据与基础,完整合理、层次分明的建筑遗产价值体系是评估的基础,也是学术界一直争议的话题。

虽然根据不同的规划目的与功能、效用的分类,学术界鼓励挖掘更多的价值类型,但将其整合纳入体系则不然。“体系”是指若干有关事物互相联系互相制约而构成的整体。建筑遗产价值体系是指一系列层次、分工明确,彼此有机关联的自然、社会、经济多重功效构成的价值系统[②]。在理论或逻辑上要求形成合理完整、明确的主次因果关系。价值类型是组成价值体系的基本单元,混乱无序、碎片化的价值类型无法满足构建价值体系的要求。因此,建立科学合理的建筑遗产价值体系必须要明确各种价值类型的概念含义,将其归纳整理,并分析价值类型之间的逻辑关系,如综合价值与经济价值之间,综合价值内部的基本价值之间到底是并列、隶属还是存在其他关系。

2.1 建筑遗产价值类型分析

涉及建筑遗产价值类型分析与价值体系构建,必须面临一个关键性问题:什么是价值?价值是人类社会产生以来一个极为重要的概念,具有多视角的特征,是随着人们的人生观、世界观、政治观及价值观的不同而变化的[③]。价值的终极本原只能是运动着的物质世界和劳动着的人类社会。《辞海》将价值界定为:“一是商品的一种属性,凝结在商品中的一般的、无差别的人类劳动;二是价格;三是积极作用;四是在哲学上,不同的思想视域和思想方式对于价值有不同的理解。人们可以从人与对象物的关系的思想领域中理解价值现象,即价值可以指人根据自身的需要、意愿、兴趣或目的对他生活相关的对象物赋予的某种好或不好、有利或不利、可行或不可行等的特性。也可以指对象物所具有的满足人的各种需要的客观特性。”[④]从这个定义中可以看出“价值”可以分为两个层面,既有哲学意义的范畴,也有经济学领域的范畴。

---

① 童明康.世界遗产与可持续发展[EB/OL]. http://blog.sina.com.cn/s/blog_723f8acb01015aap.html.

② 陈耀华,刘强.中国自然文化遗产的价值体系及保护利用[J].地理研究,2012,31(6):1111-1120.

③ 吴美萍.文化遗产的价值评估研究[D].南京:东南大学,2006.

④ 夏征农,陈至立.辞海[M].6版(缩印本).上海:上海辞书出版社,2010:876.

正是由于价值定义本身存在多重解释，导致对建筑遗产价值类型的定义与归纳显得杂乱无章。如施国庆等《城市文化遗产价值解构与评估》一文①的第一部分将城市文化遗产价值分为使用价值、科学价值、艺术价值和非使用价值；而在第二部分构建价值评估体系时，又将文化遗产价值分为成本价值与效益价值。且不论其价值组成是否合理，但第一部分的分类偏于哲学概念，第二部分的分类属于经济学概念，前后差异如此之大，未做解释，令人费解。再如，黄晓燕在研究历史地段价值类型时，列举出了存在与历史价值、使用价值、社会文化价值、美学与艺术价值、情感价值、景观与旅游价值等②，几乎将文献中出现过的各种价值类型全部列明，至于彼此之间是包含、是并列还是对立关系，没有更多说明。

近年来，涉及建筑遗产价值体系的学术研究已无新颖成果。一方面是价值类型设置的随意化，出现了结构价值、保护价值这些新名词，甚至将一些影响因素也归入价值类型；另一方面是价值体系的无序化，阐述的各种价值类型之间的逻辑关系杂乱无章、不成系统。但仍有一些学者试图用不同的角度诠释价值类型的相互关系，构建完整的建筑遗产价值体系。如复旦大学的黄明玉博士、清华大学的丛桂芹博士、东南大学的姚迪博士、北京大学的陈耀华老师和同济大学的陆地教授等。

2.1.1 常见价值类型的解析

针对建筑遗产价值类型或价值体系的认识，国内外学术界已经有一定的研究与积累(表 2.1)。

表 2.1 主要文献研究中的价值类型一览表

文献/人物	价值类型
李格尔	历史价值、年岁价值、使用价值、艺术价值、纪念价值、稀有价值
《威尼斯宪章》	文化价值、历史价值、艺术价值
《世界遗产公约》	历史、艺术、科学、保护、审美等角度看具有突出的普遍性价值
《欧洲建筑遗产宪章》	精神价值、社会价值、文化价值、经济价值
费尔顿	建筑价值、美学价值、历史价值、记录价值、考古价值、经济价值、社会价值、政治和精神或象征性价值
莱普	科学价值、美学价值、经济价值、象征价值
普鲁金	历史价值、城市规划价值、建筑美学价值、艺术情绪价值、科学修复价值、使用价值
弗雷	货币价值、选择价值、存在价值、遗赠价值、声望价值、教育价值
《巴拉宪章》	美学价值、历史价值、科学价值、社会价值
《西安宣言》	正式提出环境价值

① 施国庆，黄兆亚. 城市文化遗产价值解构与评估：基于复合期权模式的研究视角[J]. 求索，2009(12)：51-53.

② 黄晓燕. 历史地段综合价值评价初探[D]. 成都：西南交通大学，2006.

续表 2.1

文献/人物	价值类型
《中国文物保护法》	历史价值、艺术价值、科学价值
《历史文化名城保护规划规范》	历史价值、科学价值、艺术价值
2015《中国文物古迹保护准则》	历史价值、艺术价值、科学价值、文化价值、社会价值
朱光亚	历史价值、科学价值、艺术价值、空间布局价值、实用价值
阮仪三	美学价值、精神价值、社会价值、历史价值、象征价值、真实价值
吴美萍	历史价值、艺术价值、科学价值、情感价值、经济价值、社会价值、使用价值、生态价值及环境价值
吕舟	历史价值、艺术价值、科学价值、文化价值、情感价值
李新建、朱光亚	历史价值、科学价值、艺术价值、社会或情感价值
蔡达峰	物质价值、信息载播价值
陈淳	历史价值、艺术价值、经济价值、科学价值
谢庚龙	历史价值(朝代、性质、历史背景)、艺术价值[艺术造型、结构状况、与环境(历史环境)的适应性、损坏情况以及在建筑史上的地位]
王世仁	自身价值(历史价值)、社会价值(使用价值)
王秉洛	直接实物产出价值、直接服务价值、间接生态价值和存在价值
徐嵩龄	美学价值、精神价值、历史价值、社会学价值、人类学价值、符号价值和经济价值
李莉莉	使用价值(直接使用价值、间接使用价值和选择价值)和非使用价值(存在价值)
张柔然	社会文化价值、经济价值(使用价值和非使用价值)
刘翠云	使用价值、信息价值
李莉莉	使用价值与非使用价值
宋刚	基本价值(历史、科学、艺术价值)、附属价值[文化情感价值、环境价值、物业价值(空间能力)]
丁倩	总体价值与分项价值(历史价值、科学价值、经济价值、文化价值、景观价值、结构价值)
从桂芹	象征价值、艺术价值、文化价值、历史价值、突出的普遍价值、经济价值

注:该表整合了复旦大学黄明玉博士①、东南大学姚迪博士②的成果,经笔者增列补充。

综合分析上表罗列的各种价值类型,除传统的历史价值、艺术价值、科学价值、社会价值以外,存在价值、文化价值、美学价值、精神价值、情感价值和使用价值等也是常见的建筑遗产价值类型。但各种文献对这些价值类型定义解释不一,缺少统一认识,容易产生歧义。本书尝试对这些概念的解释进行对比分析,以梳理这些价值类型之间的关系。

① 黄明玉.文化遗产的价值评估及记录建档[D].上海:复旦大学,2009.

② 姚迪.申遗背景下大运河遗产保护规划的编制方法探析:与基于多维与动态价值的保护规划比较后的反思[D].南京:东南大学,2012.

1）历史价值、艺术价值、科学价值

《文物保护法》对这三大价值的定义明确后，各种文献资料对于这三大价值的诠释大同小异。黄明玉博士对比了国内外的相关概念，认为其定义表述与解释也是基本相似的，略有差异。

2）存在价值

弗雷对存在价值的解释是指来源于知道建筑遗产继续存在的满足中所获得的价值，是人们为确保建筑遗产继续存在而自愿支付的费用。存在价值是建筑遗产本身所具有的经济价值之一。

陈耀华[①]认为存在价值是指无论人类是否利用，这种价值都是客观存在。余佳[②]认为文化遗产的独特性和不可再生性决定了广义的文化遗产的价值具有一般物品价值所无法包涵的部分，这一部分可以称为存在价值。对于全人类、全社会而言，建筑遗产的独特性和不可再生性决定了其存在价值不可定量估计。

由此看来，弗雷对存在价值的理解归属于经济学角度，陈耀华和余佳偏重于哲学范畴，两者概念不一致。

3）文化价值、社会文化价值与社会价值

建筑遗产的文化价值一直有广义与狭义概念之分。2017《操作指南》第 82 条规定，对于真实性认定标准，强调文化价值包括了以下特征：外形和设计；材料和实质；用途和功能；传统，技术和管理体系；位置和环境；语言和其他形式的非物质遗产；精神和感觉；其他内外因素。李浈等认为建筑遗产的内在价值，即其历史、科学、艺术价值、精神价值等，可笼统称为文化价值[③]，这种观点延续了澳大利亚学派戴维·思罗斯比(David Throsby)的观点[④]。这些都是文化价值的广义解释。

然而，大多数学者是从狭义角度看待文化价值的。秦红岭认为文化价值主要指的是建筑遗产所提供给人们的文化方面的自豪感、社会教化价值、文化象征与文化叙事等方面的价值要素，本质上是一种精神价值[⑤]。陈芳认为文化价值主要表现在与人们生产和生活密切相关的、物质的非物质的内容，包括人类劳动和生活的方法价值、精神价值[⑥]。

社会文化价值是指建筑遗产真实反映出建筑及其所处的社会层面，凸显地方文化习俗、传统社会制度规范及行为模式特色，向人们宣传精神的、政治的、民族的或其他方面的文化情绪，使人们对其全面认识而达到精神上的教育作用，有助于强化人们的

---

① 陈耀华，刘强. 中国自然文化遗产的价值体系及保护利用[J]. 地理研究，2012，31(6)：1111-1120.

② 余佳. 文化遗产价值探讨[J]. 科协论坛(下半月)，2011(3)：185-186.

③ 李浈，雷冬霞. 历史建筑价值认识的发展及其保护的经济学因素[J]. 同济大学学报(社会科学版)，2009，20(5)：44-51.

④ 澳大利亚《巴拉宪章》也是秉持此观点，将文化价值作为涵盖其他各项价值的“文化重要性”的概念。

⑤ 秦红岭. 论建筑文化遗产的价值要素[J]. 中国名城，2013(7)：18-22.

⑥ 陈芳. 农业遗产的概念挖掘与价值评估体系构建[D]. 武汉：湖北大学，2013.

群体及社会意识,丰富人们的历史知识,提高人们文化素养和自豪感及整个社会的人文素质①。

关于社会价值的理解,姚迪认为社会价值是指建筑遗产在知识的记录和传播、文化精神的传承、社会凝聚力的产生等方面所具有的社会效益和价值②。David Throsby指出社会价值是指遗产能够帮助强化社区的群体价值,使得社区能成为一个适宜生活和工作的地方。陆地则认为社会价值的认定还要区分社会大众、精英层以及产权人的不同认知③。

从定义上看,社会价值与文化价值概念虽然有重合部分,都体现文化精神与传承,但仍然各有偏重点,如文化价值侧重于文化内涵与精神传承,社会价值侧重于社会效益与社会影响。本书认为分成两个价值类型更为合理,不宜以社会文化价值一概而论。2015《中国准则》对文化价值与社会价值分别进行了表述(下文详细说明),也体现了国内目前学术界的主流观点。

4)美学价值与艺术价值

David Throsby 对美学价值的理解是遗产本身及其周围环境所拥有和展示的某种重要的美学质量。

宋刚提出艺术价值是指建筑遗产特有的空间和色彩构成、平立面构图、材料的肌理和质感、结构形式、建造工艺以及细部构造和图案等表现出来的艺术性,或建筑体现的某一时代的风格特征与审美需求,代表了地方传统文化风貌④。

从定义上,两者没有本质差异,可以融合。

5)精神价值、情感价值和象征价值

David Throsby 认为精神价值是指遗产提供给特定的地区和使用者以文化方面的自豪感,并能以此加强与外部世界的联系。宋刚认为文化情感价值是指建筑遗产影响、引导、代表、象征、限定当代特定的公众文化和价值取向(包括宗教信仰和企业文化)或寄托情感、进行思想教育的能力。

2017《操作指南》明确提出精神和感觉这样的属性在真实性评估中虽不易操作,却是评价一个遗产地特质和场所精神的重要指标。例如,在社区中保持传统和文化连续性,利用所有这些信息使我们对相关文化遗产在艺术、历史、社会和科学等特定领域的研究更加深入。

姚迪认为情感需求也是建筑遗产可利用性评估中需要考虑的。情感是人的一种需求,它需要通过某种途径和方法得到满足。当个人的情感需要上升为集体的情感需要时,它就成为这个群体共有的情感趋向,它的作用也就随之强大,有时甚至可能成为某一方面的决定因素。那些当地居民心中认为应该保护的历史文化特色,经常提及并

---

① 徐进亮.历史性建筑估价[M].南京:东南大学出版社,2015.

② 朱光亚,等.建筑遗产保护学[M].南京:东南大学出版社,2020.

③ 陆地,建筑遗产社会价值浅谈[EB/OL].http://blog.sina.com.cn/s/blog_8e15a8d80102wq7t.html.

④ 宋刚,杨昌鸣.近现代建筑遗产价值评估体系再研究[J].建筑学报,2013(S2):198-201.

集会的场所,以及那些有着动人的传说和令人念念不忘的地方往往寄托着人们的深厚情感,这种情感会深深地感染外来的人员。这是一种人们自发的、出自内心地对历史和传统的怀念与传承。

林源将情感价值与象征价值归为一类,合并为情感与象征价值,是指建筑遗产能够满足当今社会人们的情感需求,并具有某种特定的,或普遍性的精神象征意义,具体包含文化认同感、国家与民族的归属感、历史延续感、精神象征性等。建筑遗产由于具有情感和象征价值,从而可以发挥不可替代的教育功能①。

综合上述学者的观点,本书认为精神与情感不是一个独立的价值类型,而是隶属于社会价值或文化价值的子项因素或次级指标。

6) 使用价值、效用价值、直接使用价值

李格尔认为使用价值是实际功能的实现,因此要求采取保护措施,使古迹保持功能,符合当代的需要。劳动价值论认为使用价值是指物品能够满足人们某种需要的属性,能满足人们某种需要的商品的效用,反映了物的自然属性②。

效用价值是使用价值在消费过程中产生于消费者的主体评价。不同的消费者在对同一商品进行消费的时候,可以做出不同的效用评价,因而这一商品对不同的消费者而言具有不同的效用价值。在西方经济学中,通过假定不同消费者具有不同的"偏好"来解释,并且同一消费者随着消费同一商品的数量的不同,从每一单位商品中获得的效用满足也是不同的。效用是指对于消费者通过消费或者享受闲暇使自己的需求、欲望等得到满足的一个度量。物品的使用价值是效用的基础,物品只有在它拥有使用价值的基础上才能满足人们的某种需要,才能使效用得到实现③。

李莉莉认为使用价值是指当某一物品被使用或消费的时候,满足人们某种需要或偏好的能力。这个概念与劳动价值论相似。但李莉莉将其进一步分解为直接使用价值、间接使用价值和选择价值。直接使用价值是指城市历史文化遗产直接满足人们生产和消费需要的价值,一般来说这种价值只产生于旅游产品收入之中。间接使用价值体现了城市历史文化遗产价值的外部正效应,分为物质性正效应和精神性正效应。前者拉动生产、消费及其他方面的产业,后者能够推进城市精神文明建设,加强社会凝聚力。选择价值相当于消费者为了避免将来不能得到某个未利用的资产所愿意支付的保险金,包括未来可能有的直接与间接使用价值,体现的是价值评判者对该资产未来价值的预期,具有强烈的主观性④。这三个价值解释有些类似于经济学中的预期收益,偏向经济学领域。

传统经济学认为,商品的直接使用价值是可以通过交易市场表现出来的使用

① 林源.中国建筑遗产保护基础理论研究[D].西安:西安建筑科技大学,2007.
② 黄明玉.文化遗产的价值评估及记录建档[D].上海:复旦大学,2009.
③ 徐进亮.历史性建筑估价[M].南京:东南大学出版社,2015.
④ 李莉莉.广州历史文化遗产的传承与价值评估[D].广州:广州大学,2006.

价值,其在通常情况下可以通过商品的市场价格来衡量。商品的间接使用价值是难以进行商品化而不直接进入市场进行交易的使用价值,也是生产与消费正常进行的必要条件。这与陈耀华等提出的直接应用价值与间接衍生价值的含义基本相同①。

李格尔对于使用价值的理解实际上是使用价值的概念,是指人类通过实际使用建筑遗产得到的满足,属于哲学意义上的使用价值。李莉莉、陈耀华等人所表述的使用价值是使用或交易建筑遗产的收益或成本,属于经济学的范畴,与价值论的使用价值、经济学的效用价值等概念截然不同②。

朱光亚认为物质实体具备的实际功能,体现在建筑延存至今的原始功能的完整性与真实性,也体现在遵循建筑使用功能文化属性的前提下,通过创造性再利用,赋予建筑新的功能,为人类特定的活动提供室内外空间的能力,这种能力称为实用价值③。也是由于意识到了学术界中使用价值、利用价值等概念混乱,宋刚认为物业价值是"建筑遗产为人类特定的活动提供室内外空间的能力"④。这个概念与朱光亚的实用价值的内涵没有本质差别,只是称谓不同,外延属于包含关系。实用价值和物业价值实际上都与李格尔的"使用价值"含义相似。

综上所述,可以看到,通过对各自概念、内涵或外延的分析,一些常见的价值类型完全可以整理归并。目前许多学者对建筑遗产价值类型各有理解,随意定义和增加价值类型的情况较为常见,以此建立的建筑遗产价值体系的学术非严谨性可见一斑。

2.1.2 部分学者对价值类型的观点

复旦大学黄明玉的博士论文《文化遗产的价值评估及记录建档》是建筑遗产价值体系研究领域中公认的优秀成果。黄博士认为,在我国遗产保护的价值概念版图中,可以比照价值分类与我国较为接近的《巴拉宪章》,补充社会价值的概念。且为区别于有些学者将社会价值定义成使用价值,可以沿用蔡达峰提出的"社会人文价值"一词,包含精神宗教、象征、社会、政治、国家和其他方面的文化价值。此外,由于《文物保护法》三大价值中的科学与艺术价值专指科学史与艺术史方面的价值,与《巴拉宪章》的科学、美学价值相比,内涵也存在差异。在《巴拉宪章》中,美学价值为"评估标准可以、且应该陈述的感官知觉方面的价值。评估标准可能包括对组构、形式、规模、颜色、纹理和材料的考虑和遗产地及其用途有关的气味与声音"。科学价值则是指遗产地的研究价值,接近于莱普所指的信息价值。国内一些学者的保护实践项目中,可见到其评价体系对上述价值内涵的应用,但在保护法律文件中仍有待补充与厘清。需要指出概

① 陈耀华,刘强.中国自然文化遗产的价值体系及保护利用[J].地理研究,2012,31(6):1111-1120.

② 黄明玉.文化遗产的价值评估及记录建档[D].上海:复旦大学,2009.

③ 朱光亚,方遒,雷晓鸿.建筑遗产评估的一次探索[J].新建筑,1998(2):22-24.

④ 宋刚,杨昌鸣.近现代建筑遗产价值评估体系再研究[J].建筑学报,2013(S2):198-201.

念的方向，而不在于列举所有的价值类型，因为价值嵌在文化和社会关系当中，永远在变动。另外，由于规划目的与分类方式的不同，可能会出现许多针对遗产地情况而出现的价值类型。在实际规划过程中，应鼓励尽可能发掘价值类型。如《巴拉宪章》在关于文化重要性的指导纲要也指出，历史、艺术、科学、社会价值的区分只是理解价值概念的途径之一。在经济价值方面，就保存的考量而言，遗产是否具有经济价值不应成为保护与否的影响因素，虽然就遗产地价值认识而言，考量其经济价值和其发展政策息息相关，所以在遗产保护法律中可以不列入经济价值。综上，在现阶段价值评估的操作中，应在目前的三类价值上补充社会人文价值部分，以在文化价值方面进行较完整的评估。黄明玉博士的分析过程与结论也是至今在建筑遗产价值类型研究方面最为透彻的成果。

常青教授《对建筑遗产基本问题的认知》①一文特别重视价值认定。他认为价值认定需要综合运用诸如人类学分析、考古学鉴定、文献学考辨、类型学和形态学比较等方法，并借助现代检测工具及技术手段方能完成。建筑遗产的价值属性是多维度的，大致可分为四种。其一，重要历史事件或特定生活形态的见证，并可引申到历史公共空间。如历史街区及广场是集体记忆的空间载体，可以印证其本身及其所在地的“身份”(Identity)由来，因而具有历史纪念价值(Memory)。其二，某个时期艺术风格和技术特征的代表，作为具象的历史形态，使文明留下了空间实体的印记，因而具有“标本”(Sample)的留存和研究价值。其三，某种情感、理念、信仰、境界等观念形态的载体，作为一种文化符号，被赋予了相对恒久的意义，因而具有文化象征(Symbol)价值。其四，作为一种空间资源，建筑遗产还具有很高的适应性利用价值(Adaptive reuse)。以上四种价值对于具体的建筑遗产来说可能所占比重不一，但都反映了其历史的内涵，提供了保护的缘由。

姚迪认为综合当前国际国内对建筑遗产价值的研究，由于其独有的建筑功能、规模体量和在城乡环境中的独特位置，非文物建筑遗产的评估指标构成可以归纳概括为历史价值、科学价值、艺术价值、文化价值、环境价值及社会价值等六个方面②。建筑遗产作为见证社会文化变革的重要物质载体，满足了当时社会的各种服务需求，并具有通过对历史文化的传承而产生地域性与时代性，影响、引导、代表、象征、限定当代特定的公众文化和价值取向(包括宗教信仰和企业文化)或寄托情感、进行思想教育的能力。

从桂芹在其博士论文《价值建构与阐释》③中认为文化遗产本身是一种社会建构，文化遗产及其价值是由社会价值取向建构和制造出来的。对于它们的界定、认识和解释，往往带有时代、政治、经济和权力话语的影响。使遗产成为一个具有各种公共价值

---

① 常青.对建筑遗产基本问题的认知[J].建筑遗产，2016(1)：44-61.

② 姚迪.申遗背景下大运河遗产保护规划的编制方法探析：与基于多维与动态价值的保护规划比较后的反思[D].南京：东南大学，2012.

③ 从桂芹.价值建构与阐释[D].北京：清华大学，2013.

的品牌和集合体,也使得不同时代因话语的不同而对遗产价值的认知发生转变,从而建构出属于当代的遗产价值体系。主要包括以下方面:“天人合一”的世界观与象征价值;欣赏、收藏艺术的时尚理念与艺术价值;历史、美学话语与历史、艺术价值;民族国家身份话语与文化遗产概念的建构;物质性、历史主义话语与历史价值;跨文化、政府间话语体系与突出普遍价值(OUV);“当地的”话语视角与文化价值、真实性原则;商业、旅游话语与遗产的经济价值。

2.1.3 权威文件对价值类型的规定

1) 2015《中国文物古迹保护准则》

国内外涉及建筑遗产保护的文件很多。国内最为权威的保护文件之一《中国文物古迹保护准则》于 2015 年重新进行修订。其中对文物古迹价值类型的认识有重大调整。第 3 条:

文物古迹的价值包括历史价值、艺术价值、科学价值以及社会价值和文化价值。

社会价值包含了记忆、情感、教育的内容,文化价值包含了文化多样性、文化传统的延续及非物质文化遗产要素等相关内容。文化景观、文化线路、遗产运河等文物古迹还可能涉及相关自然要素的价值。

阐释:

历史价值是指文物古迹作为历史见证的价值。

艺术价值是指文物古迹作为人类艺术创作、审美趣味、特定时代的典型风格的实物见证的价值。

科学价值是指文物古迹作为人类的创造性和科学技术成果本身或创造过程的实物见证的价值。

社会价值是指文物古迹在知识的记录和传播、文化精神的传承、社会凝聚力的产生等方面所具有的社会效益和价值。

文化价值则主要指以下三个方面的价值:

第一,文物古迹因其体现民族文化、地区文化、宗教文化的多样性特征所具有的价值;

第二,文物古迹的自然、景观、环境等要素因被赋予了文化内涵所具有的价值;

第三,与文物古迹相关的非物质文化遗产所具有的价值。

2015《中国准则》明确了从原本的三个价值增加到五大价值类型,并且删除了旧版阐述篇 8.2.1 条(1. 现状的价值;2. 经过有准备的保护,公开展示其对社会产生的积极作用的价值;3. 其他尚未被认识的价值)。准则将上述第二款合并至社会价值,将较为模糊的第三款删除,并在前言指出“对于构建以价值保护为核心的中国文化遗产保护理论体系,将产生积极的推动作用”。实际上是对建筑遗产的基本价值类型进行了明确表述。

虽然 2015《中国准则》列明了五大价值类型,但在第 3 条特意强调文化景观、文化线路、遗产运河等文物古迹还可能涉及相关自然要素的价值。本书认为其包括了环境价值的要素。第18条也指出，评估对象包括了“文物古迹本体以及所在环境”。2005年ICOMOS《西安宣言》中指出：“不同规模的古建筑、古遗址和历史区域（包括城市、陆地和海上自然景观、遗址线路以及考古遗址），其重要性和独特性在于它们在社会、精神、历史、艺术、审美、自然、科学等层面或其他文化层面存在的价值，也在于它们与物质的、视觉的、精神的以及其他文化层面的背景环境之间所产生的重要联系。”①在价值认识方面强调了环境的重要性，指出对环境的认识、理解和记录对于价值评估具有重要意义。这些表述与近年来方兴未艾的环境保护与可持续发展的理念一脉相承。因此，本书也将环境价值列入基本价值类型之一。

2）2017《实施（世界遗产公约）操作指南》中文版

2017年联合国教科文组织也公布了《实施（世界遗产公约）操作指南》最新中文版，其中第77条规定：

如果遗产符合下列一项或多项标准，委员会将会认为该遗产具有突出的普遍价值。所申报遗产因而必须是：

① 作为人类天才的创造力的杰作；

② 在一段时期内或世界某一文化区域内人类价值观的重要交流，对建筑、技术、古迹艺术、城镇规划或景观设计的发展产生重大影响；

③ 能为延续至今或业已消逝的文明或文化传统提供独特的或至少是特殊的见证；

④ 是一种建筑、建筑或技术整体、或景观的杰出范例，展现人类历史上一个（或几个）重要阶段；

⑤ 是传统人类居住地、土地使用或海洋开发的杰出范例，代表一种（或几种）文化或人类与环境的相互作用，特别是当它面临不可逆变化的影响而变得脆弱；

⑥ 与具有突出的普遍意义的事件、活传统、观点、信仰、艺术或文学作品有直接或有形的联系；

⑦ 绝妙的自然现象或具有罕见自然美和美学价值的地区；

⑧ 是地球演化史中重要阶段的突出例证，包括生命记载和地貌演变中的重要地质过程或显著的地质或地貌特征；

⑨ 突出代表了陆地、淡水、海岸和海洋生态系统及动植物群落演变、发展的生态和生理过程；

⑩ 是生物多样性原址保护的最重要的自然栖息地，包括从科学和保护角度看，具有突出的普遍价值的濒危物种栖息地。

十项标准中，前六项标准侧重于文化遗产，后四项标准偏重于自然遗产。对比发现，除了第5项标准属于环境价值，其他五项标准与2015《中国准则》五大价值类型相互对应。同时，第84条规定，利用所有这些信息使我们对相关文化遗产在艺术、历史、

① 《西安宣言》，国际古迹遗址理事会第15届大会，2005。

社会和科学等特定领域的研究更加深入。这些相关条文清晰地写出了国际文件公认的价值类型。

2.1.4 建筑遗产价值类型的认识

国内外权威保护法律文件在近几年相继修改,对建筑遗产的价值类型逐步进行规范统一,逐一排除以前各种文件中出现的其他价值类型。由此,本书认为建筑遗产价值类型的争论可告一段落,并可以形成统一认识:以历史价值、艺术价值、科学价值、环境价值、社会价值和文化价值"五加一"基本价值类型作为研究与构建建筑遗产价值体系的基础。

价值评估体系也应将六个基本价值类型作为准则层(因素层、一级指标层)来建立指标层(因子层、次级或多级指标层)体系。

建筑遗产的使用价值(可利用性)在逻辑上与六大价值类型没有直接重合与交叉关系,在下一小节详细阐述。国内要求对建筑遗产的利用状况单独评估,国外将其归入保护与管理制度。因此,今后应统一表述为可利用性评估或使用价值评估。

2.2 建筑遗产价值体系分析

价值体系是经过较长发展时段而逐渐形成的一整套价值(规则)体系,是由多个价值子系统组成的价值整体,统领和反映一定社会发展阶段的主流社会价值,对社会成员具有普遍的约束力①。研究价值体系必须先解读价值定义。从价值论入手,阐述主体与客体的相对性、客观与主观的辩证性、内在价值与外在价值的二元性。在这些方面,许多学者都在不断尝试研究。

2.2.1 部分学者针对建筑遗产价值体系的观点

黄明玉②认为早期学术界对遗产价值的认定,形成了从强调其文化面向价值(如《巴拉宪章》)到注重其经济性质,而多数的看法是综合文化价值与经济价值(包含使用价值)。美国学者梅森(R. Mason)在其提出的遗产分类学③中暂将所有价值分为社会文化与经济价值两类,包含内容如图 2.1 所示。

黄明玉认为,《巴拉宪章》所提的价值体系基本能代表数十年来在国际遗产保护文件中反映出的价值类型。至于引入经济价值,美国学者莱普(William D. Lipe)提出的体系则较为周全,如图 2.2 所示。

从上述各个价值体系看来,经济价值是文化遗产可能具备的基本属性。在考虑

① 刘艳,段清波.文化遗产价值体系研究[J].西北大学学报(哲学社会科学版),2016,46(1):23-27.

② 黄明玉.文化遗产的价值评估及记录建档[D].上海:复旦大学,2009.

③ Mason R. Economics and heritage conservation[C] //A meeting organized by the Getty Conservation Institute. Los Angeles: December,1998.

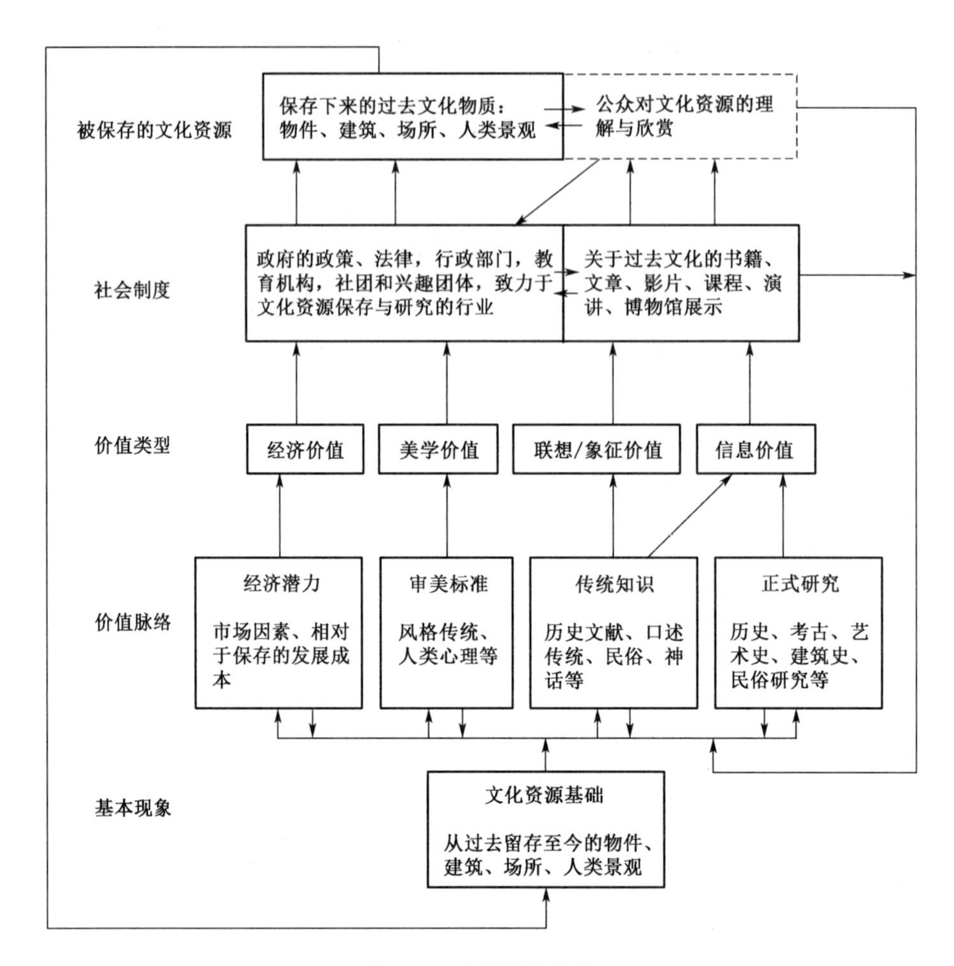

图 2.1 遗产价值分类

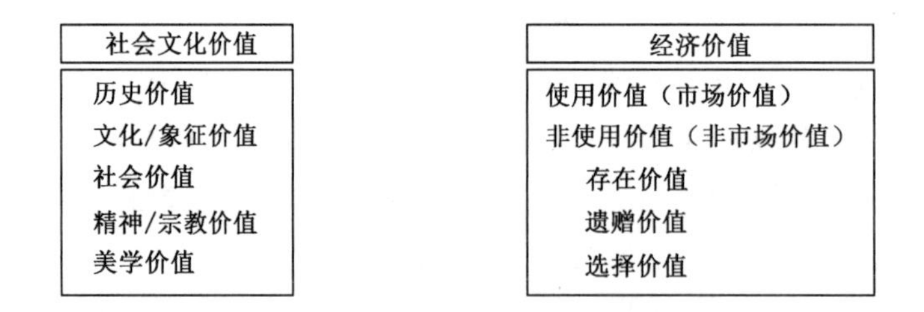

图 2.2 文化资源价值的关系

整体保护目标时，通常也会尽可能把“使用”作为目的之一纳入规划当中。但使用价值应作为保护非经济价值的支撑基础，在评估价值、做出价值排序以决定保护措施时，使用价值不应与社会文化价值有竞争关系，而是应另作评估，这也是《巴拉宪章》强调的观点。

针对中国与西方在遗产评估理念方面的差异等问题，朱光亚提出量化评估模式作为国内遗产评估工作的补充，并介绍国外的评估做法和原则。在借鉴国外做法中结合国内遗产保护的制度、理念与特性,以大量实践为基础发展出适用于中国传统建筑的评估体系,较充分地考虑了评估目的、价值客体、评估主体的内涵与相互关系,提出了详细的传统建筑价值组成基本框架,①如图 2.3 所示。

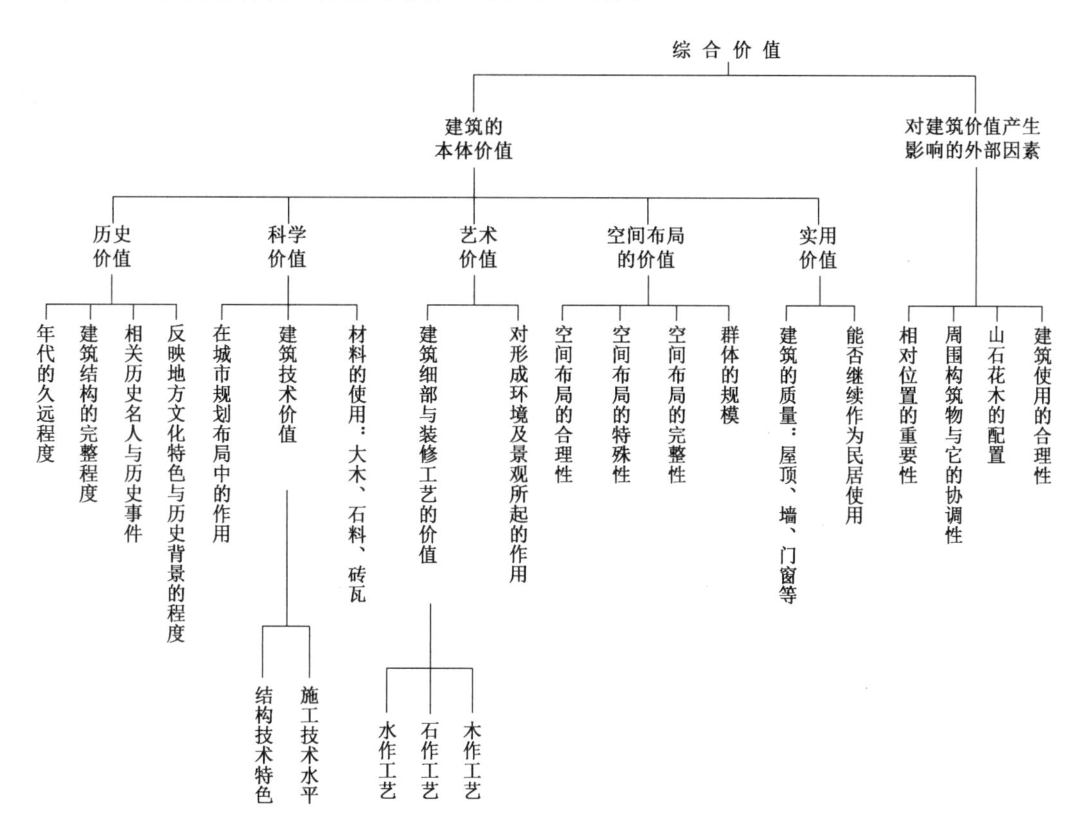

图 2.3 苏州控制保护古建筑(民居部分)评价指标

第一层是建筑遗产的综合价值;第二层是建筑遗产的本体价值和外部因素;第三层是建筑遗产的历史价值、科学价值、艺术价值、空间布局价值和实用价值;第四层是建筑年代、建筑结构、有关历史人物事件等多项细节指标,各项指标的划分是不重合的、清楚的,各层次的划分符合包含关系,并有较大的适应性。外部因素其实就是环境价值的内容。有意思的是,早期的文献中,朱光亚曾经提到情感价值和使用价值。而到了后来的文献中,情感价值就不再提及,使用价值也改为实用价值,这些变化也代表着朱光亚对建筑遗产价值体系研究的不断延伸。

陈耀华总结了前人对价值类型的论述,认为从功能角度出发陈列的价值之间没有明确的主次、因果关系,给遗产地实际管理和操作带来一定的难度。他提出了中国自然文化遗产价值是由"本底价值、直接应用价值和间接衍生价值"构成的"价值体系"。该体系具有明显的层次性,其中本底价值是所有价值存在的基础,这决定了遗产资源

① 朱光亚,方道,雷晓鸿.建筑遗产评估的一次探索[J].新建筑,1998(2):22-24.

必须在保护的前提下才能合理利用。该体系也有空间性，三种价值主要分别存在于遗产地范围以内、遗产地及相邻区域、遗产地范围以外更大的区域。于是，对自然文化遗产的保护和利用要坚持三个基本原则：严格保护本底价值，确保遗产的真实性和完整性不受损害；适度利用直接应用价值，做到功能综合利用、产品综合开发、产业综合发展；大力发展间接衍生价值，充分发挥其空间结构关联效应和产业发展乘数效应，从而达到带动遗产地所在区域社会、经济发展的目的①。

这些学者从不同的角度诠释价值类型的相互关系，试图构建完整与实用的建筑遗产价值体系。但是仅从专业角度上很难真正理解价值关系，必须从哲学角度（价值论）来剖析。

2.2.2 哲学意义上的价值认识

19世纪以前，价值（Value）概念只与经济学或政治经济学相关联，原指价格或凝结在商品中的一般的人类劳动。在叔本华、尼采等人的影响下，其语言意义开始扩张，后来逐步形成以价值为研究对象的学说，即价值论。价值论是关于主体与事物之间价值关系的运动与变化规律的科学。

早期哲学范畴的“价值”概念是以本体论（实体论）为代表。本体论研究世界的本原或基质，哲学家力求把世界的存在归结为某种物质的、精神的实体或某个抽象原则。本体论的世界存在不是人的对象世界，而是自在的、混沌的抽象世界，是一种“与我无关”的哲学观点。应当承认，这种论点具有一定的合理性，马克思所论述的凝结在商品内部的劳动时间实际上也是这种价值论的实体表现，具有客观存在性。但这种哲学观点后来发展到忽视人的存在，认为自然本身就有自己的价值和尊严，或者价值是自然界的基本现象，如熵的表现。这些观点已经无视人类生存的意义与价值，把人与事物割裂开来，形而上学，必然走入困境②。

于是现代哲学开始了哲学形态的转向，其中最主要的就是价值论的转向：要求哲学以现实的人类主体为中心，以“人”的观点来看待事物，以人的生存方式为中介把握存在，为人的生活提供价值和意义③。一个事物有没有价值，主要是看它是否能满足主体的某种需要。如果某种事物能够满足主体一定的需要，具有某种有用性，对于主体的生存发展有积极的、肯定的意义，这种事物就是有价值的；反之，就会被主体认为是无用的甚至是有害的，即无价值的。④ 杰克·普拉诺等学者将价值定义成“值得希求的或美好的事物的概念，或是值得希求的或美好的事物本身。价值反映的是每个人所需求的东西：目标、爱好、希求的最终地位，或者反映的是人们心中关于美好的和正确事物的观念，以及人们‘应该’做什么而不是‘想要’做什么的观念。价值是内在的、主观

---

① 陈耀华，刘强. 中国自然文化遗产的价值体系及保护利用[J]. 地理研究，2012，31(6)：1 111-1 120.

② 马克思，恩格斯. 马克思恩格斯全集：第二十三卷[M]. 中央编译局，译. 北京：人民出版社，1972.

③ 孙美堂. 从价值到文化价值：文化价值的学科意义与现实意义[J]. 学术研究，2005(7)：44-49.

④ 胡仪元. 生态补偿理论基础新探：劳动价值论的视角[J]. 开发研究，2009(4)：42-45.

的概念,它所提出的是道德的、伦理的、美学的和个人喜好的标准”。① 上述观点的价值偏重于“关系论”,曾经一度非常流行②,但事实上也存在明显的缺陷,即所有的关系、属性、意义、兴趣是客观事物围绕人的目的而形成的,一切以满足人类的需要为基本点,正如自然资源等对于人类有用,就有价值,反之,就不存在价值。这否定了事物本身的客观存在,甚至是自然规律,也不承认其投入的劳动价值,过多注重人类主体的需要,同样走进“一元论”的误区,逻辑上存在着悖论③。

20 世纪 90 年代初期,哲学家张岱年首先提出了“价值层次”的观点,认为满足人类的需要只是价值的第一层次,称为功用价值;而更深一层的含义是其本身具有优异的特性,这就是内在价值。张岱年同时引用了 G. E. 穆尔的著作《哲学研究》中的内在价值概念进行说明,“说一类价值是内在的,仅仅意味一物是否具有它,在何种程度上具有它,单独依靠该物的内在性质”。

何祚榕先生在张岱年的研究基础上,提出了价值二重性的概念。何祚榕认为事物的价值可以分为内在与外在两种价值表现:一是某事物对于满足一定时间、地点、条件下的人(个人、集团、社会、人类)的某种需要的效用;二是衡量同类事物之间孰贵孰贱、孰高孰低的标准。事物外在价值与事物内在价值在含义上互不包容,是两个并列的基本义项。作为哲学范畴的价值,既然是“价值一般”,就应将这两项基本含义都包括在内④。他还将价值的功用价值直接解释为外在的效用价值,并专门论证其合理性⑤。

鲁品越教授非常赞同何祚榕先生的内外价值说,认为内在价值相当于“实体性价值”,外在价值相当于“关系性价值”,两种价值达到和谐统一。鲁品越进一步论证了哲学中“社会人”这一主体身份是人在实践活动中的最高身份,个人是社会人的基本组成单位。价值研究要以“社会人”作为主体代表,人类既是价值的源头和内涵,也是价值的归宿与终极尺度⑥。

2.2.3 建筑遗产价值关系认识

1) 内在价值的客观存在性分析

事物具有内在价值与外在价值,内在价值相当于实体性价值。因此,一些学者认为建筑遗产的价值具备客观性也存在主观性。遗产价值既是客观的存在,具有固有的客观基础;同时,价值也是主观的,因为受到时间和特定的团体所秉持的文化、

---

① 普拉诺.政治学分析辞典[M].胡杰,译.北京:中国社会科学出版社,1986:378.

② 这种观点在西方社会以改造自然为主题的科技大发展时代最为流行,“人定胜天”实际上也是这种观点的表现。

③ 鲁品越.价值的目的性定义与价值世界[J].人文杂志,1995(6):7-13.

④ 何祚榕.什么是作为哲学范畴的价值?[J].人文杂志,1993(3):17-18.

⑤ 何祚榕.关于“价值一般”双重含义的几点辩护[J].哲学动态,1995(7):21-22.

⑥ 同④.

智力、历史和心理因素不同的影响①。与此相对应,国际文化遗产保护界在近年来的一系列研究文献中也常涉及两个价值概念,即固有价值(或内在价值,Intrinsic Value)与非固有价值(或外在价值,Extrinsic Value)。国外学者认为过去遗产的价值被认为是固有的,如贝纳得·费尔登、朱卡·朱可托(B. Feilden, J. Jokilehto)编写的《世界文化遗产地管理指南》中就指出,"文化资源的内在价值涉及历史纪念物或遗址的材料、工艺、设计和环境"。因此文化资源包括其实体组成部分及其环境。作为过去的产物,历史资源因自然侵蚀和功能上的使用而遭受破坏,很多情况下,这些资源还经历过各种改造,这些积累的变化本身也成为其历史特性和材料特质的一部分。这些材料特质表现了文化资源的内在价值,它是历史证明的承载体,也是过去和现在的文化价值的承载体。这种观点将价值视为事物自身固有的属性,独立于人类主体之外而存在。随着文化遗产内涵的扩展,人们逐渐认识到一些价值(如宗教价值、精神价值、象征价值)与人的主观感受不可分割,固有价值以外的那些价值被称为非固有价值②。

黄明玉从哲学的价值争论讲述到心理学与社会学的价值,认为价值具备主观性与客观性,既是相对的,也有绝对的性质。适用到遗产的价值属性上,即承认遗产价值是建构的,对不同的价值主体(从个人到全世界)具有不同的意义。在普遍意义上同时具备个人性与公共性;遗产价值又是绝对的客观存在,在特定条件下对同一群价值主体(例如某一种族)有确定的意义,是一种事实的陈述③。

综合上述学者的观点,仍然存在一些疑问。首先,内在价值是否可以译为固有价值有待商榷;其次,是否存在独立于人类主体之外的客观价值④,这就延伸到了另一个哲学命题——绝对价值的争论。

华南理工大学的刘尚明博士认为,绝对价值观念是我们生活的安身立命之所。哲学不研究绝对价值观念就不能给我们生活以指南,哲学不确立绝对价值观念,我们的生活将无所适从。绝对价值为衡量各种具体的、相对的价值提供了最终的尺度。绝对价值是人对自身本质意义的认定。认为价值相对主义并不是不承认多元的"价值",而是不承认还有某种绝对的、客观的、确定的、普遍有效的、实在的"绝对价值",导致人类失去了最基本的价值判断和方向⑤。

上海大学的原魁社博士在《谁之绝对价值? 何种绝对价值?:与刘尚明博士商榷》⑥

---

① Labadi S. Representations of the nation and cultural diversity in discourses on World Heritage [J]. Journal of Social Archaeology, 2007, 7(2): 147-170.

② 姚迪. 申遗背景下大运河遗产保护规划的编制方法探析:与基于多维与动态价值的保护规划比较后的反思[D]. 南京:东南大学,2012.

③ 黄明玉. 文化遗产的价值评估及记录建档[D]. 上海:复旦大学,2009.

④ 客观是指不依赖于人的意识而存在的一切事物,主观与客观相反。

⑤ 刘尚明,李玲. 论确立绝对价值观念:兼论对价值相对主义与价值虚无主义的批判[J]. 探索,2011(3):161-165.

⑥ 原魁社. 谁之绝对价值? 何种绝对价值?——与刘尚明博士商榷[J]. 探索,2012(2):159-163.

一文中针锋相对,认为刘博士把绝对价值错误理解为一种观念,一个"不依赖于人而存在的价值世界"。原博士认为:第一,价值是一种关系范畴;第二,离不开互相关系着的两极(主体与客体);第三,价值是客体属性满足主体需要的现实效应;第四,对价值关系的深刻理解离不开评价,这种评价是价值主体对主客体之间价值关系的认识活动,通过评价活动形成了价值意识,价值意识在主体意识中不断地反复,就会积淀为价值观念。得出"任何价值观念都只能是一定主体的价值观念,根本不存在超越于价值主体之上的无主体的、抽象化的、单一化的普遍价值或终极价值"的结论,并引用了王玉樑教授①在谈到价值的绝对性时的观点"价值的绝对性就是价值作为客体对主体的效应,存在着普遍性、无条件性、恒常性、客观性"。

上述两篇文章都引用了邸利平老师的文献。邸老师的学术观点却属于"中间派"。他不否认绝对价值的存在,但是承认"绝对价值"没有在任何时代和民族中成为一个事实,并不能否认它应当是人们不断追寻的目标②。

如何理解内在价值?人类中心论(主体论)认为,内在价值是人对自然界纯粹的情感投射或移情式说明,自然内在价值的客观性在哲学界原本就有较大争议。自然中心论(客体论)认为内在价值是价值,它是与人无关的客观存在③。复旦大学张德昭博士对此进行深入研究。

张德昭博士首先对"内在价值"进行了一个有趣的对比分析:

现有文献与汉语中的"内在价值"这一范畴相对应的英文词共有四个:人本主义心理学家 A. H. 马斯洛提出的"Internal Value",伦理学家 G. 摩尔和一些环境伦理学家如 H. 罗尔斯顿等人使用的"Intrinsic Value",动物解放/权利论代表人物 P. 辛格和 T. 雷根所使用的"Inherent Value",以及现代系统哲学中一些学者如 E. 拉兹洛所使用的"Intrinsic Worth"。

Internal Value 一词准确地说应该译作"内部价值"。国内学术界一直把它译作"内在价值",这不太准确,因为 Internal 是"内部的"意思,Internal Value 是指一个人或一个事物内部拥有的体现其内部所包含内容的价值,它不是指人或事物的本质、性质这些意义上的东西,是内部的而不是内在的。

Intrinsic Value 一词译作"内在价值"就比较准确。它指的是人或事物的本质属性,是一个人或事物所具有的与别的人或事物相互区别开来的内在本质,是决定一个人或事物自身性质的东西。

Inherent Value 译作"天赋价值"或"固有价值"比较恰当。但有人把它译作"内在价值"或"内生价值"则不太合适。这个词本意指的是人或事物天生的、与生俱来的而不是后天获得的特性,即它是天生的而不是在后天社会实践、社会生活中

---

① 王玉樑.价值哲学研究中的几点思考[J].天府新论,2014(1):12-16.

② 邸利平,袁祖社."相对主义"与"绝对价值"之争:价值相对主义与现代性精神存在根基的缺失[J].人文杂志,2010(1):7-12.

③ 张德昭.内在价值范畴研究[D].上海:复旦大学,2003.

获得的。

Intrinsic Worth 一词则主要指人或事物所具有的本质、能力，能够在社会生活中发挥出来、产生作用的价值，是可以通过别的东西来加以衡量的价值。

显然可以看出，当前建筑遗产学术领域把这些内在价值的概念混淆了，随意进行搭配。绝对、固有的属性概念对应的是 Inherent Value，而非 Intrinsic Value。

最早明确提出内在价值（Intrinsic Value）这一范畴的是英国学者 G. 摩尔（G. E. Moore）。他认为内在价值指的是事物的性质，某种价值是"内在的"仅仅意味着当你问有关事物是否具有或在什么程度上具有内在价值的问题时，只考虑该事物所具有的内在性质（Intrinsic Nature）。

张德昭博士认为自然中心论在论证内在价值具有客观性时，实质上包含两个方面：一方面是把人的价值"让度、扩展、指派"给自然界，另一方面是把自然界中的存在物解释、理解为价值，这两个方面是相互统一的。经过这样的论证，自然中心主义将事实与价值等同起来，事实即价值、价值即事实，以此来证明内在价值具有与人分离，不以人的意志为转移的客观性。这种观点是值得商榷的。

张德昭博士并没有支持人类中心论的观点，即否定了事物本身的客观存在。他从人与自然界对立统一的价值观进行辩证分析，认为人与自然界的价值关系中，人和自然界都是价值的中心，都具有内在价值，同时又互为工具价值。这是一种把人的尺度与自然的尺度统一起来，并把自然的尺度包括到人的尺度之中，由人代行自然的尺度的价值观。内在价值又是对自然界的一个侧面的客观现象的解释，因此它具有片面的客观性。但是人对自然界的认识和理解不可能是纯粹客观的，它必然是在一定的实践水平上具体的、历史的认识和理解，包含着人和社会的因素。

1844 年，马克思在"经济学哲学手稿"中对近代哲学的本体论给予彻底的批判和否定[①]。马克思看来，存在只能是在人的实践中的存在。也就是说，只有进入人的实践，与人发生关系的事物对人来说才是存在的；没有进入人的实践，与人无关的东西对人而言是不存在的。

因此，张德昭博士的研究结论是任何价值也不可能脱离人类绝对存在，客观存在的是事物的事实。既然对世界的解释模式是在特定的价值因素作用下形成的，那么，内在价值只能是在一种特定的解释模式下对自然界的解释：

① 内在价值是自然界在人的特定视域中的存在；

② 内在价值是人对自然界的一种解释；

③ 内在价值是特定的解释模式与可观察的经验现象的统一。

综上所述，本书对内在价值与外在价值的理解如下：事物的事实存在（本身性质、属性）是客观的；但认识事物是人类主体与事物客体的一种交换过程，对事物性质的反映、认识、理解与阐述，实际上是由人代行自然尺度的价值观，不可能做

---

① 马克思. 马克思 1844 年经济学哲学手稿[M]. 中央编译局，译. 北京：人民出版社，2000.

到纯粹客观（绝对客观）。内在价值是人对事物属性的阐述与解释，是在一定的实践水平上具体的、历史的认识和理解，包含着人类和社会因素。内在价值又是基于事物的客观现象的阐述与解释，它也呈现出一部分客观属性，而外在价值基于内在价值衍生形成。上述观点引入建筑遗产领域可做如下理解：某一建筑遗产的砖雕作品是事实存在，人类对其特征属性进行观察、记录和描述是一种认知，具有一定的主观性，这是内在价值①；同时由于是直接的认知，又具有一定的客观性，人类对这一砖雕作品的特征属性进行实践与认知后产生的喜好、欲望等积极作用是外在价值。

2）建筑遗产的特征信息存在分析

人类需要去保护的建筑遗产事实存在是什么？河北赵州桥与相隔 200 m 外的赵辛线公路桥有什么区别，当代人会去保护赵辛线公路桥吗？如此就回到了“什么是建筑遗产”这个原始命题上。

什么是建筑遗产？2015《中国准则》提到，文物古迹是指人类在历史上创造或遗留的具有价值的不可移动的实物遗存。在《保护世界文化和自然遗产公约》第 1 条中认定的文化遗产标准是“文物：从历史、艺术或科学角度看具有突出的普遍价值的建筑物、碑雕和碑画、具有考古性质成分或结构、铭文、窟洞以及联合体；建筑群：从历史、艺术或科学角度看在建筑式样、分布均匀或与环境景色结合方面具有突出的普遍价值的单立或连接的建筑群；遗址：从历史、审美、人种学或人类学角度看具有突出的普遍价值的人类工程或自然与人联合工程以及考古地址等地方”。2017《操作指南》第 77 条对具有突出的普遍价值规定有 10 项标准，而这些标准正是其他建筑所不具备的特征属性的反映，例如第 3 项“能为延续至今或业已消逝的文明或文化传统提供独特的或至少是特殊的见证”。

什么是建筑遗产的特征存在？2015《中国准则》第 10 条做了适当解释：“真实性：是指文物古迹本身的材料、工艺、设计及其环境和它所反映的历史、文化、社会等相关信息的真实性。”对文物古迹的保护就是保护这些信息及其来源的真实性，信息是这些特征的事实存在②。类似观点在 2017《操作指南》也有表述，如第 80 条“理解遗产价值的能力取决于该价值信息来源的真实度或可信度。对历史上积累的，涉及文化遗产原始及发展变化的特征的信息来源的认识和理解，是评价真实性各方面的必要基础”，第 84 条“利用所有这些信息使我们对相关文化遗产在艺术、历史、社会和科学等特定领域

① 这种内在价值是物的内在价值与人的内在价值的统一，物的内在价值就是属性的被认知，人的内在价值就是认知的能力。

② 诺伯特·维纳认为物质、能量、信息是构成现实世界的三大要素。信息就是信息，不是物质也不是能量。只要事物之间的相互联系和相互作用存在，就有信息发生。人们首先认识了物质，然后认识了能量，最后才认识了信息。著名的资源三角形：没有物质，什么都不存在；没有能量，什么资源三角形都不会发生；没有信息，任何事物都没有意义。从理论上讲，建筑遗产的信息也不是物质本身，已经是外在的事物。但为了便于理解，不停滞于概念的论证，这里的信息泛指蕴含特征信息的物质、能量与信息。

的研究更加深入”。

本书认为，建筑遗产蕴含的这些特征信息是一种客观存在，无论人类主体如何认知这些客观信息，其存在本身不以人的意志为改变。至于怎么去观察、认知和记录，从什么角度去研究，研究目的与结论是什么，都是人类的主观表现。如果这些特征信息产生积极意义，对人类主体就有价值，但是其积极意义、价值大小与建筑遗产特征信息的存在本身无关。

建筑遗产的实物存在是特征信息的载体与获得的渠道，但不是唯一的渠道。虽然由于人的认知能力的局限性，交换传递后的信息表述或记录已经不是特征信息的客观本身，但依然属于较客观的直接信息传递。当然，除基于遗产实物的直接信息以外，一切实体与非实体性的历史记载，都是前人的一种实践与认识，也是一种间接信息。例如与建筑遗产有关的历史信息可能保存在古籍文献中，这种间接信息的可靠性或客观性就需要证实。因此，2017《操作指南》第 84 条指出：“‘信息来源’指所有物质的、书面的、口头和图形的信息来源，从而使理解文化遗产的性质、特性、意义和历史成为可能。”

要认识到，保护建筑遗产实质上就是保存延续这些特征信息。首先是要保存遗产实物，因为实物是信息的基本载体。2015《中国准则》第 41 条指出，“文物古迹是历史变迁、文化发展的实物例证，是历史、文化研究的重要对象”，“文物古迹是历史的见证，是人类技术和文化的结晶，是人类创造活动的实物遗存，是珍贵的研究材料”。第 9 条所指的现状，就是当前时点存在的建筑遗产信息状况，原状就是理论上建筑遗产某个状态下应有的信息状况。不过，第 9 条“文物古迹的原状是其价值的载体”的表述，笔者认为不够严谨，因为实物是信息的载体，不是价值的载体，价值的载体是人的理解与记录①。虽然说没有了信息，可能就没有了价值，但谁是谁的载体还是要分析清楚的。同样，第 10 条表述“对文物古迹的保护就是保护这些信息及其来源真实性”就很准确。

除了尽量保存建筑遗产的实物以外，第 43 条提到了不提倡重建，就是避免按照当代人的理解去添加新的信息②，尽量不做改变，保持真实性。当代人应该认真、无偏差、不做修饰地对存续的建筑遗产进行调查与记录，包括活态非实体信息，这是对子孙后代负责。我们要传递的是原始、真实、完整的信息以及我们的认知成果，不仅让当代人研究，更重要的是让子孙后代也能直接感受与认知。我们不可能替代后人去理解与阐释，重点是如何做好“延”和“续”③。当然，人类对事物的感知、调查与记录不可能绝对客观，但要尽量达到客观真实。2017《操作指南》第 132 条也有类似阐述，申请遗产材料时，遗产描述应包括遗产辨认及其历史及发展概述。应确认、描述所有的成图组成部分，如果是系列申报，应清晰描述每一组成部分。在遗产的历史和发展中应描述遗

---

① 记录包括了口头、书面以及一切媒介方式。

② 所谓历史上的干预就是改变了干预前的信息。

③ 常青. 对建筑遗产基本问题的认知[J]. 建筑遗产，2016(1)：44-61.

产是如何形成现在的状态以及所经历的重大变化。这些信息应包含所需的重要事实，以证实遗产达到突出普遍价值的标准，满足完整性和/或真实性的条件。

真实性与完整性涵盖了建筑遗产特征信息以及价值，但首先针对信息。

关于真实性，2015《中国准则》第10条指出："真实性：是指文物古迹本身的材料、工艺、设计及其环境和它所反映的历史、文化、社会等相关信息的真实性。"2017《操作指南》第80条指出："理解遗产价值的能力取决于该价值信息来源的真实度或可信度。对历史上积累的，涉及文化遗产原始及发展变化的特征的信息来源的认识和理解，是评估真实性各方面的必要基础。"

关于完整性，2015《中国准则》第11条指出："完整性：文物古迹的保护是对其价值、价值载体及其环境等体现文物古迹价值的各个要素的完整保护，文物古迹在历史演化过程中形成的包括各个时代特征、具有价值的物质遗存都应得到尊重。"2017《操作指南》第88条指出："完整性用来衡量自然和/或文化遗产及其特征的整体性和无缺憾性。"第91条指出："另外，对于依据标准(ⅶ)至(ⅹ)申报的遗产来说，每个标准又有一个相应的完整性条件。"

建筑遗产价值产生的根源在于特征信息的保存状况，真实性与完整性正是衡量这些特征信息保存状况的最主要标准。林源在《中国建筑遗产保护基础理论》①一书中将真实性、完整性定义为衡量价值大小的标准度。

3）建筑遗产的价值认识分析

① 价值认识的对应关系

价值是由主体(人)的需要和客体(事物)的属性两个因素构成。主体与客体是认识论的一对基本范畴，主体是实践活动和认识活动的承担者，客体是主体实践活动和认识活动指向的对象。主体与客体的关系是认识论的核心，主要有实践和认识。实践是认识的基础，是认识的来源，是认识发展的动力，是检验认识是否正确的唯一标准。认识运动是一个从实践到认识，从认识到实践，再认识、再实践，不断反复和无限发展的辩证发展过程②。

从认识的阶段上划分，认识分为感性认识和理性认识，反映了认识的纵向结构。感性认识是认识的初级阶段，具有直接性和具体性，分感觉、知觉、表象三层次。理性认识是认识的高级阶段，具有抽象性和间接性，基本形式是概念、判断、推理，更能反映对象的性质。

从认识的性质上划分，认识分为事实认识和价值认识，反映了认识的横向结构。事实认识就是主体在认识过程中对客体的属性、本质和规律的反映所形成的认识，要求尽量如实反映客体的事实。价值认识是主体对主客体之间的价值关系的认识，是客体对于主体价值意义的反映，即人们基于对自我的认识，以人的尊严、人的价值为标

① 林源．中国建筑遗产保护基础理论[M]．北京：中国建筑工业出版社，2012：68．

② 邹文景．论认识与实践的关系[J]．北方文学(下旬)，2012(10)：237．

准,从人的地位和作用出发,对客观事物和现象进行的判断和推理,从而形成价值判断。事实认识是对客体的直接认识,价值认识是基于事实认识的升华认识。事实认识是价值认识的前提和基础,价值认识是事实认识的深化和发展①。

由此看来,哲学意义上内在价值、外在价值与事实认识、价值认识有一定的对应关系。但是,哲学上价值具有二元性,分为物和人的价值。认识是从主体的角度出发,更接近于人的内外价值②。

② 建筑遗产的价值认识是社会普遍认知

实践行为、事实认知到价值认识都离不开"人"这个主体。人分为个人、集团和社会,相对应的是个体认知、集团认知与社会认知。鲁品越教授认为价值哲学的研究以社会人为主体代表,体现在"社会的集体生命"上,有"人类整体素质、劳动创造能力、生活质量,包括生理心理素质、道德素养、物质生活与精神生活质量等"③。黄明玉博士也认为社会价值观才是建筑遗产的价值,即普遍价值。《保护世界文化和自然遗产公约》对遗产认定也是强调"普遍价值"。陆地教授对社会认知提出了异议,他认为认同、共识到价值在社会实践中根本做不到,更多情况是社会认知被精英认知所"代表"④。黄明玉认为个体承袭或学习社会文化理念中的价值判断,而后依此来评价客观实在的价值,借由濡化或社会化过程,成为文化或社会的产物,所以价值也是社会文化的产物,取决于当时的社会文化条件。因此,社会普遍认知是建筑遗产价值认识的代表。

③ 价值认识的角度与维度

从物的角度上看,建筑遗产是一种记载和表达历史文化、艺术形式等多重信息的综合体。建筑遗产所保存和凝结的那些涉及历史、艺术、科学等不同学科、多层次、多方位的信息所表现的功能,可以给人类带来积极意义和作用,也称之为价值。比如,建筑遗产承载的历史信息可以帮助人们追寻与过去的联系、揭示渊源,给人类带来积极认同,这就叫历史价值;同样,艺术信息能为人们带来关于古建筑的艺术美感享受,即艺术价值。

从人的角度上看,不同的知识体系使得人的观察与认知信息形成了不同的视角。正如《保护世界文化和自然遗产公约》⑤对遗产的认定,就是从某些角度上看是否具有突出的普遍价值,例如第 1 条"从历史、艺术或科学角度看具有突出的普遍价值的建筑物、碑雕和碑画、具有考古性质成分或结构、铭文、窟洞以及联合体"。可以这么理解,从历史角度看到的是历史价值,从艺术角度看到的是艺术价值,由此类推。

2015《中国准则》从空间时间维度来划分多重价值。第 11 条指出:文物古迹具有

---

① 王晓丹. 谈事实认识与价值认识[J]. 渤海大学学报(哲学社会科学版),2005,27(4):28-30.

② 徐进亮. 历史性建筑估价[M]. 南京:东南大学出版社,2015:22.

③ 鲁品越. 价值的目的性定义与价值世界[J]. 人文杂志,1995(6):7-13.

④ 陆地. 作为方法论的保护及其和利用的关系[EB/OL]. http://blog.sina.com.cn/s/blog_8e15a8d80102wx7m.html.

⑤ 文化部外联局. 联合国教科文组织保护世界文化公约选编(中英对照)[M]. 北京:法律出版社,2006.

多重价值。这些价值不仅体现在空间的维度上,如遗存或建筑遗址、空间格局、街巷、自然或景观环境、附属文物及非物质文化遗产等的价值;也体现于时间的维度上,如文物古迹在存在的整个历史过程中产生和被赋予的价值。至少可以认为环境价值和一部分的科学价值是从空间维度来看的,历史价值是从时间维度来看的。

④ 价值认识的层次(综合价值)

前文所述,事实认识与价值认识是认识的不同层次,对应于内在价值和外在价值。事实认识的对象是事物客体。从认识角度上看,建筑遗产蕴含着历史、艺术、科学和环境的特征信息。鉴于这些特征信息产生的实践、感知与认识归属于事实认识、基本认识层面(第一层次),对物的信息的记录与认知属于相对浅层次的价值关系。基于客观信息存在,认知自由度小,具有一些客观性,对应于内在价值。延伸到文化与社会领域则是深层次的价值认识(第二层次)。2015《中国准则》增加了文化价值与社会价值,将原本对建筑遗产特征信息本身的研究延伸到文化多样性、知识与精神传播及社会凝聚力的高度,就是要求建筑遗产价值认识与价值体系要向深层次的社会文化价值认识领域提升。

学者们提到的本体价值、本底价值、文化价值(广义)、内在价值以及具有客观性的固有价值等指的都是基于建筑遗产的客观信息存在产生的价值认识,自由度小,具有一些客观属性。

文化价值和社会价值是基于建筑遗产的基本事实认知的提升,产生社会效益,对应于外在价值。影响因素主要有社会素质、整体偏好、宣传与知名度、稀缺性或代表性等。如中国传统历来"轻物重式",对建筑本身并不重视,却对建筑所承载的传统规制、生活方式等非物质的文化传承极其重视。2015《中国准则》将呈现"活态"特征的非物质文化遗产也纳入文物古迹的保护范围,这就是一种对价值认识的提升。

建筑遗产蕴含的特征信息要素在各自的领域及学科角度或维度上赋予人们不同层次的积极效用和群体认同,以满足人们对知识范畴与生存发展的需求,表现出一种综合性整体价值。这些由不同角度或维度以及多层次形成的多重价值与整体价值的关系,在学术界被称为"实体价值与内含价值"或是"实体说与属性说"[①]。因此,历史价值、艺术价值、科学价值等六大价值可视为建筑遗产的"内含价值",内含价值相互关联、相互作用,共同形成整体性价值,有些学者称之为"综合价值",如朱光亚、余慧等[②③],有些学者承《巴拉宪章》称之为"文化价值",如顾江、李浈等[④⑤]。本书倾向于

① 尼古拉斯·布宁,余纪元.西方哲学英汉对照辞典[M].王柯平,等译.北京:人民出版社,2001:1050-1051.

② 朱光亚,等.建筑遗产保护学[M].南京:东南大学出版社,2020.

③ 余慧,刘晓.基于灰色聚类法的历史建筑综合价值评价[J].四川建筑科技研究,2009,35(5):240-242.

④ 顾江.文化遗产经济学[M].南京:南京大学出版社,2009:135-136.

⑤ 李浈,雷冬霞.历史建筑价值认识的发展及其保护的经济学因素[J].同济大学学报(社会科学版),2009,20(5):44-51.

“综合价值”。

综上，建筑遗产综合价值是建筑遗产保存的特征信息要素相互关联、相互作用而逐步形成的凝聚在本体对象上的知识存在引起人类主体对这一客体事物产生积极价值观念与本质力量的综合体现。这些信息要素产生的功能属性构成了建筑遗产内含价值体系，对人类了解不同特征及不同文化之间的异同点有着重要作用。这些建筑遗产内含价值不是相互独立的，而是相互影响、相互关联的。建筑遗产综合价值也不是历史价值、艺术价值、科学价值、社会价值、文化价值以及环境价值的简单加和，对于不同的建筑遗产而言，各种价值对于综合价值的贡献各不相同，且各种价值间存在着彼此融合的关系①。

⑤ 价值认识的动态性

前文所述，认识运动是一个从实践到认识，从认识到实践，再认识、再实践，不断反复无限发展的辩证发展过程。价值认识会受到时间、地域和社会所秉持的文化、智力、历史和心理因素的不同影响产生差异。同时，这种普遍价值认知会随着社会整体素质、劳动创造能力、生活质量，包括生理心理素质、道德素养、物质生活与精神生活质量等的改变而呈现动态变化。现在认可或不认可的某类或某一建筑遗产，随着时间的推移可能都会变化。例如，以赖特为代表的草原风格建筑，在 20 世纪 30 年代曾风靡一时，而在 60 年代至 70 年代却无人问津，到了 90 年代再次成为建筑师们心目中的宠儿。在社会和文化本身经历巨大变革的全球化和信息化时代，观念和技术的变革不断创造着文化遗产价值翻新的、多样化的阐释角度、内容和重点以及传播方式、途径和效果。只有寻求文化遗产所隐含的价值和意义与当代社会发展相契合的理论支点以获得新的认知和解释，文化遗产的核心精神价值才有可能在变化与创新中相对永恒地存在下去②。

4）建筑遗产的空间存在与可利用性（使用价值）分析

建筑遗产在建造之初，通常都有自身的实用功能。如住宅用于居住，桥梁用于横跨河流，寺庙用于宗教活动等。随着时间的流逝，有些已经失去了原有使用功能，如城墙的遗迹失去了城墙防御的功能，帝王的宫殿从 1911 年以后失去了作为宫殿的所有功能③。值得注意的是，将建筑遗产作为不动产来使用，才是当年建造的初衷。目前认为的那些记载重要特征信息的实物，如砖雕门楼，当年或许就是为了增加使用功能或添加生活美感的附属物。只是人们现在更关注于其历史信息价值，却将建筑遗产最初的实用功能弱化甚至忽视。

建筑遗产首先是属于不动产，是土地以及附着于土地上的建筑物、构筑物、树木、山石、池塘及水井等附属物的综合体。除了一些碑刻、石雕、壁画等特殊实物以外，大

① 顾江. 文化遗产经济学[M]. 南京：南京大学出版社，2009.

② 刘艳，段清波. 文化遗产价值体系研究[J]. 西北大学学报（哲学社会科学版），2016，46(1)：23-27.

③ 方道. 我国非文物建筑遗产的评估[D]. 南京：东南大学，1998.

部分的建筑遗产，如建筑物、建筑群、园林院落等，满足人们使用功能要求的是空间，而非建筑物及附属物本身。正如《道德经》所言："凿户牖以为室，当其无，有室之用。"建筑空间是人们为了满足生产或生活的需要，运用各种建筑要素与形式所构成的内部空间与外部空间的统称。它包括墙、地面、屋顶、门窗等围成的建筑内部空间，以及建筑物与周围环境中的树木、山峦、水面、街道、广场等形成的建筑外部空间。朱光亚眼里的实用价值是物质实体具备的实际功能，表现为建筑延存至今的原始功能的完整性与真实性，也表现为在遵循建筑使用功能文化属性的前提下，通过创造性再利用，赋予建筑新的功能，为人类特定的活动提供室内外空间的能力①。宋刚等人认为物业价值是指建筑遗产为人类特定的活动提供室内外空间的能力。两位学者都认为使用功能的实现就是基于空间，包括室内外空间②。

建筑空间也是一种事实存在，一旦形成就具有客观属性，与建筑遗产的特征信息是完全不同的物质属性。因此，基于空间的使用价值（可利用性）与基于信息的综合价值独立存在、各成体系③。本书也试图将使用价值融入综合价值体系，归于社会价值，正如目前许多学者的理解④。但是觉得较为困难：

① 两个价值基于的客观事实不同，空间与信息两者融合不了。

② 并不是所有的建筑遗产空间都会产生使用价值，而所有的建筑遗产都有基于其特征信息存在的普遍价值。

③ 2015《中国准则》对社会价值⑤概念进行界定，明确合理利用产生的社会效益不属于社会价值的范畴。《中国准则》也将合理利用的内容另行列章。

因此，建筑遗产价值体系实际上具有两条价值线：一条是基于特征信息的综合价值线，一条是基于空间的使用价值线（可利用性）。两者都可能产生一定的社会效益，即经济价值产生与变化的根源。同样，建筑遗产的使用价值（可利用性）也有价值认知的动态变化性。

目前，中国建筑遗产保护目标是尽可能将原始的、真实的、完整的特征信息⑥保存下来，延续给后代。对建筑遗产进行利用，延续建筑遗产原有的使用价值固然好，却也

---

① 朱光亚，等. 建筑遗产保护学[M]. 南京：东南大学出版社，2020.

② 宋刚，杨昌鸣. 近现代建筑遗产价值评估体系再研究[J]. 建筑学报，2013(S2)：198-201.

③ 至于建筑遗产历史的功能用途的考证不是基于空间的功能价值研究，仍然属于信息范畴。同样，研究建筑遗产空间布局的完整性、历史的空间位置等都属于信息研究领域。

④ 姚迪博士认为社会价值是指社会建筑遗产作为见证社会文化变革的重要物质载体，满足了当时社会的各种服务需求，并通过对历史文化的传承而产生地域性与时代性，影响、引导、代表、象征、限定当代特定的公众文化和价值取向（包括宗教信仰和企业文化），或寄托情感、进行思想教育的能力。David Throsby 认为的社会价值是指遗产能够帮助强化社区的群体价值，使得社区能成为一个适宜生活和工作的地方。这些理解都是将使用功能归于社会价值的。

⑤ 2015《中国准则》明确了社会价值的定义，指文物古迹在知识的记录和传播、文化精神的传承、社会凝聚力的产生等方面所具有的社会效益和价值。定义明确将利用的社会效益分离，也避免了社会价值概念的扩大化。

⑥ 包括对信息的价值认识. 2015《中国准则》第 2 条：保护的目的是通过技术和管理措施真实、完整地保存其历史信息及其价值。

增加了那些特征信息被破坏或改变的风险。这就是保护与利用矛盾的根源。

虽然地方政府已经投入大量的保护资金，但对于数量众多的建筑遗产来说仍是杯水车薪，大量的建筑遗产缺乏资金进行记录、保护和修复，展示就更是无从谈起。如苏州古城天赐庄地区现存百余处民国建筑（图 2.4），形态各异，颇有小万国博物馆的味道。除了一部分归属苏州大学得以修复以外，大部分建筑都破乱不堪或私搭乱建，令人惋惜。

图 2.4　苏州天赐庄地区部分民国建筑

人们对于重要物品最简单的保护方式是保管收藏。可移动文物无论是否具有实用性，由于体积较小，采用陈列式的收藏方式，特别是通过博物馆等方式集中性收藏保管是可行的。其保管维护成本在可控范围内，而且收藏文物越多，保管成本分摊越低。但建筑遗产等不可移动的物品由于体积庞大，几乎无法做到馆藏式保管。一方面是成本原因，另一方面是中国的建筑遗产多数属于木结构建筑，防潮、防火、防虫措施要求较高，细部木构件易损，需要时常更新维护，如果采用博物馆式原封不动的保存方式，很难做到合理保护①。因此，无论是从经济效益，还是从社会效益和保护使用价值的目的出发，都要求必须对建筑遗产进行合理利用，不得随意空置。2015《中国准则》对合理利用问题专辟章节，分别从展示、功能延续和赋予新功能等角度，阐述了合理利用的原则与方法，提出应根据文物古迹的价值、特征、保存状况、环境条件，综合考虑研究、展示、延续原有功能和赋予文物古迹适宜的当代功能等各种利用方式。强调利用的公益性和可持续性，反对和避免过度利用，本身也是对中国文化遗产保护的重要探索。当然也不能形而上学，必须看到许多特殊的文物保护单位即使不利用，也需要认真保护与保存，如故宫、天坛和长城等。

事实上，建筑遗产只要被利用，必然会增加遗产特征信息的破坏风险。可是空置不合适，又没有其他有效保护方法，不得以也可允许以改变或影响部分次要特征信息实物为代价，尽量将主要特征信息实物保存下来。如允许改变内部装饰，使其更加符

① 这里也要视保护对象而言。如果是特别珍贵的建筑遗产，冷冻性保护也是有必要的，比如故宫。文中指大部分的建筑遗产。

合现代居住习惯,但不得改变主要建筑结构或外貌等。因此,就需要用严格的产权规定、规划限制以及管理监督来加以规范,毕竟要遵循"保护为主、利用为辅"基本原则。

在建筑遗产保护和修缮过程中,由于相应的力度和资金有限,不可避免地需要对众多的建筑遗产进行取舍。需要对不同建筑遗产的重要程度进行定量或定性排序处理,即评估,为科学保护历史建筑、合理配置有限的资源提供决策依据。评估是确定建筑遗产保护等级进行分级管理的依据。等级高的对其投入的资金多,可以尽量以更多的方式来保护,这也呈现了"马太效应"。

2.2.4 建筑遗产的经济价值分析

1) 建筑遗产经济价值分析

随着人类社会的发展,市场经济的影响和商业化思维不断扩大,市场逻辑及经济价值逐渐独立于其他社会关系和价值体系,对于历史文化遗产也不例外①。1967 年《基多规范》(*The Norms of Quito*)首次以正式文献从经济角度讨论了遗产的价值,该规范认为遗产作为一种经济资源,应在不减损其历史与艺术重要性的前提下,提升其利用性和价值②。半个世纪以来,建筑遗产经济价值研究的文献较多,笔者拙著《历史性建筑估价》一书中有所综述,本书不再重复。

2015《中国准则》前言中提到"社会价值还体现了文物在文化知识和精神传承、社会凝聚力产生等方面所具有的社会效益",第 18 条提到"现有的利用方式是否能够在保证文物古迹安全的前提下充分发挥其社会效益",也说明了建筑遗产的综合价值和使用价值(可利用性)都可能产生社会效益,从而产生效益价值。物的效用价值(使用价值)在经济市场上与人类交互形成新的关系,表现为效用(Utility)、稀缺(Scarcity)、欲望(Desire)和有效购买力(Effective Purchasing Power)等基本要素,形成了经济价值的产生根源。这四个要素存在一个前提,经济价值是在商品交换系统或经济市场中存在并实现的,如果没有商品交换市场或受到严格产权限制,经济价值会表现为显化或潜在状态,并根据市场发展的阶段性、地域性和限制性,不断地相互转化演变。

建筑遗产经济价值是建筑遗产效用价值在经济关系上的反映,体现的是建筑遗产的经济属性,称为经济价值,能够用一定的标准体系进行衡量和阐明。也可以说,建筑遗产经济价值就是建筑遗产综合价值与可利用性在商品交换系统或经济市场中与人类交互所获得的特殊社会价值形态。经济价值并不隶属于综合价值或使用价值,而是这些价值属性产生的效益价值在经济市场中的反映。

建筑遗产经济价值与综合价值之间的相互关系的理论基础是效用价值与综合价值(价值二重性)在经济领域范围内相互关系的延伸,变化规律是相似的。综合价值是

---

① 吴美萍.文化遗产的价值评估研究[D].南京:东南大学,2006.

② 黄明玉.文化遗产的价值评估及记录建档[D].上海:复旦大学,2009:53.

经济价值存在的基础，反映其基本活动方式，在经济价值实现过程中制约着主体与客体之间的相互关系；反之，当经济价值出现动态波动，引发人类主体的需求变化，通过社会推动各种有效的措施手段（如提高文化素质、加强保护意识、扩大宣传力度，发展科学研究等），使得建筑遗产能在新的层次上发挥更大效用，最终将需求性和享受性转化成综合价值的更高追求。当然，实现经济价值存在一个前提，即必须是在商品交换系统或经济市场中存在并实现的。

不同历史时期、不同学派对价值形成的经济学理论有着不同的认识。建筑遗产经济价值的来源可以从这些理论中寻找答案，揭示建筑遗产经济价值形成机理及其经济学属性。劳动价值论认为，建筑遗产凝结着人类的劳动，具有一定的价值量，揭示了其综合价值的形成机理，同时也阐述了经济价值的产生根源。基于建筑遗产对人类社会的普遍效用性（社会效益）和建筑遗产数量的稀少（稀缺性），解释了经济价值的变动原理。也正是由于上述特性，建筑遗产会在市场供给、需求方面呈现特殊的价格市场变化趋势。建筑遗产所具有的外部性和公共性特征也对建筑遗产经济价值产生影响。

一般情况下，市场价值（市场价格）是建筑遗产经济价值在真实市场中的具体反映，会受到供求关系和其他市场因素的影响产生变化，从而形成相互作用的动态关系。市场价值（市场价格）和经济价值相比，市场价值属于短期均衡，而经济价值属于长期均衡，在正常市场或经济发展条件下，市场价值会表现出围绕着经济价值上下波动的周期变动。

2）使用价值与效用价值分析

前文对建筑遗产的使用价值与效用价值的分析，以鲁品越提到“物的效用价值即为商品的使用价值”的观点，指出它们属于同一性质的价值，虽然就一般而言，商品的使用价值涵盖了客体的效用价值全部，对此这里做进一步说明。

北京大学仰海峰教授 2016 年曾著文全面论述了使用价值的概念，认为使用价值是靠自己的属性来满足人们某种需要的物，根本特性在于其有用性。从有用性入手，马克思在《资本论》中区分了有用性的三种不同含义：一是自然物的有用性，如空气、天然草地、野生林等，这些物的有用性与人的劳动无关；二是用来直接满足自身需要的劳动产品的有用性；三是用来交换的劳动产品，即商品的使用价值。前两种使用价值反映了哲学意义，第三种意义上的使用价值与交换价值一起，成为交换价值的物质载体。使用价值变成了以交换价值为中介的满足需要的物，被贴上了社会形式的规定性，虽然是交换价值的物质载体，也是被交换价值所统摄的对象，从而进入到商品交换的形式系统中，构成了商品的二重性。正是在这个维度上，使用价值进入到经济学的范畴。仰教授认为学术界现在对使用价值争论的主要原因是未对三种使用价值含义认真解读，经常混淆①。

杨进明从使用价值的效用出发，用复杂的经济推导证明了使用价值效用的价值与

---

① 仰海峰. 使用价值：一个被忽视的哲学范畴[J]. 山东社会科学，2016(2)：63-69.

效用价值在时间维度的数量关系的一致性。任何一个客观事物都有一定的表达形式。既然使用价值的效用是客观的，效用就必然有其特定的表达形式。效用的表达形式为：效率 = 效果(产量)/时间。公式的效率表达的就是使用价值效用的大或小。效率高，效用大，效率低，效用小。与客观的效用相联系，使用价值也有客观的效用价值。使用价值的效用价值是其在使用时产生效果的时间。如果说公式中的效率代表使用价值效用的大或小，那么，作为分母的时间就是使用价值的效用价值①。

邓宏直接指出了劳动价值论和效用价值论不过是从两个不同视角观察同一个事物——商品，劳动价值和人工效用在数量上是相等的。不论是在自给自足的经济中还是在商品经济中，劳动创造的使用价值与它通过商品带给人们的那部分效用总是相等的，即劳动价值等于人工效用，这一关系即为经济学第三定律②。

3）社会效益与经济价值分析

前文说明了建筑遗产的综合价值和可利用性都可能产生一定的社会效益。因此，在经济市场中，建筑遗产经济价值的形成途径也包括两个方面：一是基于特征信息产生的综合价值的效用反映出的经济价值；二是基于空间属性产生的使用价值(可利用性)的效用反映出的经济价值。前者是由于人们对于建筑遗产蕴含的特征信息的喜好或其他直接或间接的积极意义，希望或实际取得建筑遗产全部或部分产权(哪怕是观察权)愿意付出的成本；后者是人们通过利用建筑空间，达到实际消费或功能利用(也是一种权利)支付成本与获得收益。前者不考虑消费或利用，正如收藏一些可移动的文物，如元代青花瓷瓶，通常不可能去实际使用，更多的是用于观察、鉴赏甚至研究等；而后者是基于实际使用，无论是用于消费还是经营。

其中，实际取得产权所支付的成本与获得的收益是经济价值的显化表现；希望取得产权所愿意支付的成本是潜在经济价值，并非不存在经济价值，只是未显化。实际与希望取决于是否可以发生权利的移转。能否获得权利或能获得多少权利取决于建筑遗产的产权机制与限制条件。影响因素是社会经济发展水平、人们收入与消费水平、产权机制、规划限制、市场供求关系等。

2.3 建筑遗产价值体系的构建

本章阐述了部分学者构建或认识的建筑遗产价值体系，再从哲学价值论的价值二元性论证了事实存在、内在价值和外在价值的实质与相互关系，指出了目前学术界对内在价值的一些误解。建筑遗产的客观事实主要是特征信息与空间属性存在，具有绝对客观性，而基于客观事实存在的实践行为、事实认知和价值认识都属于人类主观行为。价值认识是多角度、多维度、多层次与动态的，从而产生历史价值、艺术价值、科学

① 杨进明.使用价值的效用和效用价值[J].宁夏党校学报，2011，13(5)：86-89.

② 邓宏.试论劳动价值与效用价值的数量关系[J].广州大学学报(社会科学版)，2007，6(4)：52-56.

价值、环境价值、社会价值和文化价值等内含价值，通过一定的逻辑关系组合为建筑遗产综合价值。建筑遗产使用价值(可利用性)与建筑遗产综合价值共同产生建筑遗产的社会效益，从而形成效益价值，也反映出人类的劳动价值(劳动量)。最终效益价值在经济市场中表现为建筑遗产的经济价值。

构建整个建筑遗产价值体系是通过以特征信息为基础的综合价值、以空间为基础的使用价值(可利用性)两条价值线展开，同时体现出建筑遗产基本认知、人的感知(社会认知)、延伸的功能性需求价值三个层次(图 2.5)。正如林源博士提到的信息价值、情感与象征价值、利用价值的三个价值层面，虽然不尽完善，却也指出了建筑遗产价值体系的关键要素。

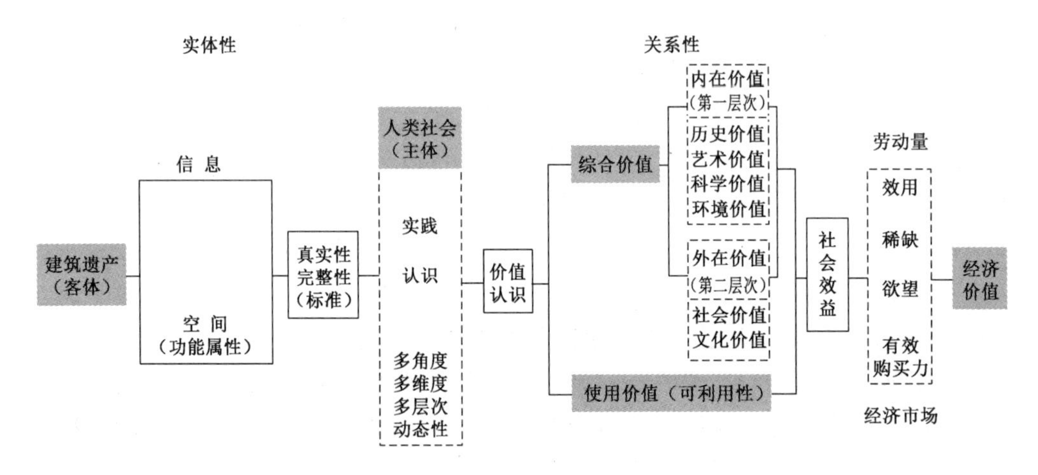

图 2.5 建筑遗产价值体系

3 利用的前提:建筑遗产评估体系

在建筑遗产保护和修缮过程中,由于关注程度和资金规模的原因,总是需要进行取舍。根据这些建筑遗产各自的重要程度进行定量或定性排序处理,为科学保护建筑遗产、合理配置有限资源提供理论决策依据。试图通过建筑遗产评估,确定哪些建筑遗产的价值高,哪些价值较低;哪些建筑遗产适宜展示性利用,哪些适宜功能性利用;哪些建筑遗产管理条件良好,哪些欠缺。建筑遗产评估为建筑遗产的保存修复,建筑遗产所在环境的规划设计,旧城改造,美丽乡村建设等工作提供决策依据,是实现建筑遗产的科学保护和合理利用的重要前提条件。

3.1 建筑遗产评估的相关事项

3.1.1 评估名称的规范

只要涉及建筑遗产评估的相关文献,经常出现一个问题,即评估名称不规范。部分学者称之为评估,如朱光亚[①]、黄明玉[②]与宋刚[③]等;也有部分学者称之为评价,如余慧[④]、刘翠云[⑤]与张艳玲[⑥];也有学者直接回避了这个问题,如常青在《对建筑遗产基本问题的认知》[⑦]一文中称为价值认定;甚至还有个别学者在同一论文中将几个名称混用。本书认为专业术语必须规范一致。如果不能统一,会给以后的研究工作造成不必要的困扰。

什么是评价?冯平在《评价论》[⑧]一书中总结了在人类活动中,评价的四种基本功能。第一,判断的功能,即以人的需要为尺度,对已有的客体做出价值判断。第二,预测功能,即以人的需要为尺度,对将形成的客体做出价值判断。第三,选择的功能,即

① 朱光亚,方遒,雷晓鸿.建筑遗产评估的一次探索[J].新建筑,1998(2):22-24.

② 黄明玉.文化遗产的价值评估及记录建档[D].上海:复旦大学,2009.

③ 宋刚,杨昌鸣.近现代建筑遗产价值评估体系再研究[J].建筑学报,2013(52):198-201.

④ 余慧,刘晓.基于灰色聚类法的历史建筑综合价值评价[J].四川建筑科学研究,2009,35(5):240-242.

⑤ 刘翠云,吴静雯,白学民,等.工业遗产价值评价体系研究:以天津市工业遗产保护为例[C]//中国城市规划学会.多元与包容:2012中国城市规划年会论文集.昆明:云南科技出版社,2012:546-554.

⑥ 张艳玲.历史文化村镇评价体系研究[D].广州:华南理工大学,2011.

⑦ 常青.对建筑遗产基本问题的认知[J].建筑遗产,2016(1):44-61.

⑧ 冯平.评价论[M].北京:东方出版社,1995.

将同样具有价值的客体进行比较，从而确定其中哪一个更具有价值，更值得争取，这是对价值序列的判断，也可称为对价值程度的判断。第四，导向的功能，即通过对人类生活各个层次的作用而得以充分地展示。

什么是评估？这个称谓与经济学的评估经常混淆。经济领域评估专业的依据是《中华人民共和国资产评估法》，第二条规定："本法所称资产评估(以下称评估)，是指评估机构及其评估专业人员根据委托对不动产、动产、无形资产、企业价值、资产损失或者其他经济权益进行评定、估算，并出具评估报告的专业服务行为。"

什么是建筑遗产评估？姚迪博士认为："建筑遗产保护的最基本工作就是对建筑遗产进行评估。通过对建筑遗产的评估，确定建筑遗产价值高低，评定优劣，以便使维护、修复、修缮或重建等有参考依据。"①

从定义上看，建筑遗产价值评估涉及的工作内容更接近于"评价"一词，与经济价值估算无关。而且"Assessment"译为"评价"更为合适，因为"评估"基本上都译为"Valuation"。如此说来，建筑遗产综合价值的认定称为"评价"，经济价值的估算称为"评估"更为准确。

2015《中国准则》第18条规定："评估：包括对文物古迹的价值、保存状况、管理条件和威胁文物古迹安全因素的评估，也包括对文物古迹研究和展示、利用状况的评估。评估对象为文物古迹本体以及所在环境，评估应以勘查、发掘及相关研究为依据。"

虽然本书认为"评价"一词更能准确表达其行为本义，但由于2015《中国准则》已经再次强调"评估"这个称谓。专业术语必须统一，因此，学术界不应再争论这个问题，涉及建筑遗产综合价值、可利用性和管理条件等统一称为"评估"，不应写成"评价"或其他名词。至于经济价值，建议统一称为"估价"或"经济价值评估"。文件依据是国家标准《房地产估价规范》(GB/T 50291—2015)，从事房地产评估的专业人员也称为房地产估价师。

3.1.2 评估对象的调整

建筑遗产评估工作必然涉及明确评估主体、评估客体(评估对象)、评估目的等，这方面的研究成果数不胜数，本书不再赘述。2015《中国准则》对评估对象(评估客体)进行了调整。具体如下：

1) 扩大文物古迹的范围

2015《中国准则》第1条指出："本准则适用对象统称为文物古迹。它是指人类在历史上创造或遗留的具有价值的不可移动的实物遗存，包括古文化遗址、古墓葬、古建筑、石窟寺、石刻、近现代史迹及代表性建筑、历史文化名城、名镇、名村和其中的附属

---

① 姚迪.申遗背景下大运河遗产保护规划的编制方法探析：与基于多维与动态价值的保护规划比较后的反思[D].南京：东南大学，2012.

文物;文化景观、文化线路、遗产运河等类型的遗产也属于文物古迹的范畴。"第1条的阐述部分也进行了逐点解释。虽然准则仍然延续了"文物古迹"名称,实际范围已经涵盖了建筑遗产领域,且与世界遗产公约的文化遗产概念相一致。

2)价值类型的增加与规范

在强调原有的历史、艺术和科学价值的基础上,充分吸纳遗产保护理论研究成果和保护、利用的实践经验,增加了社会价值和文化价值,同时涵盖到环境价值的内容,进一步丰富了中国文化遗产的价值类型构成和内涵。

3)管理评估的内容大幅增加

管理评估是建筑遗产评估的重要组成部分,2015《中国准则》修改对管理条件的内容大幅增加,修改的内容与2017《操作指南》重点强调的加强管理机制的要求相匹配。

4)合理利用的大幅修改

近年来,社会越来越重视建筑遗产的利用状况评估,评估现有利用方式是否能在保证文物古迹安全的前提下充分发挥其社会效益。根据文物古迹的价值、类型、保存状况、环境条件等分级、分类选择适宜的利用方式。评估体系是合理利用的前提条件,当代人是否能合理利用决定了建筑遗产如何"延与续"的方式。

2015《中国准则》第16条规定了建筑遗产评估至少包括价值评估、保存现状评估和管理条件评估三个方面。事实上,除了价值评估以外,建筑遗产可利用性评估与管理评估的理论、内容和方法等还不够成熟与完善。需要积极创新与不断实践,以适应新形势下的中国建筑遗产保护发展潮流。目前建筑遗产综合价值评估的研究已经相当成熟,本书只以实例形式简单论述。本章重点就使用价值(可利用性)评估体系、管理评估体系两个方面进行分析。本章不涉及建筑遗产经济价值评估,这一部分内容详见第8章"经济测算"。

强调的是,无论评估对象如何调整,都不能脱离评估主体单独存在。评估主体的认知会随着社会整体素质、劳动创造能力、生活质量,包括生理心理素质、道德素养、物质生活与精神生活质量等的改变而动态变化。

3.1.3 建筑遗产价值评估体系的变权模式

构建完善的价值评估体系由指标体系、分值标准、权重向量三个部分组成,三者同等重要。早期的研究学者将重点放在价值指标体系和分值标准,这一点无可非议,但是权重向量的合理性一直是理论上的薄弱环节。朱光亚在研究非文物建筑的评估体系时已经关注到了这一点,并单独加分一项①。但是这个加分项由于当时没有理论依据支持,研究未延续下去。近几年变权模式在交通、电力、能源等领域应用较广,相关的学术文献层出不穷,例如郑理科、李帅兵、王晓东等《基于最优变权正态云模型的电

① 朱光亚,方遒,雷晓鸿.建筑遗产评估的一次探索[J].新建筑,1998(2):22-24.

力变压器绝缘状态评估》①、张玉祥《基于变权体系的矿区可持续发展综合评价模型研究》②，以及刘奎太《基于变权模型的厦门某高等级公路路面综合评价研究》③等，笔者也曾在2013年发表《基于变权模型的古建筑价值评价研究》④。可惜的是，直至2019年，变权理论在建筑遗产价值评估领域仍未受重视与广泛应用。

权重确定是建筑遗产价值评估研究中的重要环节，因为权重体现各项内含价值在综合价值中的贡献构成比例，如果某一类价值的权重值高，该价值大小对于内在综合价值的影响较大。所以，能否科学合理确定指标体系中各类指标或各项价值的权重，将影响到目标对象即建筑遗产内在综合价值分值的高低次序。从建筑遗产综合价值的评估方法来看，目前已有的研究成果涉及权重赋值的，一般采用加权平均法得到建筑遗产综合分值。虽然采用的评估方法不同，但在确定权重赋值时，都是基于常权模型。常权模型的主要优点为模型简单，同时考虑了各因素的相对重要性，使综合值能够在一定程度上反映各因素的综合优度。因此，常权模型在各类评估工作中使用较为广泛，适用于多种场合。然而，建筑遗产价值具有自身的特殊性。从前文所述可知，建筑遗产价值的特征包括了感知性和主观性，而在现实中，建筑遗产在某一内含价值特别突出时，其他价值的降低并不会明显弱化综合价值。例如，假设有两处建筑遗产，综合价值仅受历史价值和艺术价值两个价值属性的影响，它们的权向量为(0.5,0.5)。建筑A的历史价值和艺术价值分值分别为95分和50分，而建筑B的历史价值和艺术价值各为75分和75分，即建筑A在历史价值上十分突出，而建筑B在历史价值和艺术价值上均较为一般。根据专家论证结果，一致认为建筑A的综合价值高于建筑B。原因是虽然建筑A的建筑主体状况较差，不具有建筑艺术代表性(艺术价值50分)。但作为名人故居(历史价值95分)，它反映了一定历史时期和历史事件的人类活动情况，体现出特定的文化载体，具有一定的稀缺性；相对而言，建筑B没有显著特点。但是如果按常权进行评估，假设历史价值和艺术价值同等重要，即按照各自0.5的等量常权计算评估结果，建筑A综合价值分值为72.5，建筑B的综合价值分值为75，即建筑B的综合价值高于建筑A的价值，与上述的客观事实相违背，导致评估结果有失合理与公正。笔者经过调查研究，发现问题的根源在于建筑遗产价值表现出这样的特征：其中一个价值高，不会由于另外一个价值低而大幅降低综合价值。而现有的常权理论无法解决此问题，不管其中一个高价值有多高，都会被低的价值中和，导致其整体综合价值不高。当然人们可以根据各种价值的分值高低来调整常权评估中的权重，体

---

① 郑理科，李帅兵，王晓东，等.基于最优变权正态云模型的电力变压器绝缘状态评估[J].高压电器，2016，52(2)：85-92.

② 张玉祥.基于变权体系的矿区可持续发展综合评价模型研究[J].中国矿业，1998，7(5)：3-5.

③ 刘奎太.基于变权模型的厦门某高等级公路路面综合评价研究[J].厦门大学学报(自然科学版)，2010，49(4)：531-534.

④ 徐进亮，舒帮荣，吴群.基于变权模型的古建筑价值评价研究[J].四川建筑科学研究，2013，39(3)，78-82.

现建筑遗产价值特征,如不等量常权(即权重由各自 0.5 转为 0.7 和 0.3),但也只能部分解决建筑遗产评估中存在的问题。例如采用 0.7 和 0.3 的不等量权重,虽然可以解决上述建筑 A 和建筑 B 分值倒置的悖论,但如果应用到建筑 C(历史价值和艺术价值的分值为 50 分和 95 分),将会导致建筑 C 的综合分值极低,甚至还低于建筑 B。反之,适用于建筑 C 的不等量权重也不能适用于建筑 A。传统的常权评估方法可能"中和"某些"瓶颈"因素而导致评估结果的不合理。所以针对建筑遗产这个特殊目标对象的评估,高分值因素的权重应受到激励(即增加其权重),使其他因素的权重值相应减少,从而使建筑遗产综合评估分值提高,即历史价值评估模型的指标权重系数应随着各项价值因素指标分值的变动而做出相应调整。

研究表明,基于变权理论的评价模型能准确反映出建筑遗产各价值因素动态变化对其综合价值的影响程度,凸显了激励性因素的重要性,更符合客观实际。当然,可利用性与管理条件要求各方面因素的平衡,变权理论暂时不宜引入上述评估工作。

3.1.4 真实性与完整性原则的应用

2015《中国准则》实施后,建筑遗产综合价值指标体系的准则层(基本层)指标应以历史价值、艺术价值、科学价值、环境价值、社会价值和文化价值六大基本价值为基础来建立,根据不同的评估对象、评估目的、评估客体等因素,因地制宜,适当微调,坚持基本原则。那么,在定性和定量评估中,价值指标的大小究竟是以什么标准来认定?

前文分析,建筑遗产综合价值评估针对的是特征信息的保存状况、真实性与完整性,是衡量信息保存状况的标准。林源在《中国建筑遗产保护基础理论》①一书中,将真实性、完整性、代表性定义为判定建筑遗产价值大小的标准度。刘翠云认为科学制定评估标准应当考虑形态特征的原真性、功能类型的多样性、时间界定的灵活性、地域特征的普遍性、现状特征的完整性、价值演变的规律性等六个方面。刘翠云没有涉及价值类型与价值指标,而是将六个方面作为制定标准的参考,实际也是对标准度的思考②。

2017《操作指南》第 78 条:"只有同时具有完整性和/或真实性的特征,且有恰当的保护和管理机制确保遗产得到保护,遗产才能被视为具有突出的普遍价值";第 85 条:"真实性声明应该评估真实性在每个载体特征上的体现程度";第 91 条"对于依据标准(ⅶ)至(ⅹ)申报的遗产来说,每个标准又有一个相应的完整性条件";第 96 条:"世界遗产的保护与管理须确保其在列入《世界遗产名录》时所具有的突出的普遍价值以及完整性和/或真实性在之后得到保持或加强"。

因此,根据上述论述,整个价值评估体系的逻辑表述非常清楚,即具有特殊的价值

① 林源.中国建筑遗产保护基础理论[M].北京:中国建筑工业出版社,2012:86-95.

② 刘敏,潘怡辉.城市文化遗产的价值评估[J].城市问题,2011(8):23-27.

意义是价值评估的基本要点，完整性与真实性是其前提条件与标准程度。也就是说，价值指标分值幅度的设定标准就是真实性、完整性原则在构建价值评估技术体系中的具体应用。

3.2 建筑遗产综合价值评估体系实例

建筑遗产价值评估就是对建筑遗产的外在效用价值进行衡量排序的过程，是用量化手段将人类主体对客体事物的普遍认知度反映出来。这种社会普遍认知度也会因众多外界因素的影响变动而产生变化。评估结果就是全面考虑各因素的影响程度，综合反映不同建筑遗产对人类主体的效用价值高低。建筑遗产综合价值评估是一项多角度、多方位的复杂工程。评估对象是建筑遗产综合价值，综合价值又包含历史、科学、艺术、环境、社会和文化价值等六大基本价值。建筑遗产综合价值评估就是在充分考虑内含价值体系贡献比例大小的基础上分析计算得到的综合评分值，即评估结果。建筑遗产综合价值的评价工作应用广泛，理论与方法的研究实践已较为成熟，评估文献资料与研究成果繁多，不再阐述。

本书介绍两套东南大学研究团队参与编制的价值评估体系，评估研究对象均位于苏州。一套针对历史街区传统建筑价值评估体系，一套针对古村落传统建筑价值评估体系。

3.2.1 苏州历史街区传统建筑综合价值评估体系简介

2008 年，苏州市文物局与苏州市市区文物保护管理所出版了《苏州平江历史文化街区建筑评估》[①]一书，全面介绍了平江历史文化街区传统建筑综合价值评估体系与评估成果，其中涉及评估体系的内容如下。

建筑遗产纳入评估体系是一个法制城市中建筑遗产管理必不可少的环节，是当前大规模开发和建设过程中对建筑遗产做出合理判断，避免个人或单方面因素影响扩大化，使建筑遗产的保护和管理工作进入量化、科学化和法制化轨道的决定性一步。

苏州是我国经济发达的重要城市之一，又是全国第一批历史文化名城。近年来城建与发展势头迅猛，苏州市在城建、文保、园林诸项工作中建树与积累甚多，为了在发展的进程中尽量避免盲目建设，进一步科学合理有效地保护苏州独特的文物资源，苏州市文管办与东南大学合作，在朱光亚教授长期对国内外遗产评估研究的基础上，引进先进经验，提出在苏州建立一个有较高应用价值和推广价值的古建筑遗产评估体系，努力将经验管理向科学的管理模式转化，最终实现建筑遗产保护和管理工作的制度化和科学化(表 3.1)。

---

① 苏州市文物局，苏州市市区文物保护管理所．苏州平江历史文化街区建筑评估[M]．北京：中国旅游出版社，2008.

表 3.1　苏州历史传统建筑综合价值评估表

项目	子项	选项				得分
历史价值	建造年代	明朝（103～136 分）	清朝中期以前（69～102 分）	清末至民国时期（35～68 分）	解放后（0～34 分）	
	相关历史名人与事件	全国知名人与事（142～188 分）	地方知名人与事（95～141 分）	一般人与事（48～94 分）	无记载（0～47 分）	
科学价值	结构特色	结构特别，保持较好（48～63 分）	结构特别，一般地方性结构有损坏（32～47 分）	一般地方性结构损坏较严重（16～31 分）	现代建筑结构（0～15 分）	
	施工水平（水作、木作、石作）	高（42～55 分）	较高（28～41 分）	一般（14～27 分）	粗糙（0～13 分）	
	建筑组群保存完好程度	完整（46～60 分）	较完整（31～45 分）	仅余单体（16～30 分）	无法看出原有风貌（0～15 分）	
艺术价值	空间布局艺术	高（58～76 分）	较高（39～57 分）	一般（20～38 分）	差（0～19 分）	
	造型艺术	高（43～57 分）	较高（29～42 分）	一般（15～28 分）	差（0～14 分）	
	细胞工艺艺术	高（50～66 分）	较高（33～49 分）	一般（17～32 分）	无（0～16 分）	
环境价值	相对位置的重要性	与省级以上文保单位相邻或位于其视线走廊内（54～71 分）	与市保或控保相邻（36～53 分）	位于历史文化保护区内，但不与任何文保单位相邻（18～35 分）	位于历史文化保护区外，且不与任何文保单位相邻（0～17 分）	
	与周围环境及建筑的协调性	协调（62～82 分）	较协调（41～61 分）	一般（21～40 分）	不协调（0～20 分）	
实用价值	建筑保存现状	基本完好（61～80 分）	损坏较大（41～60 分）	濒临坍塌（21～40 分）	严重改造，原状无存（0～20 分）	
	使用状况	合理（46～61 分）	较合理（31～45 分）	需调整（16～30 分）	急需改变使用功能（0～15 分）	

3.2.2　苏州古村落传统建筑价值评估体系简介

2018 年，在原有历史街区传统建筑价值评估的基础上，以苏州市古村落传统建筑为对象，研究团队制定了一套运用于古村落内古建筑的价值评估体系（表 3.2）。本次价值评估以六大价值类型作为基本价值体系因素层，通过德尔菲法（专家咨询法）建立整个因子层、选项层与分值体系。

德尔菲法又名专家咨询法，是依据系统的程序，采用匿名发表意见的方式，即团队成员之间不互相讨论，不发生横向联系，只能与调查人员发生联系，反复填写问卷，然后集结问卷填写人的共识及搜集各方意见，用来构造团队沟通流程，应对复杂任务难题的管理技术。专家调查权重法是一个较科学合理的方法，依据“德尔菲法”的基本原理，选择企业各方面的专家，采取独立填表选取权数的形式，然将他们各自选取的权数进行整理和统计分析，最后确定出各因素、各指标的权数。该方法集合了各方面专家的智慧和意见，并运用数理统计的方法进行检验和修正。从专家调查权重法可以侧面看出采用德尔菲法确定指标值的时候，可以通过专家三轮打分确定指标上下限值。德尔菲法的技术路线为邀请熟悉评估对象情况的多位专家，采用单独征询的方法，专家打分过程中彼此不讨论，在打分前向各专家说明本次打分体系的基本内容和任务，各因素因子的含义，专家打分的技术规定等，然后由专家各自分别填写调查表格。

表 3.2 苏州古村落传统建筑价值评估体系

因素层	因子层	选项	分值区间范围	备注
历史价值	始建年代	明代及以前	20～28	
		清代	18～22	
		清末至民国前期	12～16	
		民国中后期	10～15	
		1949 年后	5～10	
	重要历史事件与历史人物的关联程度	全国知名人与事	10～15	
		地方知名人与事	5～10	
		一般人与事	3～5	
	反映建筑风格与元素的历史特征与演变		2～3	
	反映当时地方社会历史发展背景程度		0～2	
艺术价值	艺术史料代表性	具有特殊代表性	4～6	
		具有重要代表性	2～4	
		代表性一般	0～2	
	建筑实体的艺术特征	艺术特征明显、具有较高的艺术美感	8～10	
		具备一定的艺术特征	5～8	
		艺术特征一般	0～3	
	建筑细部及装饰的艺术特征	艺术特征明显、具有较高的艺术美感	5～8	
		具备一定的艺术特征	3～5	
		艺术特征一般	0～2	
	园林及附属物的艺术特征	艺术特征明显、具有较高的艺术美感	5～8	
		具备一定的艺术特征	3～5	
		艺术特征一般	0～2	
科学价值	完好程度	完整	8～10	
		基本完整	4～7	
		仅余单体	1～3	
		基本无原有风貌	0～1	

续表 3.2

因素层	因子层	选项	分值区间范围	备注
科学价值	建筑实体的科学合理性	科学合理性较高	5～7	
		有一定的科学合理性	3～4	
		科学合理性一般	0～2	
	建筑细部与装饰的科学合理性	科学合理性较高	5～6	
		有一定的科学合理性	3～4	
		科学合理性一般	0～2	
	建筑材料的科学合理性	科学合理性较高	4～5	
		有一定的科学合理性	3～4	
		科学合理性一般	0～2	
	施工工艺水平	工艺水平较为突出	3～5	
		有一定的施工工艺水准	1～3	
		工艺水平一般	0～1	
	建筑技术史料价值	具有特殊史料价值	8～10	
		具有重要史料价值	4～7	
		史料价值一般	1～3	
环境价值	地理区位	古村落核心地段	6～10	
		古村落重点地段	4～6	
		古村落一般地段	2～4	
		古村落边缘地段	0～2	
	古建筑与古村落环境的协调性	较为协调	3～5	
		一般协调	2～3	
		略不协调	－1～0	
		明显不协调	－3～－2	
社会价值	教育旅游功能		2～3	
	保护等级	市县级文物保护单位	15～20	
		历史建筑	10～15	
		一般不可移动文物	5～10	
	社会知名度	全国知名	7～10	
		区域知名	5～8	
		本地知名	2～5	
		一般知名	0～2	
文化价值	真实性		3～7	
	反映文化传承（代表作品）	典型代表作品	7～10	
		代表作品	3～8	
		一般作品	0～3	

建筑遗产综合价值评估实践中，注意要多邀请一些熟悉评估对象项目的各方面代表参加。如在苏州对传统历史保护建筑价值评估时，邀请了评估项目所在地的区政府、街道办事处、社区工作人员、当地居民代表、相关投资开发公司的代表，以及市、区两级文物、城建、规划方面的管理人员和专家，体现出广泛的代表性。尽量避免以个人或小团体的需求代替社会群体的需求而导致结果偏差。且需要提醒代表评估思维不能仅局限于当代人的需求，要扩展到未来人的需求广度上。

3.3 建筑遗产可利用性评估体系

建立建筑遗产可利用性的评估体系是通过专业的评估体系认识现存建筑遗产的使用状况，对其可利用潜力有一个客观量化的评价，作为建筑遗产合理利用的依据和选择，也可作为判断其保护等级与利用优先级的重要依据，充分发挥其在现代生活中的作用。

建筑遗产具有相当广泛的利用前景。2015《中国准则》重点强调了展示利用方式，实际上就是尽量不去使用建筑遗产的空间属性，仍然以展示特征信息及其价值为主。不适宜采用展示方式的建筑遗产，可从利用角度分为功能延续和赋予新功能两种基本利用方式。采用什么利用方式需要在多方位、多层次对建筑遗产评估的基础上进行判断，可利用性评估结果是其判断的重要衡量依据。

针对那些与人们日常生活息息相关，在现实生活中仍发挥着使用功能的许多历史建筑，建造年代较晚，保护级别较低，却是形成区域整体风貌的重要组成部分。对于这些建筑，应尽量延续原有功能，以不破坏整体风貌为主，通过房屋加固补强、基础设施改造，将其更好地投入使用。这些历史建筑通常作为住宅使用，成为人们生活不可分割的一部分，它们的利用合理与否直接关系到人们的生活方式和生活水平。对于原有功能作为展示性利用的建筑遗产，应认真分析其现状使用情况。如果确实出现使用效率低下、资源浪费的现象，也要根据历史区域或建筑遗产保护规划的要求，谨慎适当考虑赋予新功能。

3.3.1 建筑遗产可利用性评估研究

查群是国内第一位对建筑遗产可利用性评估进行专门研究的学者。她在《建筑遗产可利用性评估》①一文中指出："通过对建筑遗产的综合价值和可利用性的评估结果分级，可以得到建筑遗产的综合价值分级结果和建筑遗产可利用性分级结果，根据综合价值、可利用性两个评估结果，可综合得出某地区建筑遗产分级保护等级，作为保护与发展规划中建筑遗产保护利用的依据。另外，根据建筑遗产可利用性分级，可将再利用潜力大的古建筑作为规划中老区内公共建筑开发对象加以重点改造

① 查群. 建筑遗产可利用性评估[J]. 建筑学报，2000(11)：48-51.

和利用。这样不但保护了古建筑、挖掘了利用潜力、节省了成本、保存了老区原有历史风貌,而且还丰富了老区功能、改善了生活质量。本文所述评估指标体系突破了原来评价建筑遗产的使用价值时仅从结构性能和基础设施两方面评价的局限性,结合我国现阶段国情,增加了环境、情感等评价指标,使指标体系更趋完善。”文章中还体现了建筑遗产时间轴从过去的“延”提升到未来的“续”的思维,使得建筑遗产可持续利用的目标与现状利用情况相结合,可以说是从静态利用向动态利用的质的飞跃。

建筑遗产可利用性评估主要采用层次权重决策分析法①确立评估体系。要对建筑遗产的可利用性做出价值判断,首先必须建立评价的指标体系(指标是指影响评估目标的各种因素及其相互关系),然后在前述建筑遗产可利用性指标体系的基础上,制定出可利用性评估权重表(表 3.3,表 3.4)。

通过建筑遗产可利用性评估权重表,得到某地区各项评估指标在该地区建筑遗产可利用性评估中的所占比重。评估表包含建筑遗产可利用性评估指标层次中底层的各项指标,这些指标按分档原则进行分档,以便反映被评估单体建筑遗产该项指标实际存在的不同状况,从而得出该地区每幢建筑遗产可利用性的高低排序。在制定建筑遗产可利用性评估表时,关键是分档原则和评分标准。

将评估结果进行分级,是为了判断每一个评估项目在某地区同一类价值客体中的可利用性地位。通过分级可较直观地看出某一评估指标或项目在同类指标或项目中所属级别高低。得出每个评估对象各项指标和可利用性得分之后,需要以分级标界点对建筑遗产的可利用性进行分级。

建筑遗产可利用性(使用价值)分析可划分为现状分析和潜力分析,评估也应涵盖这两个方面。朱光亚在评估“实用价值”时,将“能否继续作为民居使用”作为一项次级指标,在思维上实际突破了传统的利用现状评估的限制②。因此,建筑遗产可利用性评估可以在调查与评估体系中增加未来利用潜力评估的相关内容、指标与参数。

① 现状利用性调查与评估中需要增加的内容包括:

第一,是否适宜展示性利用,政府收回的难点是否能解决。

第二,是否符合延续现状利用,还是建议调整。

第三,如果延续现状利用,对建筑遗产的实物是否需要适当增加或调整,包括增加为适应现状功能的设备,改善文物古迹的节能、保温条件的现代材料及必要的结构加固措施等。

第四,如果延续现状利用,提出对建筑遗产维护、修复、修建等的产权限制建议,以及利用方面的保护和管理措施建议,明确哪些内容不可以改变,哪些必须改变。

---

① 层次权重决策分析法由美国 A. L. Saaty 教授提出。由于任何系统都可以在空间和时间上进行逐级分解,所以研究大系统的第一步就是研究其层次性,通过树状层次结构来反映系统的本质特征,从而对事物进行分析和决策。

② 朱光亚,方道,雷晓鸿. 建筑遗产评估的一次探索[J]. 新建筑,1998(2):22-24.

表 3.3　中国传统木构建筑遗产可利用性评估表

编号：　　　　　　　　　评估项目名称：

是否建议免评：　　　　　免评结果：

免评原则：a. 评估人员一致认为某评估对象从整体上是本次评估中价值最高的；

b. 评估人员一致认为某评估对象从整体上是本次评估中价值最低的。

评估内容	评估标准				备注
	一	二	三	四	
1—1 地基	地基砌垒整齐，保存完好，无塌陷，无断裂	局部轻微损坏，但对承重没有造成较大影响	损坏较严重，已经影响上部构件的变形或产生其他问题	严重变形，使柱、墙倾斜或开裂，无法承重	
1—2 柱	平直完好，无断裂、无腐朽，肉眼看无倾斜，与其他构件结榫较好	有轻微或局部断裂、腐朽，柱倾斜在柱高的3%以内，尚能较好地起承重作用(其中有一项即可)	有 1/3 柱长的裂缝，深度达 1/2 柱径；腐朽达 1/3 柱长，深度达 1/3 柱径；倾斜在柱高的5%左右	损坏严重，倾斜在柱高的 8%以上	
1—3 梁	平直完好，无断裂、无腐朽，榫卯结榫良好	局部裂缝，长度不超过梁长的 1/4，深不过梁径的 1/3；局部腐朽，深度不过梁径的 1/3，脱榫≤2 cm	裂缝深度不过梁径的 1/4，长度小于梁长的 1/2，斜纹裂缝不过周长的 1/3；腐朽深度不过梁径的 1/4，脱榫≤5 cm	裂缝、腐朽严重，脱榫在 5 cm 以上	
1—4 檀	同梁	同梁	同梁		
1—5 斗拱	保存完好，无掉斗、断拱现象，无断裂、无腐朽	没有掉头断拱现象，但局部有断裂、腐朽，暂时不影响机构作用	掉斗断拱普遍，局部已经使其他构件变形、断裂	严重损坏，不能起结构作用	
2—1 与周围环境的协调性	协调	较协调	一般	不协调	
2—2 景观	作用强	较强	一般	弱	
2—3 观景	作用强	较强	一般	弱	
3—1 建筑面积	底层面积>100 m^2	底层面积在 70～100 m^2 之间	底层面积在 40～70 m^2 之间	40 m^2 以下	
3—2 层高	层高≥3 m	2.7 m≤层高<3 m	2.4 m≤层高<2.7 m	层高 2.4 m 以下	
3—3 给排水	给水到户，有排水	几户合用给排水	有给水，无排水	给排水全无	
3—4 供电	每家有电表，电路畅通	几家合用一电表，电路畅通	因线路问题经常停电	不通电	
4—1 道路状况	距离现有机动车道或主要旅游线路 10 m 以内	距离规划中机动车道或主要旅游线路 10 m 以内	距离规划中机动车道或主要游线，均在10 m 以上		
5—1 情感因素	有优美传说，是本地区居民经常谈起或聚会之所	较前级程度较弱	再弱	弱	

表 3.4 中国近代砖混建筑遗产可利用性评估表

编号： 评估项目名称：

是否建议免评： 免评结果：

免评原则：a. 评估人员一致认为某评估对象从整体上是本次评估中价值最高的；

b. 评估人员一致认为某评估对象从整体上是本次评估中价值最低的。

评估内容	评估标准				备注
	一	二	三	四	
1—1 地基	地基砌垒整齐，保存完好，无塌陷，无断裂	局部轻微损坏，但对承重没有造成较大影响	损坏较严重，已经影响上部构件的变形或产生其他问题	严重变形，使柱、墙倾斜或开裂，无法承重	
1—2 柱	平直完好	保存较好	一般	损坏严重	
1—3 梁	平直完好	保存较好	一般	损坏严重	
1—4 承重墙	砌垒完好，无裂缝，无倾斜，无弓突	局部损坏，但不影响承重作用	裂缝、倾斜、弓突较严重，危及承重作用	损坏严重，不能起承重作用	
2—1 与周围环境的协调性	协调	较协调	一般	不协调	
2—2 景观	作用强	较强	一般	弱	
2—3 观景	作用强	较强	一般	弱	
3—1 建筑面积	底层面积＞100 m^2	底层面积在 70～100 m^2 之间	底层面积在 40～70 m^2 之间	40 m^2 以下	
3—2 层高	层高≥3 m	2.7 m≤层高＜3 m	2.4 m≤层高＜2.7 m	层高 2.4 m 以下	
3—3 给排水	给水到户，有排水	几户合用给排水	有给水，无排水	给排水全无	
3—4 供电	每家有电表，电路畅通	几家合用一电表，电路畅通	因线路问题经常停电	不通电	
4—1 道路状况	距离现有机动车道或主要旅游线路 10 m 以内	距离规划中机动车道或主要旅游线路 10 m 以内	距离规划中机动车道或主要游线，均在 10 m 以上		
5—1 情感因素	有优美传说，是本地区居民经常谈起或聚会之所	较前级程度较弱	再弱	弱	

第五，是否有可能与周边建筑集中利用。

第六，现有所有者和使用者状况，是否有产权转移的意向。

② 利用潜力调查与评估内容需要增加的内容包括：

第一，产权限制，是否允许调整利用功能。

第二，如果赋予新功能，对建筑遗产的实物是否需要适当增加或调整，包括增加为适应新功能的设备，改善文物古迹节能、保温条件的现代材料及必要的结构加固措施等。

第三，如果赋予新功能，提出对建筑遗产维护、修复、修建等的产权限制建议，以及利用方面的保护和管理的措施建议，明确哪些内容不可以改变，哪些必须改变。

第四，是否有可能与周边建筑集中利用。

第五，现有所有者或使用者状况，是否有产权转移的意向。

如果说将利用现状为主的评估称为“静态”评估，那么加入未来利用潜力评估的评估可称为“动态”评估。其中要充分考虑现状使用者以及未来可能要鼓励引入的使用者。本书提到的动态评估，与时间轴范畴上的定期评估是两个概念。“动态”还反映了人们对利用的认识也在不断变化，有些具有相对恒定性，有些需要随着社会发展、人们经济文化水平的提高而不断地适应性变化。

3.3.2 建筑遗产可利用性评估指标体系

根据不同的城镇建筑遗产保护工作目标，建立建筑遗产可利用性评估体系。评估技术人员在对评估对象建筑遗产进行调查后，选取对评估对象有较深入了解的建筑规划领域的专家学者、主管部门以及有代表性的当地居民作为专家，制定评估指标体系。权重表可以在室内完成，评估表则一定要结合现场调研。

姚迪博士在《建筑遗产保护学(初稿)》中初步拟定了一份可利用性评估体系，如表 3.5 所示：

表 3.5 建筑遗产可利用性评估指标体系

序号	因素层	说明	因子层
1	建筑保存情况(房屋结构安全性)	房屋质量安全、修复情况、修复时间等(以木结构为主的中国传统建筑可利用性评估指标体系和以砖石结构为主的近代建筑可利用性评估指标体系)	房屋结构安全性(建筑质量状况)
			修复维护情况
			修复时间
2	建筑修缮状况	建筑形成后，历史上是否有过翻建、改建、重大修缮以及重大装饰装修，反映建筑存续的历史记录，特别是近十年	
3	使用状况(功能状况)	建筑延存至今的原始功能的完整性与真实性；评判房屋使用功能、基础设施的指标；房屋使用功能包括面积、层高、采光、通风等，基础设施包括给排水、电力、电信、厨厕、安全措施等因素(功能状况能直接反映出房屋所在地区和房屋使用者的生活质量和水平)	建筑原始功能的完整性与真实性
			使用功能及配套保存情况
			现状使用情况
4	交通状况	现有的交通格局及其便利与否，直接关系到建筑遗产保护的价值和再利用的灵活性	对外交通通达度
			公共交通便利度
			配套停车设施
5	配套因素	与功能相关的基础配套、公共安全设施、公共配套设施的完善程度	市政配套设施完善度
			公共安全配套设施完善度
			公共服务配套设施完善度
			与区域功能配套的设施或环境完善程度
6	情感因素	这是一种人们自发的、出自内心地对历史和传统的怀念与继承，成为群体共有的情感趋向	

续表 3.5

序号	因素层	说明	因子层
7	实用价值	建筑遗产作为物质实体而具备的实际功能,即表现为在遵循建筑使用功能文化属性的前提下,通过创造性再利用,赋予建筑新的功能,为人类特定的活动提供室内外空间的能力 (规划对功能使用的限制,是否能改造)	建筑产权复杂程度
			规划对功能的限制
			功能发展潜力
			对商业化的管理措施

2018 年,以苏州市古村落传统建筑为对象,东南大学研究团队制定了一套古村落内的传统建筑使用价值评估体系,见表 3.6 所示:

表 3.6 苏州古村落内传统建筑使用价值评估指标体系

因素层	因子层	选项	分值区间范围	备注
使用价值	古建筑保存现状(安全性)	原貌基本保存完好	5～10	
		改造后保存完好	5～9	
		建筑损坏较大	−7～−5	
		濒临坍塌	−10～−8	
	历史修缮情况	近年经过翻建、改建	0～5	
		近年经过重大修缮	−5～10	
		近年经过重大装饰装修	−5～5	
	古建筑使用现状	正常使用、现有功能合适	2～5	
		正常使用、现有功能不宜	−4～−2	
		空置	−2～0	
	规划使用功能	调整使用功能	−3～0	
		保留原有功能	1～2	
		改为展示功能	0～1	
	基础设施与公共配套设施	较为便利	5～8	
		正常无影响	0～2	
		对使用有影响	−5～0	
	交通便捷度	较为便捷	2～5	
		正常无影响	−2～0	
		对使用有影响	−4～−2	
	停车状况	多个停车位	2～5	
		一个停车位	0～2	
		无停车位	−5～−2	
使用保护限制条件	古村落保护规划对使用限制	古村落整体保护限制对其影响	−3～0	
		环境风貌限制	−3～0	
	产权与使用限制或鼓励	使用功能限制或鼓励	−3～3	
		产权人或使用人的相关限制或鼓励	−5～5	

3.3.3 建筑遗产可利用性评估实践案例

2019年8月,笔者主持研究针对苏州子城39处历史文化遗产可利用性价值评估,综合得出苏州子城范围内建筑遗产使用价值的分类等级,作为区域保护发展中进行建筑遗产保护利用的参考依据。另外,根据建筑遗产可利用性分级结果,鼓励将可利用潜力大的建筑遗产加以重点改造和优先使用,对潜力小的建筑遗产也提出科学的利用或改造建议。这样就保护了优秀建筑遗产,完善其利用功能,有利于延续苏州子城传统风貌。

对建筑遗产进行可利用性评估时,如果只是简单地把各个单项因素价值评估值进行加和,就会因为各组成因素的内容、方法、范围以及精确度不同,各组成部分计量之间的不一致而失去可信度。模糊数学理论的评估方法[①]依据评价标准,力求对文化遗产可利用性进行总体把握,但也可能会受到评估者主观因素影响,影响其每一价值量的取值。

① 如果不考虑评估者因素,公式为:

$$V_0 = \sum_{i=1}^{n} C_i K_i$$

式中:V_0—— 每一建筑遗产的可利用价值量;

K_i—— 每一评估标准的相对价值量,即权重系数,$0 < K_i < 1$;

C_i—— 每一评估标准的因素价值量,可以用十分制、百分制表示;

n—— 评估标准的数量。

② 如果考虑评估者因素,公式为:

$$V_a = \sum_{i=1}^{n} C_i K_i$$

$$V = \frac{\sum_{a=1}^{n} V_a f_a}{\sum_{a=1}^{n} f_a}$$

式中:K_i—— 每一评估标准的相对价值量,即权重系数 $0 < K_i < 1$;

V_a—— 评估人 a 评估每一遗产的价值量;

C_i—— 每一评估标准的价值量,可以用十分制、百分制表示;

n—— 评估标准的数量;

V—— 每一遗产的价值量;

f_a—— 每一评估人的熟悉系数;

a—— 评估人的数量。

---

① 刘敏.青岛历史文化名城价值评价与文化生态保护更新[D].重庆:重庆大学,2004.

其中对 K 值的确定是一个重点,以历史建筑和历史街区为例进行说明。历史建筑的 K 值表示每一评价标准的相对价值量,通常对于某方面价值突出的可以适当加大取值。

苏州子城地处苏州古城中心区域双塔街道,东起护城河,西辖人民路,南至竹辉路,北枕干将河。春秋时代这里曾是吴国的子城(城中城),已有超过 2500 年的历史。辖区除 2 处世界文化遗产(网师园、沧浪亭)外,还有罗汉院双塔、苏州文庙、织造署旧址、开元寺无梁殿、甲辰巷砖塔、东吴大学旧址、天香小筑等 8 处全国重点文物保护单位,加上其他级别的文物遗产共有 39 处历史文化遗产资源点(图 3.1,图 3.2)。研究团队结合评估因素与标准表,进行了针对性的研究与打分,对其可利用性价值进行评估,得出相关结论如表 3.7 所示。

图 3.1 苏州子城历史文化遗产分布图

图 3.2 苏州子城历史文化遗产分布区块图

表 3.7 苏州子城历史文化遗产可利用性价值评估表

序号		名称	保护级别	保存状态	使用功能	社会影响力	文化属性	综合可利用性
A类	1	苏州文庙及宋代石刻	国保	修缮中	博物馆与国学教育	强	官僚/教育/构筑物	A
	2	沧浪亭	国保	优	景区	强	园林/教育	A
	3	网师园	国保	优	景区	强	园林	A
	4	沈德潜故居	市保	优	昆剧传习所	强	故居民居	A
	5	柴园	市保	优	教育博物馆	中	园林/教育	A
	6	罗汉院双塔及正殿遗址	国保	优	景区	强	宗教/构筑物	A
	7	定慧寺	市保	优	景区	强	宗教	A
	8	葑门横街	非保护单位	良	传统商业街	强	故居民居	A

续表 3.7

序号		名称	保护级别	保存状态	使用功能	社会影响力	文化属性	综合可利用性
B类	1	天香小筑	国保	优	苏州图书馆	弱	园林/教育	B
	2	报国寺	控保	良	寺庙	中	宗教	B
	3	同德里、同益里	非保护单位	优	居住	强	故居民居	B
	4	中共苏州独立支部旧址	非保护单位	优	纪念碑	弱	构筑物	B
	5	万寿宫	市保	优	老年大学	中	宗教/教育	B
	6	可园	市保	优	景区	弱	园林/教育	B
	7	苏州美术专科学校旧址	省保	优	颜文樑纪念馆	中	教育	B
	8	圆通寺	市保	优	私人博物馆	中	故居民居	B
	9	蒋纬国故居	市保	优	酒店	弱	故居民居	B
	10	东吴大学旧址	国保	优	大学	中	教育	B
	11	景海女子师范学校旧址	市保	优	大学	弱	教育	B
	12	圣约翰堂	市保	优	教堂	强	宗教	B
	13	甲辰砖塔	国保	优	小景点	弱	宗教/构筑物	B
	14	官太尉桥	市保	优	桥梁	弱	构筑物	B
	15	寿星桥	市保	优	桥梁	弱	构筑物	B
	16	姚铁心故居	市保	优	苏大附属第一医院	弱	故居民居	B
	17	灭渡桥	省保	优	桥梁	中	构筑物	B
	18	苏州关税务司署旧址	省保	优	办公	弱	官僚机构	B
C类	1	兰石小筑	市保	良	护肤会所(歇业)	弱	故居民居	C
	2	五卅路纪念碑	非保护单位	优	纪念碑	弱	构筑物	C
	3	信孚里	市保	良	居住	弱	故居民居	C
	4	织造署旧址	国保	未知	中学	弱	官僚机构	C
	5	瑞云峰	省保	未知	中学	弱	构筑物	C
	6	振华女子中学旧址	市保	未知	中学	弱	教育	C
	7	叶圣陶故居	市保	优	办公	弱	故居民居	C
	8	文星阁	市保	优	大学	弱	教育/构筑物	C
	9	博习医院旧址	市保	优	文创改造	中	教育	C
D类	1	章太炎故居	省保	优	居住/办公	中	故居民居	D
	2	叶楚伧故居	市保	良	居住	弱	故居民居	D
	3	金城新村	市保	优	民主党派办公大院	弱	故居民居	D
	4	袁学澜故居	市保	优	双塔影园(封闭)	弱	故居/园林	D

同样，通过建筑遗产可利用性(使用价值)评估实践发现，不同的评估目标对评价指标之间的关系会产生不同程度的影响，需要调整各指标之间的关系以应对不同评估目标。姚迪博士认为建筑遗产可利用性(使用价值)评估需要遵循以下原则。

1）以建筑遗产保护为目标

以保护建筑遗产的真实性为基本要求。建筑遗产的再利用功能选择时应该选择对其破坏最小、改造最小、影响最小的用途。延续功能是诸多再利用方式中对建筑遗产影响最小的一种方式。由于使用功能没有改变,对建筑遗产的平面、形式、结构等不会产生太多改变,为建筑遗产提供了最佳的保存条件。对建筑遗产可利用性进行判断时,结构安全性、基础设施等是反映建筑本体现状保存程度的主要指标,成为建筑遗产再利用评价的决定性因素,其他指标的比重应相应减小甚至可忽略。

2）以历史风貌保护为目标

以保护建筑遗产所处环境的历史风貌为目标。在这种情况下,进行建筑遗产可利用性评估时需要考虑的是保持与周边历史风貌相协调的建筑形式和风格,对建筑遗产所处的环境而言,保护现存的道路格局、空间肌理和环境要素等,人们对这一地区情感的关注是地区的生命力所在。这时,指标体系中环境因素、情感因素则成为重点考虑的指标因素,结构安全性、基础设施等指标的影响就相对减弱。这样也可以增加再利用方式选择的灵活性,在保持建筑外观的情况下,对内部结构进行加固补强,对基础设施进行相应改善。

3）以地区持续发展为目标

以地区持续发展为目标对建筑遗产的可利用性进行评估,需要考虑的指标因素最为综合。一个建筑遗产聚集地区的可持续发展既要保护历史信息的真实载体,延续地区的传统风貌,还要考虑如何满足人们的日常生活需求,适当引入旅游、商业等功能振兴地区经济,提升地区活力。这样,建筑结构安全性、环境因素、基础设施、情感因素等都要考虑评估。

在姚博士的研究基础上,本书认为还应补充加上一条新的原则:

4）以合理引导使用者为目标

保持地区发展与建筑遗产利用的可持续性其最重要的因素就是明确希望引入的使用者。常言道:“物以类聚,人以群分”,不同层级与类别的使用者或消费人群给地区或建筑遗产利用带来不同的社会经济效果,甚至影响城市区域发展方向。所以要引入什么样的人群需要在利用改造的一开始就应予以合理定位、宣传、鼓励、限制等,引导人群迁移、留滞、浏览、消费与使用等。前文提到的可利用性动态评估就是要反映出这种引导思维的变化,还要随着利用实际效果的不断体现进行定期评估,以便适应性调整。

总体而言,建筑遗产的可利用性评估不能一概而论,要具体问题具体分析,在任何情况下都要深入调查,广泛征求各方意见,认真组织好评估工作。

3.4 建筑遗产管理评估体系

2015《中国准则》强调了文物古迹管理条件与安全因素的评估,但实践工作中关于这方面的研究不多。以“文物管理评估”和“遗产管理评估”检索中国知网,得到的文献结果不足10篇,可见目前管理评估理论与方法体系相对薄弱。2015《中国准则》提出“管理条件”是指现有的保护和管理措施是否能够确保文物古迹安全管理状态。可见,《中国准则》认为“管理条件”与“文物古迹安全”有直接关联。2018《若干意见》也明确指出:“切实加强文物保护能力建设,使文物保护管理工作力量与其承担的职责和任务相适应,确保文物安全。”因此,建筑遗产管理评估作为建筑遗产评估体系不可或缺的组成部分,其重要地位愈加凸显,亟须积极创新与不断实践,以适应新形势下建筑遗产保护发展的需求。

3.4.1 建筑遗产法律规范条款研究

表3.8对现行《文物保护法》、2015《中国文物古迹保护准则》和2017《实施〈世界遗产公约〉操作指南》中涉及文物或遗产管理的条款进行了对比分析。

表3.8 管理条款对比表

2017《文物保护法》	2015《中国文物古迹保护准则》	2017《实施〈世界遗产公约〉操作指南》
将保护措施纳入城乡建设规划。文物是不可再生的文化资源。国家加强文物保护的宣传教育,增强全民文物保护的意识,鼓励文物保护的科学研究,提高文物保护的科学技术水平	制定具有前瞻性的规划,认识、宣传和保护文物古迹的价值	有效管理包括对申报遗产保护、保存和展示的短、中、长期措施。规划管理采取整体综合的方式对指导遗产长期发展至关重要
划定必要的保护范围,做出标志说明,建立记录档案,并区别情况分别设置专门机构或者专人负责管理	建立相应的规章制度	每一处申报遗产都应有适宜的管理规划或其他有文可依的管理体制,其中需要详细说明将如何采取措施(最好是多方参与的方式)保护遗产突出的普遍价值。 管理体制旨在确保现在和将来对申报遗产进行有效的保护。管理体制可能包含传统做法、现行的城市或地区规划手段和其他正式和非正式的规划控制机制。 对管理体制运作的描述可信且透明
公安机关、工商行政管理部门、海关、城乡建设规划部门和其他有关国家机关,应当依法认真履行所承担的保护文物的职责,维护文物管理秩序	联络相关各方和当地社区	建立相应机制,以有效吸纳并协调各类合作伙伴与利益相关方的活动;各利益方均透彻理解遗产价值(包括采用参与式规划和利益相关方咨询程序)
文物保护单位的修缮、迁移、重建严格按照规定。不得损毁、改建、添建或者拆除	对文物古迹定期维护,保障文物古迹安全;及时消除文物古迹存在的隐患	规划、实施、监测、评估和反馈的循环机制
确定一定的建设控制地带。在保护范围和建设控制地带,控制建设与限制行为	控制文物古迹建设控制地带内的建设活动	划定边界是对申报遗产进行有效保护的核心要求,划定的边界范围内应包含所有能够体现遗产突出普遍性价值的元素,并保证其完整性与(或)真实性不受破坏
由使用人或所有人负责修缮、保养	培养高素质管理人员	能力建设。委员会推荐缔约国将风险防范机制包括在其世界遗产管理规划和培训策略中
建立博物馆、保管所或者辟为参观游览场所,如作其他用途的按规定批准。不得转让、抵押。不得随意经营	提供高水平的展陈和价值阐释;管理旅游活动	世界遗产存在多种现有和潜在的利用方式,其生态和文化可持续的利用可能提高所在社区的生活质量
	收集、整理档案资料	申报资料
将文物保护事业纳入本级国民经济和社会发展规划,所需经费列入本级财政预算	保证必要的保护经费来源	必要资源的配置
	定期评估	反应监测程序;定期报告

可看出相关管理措施主要可归纳为:①建立完善的保护规划;②建立完善明确的管理制度;③建立各利益方协调与沟通机制;④划定保护区划、建立保护标志、设立保护机构或专人负责、完善记录档案;⑤对保护区划内外的活动有效监督与执行;⑥建立高素质的管理人员队伍,继续培训教育;⑦提供展示、宣传、价值阐述或其他合理利用机制等;⑧提供必需的经费保障;⑨定期监测与报告。

3.4.2 评估技术规范内容研究

建设部、国家文物局联合发布的《国家历史文化名城保护评估标准》(2012)和《中国历史文化名镇(村)评价指标体系(试行)》(2005)中分别包含关于保护管理措施的评估。(表3.9,表3.10)

表3.9 《国家历史文化名城保护评估标准》中关于保护管理措施的指标体系(节选)

(三)保护管理措施(总分100分)

子项名称	指标分解及释义	分值标准	最高分值	自评分
3-1保护规划	3-1-1保护规划的制定	保护规划已经批准15分,保护规划已经编制完成,尚未批准5分	15分	
	3-1-2保护规划的实施	按照保护规划组织实施10分,违反保护规划减15分	10分	
3-2保护管理机构	已有保护管理机构,并配备保护管理专门人员	已有5分	5分	
3-3历史建筑建档挂牌	对历史建筑进行建档、挂牌保护的比例	已全部完成15分,未完成0分	15分	
3-4法制建设	保护条例或办法制定情况	已颁布15分	15分	
3-5保护资金	日常管理经费	有经费10分	10分	
	历史建筑修缮和历史文化街区基础设施改造资金是否列入本级财政预算	已列入20分	20分	
3-6社会监督	保护规划公示、实施监督、意见反馈的公众参与机制	已建立10分	10分	

表3.10 《中国历史文化名镇(村)评价指标体系(试行)》(节选)

二、保护措施			30	
11. 规划编制	(18)保护规划编制与实施	已编制规划3分,已经批准、并按其实施的8分。 没有按保护规划实施,造成新的破坏的此项不得分	8	
12. 保护修复措施	(19)已对历史文化村镇内的历史建筑、文物古迹进行登记建档并实行挂牌保护的比例	50%及以下1分,51%~80%为5分,81%及以上10分。 其中,未在挂牌上标注简要信息的分值要减半(简要信息包括建筑古迹名称、位置面积、营造年代、建筑材料、修复情况、产权归属、保护责任者等情况)	10	
	(20)对保护修复建设已建立规划公示栏	已建规划公示栏的为2分	2	
	(21)对居民和游客具有警醒意义的保护标志	有则计为2分	2	

续表 3.10

二、保护措施			30	
13. 保障机制	(22) 保护管理办法的制定	办法已制定 1 分,正式颁布为 2 分	2	
	(23) 保护专门机构及人员	有机构 2 分,已成立政府牵头多部门组成的保护协调机构 3 分	3	
	(24) 每年用于保护维修资金占全年村镇建设资金	10%及以下 1 分,11%～30%为 2 分,31%及以上 3 分。 (注:资金使用范围限于镇、村建成区范围内)	3	

《关于〈中国文物古迹保护准则〉若干重要问题的阐述》(2000)中提出评估的主要内容之一的管理条件是指,文物古迹在进行评估时的管理状态,主要内容有:①管理机构担负的任务和人员构成,保护和研究的能力;②利用功能是否合理,社会干扰因素是否能够控制;③监测、日常保养的设备和公开开放的服务设施状况;④展示、陈列的条件;⑤对灾害的预测和防御、应急能力;⑥财务保证能力。

3.4.3 建筑遗产管理评估的学术文献研究

学界对建筑遗产管理评估的研究不多,但也出现了一些探讨性研究成果,对深入了解建筑遗产管理和抽取管理指标颇有裨益。

1998 年,雷冬霞①提出,为确保和推动历史文化遗产的有效保存,研究管理及对管理的评估也是必要的,并着重针对历史地段管理的几个方面(建立建筑遗产档案、价值评估、划定历史地段范围、地方性法规健全与评估、档案的健全、历史地段管理机构的执行与实施、监督等指标体系)作了研究探讨,但未对指标分值进行细分,如表 3.11 所示。

表 3.11 历史文化遗产管理评估表

序 号	基本因素	细化因子
1	建立建筑遗产档案	它有赖于对文物保护单位、非文物保护单位,尤其尚未展开的历史地段进行现状调查
2	建筑遗产评估	通过评估明晰优劣,通过评估知道优势、特点,是研究保护、发展、目的、方向的基础,制定保护策略、方法的依据
3	划定历史地段范围	对文物古迹地段范围划分的原则与依据
		对历史风貌地段范围划分的原则与依据
4	历史地段的地方性法规健全	建构完善文物保护单位、历史地段尤其城市中历史地段、古村落、历史文化名城的科学评估系统
		建立各省及全国文物保护单位历史地段、历史文化名城评估档案
		公布国家级、省级、县市级历史文化保护区
		对历史地段的管理增加对地方法规、地方行政规章及实施的评估
5	历史地段管理机构	确定机构、职能补充,保护政策的制定、政策的实施、监督实施

① 雷冬霞. 我国历史地段的评估[D]. 南京:东南大学,1998.

2001年,王涛[①]提出了历史地段管理情况评估体系,涵盖了管理部门与机构、资料管理、保护规划、执法情况、宣传与监督、资金情况、历史地段变化情况等因素层,基于此建立了51个子项的指标层(表3.12,表3.13),并且选择镇江西津渡、徐州户部山、徐州窑湾村古街三地进行实证研究。该论文是目前国内比较全面的关于历史地段与建筑遗产管理状况评估的研究报告,但没有将评估下沉到遗产点层面。

表3.12 历史地段管理情况评估总表

编号	权重	项目	单项得分	管理综合价值总分
Ⅱ-1	15	机构和部门		
Ⅱ-2	15	历史地段的资料管理		
Ⅱ-3	20	保护规划编制情况		
Ⅱ-4	15	执法情况		
Ⅱ-5	10	宣传和监督		
Ⅱ-6	10	与保护相关的资金情况		
Ⅱ-7	10	10年来历史地段的变化状况		
	5	特殊性权重值		

表3.13 子项评估表(Ⅱ-1)

项目	权重		子项	0	3	5	8	10	备注
机构和部门	20		政府负责名城保护的专门机构和部门及其工作状态	无	有,级别低(办公室级别),权限小,从未组织过活动	有,级别较低(局下属),权限较小,活动不够及时	有,级别较高(局级),权限较大,定期组织活动	有,级别高(县、市级别),权限大,适时组织活动	
	20		是否出现过由于部门关系不能协调造成历史地段损失的情况	大量出现	较多出现	时有出现	较少出现	没有	
	15		部门职责范围(整理资料、干预城市建设、编制保护条例、组织编制保护规则、筹集和分配资金、宣传、培训、监督等)全面程度	无	不全面	不太全面	较全面	很全面	
	15		对城镇建设中的保护问题有无参与的权利	无	参加会议听取决定	对发现的问题有反映、制止、建设等权利	对规划拆迁等有否决权	参与相关规划、开发、拆迁的决策过程,发现问题有否决权	
	15		专业组成(文物、规划、古建、建筑、结构、市政、历史、经济、管理、旅游、环保等)全面程度	无	不全面	不太全面	较全面	很全面	

① 王涛.江苏省历史地段综合价值和管理状况评估模式研究[D].南京:东南大学,2001.

续表 3.13

项目	权重		子项	0	3	5	8	10	备注
机构和部门	10		民间组织	无	有，人员少，不正规	有，活动不多，作用没有发挥出来	有，正规，活动较多	有，正规，经常组织活动，并起到一定作用	
	5	特殊性权重值							

2003 年，刘敏①综合基础资料评价、评价类别、评价标准、评价项目、保护现状评价、保护管理评价等建立历史文化名城的价值评价体系框架，在保护现状评价、保护管理评价指标体系中涉及管理评估。保护现状评价包括文化遗产保护要求的科学性、保护策略的合理性和保护目的的达标性；保护管理评价包括规划保护定位、政府指导与管理和法律与技术政策。虽然论文对管理评估阐述的内容不多，但已开始考虑管理评估对建筑遗产保护的重要性。

2004 年，符全胜②等人尝试从遗产管理绩效评估着手探索遗产管理激励机制。文章初步构建了以遗产保护为基本目标和以社区发展、游客管理和经营开发为贡献目标的遗产管理评价指标体系，并对文化和自然遗产评价原则及关键指标确定等进行研究，指标体系的设置涉及遗产管理、经营和社区发展等方面(表 3.14)，有其独到之处。

表 3.14 文化和自然遗产管理评价指标体系框架

目标	标准	指标
遗产保护指标	规划	规划论证级别、鉴定水平
	保护法规	游客违规事件数、管理人员违规事件数、保护法规执行率
	环境管理	是否分类管理(分类、分区、分时、分人)、环境污染类指标、环境管理水平、动态监控水平
	保护和维护的投入	保护和维护投入占总支出的比例
	安全	案件数量、火灾数量、安全(含消防)设备完好率
	科研	专业人员占员工总数比例、科研成果水平
	公众教育与宣传	公众感知度、保护类宣传费用
社区发展指标	就业	就业率增长幅度
	收入增加	人均收入增长率
	社区活力	基础设施投入、公共服务水平
	物价	年均物价上涨幅度
	冲突	文化冲突事件发生数量、生态冲突事件发生数量
	居民态度	居民对遗产保护的认同度、居民对遗产旅游的认同度
	周边环境	人口密度、建筑密度、遗产受不合理开发威胁的程度
游客管理指标	服务质量	游客满意度、旅行社满意度

① 刘敏.青岛历史文化名城价值评价与文化生态保护更新[D].重庆:重庆大学，2003.

② 符全胜，盛昭瀚.中国文化自然遗产管理评价的指标体系初探[J].人文地理，2004，19(5):50-54.

续表 3.14

目标	标准	指标
游客管理指标	解说系统	解说和图文信息系统水平
	游客安全	急救设备、应急系统水平、游客安全感
经营管理指标	财务	人均利润、开支比率
	市场	特许经营转让收入、团体游客比重
	游览区管理	清洁卫生水平、基本设施设备种类、硬件维护水平
	人力资源	员工素质水平、员工满意度、培训次数、培训费用
	管理规范	管理制度和规范的质量

2008 年，赵勇①等人在《历史文化村镇评价指标体系的再研究》中立足于价值特色和保护措施，以第二批历史文化名镇(名村)的申报评选为实际案例，全面评价和实地评估历史文化村镇评价指标体系，涉及保护管理措施的相关指标与分值体系。(表 3.15)

表 3.15　中国历史文化名镇(名村)评价指标体系(部分)

二、保护措施		
11. 规划编制	(18)保护规划编制与实施	已编制规划 3 分；已经批准并按其实施 8 分；没有按保护规划实施，造成新破坏此项不得分
12. 保护修复措施	(19)已对历史文化村镇内的历史建筑、文物古迹进行登记建档并实行挂牌保护的比例	50%及以下 1 分；51%～80%为 5 分；81%及以上 10 分。其中，未在挂牌上标注简要信息分值要减半(简要信息包括建筑古迹名称、位置面积、营造年代、建筑材料、修复情况、产权归属、保护责任者等)
13. 保障机制	(20) 对修复建设已建立规划公示栏	已建规划公示栏的为 2 分
	(21) 对居民游客警醒意义保护标志	有则计为 2 分
	(22) 保护管理办法的制定	办法已制定 1 分，正式颁布为 2 分
	(23) 保护专门机构及人员	有机构 2 分，成立政府牵头的保护协调机构 3 分
	(24)每年用于保护维修资金占全年村镇建设资金的比例	10%及以下 1 分，11%～30%为 2 分，31%及以上 3 分(资金使用范围限于镇、村建成区范围内)

2011 年，周欢②基于层次分析法提出了历史文化名村的保护管理评价指标，包括文物数量、历史建筑、自然传统格局、新建建筑、政府许可、批准、公示活动、标志建档、基础设施及资金投入等方面，虽然存在一定的评估难度，但是比较难得的研究管理评估的文献。

2016 年，余建立③比较全面地回顾了文化遗产保护管理评估的法规与文献，细化评估对象，指出以管理为导向的评估重点是解决“为什么”的问题，弥补了目标导向模式中目标实现过程的不足。重点分析了目前常见的评估方法的特点，认为文化遗产保

① 赵勇，张捷，卢松，等. 历史文化村镇评价指标体系的再研究：以第二批中国历史文化名镇(名村)为例[J]. 建筑学报，2008(3)，64-69.

② 周欢，历史文化名村保护管理评价指标体系研究[D]. 石家庄：河北师范大学，2012.

③ 余建立. 我国文化遗产保护管理评估的实践和理论探索[J]. 中国文物科学研究，2016(3)：69-74.

护管理面对的问题错综复杂，难以量化分析与评价。现有的评估方法存在覆盖面欠缺、基础工作薄弱、研究滞后、标准化与规范化有待提高以及应用弱等不足，亟须研究与完善一套具有其自身特色的理论体系与评估方法。

彭蕾[①]基于法制管理、规划管理、人才培养、技术管理以及公众参与，回顾了我国文物管理的现代化进程。结合现代化理论中所涉及的法治性、服务性、民主性、责任性、有效性等因素，尝试构建文物管理现代化评价指标与分值体系（表 3.16）。指出一级指标中管理意识的权重最大，文物管理中最代表现代化水平的是其法制性和参与性。

表 3.16　文物管理现代化评价指标体系

一级指标	二级指标	三级指标
现代化管理过程	依法行政（0.58）	法律规范完备度（0.20）
		法律规范的执行情况（0.20）
		对外界诉求的回应力（0.20）
		责任追究情况（0.20）
		法制宣传（0.20）
	公共服务（0.42）	公共文化设施（0.33）
		公众参与（0.33）
		群众满意度（0.33）
现代化组织建设	领导班子建设（0.42）	思想政治建设（0.25）
		作风建设（0.25）
		党风廉政建设（0.25）
		科学民主决策（0.25）
	文博队伍建设	人才培养状况（0.50）
		工作生活质量（0.50）
	机构建设（0.23）	机构设施是否健全（0.50）
		协调机构设立情况（0.50）
	国际影响（0.20）	对外合作交流（0.33）
		国际公约（条约）的签订（0.33）
		外媒关注度（0.33）
现代化管理手段	信息管理（0.48）	电子办公系统建设（0.25）
		调查登录完备率（数据库建设）（0.25）
		信息公开制度（0.25）
		信息安全管理（0.25）
	评价机制（0.52）	评价机制的建立情况（0.33）
		评价机制的运行效果（0.33）
		对评价体系的认可度（0.33）

① 彭蕾.文物管理现代化指标体系构建与评价研究[J].中国文物科学研究，2016(4)，14-19.

续表 3.16

一级指标	二级指标	三级指标
现代化管理意识	危机管理 (0.61)	危机预防能力(0.33)
		危机应对能力(0.33)
		危机后的协调恢复能力(0.33)
	责任与伦理 (0.39)	职权是否明晰(0.33)
		工作的胜任能力(0.33)
		道德修养(0.33)

2019 年,吕宁①回顾了保护管理状况作为评估指标加入 OUV 评估的初衷与缘起,通过申报数据统计和文化遗产典型案例的介绍,分析了文化遗产评估中对保护管理要求认知与诉求的差异及背后原因,并指出管理规划、遗产区划、边界、管理机构(委员会等)、监测体系、法律法规和能力建设反映了咨询机构对于世界遗产保护管理的核心要求,有利于深入了解遗产管理评估。

3.4.4 建立建筑遗产管理评估指标体系

现代综合评估方法很多,主要分为三大类:基于专家经验的主观评估法、基于统计数据的客观评估方法和基于系统模型的综合评估方法②。具体有德尔菲法、层次分析法(AHP)、主成分分析法(PCA)、数据包络分析法(DEA)、模糊综合评价法(FCE)等。无论哪种评估方法,其基本要素均包括评估者、评估对象、评估指标、权重向量、综合评估模型。通过一定的数学模型将多评估指标合成为一个整体性的综合评估值。

建筑遗产管理评估是一个复杂的系统工程,牵涉遗产管理的使命、目标和管理体制等问题。需要充分考虑相关政策法规、技术规范、学术成果与实际工作出现的各种指标因素。这些指标因素种类繁多、层次复杂,不同程度上影响建筑遗产保护措施与管理条件。有些因素之间存在相关性与交叉性,造成数据反映的信息在一定程度上有所重叠;同时,在对这些因素进行统计分析时,变量越多,越会增加计算量和分析问题的复杂性。因此,考虑采用主成分分析法,在不造成信息损失的基础上将多因素降维,进而达到简化科学分析问题的目的。

本书综合相关文件、成果和实践抽取出建筑遗产管理评估的基本评估准则(目标层),包括保护制度体系建设(基本要求)、展示利用和监测系统建设(进阶要求)、人员和经费保障(保障要求);然后运用主成分分析法对各指标因素进行精细化分析筛选,得出评估的准则层和指标层,包括 8 个一级指标,28 个指标项;进而尝试提出建筑遗产管理评估指标层体系。这完全只是探索性,希望能起到抛砖引玉的作用(表 3.17)。

---

① 吕宁.OUV 定义中加入保护管理评估对世界遗产申报的影响[J].自然与文化遗产研究,2019,4(6):21-31.

② 邱均平,文庭孝,等.评价学:理论·方法·实践[M].北京:科学出版社,2010:124-125.

表 3.17 建筑遗产管理评估体系表

准则层	说明	指标层	分值	选项与分值系数范围/%		
保护规划（12 分）	组织编制和落实建筑遗产保护规划，实施保护工程，监测安全，及时发现并消除安全隐患，确保建筑遗产得到有效的保护，是管理工作的重要组成部分	保护规划的制定	5	近年有制定规划，清晰可行	有规划，制定时间较早或内容较粗略	未制定
				4～5	0.5～4	0
		保护规划的实施	3	按规划准确实施	规划实施不够充分	基本未实施
				2～3	0.5～2	0
		保护规划内容的完整性	2	内容完整可行	内容不够完整，未缺少重要内容	内容不完整，缺少重要事项
				1.5～2	0.5～1.5	0
		保护规划的深度	2	针对对象情况有专业深入的说明	有一定的针对性说明，不够专业深入	没有针对性说明
				1.5～2	0.5～1.5	0
管理制度（12 分）	确定建筑遗产保护目标，制定明确的规章制度，组织研究，协调各方利益，实施建筑遗产保护、监测	保护条例或办法的制定情况	4	当地有制定，明确分类分级	当地有制定，制定时间早或内容较粗略	当地未制定
				3～4	0.5～3	0
		是否有组织的研究体系	2	有较完善配套研究机制，有专家组等	制定了配套研究机制，实际运作效果一般	未建立研究体系
				1.5～2	0.5～1.5	0
		各利益方协调与沟通机制	6	建立了协调与沟通机制，机制细致可行，运作规范有序	建立了协调与沟通机制，但实际运作不够顺畅	基本未制定或未实际运作
				4～6	0.5～4	0
保护区划、标志、责任人、档案管理（9 分）	划定保护区划、建立保护标志、设立保护机构或专人负责、完善记录档案	划定保护区划	3	明确划定，范围级别清晰	有划定，不够清晰	未划定
				2～3	0.5～2	0
		建立保护标志	1	建立保护标志明确可识	建立保护标志，但不够清晰可识	未建立
				1	0.5	0
		设立保护责任人	2	有设立，认真负责	有设立，但实际执行一般	没有保护责任人
				1.5～2	0.5～1.5	0
		记录档案的完善	3	较为完善详尽	有，但不够完善，可以补充	不完善
				2～3	0.5～2	0

续表 3.17

准则层	说明	指标层	分值	选项与分值系数范围/%		
对保护区划内外活动的监督与执行（11 分）	保护区划内外的活动对建筑遗产的影响	保护区划外的建设与活动的影响程度	5	有积极影响	基本无影响	有负面不利影响
				4～5	0.5～4	0
		保护区划内的建设与活动是否按制度进行	3	严格按照制度进行	存在一些不足	基本未按制度进行
				2～3	0.5～2	0
		未按制度进行的活动是否得到监督与纠正	3	及时监督与纠正	监督与纠正存在缺陷	基本无监督与纠正
				2～3	0.5～2	0
管理团队（13 分）	建立高素质、专业的管理人员与监督团队，并不断继续教育培训	建立管理团队（机构）	6	有合适的管理团队（机构）并认真运作	管理团队（机构）的建设与实行运作不够完善	基本无管理团队（机构）或未实际运作
				4～6	0.5～4	0
		管理团队的专业结构	4	结构较全面	结构不够全面	结构单一
				3～4	0.5～3	0
		继续教育培训	3	定期、内容专业合理	不定期或内容不够专业完善	基本没有
				2～3	0.5～2	0
宣传、展示、价值阐述与利用机制（12 分）	对展示性或功能性利用的综合判断，保障与规范其合理利用	宣传	4	较好的宣传手段，效果良好	有宣传，内容简单或效果一般	基本无宣传
				3～4	0.5～3	0
		展示与价值阐述	4	展示与价值阐述内容充分翔实	不用展示或展示与价值阐述不够充分	应予以展示，但没有运作
				3～4	0.5～3	0
		保障与规范合理利用	4	利用合理	利用有改善余地，相关政策需要改进	未合理利用并无相关政策
				3～4	0.5～3	0

续表 3.17

准则层	说明	指标层	分值	选项与分值系数范围/%		
经费保障（13分）	建筑遗产的保护需要经费保障。管理者应根据规划，做好建筑遗产保护项目储备，及时向各级政府申请保护经费，并争取社会团体、机构和个人为建筑遗产保护提供经费支持	日常管理经费	5	经费保障充分	经费不够充分	基本没有配套经费
				4～5	0.5～4	0
		建筑遗产修缮和区域基础设施改造资金是否列入本级财政预算	2	完全列入	部分列入	未列入
				1.5～2	0.5～1.5	0
		经费来源的全面性	3	来源充分保证	来源单一或不完全保证	基本没有
				2～3	0.5～2	0
		政府投入资金占比	3	40%～60%	10%～40%或60%～80%	0～10%或80%～100%
				2～3	0.5～2	0
定期监测与报告（18分）	定期评估是保证落实保护规划、验证规划实施效果的重要措施，也是管理部门监督、提高保护管理水平的基本方法。定期评估应根据规定的进度逐项评估落实情况和效果	是否对建筑遗产进行定期维护，保障安全，及时消除存在的隐患	5	定期维护完善	有定期维护，不够完善	基本无定期维护
				4～5	0.5～4	0
		是否对建筑遗产周边环境进行定期监测	3	周边环境定期监测及时完善	有定期监测，不够完善	基本无定期监测
				2～3	0.5～2	0
		是否有定期评估与监测	5	评估对象定期监测评估与监测及时完善	有定期监测，不够完善	基本无定期监测
				4～5	0.5～4	0
		定期评估与监测出的问题解决情况	5	及时解决，达到效果	解决的及时性或效果存在不足	基本未解决
				4～5	0.5～4	0

4 利用的基础:建筑遗产的产权机制

2018《若干意见》强调:“建立文物资源资产管理机制。健全国有文物资源资产管理体系,制定国有文物资源资产管理办法,建立文物资源资产动态管理机制。”文物资源反映的是物质存在,体现其稀缺性和效用性;文物资产反映其权益,体现了排他性和约束性。利用就是在权益约束的前提下,实现效用性的手段与方法。产权是否清晰,是否可以移转,引导遗产使用者类型、保护利用方向和使用功能延续或调整。做好建筑遗产资源资产管理,必须要有清晰的产权机制。

笔者在拙著《历史性建筑估价》一书中反复强调产权机制的重要性,详细阐述了产权概念、分类以及主要遗产保护法律文件规定的产权限制。就产权机制对建筑遗产保护利用具体影响的分析,本书做进一步的说明。

4.1 产权机制是利用的基础

资产的英文单词是 property,是指权益、好处和利益①。经济学认为资源、资产与资本之间是有联系并相互区分的。资源强调的是物质对象的数量、质量与使用价值,包括潜在与已知,反映了物质对象的自然性、效用性和稀缺性。资产强调的是资源的权属以及未来收益形式,反映了资源的排他性、约束性和价值性。资本强调的是有效经营、优化配置,提高盈利能力,以实现增值最大化,反映了资产的增值性、流动性和扩张性。三者存在着继承性递进关系,需要一定条件才能推动实现。资源关注“稀缺”,资产关注“产权”,资本关注“效益”。当前社会对“资产”与“资本”的理解经常混淆,特别是在文物系统。2018 年《若干意见》提出了“建立文物资源资产管理机制”,就是准确把握“资产”的科学概念。“资产化”绝非是“资本化”,“资产化”要求明晰产权界定,厘清责权利关系,确定谁在利用、为谁利用。无论是展示性利用还是功能性利用,产权机制都是最基本的要求。建立产权机制就是为了在使用与配置稀缺资源的过程中,规范物与人、人与人之间责、权、利关系。所以,建筑遗产保护利用应遵循保护文物资源、完善产权机制、推动资产管理的原则,谨慎对待甚至避免“资本化”。

建筑遗产产权是以不动产作为承载体的物权,是财产权在建筑遗产的具体化,具

① 中华人民共和国资产评估法、RICS 估价标准(红皮书)。

有一系列排他性的绝对权，权利人对其所有的不动产具有完全支配权①。按产权主体划分，建筑遗产产权可以分为私有产权、公有产权与混合产权。按物理状况划分，建筑遗产产权可以分为房产权和地产权，两者既可统一又可分离；类似于不动产产权，又有其特殊性。按权能性质划分，建筑遗产产权还可以分为所有权、用益权、租赁权、抵押权、发展权以及相关联的一系列权能。

4.2 建筑遗产的产权界定

产权是由多项权利构成的权利束。产权界定即将物品产权的各项权能界定给不同主体，主要包括两部分：一是产权的归属关系（界定归谁）；二是在明确产权归属的基础上，对物品产权实现过程的各权利主体之间的责权利关系进行界定（界定约束）。实际上就是通过设置约束条件提供合理的经济秩序，产生稳定预期，减少不确定因素，最终实现交易费用的减少。

4.2.1 所有权

产权机制是完善的经济市场最重要的基础条件。所有权是整个产权机制的核心，具有绝对性、排他性、永续性三个特征。所有权包括使用、收益、占有和处置权。使用权、处置权等又因法律限制而包含不同的权利内涵。基于对建筑遗产的保护，通常还会对上述权能有不同程度的保护限制和规定。市场经济条件下，市场决定建筑遗产的最高最佳利用，也会根据需要进行一定程度的调整，以满足建筑遗产社会效益和经济价值充分体现。但是市场有时也出现失灵情况，因此需要政府采用制度或政策手段进行调控管理。

从产权主体来看，建筑遗产所有权主要分为私有产权、公有产权和混合产权。

1）私有产权

在私有产权下，社会个人或团体对建筑遗产具有独占的、排他的所有权或使用权。他人以及政府无法在未经所有人同意的情况下，甚至通过强制性手段对该建筑遗产进行整饬改造。这种产权状态避免了政府单方面的大规模旧城改造和市政建设，以及由此带来的集体动迁行为，理论上使建筑遗产可以得到良好保护。然而事实上，碎片化的建筑遗产产权使得建筑遗产群落无法得到规模化的改造与利用。出于经济最大化考虑的个人甚至会觊觎眼前的经济利益而倾向于“拆旧建新”等极端行为；政府则往往担忧对私有建筑遗产的修缮投入无法真正转化为公益目的而倾向于减少对其的资金支持。这些都不利于私人建筑遗产的保护与利用。正如潮汕地区一些传统宅园因产权人众多，无法统一意见，对政府监管拒不配合，或因担心个人

① 张杰，庞骏，董卫．悖论中的产权、制度与历史建筑保护[J]．现代城市研究，2006，21(10)：10-15．

利益受损,拒绝将宅园登录为文物,导致宅园无法进行修缮①。私有产权承担高额的维护成本,并按照相关保护限制,可能不得不放弃更高收益增值的用途功能或付出更多的机会成本。其优点在于产权清晰,决策处置效率高,使得产权移转、用益权分离的运作相对便捷。

2)公有产权

在公有产权下,政府或集体拥有对建筑遗产的所有权或使用权。能够依据城市规划而对建筑遗产进行统一安排协调,有利于建筑遗产的大规模保护与利用。使得建筑遗产充分相辅相融于经济社会生活系统中,取得建筑遗产利用的规模效应并可充分激发社会效益。然而,建筑遗产的公有化使得其保护与利用高度依赖政府的决策制定。而当政者囿于晋升锦标赛的激励和规约,往往会采取相似的统一化的政策选择②,在这种情况容易提出“千城一面”式的建筑遗产改造策略,甚至摧毁了有特色、有色彩、有活力的建筑物、城市空间以及建筑物赖以存在的城市文化和历史资源,比如丽江古城的酒吧街。美国学者简·雅柯布(J. Jacobs)曾在1980年国际城市设计会议上指出:“大规模计划只能使建筑师们血液沸腾,使政客、地产商的血液沸腾,而广大群众往往成为牺牲者。”对城市建设进行“大刀阔斧”地拆旧建新,对待建筑遗产就像对待历史垃圾一样“扫地出门”,这种对建筑遗产的数量级破坏在我们所谓的大规模城市更新中出现过③。

公有产权的建筑遗产虽然属于国家所有或集体所有,实际上会涉及地方政府多个部门的控制或管理。这种情形下,由于权利分属不明确,一旦出现问题,同是所有者或管理者代表的各部门就会互相推诿责任,公众无力阻止,最后造成责任无人承担④,其中最典型的就是建筑遗产内部的私搭乱建无人过问。

寻租是一种利用资源并通过政治过程获得特权,从而构成对他人利益的损害大于租金获得者的收益的行为⑤。其是指政府运用行政权力对企业或者个人的经济活动进行干预和管制,妨碍了市场的竞争,从而造成了少数有特权者取得超额收入的现象。因为产权界定的相对性和渐进性,很难完全界定产权⑥。人们可以通过投入资源来获取某些没有被界定的产权,这种非生产性的寻利就是寻租行为。寻租的根源是公有产权人的管理过度⑦。无论是管理失位还是过度,公有产权在目前管理制度下,存在着委托人(全民、村民集体)与代理人(政府、集体组织)之间的信息不对称问题,代理人的偷

① 汤辉,沈守云.基于私人产权的潮汕传统宅园现状与保护研究[J].中国园林,2015,31(9):43-46.

② 周黎安.晋升博弈中政府官员的激励与合作:兼论我国地方保护主义和重复建设问题长期存在的原因[J].经济研究,2004,36(6):33-40.

③ 王信,陈迅.历史建筑保护和开发的制度经济学探讨[J].同济大学学报(社会科学版),2004,15(5):97-102.

④ 吕晓斌.基于产权视角的自然文化遗产保护机制研究[D].武汉:中国地质大学(武汉),2013.

⑤ 戈登·塔洛克.寻租:对寻租活动的经济学分析[M].李政军,译.成都:西南财经大学出版社,1999.

⑥ 陈雅彬,论巴泽尔产权理论的基本特点[J].商场现代化,2013(3):153.

⑦ 孙艺丹.论产权制度对中西方历史建筑保护的影响[D].青岛:青岛理工大学,2014.

懒和机会主义难以避免①。

3）混合产权

混合产权包括了所有权的公私混杂、私人混杂等。由于历史原因，旧城内建筑遗产的产权碎片化和不确定性的情况非常普遍。有些建筑遗产被十几甚至几十个家庭所占有，影响正常居住与生活，根本无法进行适当的维修与保护。另外，旧城内的建筑遗产因面临改造与更新，随时可能被拆迁，产权的不稳定使得现有的主体缺乏维护的动力，外来的主体也没有购买意愿，古建筑交易流转不顺畅②。

如果认真厘清所有权、使用权和监督权主体，明确阐释各自的权利与责任，建立起对各方利益人的有效约束机制，混合产权反而会由于"羊群效应"③变得更容易达成协议。比如公有产权代理人（政府）委托专业机构承担建筑遗产的日常经营，将公共使用状态明确排他性，同时基于公共利益，明确经营目标，避免代理机构盲目追求自身利益，由于置身于外，政府更能够起到有效监督约束作用。例如苏州西山明月湾古村，村民与政府共同集资成立古村落运营机构，政府将经营权从所有权分离出来，通过法定程序确定景区的所有者、经营者的各项权利。这种模式即不改变所有权性质，又通过入股分红方式给村民提供旅游活动外部效应的补贴，还能解决当前景区使用管理存在的问题。运营得当的话，会给建筑遗产项目带来相对稳定的预期收益，显然也产生经济增值效应。

4.2.2　用益权

用益权是指非所有人对他人之物所享有的占有、使用、收益的排他性的权利。从经济学角度看，隶属于他物权的用益权的产生与分离是社会进步的表现，人们可以通过"用益权"对稀缺资源进行充分利用，使资源利用的交易费用得到降低。法理上，所有权、使用权和收益权权能可以分离，但在建筑遗产学术领域却有一定的争论。

张晓提出了建筑遗产的特殊内涵决定了其公共物品性质。建筑遗产的资源性质又进一步决定了它的公有产权性质，在遗产资源不改变形态和实质、不进行转让的情况下，所有权的主要内涵就是使用和收益。因此，在较长时间内一旦取得了遗产资源的使用权和收益权等同于取得了其所有权，对遗产所有权与经营权进行分离转让，实质就是改变了遗产公有产权的性质④。倪斌坚决反对管理权与经营权的分离，认为企

---

① 顾江. 文化遗产经济学[M]. 南京：南京大学出版社，2009：42-47.

② 李敏. 产权理论下的建筑遗产保护[C]//第四届中国建筑史学国际研讨会. 上海，2007.

③ "羊群效应"也叫"从众效应"，是个人的观念或行为由于真实的或想象的群体的影响或压力，而向与多数人相一致的方向变化的现象。表现为对特定的或临时的情境中的优势观念和行为方式的采纳（随潮），以及表现为对长期性的占优势地位的观念和行为方式的接受（顺应风俗习惯）。人们会追随大众所同意的，将自己的意见默认否定，且不会主观上思考事件的意义。

④ 张晓，张昕竹. 中国自然文化遗产资源管理体制改革与创新[J]. 经济社会体制比较，2001(4)：65-75.

业的任何经济行为都存在着内在的驱动力,那就是掩藏其后的求利、逐利、自利的本性,这也是企业直接参与保护文化遗产始终受到社会诟病的根源。分离经营权只会造成以追求利润最大化为目标,无法真正兼顾遗产资源的社会公益性,其经营举措往往是与遗产保护背道而驰①。

另外一些学者认为建筑遗产所有权、管理权、经营权、监督权应该分开。张广瑞认为经营权与所有权的分离不可避免。但由于建筑遗产资源的独特性,经营企业必须持有特殊资质才能有资格管理,管理方必须要严格设置条件并监督②。钟勉提出建筑遗产所有权与经营权的分离对于盘活旅游资源有很大的作用③,可以从根本上解决景区因开发资金短缺而缺乏关注缺少游客的困境。胡敏认为所有权与使用权、经营权虽然可以分离,但是所有者的代理人决定分割产权归属时,选择经营者、决定转让价格、制定约束合同是产权变更的关键环节,其可能对风景名胜资源的使用产生重大影响④。汤自军从新制度经济学出发,认为遗产具有自然垄断性、公共性和外部性。产权机制就是以所有权与经营权为主要内容的遗产产权在政府与市场间如何配置的问题。存在两种选择:其一,遗产所有权和经营权同属政府或市场两者中的任一主体;其二,遗产所有权归属政府,遗产经营权交由市场⑤。

汤辉认为根据产权人自身意愿,可采取不同的管理模式。一种模式是私人委托政府无偿代管、使用其所拥有产权的文物;或者把文物有偿出租给政府,即政府接手管理权,产权还是属于私有。双方通过委托书,除了规定私人业主必须承担必要的保护责任之外,还通过政策和经济杠杆,立足实际,由政府出资,共同维修、管理和利用好私有不可移动文物⑥。例如全国重点文物保护单位广东开平立园就是采用这种管理模式,通过与远在美国定居的园主遗孀谢余瑶琼女士协商,开平市政府获得50年的代管权,成为私有不可移动文物保护和利用的成功案例。另一种模式是在私人愿意捐赠其私有产权的情况下,应给予相应权益。比如具有较完善税收制度的英国,如果产权人将历史建筑遗产捐赠给国家信托组织,可以根据议会法减免税收,建筑遗产的日常维护和修缮费用则由国家信托承担,而捐赠者和他们的后代具有可以永久性免费居住在所捐赠的建筑遗产里的权力,条件是要参与公共讲解。此举突破了"福尔马林式"的凝固式保护模式,在建筑遗产得到有效保护的同时,仍使其保持一种鲜活的状态。李敏甚至认为,不能得到较好保护的古建筑所有权应收归国家。有了所有权,国家才能有效限制对古建筑的损坏行为。可以将使用权投放市场,原产权人

---

① 倪斌.建筑遗产利益相关者行为的经济学分析[J].同济大学学报(社会科学版),2011,22(5):118-124.

② 张广瑞.海外旅游人造景观成功的奥秘:兼谈中国人造景观建造中存在的一些问题[J].旅游研究与实践,1995(2):21-26.

③ 钟勉.试论旅游资源所有权与经营权相分离[J].旅游学刊,2002,17(4):23-26.

④ 胡敏.风景名胜资源产权辨析及使用权分割[J].旅游学刊,2003, 18(4):38-42.

⑤ 汤自军.基于产权制度安排的我国自然文化遗产开发保护研究[D].长沙:湖南农业大学,2010.

⑥ 汤辉,沈守云.基于私人产权的潮汕传统宅园现状与保护研究[J].中国园林,2015,31(9):43-46.

通过协商获得所有权补偿，并且可以优先获得使用权，收益由使用者与国家通过协商的比例来分享[①]。

总体上，用益权分离有利于建筑遗产保护利用。以前出现种种弊端的原因主要是由于各方权责不够明确。拆分所有权、使用权和监督权，必须清晰阐释各自的权利责任，建立起对使用者的有效约束机制。公有产权代理人（政府）再委托专业机构承担建筑遗产的日常经营，将公共使用状态确定排他性；同时要基于公共利益，明确经营目标，避免代理机构盲目追求自身利益，由于置身于外，政府更有效地起到监督约束的作用。所有者、使用者和监督者的三方博弈不可避免，但这些博弈行为最终会导致公有产权进一步细化明晰，交易费用得到合理控制[②]。

4.2.3 其他权益

在建筑遗产所有权（物权）之上，派生出建筑遗产用益物权和担保物权。用益物权包括用益权（使用权、经营权）、地役权、地上权等，担保物权包括抵押权等。建筑遗产租赁权是具有物权性质的债权，是正常生产条件下建筑遗产出租所产生的直接收益，属于建筑遗产的生产资料使用权收益和正常生产收益补偿。至于其他权益，本书不再延伸阐述。

4.2.4 建筑遗产的产权限制

由于建筑遗产的特殊性，几乎世界上任何一个国家和地区都对建筑遗产的保护与利用有严格规定，在法理上均属于产权限制。

《保护世界文化和自然遗产公约》认为："人类社会应为了保护、保存、展出和恢复这些文化遗产而制定和采取各种适当的措施。"联合国教科文组织《关于在国家一级保护文化和自然遗产的建议》指出："各国应根据其司法和立法需要，尽可能制定、发展并应用一项其主要目的应在于协调和利用一切可能得到的科学、技术、文化和其他资源的政策，以确保有效地保护、保存和展示文化和自然遗产。"具体措施主要有：合理确定不同建筑遗产的保护等级，以评估结论为依据，依法公布；要求有保护范围、标志说明、记录档案、专门机构或专人负责管理；在保护范围以外，还应划出建设控制地带，以保护文物古迹相关的自然和人文环境[③]；对建筑遗产的结构、布局、功能、高度、体量、色彩、立面外形以及周边环境要素等做出严格控制[④]；在建筑遗产的产权转让时设定一些

---

① 李敏. 产权理论下的建筑遗产保护[C]//第四届中国建筑史学国际研讨会. 上海：2007.

② 徐嵩龄. 中国遗产旅游业的经营制度选择：兼评"四权分离与制衡"主张[J]. 旅游学刊，2003，18(4)：30-37.

③ 国际古迹遗址理事会中国国家委员会. 2015 中国文物古迹保护准则[M]. 2015 年修订. 北京：文物出版社，2015.

④ 中华人民共和国建设部. 历史文化名城保护规划规范：GB 50357—2005[S]. 北京：中国建筑工业出版社，2005.

前提条件,如要求受让人继续履行保护条款,或是在产权人死亡后无人继承或认定产权人无力保护时,优先收回建筑遗产等。产权限制性还表现在对建筑遗产的利用、修缮和改建的限制,例如当建筑遗产改良不足,即未达到最大利用状况时,产权人不得擅自迁移或拆除,所有权人具有管理保护建筑遗产的责任①,要求政府根据建筑遗产的特征和功能来确定。这些规定都是出于对建筑遗产保护的目的,对建筑遗产的使用、处置、收益和占有等权能分别进行严格限定,影响与引导具体的利用方式,以确保在使用、处置等过程中能尽可能减少对建筑遗产的损毁破坏。这不仅出于建筑遗产保护的需要,也是考虑了建筑遗产的可持续利用。

1) 管理越线

必须看到法律赋予管理部门作为文化遗产"看守人"角色,是为了保护文化遗产这一社会的共同财产,体现社会利益取向。法律同时也赋予了法人和公民对其所有的不动产或用益物权②的相关权利,体现保护一切合法财产的宪法精神。如果两者的界线未能明确,公共利益与合法产权利益、文化遗产的保护权利与公民和法人的财产权利的矛盾就会产生,甚至面临相互对立的处境。例如,产权人想对建筑遗产进行维修改造,通常会受到保护团体或政府部门的干涉。湖南岳阳张谷英村被公布为重点文物保护单位后,其遗产价值也就被界定为公共利益。政府部门行使保护权力,以致发生了村民张再发因擅自修缮自己的危房而被拘留的事件③。

建筑遗产有"公共性"特性。无论出于何种原因,关注建筑遗产的个人和群体很多,很难做到私有物品的排他性。所谓非排他性是指对物品的自由消费或限制其他消费者对物品的消费是困难的,或是不可能的④。如何避免这种对立,科斯认为解决这种情况的根源还是要明晰产权界定,确定相关责任,实现政府、产权人和利益相关之间利益和成本的相互协调补充。

目前中国建筑遗产产权限制(保护限制)的规定仍然不够细致,模糊地带与交叉地带比较多。管理部门公权的自由裁量权过大,甚至有管理部门根本不了解自身的职责范围。比如,某一地区对建筑遗产是否能够转让给私有产权人产生争议,原因是会给管理部门介入遗产建筑的保护带来困难。因为产权转让后,管理部门只能从历史文化保护角度提出指导性意见,但不能强制产权所有者接受,甚至提出"当产权所有者与政府在遗产建筑再利用方式上出现意见分歧时,允许政府通过市场寻找更有效率的使用者"⑤。从法律上说,建筑遗产发生产权转移后,管理部门是否能对建

---

① 《苏州市古建筑保护条例》的规定:古建筑为私有的,所有人为保护管理责任人;古建筑为非私有的,使用单位为保护管理责任人;作为民居使用的,管理单位为第一保护管理责任人,使用人为第二保护管理责任人。

② 用益物权,是指用益物权人对他人所有的不动产或者动产,依法享有占有、使用和收益的权利。《中华人民共和国物权法》第一百一十七条:"用益物权人对他人所有的不动产或者动产,依法享有占有、使用和收益的权利。"

③ 顿明明,赵民.论城乡文化遗产保护的权利关系及制度建设[J].城市规划学刊,2012(6):14-22.

④ 梁薇.物质文化遗产的性质及其管理模式研究[J].生产力研究,2007(7):63-64.

⑤ 肖蓉,阳建强,李哲,基于产权激励的城市工业遗产再利用制度设计:以南京为例[J].天津大学学报(社会科学版),2016,18(6):558-563.

筑遗产的使用、经营、处置权等进行干涉，是在转让行为发生时按照契约方式相互规范权利义务而确定。类似于政府出让国有土地使用权时，列明详细的规划技术经济指标，明确要求开发商不得突破或违反用地规划指标。不接受则契约不成立，与是否可以转让无关。一旦出现分歧，正常应根据契约约定的处理争议途径解决。如果政府可以责令合法的产权强制转移或分离，那就走入涉及公权侵犯私权的另一个极端。一个成熟的法律社会，政府部门要严格按照法律规定的范围执行职责，法无授权不可为。

2）管理缺位

我国建筑遗产管理组织模型是一种层级形态的组织结构，即建筑遗产管理权是通过官员的授权，层层转达至下级。但是，这种权力代理容易致使权力的流失与目标的嬗变，最直接的表现就是天津市五大道历史街区拆迁事件。尽管有建筑遗产保护志愿团队严格保护，也有全国建筑遗产保护专家的强烈呼吁，但这一系列行为都无法阻止建筑遗产的毁灭。原因就是管理方不作为导致管理的失灵，追责时却找不到明确的管理责任方①。比如，上海某一历史街区建筑群为住宅用途的公房产权，一些租户私下改变用途，将其出租给商家进行商业经营，游客与噪音影响到相邻住户，引起纠纷。这个实例就是用益权的滥用，真正受益者是公房原租户与承租人商家，而受损者是相邻关系人与所有权人。公房原租户改变用途实际背离了与所有权人的契约，却未受到限制或惩罚；同时影响了相邻关系人利益，也未给予合适补偿。这个实例中所有权人缺位，没有维护自身的合法权益，变相纵容了使用者改变用途或增加租金收益。同时管理者缺位，没有维护合法的产权关系管理，没有对私自改变用途的使用者进行追究，也没有维护社会公正，为相邻关系人争取合法利益。

还有一种现象也要注意。在实际使用中，使用者名义上未改变用途，而是在中小类②用途上进行调整。例如同样属于商业用途，由“心灵书屋”转为“咖啡语茶”。咖啡店有时会提供一些热食，需要火源或强电源，对于没有做过专门防火处理的老建筑可能造成极大风险。一旦引起火灾，损失是无法估量的，正如2014年云南独克宗古城大火。这种违规现象更加隐蔽，对建筑遗产本体及其环境的破坏与完全改变用途是一样的。因此在产权界定时，必须要明确同一用途的中小类别，同时限制不得改变。管理者一旦发现要及时制止，不能由于大类未改变则认为合法。

目前，产权限制通常针对建筑遗产所有者和相关利益人，然而在实践保护中，实施限制管理的监督方的越线或缺位引发的矛盾绝对不比产权纠纷少。因此，对管理者的权力与职责的界定与限制也是建筑遗产产权制度的一部分。通过设置一些保护利用的局限条件，来提供合理的经济秩序，产生稳定预期，减少不确定因素，减少交易费用。

---

① 张杰.论产权失灵下的城市建筑遗产保护困境：兼论建筑遗产保护的产权制度创新[J].建筑学报，2012(6)：23-27.

② 根据《城市用地分类与规划建设用地标准》(GB50137—2011)，用地分类采用大类、中类和小类3级分类体系，城乡用地共分为2大类、9中类、14小类。

科斯认为在交易成本大于零的情况下,由政府选择某个最优的初始产权安排,就可能使福利在原有的基础上得以改善,并且这种改善可能优于其他初始权利安排下通过交易所实现的福利改善。说明产权制度本身的选择、设计、实施和变革需要由政府来引导,也决定了成本的高低①。建筑遗产产权关系见图 4.1 所示。

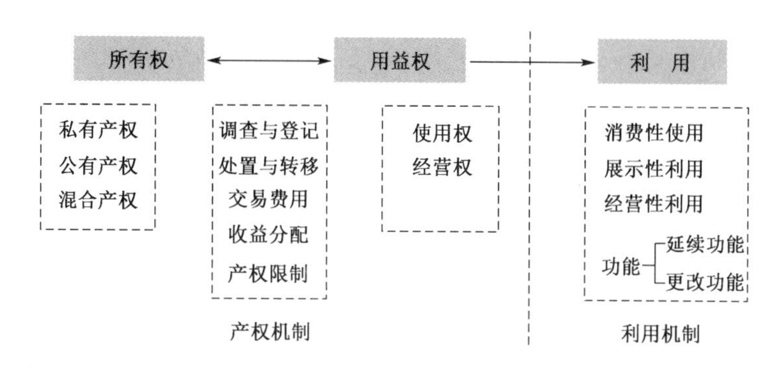

图 4.1 建筑遗产产权关系图

综上,建筑遗产的特性决定了其利用的复杂性。使用者的积极性与使用效率需要一个完善及有效的产权机制作保证,这是实现建筑遗产有效保护和合理利用的基础。最终目标是要充分发挥建筑遗产的最大效益,包括环境生态效益、社会效益和经济效益。产权越是复杂,越要谨慎。要明确留给产权人多少属于自己的空间,且不能随意变动。正如苏州古建专家郑志然先生所言:"古建筑中很多也不能动或者不属于我的,这都不要紧;但也要明确告诉什么是属于我的,哪怕只有一个小房间。"笔者认为,这就是产权存在的意义,也是建筑遗产保护与利用的实践工作中,利用者与投资者最大的顾虑之一。因此,产权界定与约束限制的明晰是实现合理利用与可持续发展的基础条件,这些产权规定通常会在保护规划或修缮设计中具体体现。

4.3 非物质文化遗产的产权机制

传统意义上的遗产产权界定通常是针对物质文化遗产。非物质文化遗产实施申报制度,不申报不主动确定。传统文化产权②缺少产权制度的保护,进而造成保护与利用中的混乱状态,抢注、滥用现象较为严重。产权界定与保护工作任重道远③。

2015《中国准则》第 13 条指出:"当文物古迹与某种文化传统相关联,文物古迹的价值又取决于这种文化传统的延续时,保护文物古迹的同时应考虑对这种文化传统的保护。"《中国准则》将相关的非物质文化遗产纳入保护范围内,代表了一种趋势。因

① "科斯第三定理",摘自"百度百科"。

② 传统文化产权,通俗地讲,就是指传统社区对其传统文化所享有的私法意义上的产权,这里的传统文化既包括传统社区所拥有的物质文化遗产,也包括属于该社区的非物质文化遗产,以无形的非物质文化遗产为主。

③ 赵龙飞.我国非物质文化遗产的知识产权保护模式研究[D].兰州:兰州大学,2014.

此，完善的建筑遗产产权制度应当将相关联的非物质文化遗产的产权管理机制纳入其中。

《保护非物质文化遗产公约》认为："非物质文化遗产指被各社区、群体，有时是个人，视为其文化遗产组成部分的各种社会实践、观念表述、表现形式、知识、技能以及相关的工具、实物、手工艺品和文化场所。"其中并未提及产权界定。

《中华人民共和国非物质文化遗产法》规定：第二十九条 国务院文化主管部门和省、自治区、直辖市人民政府文化主管部门对本级人民政府批准公布的非物质文化遗产代表性项目，可以认定代表性传承人。非物质文化遗产代表性项目的代表性传承人应当符合下列条件：（一）熟练掌握其传承的非物质文化遗产；（二）在特定领域内具有代表性，并在一定区域内具有较大影响；（三）积极开展传承活动。认定非物质文化遗产代表性项目的代表性传承人，应当参照执行本法有关非物质文化遗产代表性项目评审的规定，并将所认定的代表性传承人名单予以公布》。第三十一条 非物质文化遗产代表性项目的代表性传承人应当履行下列义务：（一）开展传承活动，培养后继人才；（二）妥善保存相关的实物、资料；（三）配合文化主管部门和其他有关部门进行非物质文化遗产调查；（四）参与非物质文化遗产公益性宣传。非物质文化遗产代表性项目的代表性传承人无正当理由不履行前款规定义务的，文化主管部门可以取消其代表性传承人资格，重新认定该项目的代表性传承人；丧失传承能力的，文化主管部门可以重新认定该项目的代表性传承人。第四十四条 使用非物质文化遗产涉及知识产权的，适用有关法律、行政法规的规定。对传统医药、传统工艺美术等的保护，其他法律、行政法规另有规定的，依照其规定。

《国家级非物质文化遗产保护与管理暂行办法》（文化部令第 39 号）规定："国家级非物质文化遗产项目应当确定保护单位，具体承担该项目的保护与传承工作"。"国家级非物质文化遗产项目的名称和保护单位不得擅自变更；未经国务院文化行政部门批准，不得对国家级非物质文化遗产项目标牌进行复制或者转让。国家级非物质文化遗产项目的域名和商标注册和保护，依据相关法律法规执行。利用国家级非物质文化遗产项目进行艺术创作、产品开发、旅游活动等，应当尊重其原真形式和文化内涵，防止歪曲与滥用。"

这些规定回避了非物质文化遗产的产权归属认定，但都规定需要确定保护单位。保护单位实际拥有部分权能，如一定的排他性与使用限制，同时也承担了传承的义务。2015《中国准则》规定文化遗产与非物质遗产，物的统一到产权的统一性意义重大。虽然没有将所有的非物质文化遗产全部纳入，但已经进了一步，至少明确了与物质合一的非文化遗产产权①。

完整的产权管理的内容至少包括了产权调查、确权、登记、转让、变更、注销等事项，还有更高层面的"投融管退"模式等。非物质文化遗产的产权管理目前方才起步，

① 田艳，王若冰．法治视野下的傣族传统建筑保护研究[J]．云南社会科学，2011(1)：80-83.

任重道远。

4.4 建筑遗产的产权调查与确权

2007年国家组织的"第三次全国文物普查工作"偏重于建筑保存与损毁情况,对于所有权、使用权、用途功能等调查内容太过简略,并不能满足当前建筑遗产利用管理的需要。而且各地大量的建筑遗产并未列入文物清单,这些遗产数量众多、用途复杂,深入城市各个角落,更为民众所熟悉与使用,这些建筑遗产的产权调查与确权也非常重要。

2015《中国准则》指出:"调查是保护程序中最基础的工作。调查分为普查、复查、重点调查和专项调查等。"其中包括所有权人、使用者以及其他权益关系人的基本情况。产权调查包括调查内容、调查方式以及调查成果。

4.4.1 产权调查的内容

(1) 建筑遗产的产权调查通常包括:

① 文物与建筑遗产权属及变化情况,包括现有的所有权、使用权、租赁权和抵押权等,以及近十年的权属变化情况。

② 文物与建筑遗产现状保护等级、保护限制条件以及变化情况。

③ 文物与建筑遗产历年修缮状况;修缮单位、投资人等。

④ 文物与建筑遗产的利用现状及变化情况,包括位置、面积、用途、使用或空置状况。

⑤ 关注利用方式是属于展示利用、延续功能或更改功能。

⑥ 其他事项,比如与公安部门配合了解居住情况,与税务部门配合了解租赁情况,与遗产项目投资的单位配合了解经营情况。

文物管理部门可发起新一轮全面调查工作,重点偏重于权属与利用状况。可先以一个城市的建筑遗产作为试点,然后扩展到一个省或地区,最后覆盖全国。先以文物保护单位作为试点,扩展到一般文物、历史建筑,最后涵盖历史名镇、名村以及历史文化街区的传统风貌建筑等。

(2) 在文物与建筑遗产调查的基础上,与地方不动产登记部门配合,调查确定以下情况:

① 不动产权属。包括不动产权属证明、登记簿、图纸和权属变更记录等,重点说明权利人、证件种类、证件号、共有情况、权利人类型、登记原因、使用期限、取得价格和不动产登记的他项权利等,特别注意是否存在混合产权或共有产权等复杂权属情况。

② 土地权属。包括土地权属证明、登记簿、图纸和权属变更记录等,重点说明土地用途、用地性质、使用期限、使用权人和他项权利等。

③ 房屋权属。包括房屋权属证明、登记簿、图纸、权属变更记录等，重点说明房屋用途、产别、产权人和他项权利等。

④ 对于已经权属登记的历史保护建筑，其性质、用途、建筑面积和土地面积等应以不动产权属证明、房屋权属证明或土地权属证明的记载为准。权属证明记载的事项应与登记簿一致；记载不一致的，除有证据证明登记簿确有错误外，以登记簿为准；对于未经登记的，可按照市、县级人民政府主管部门的认定处理或标明无产权人。

⑤ 构筑物权属变化情况资料。

⑥ 其他附属物的权属资料。

4.4.2 产权调查的方式

(1) 建筑遗产产权调查程序可参照不动产权属调查程序，通常包括：

① 拟订调查计划。一般包括调查目的和指导思想、调查对象与范围、调查方式和方法、调查步骤和时间安排、调查人员组织准备和分工、调查费用和经费来源、调查物资准备等。

② 物质方面准备。安排调查人员，印刷统一制定的调查表格和簿册，配备绘图工具、电脑、测距仪，有条件可以引入无人机、交通工具和劳保用品等。

③ 调查底图的选择。一般要求使用近期的房产地籍图、航片、正射像片等，调查底图的比例尺建议在 1∶500 至 1∶2000 之间。

④ 街区划分。确定了调查范围之后，在调查底图上依据行政区或自然界线划分成若干街区，作为调查工作区。

⑤ 发放通知。实地调查前，要向调查对象的所有者或使用者发出调查通知书。

⑥ 权属资料的收集、分析和处理。调查人员先到登记部门收集相关权属资料，并对这些资料进行分析处理，确定实地调查的技术方案，在调查底图上大致确定调查范围与路线，以备实地调查。

⑦ 实地调查。根据资料收集、前期分析处理的情况，进行实地调查，现场确定，填写调查表，绘制草图。

⑧ 资料整理等。在资料收集、分析、处理和实地调查的基础上整理收集的资料，形成调查成果。

(2) 产权调查渠道通常包括登记资料、街区核对、现场调查、问卷咨询等。核对并确定所有者、使用者、相关利益人等基本情况，抵押情况，查封情况或产权异议情况，登记用途，现状用途，土地使用权性质、取得时间，土地剩余使用年限，产权保护限制条件，土地面积，建筑面积，有无增加或减少土地面积（侵占或被侵占），有无增加或减少建筑面积（加屋、搭建）情况等。这项工作通常与建筑遗产价值和可利用性评估调查工作同时进行。除了这些法定信息以外，还可根据需要调查是否适合展示性利用、产权人的转让意向、使用者的使用意向等，可作为可利用性评估的依据。

4.4.3 产权调查的成果

产权调查的成果包括现状产权的表与图(所有权)、现状产权的表与图(使用情况，自用、出租、空置等)、意向图表(所有权转让意向，改变或保持现状用途意向)、意向图表(使用者继续愿意使用的意向，改变或保持现状用途的意向)、现有功能用途的表与图。

最后，在上述产权调查与确权的成果基础上，可以参照自然资源部门“一张图”工程，及时建立各地文物与建筑遗产权属情况数据库与地图网，设定相关数据库统一标准与查询系统，努力建设“数据一个库、监管一张图、管理一条线”，为建筑遗产产权动态监测管理提供相应的技术论据。

苏州古城道前街产权分布见图 4.2 所示，苏州古城道前街区的产权调查(部分)见表 4.1。

图 4.2 苏州古城道前街区产权分布图

表 4.1 苏州古城道前街区的产权调查表(部分)

坐落	承租人	使用面积 /m²
沧浪局胥江织里弄 2 号二进东	刘素清	48.29
沧浪局胥江织里弄 2 号二进楼中	高乃伟	17.42
沧浪局胥江织里弄 2 号二进楼东	龚海峰	25.21
沧浪局胥江织里弄 2 号一进东	张建中	30.60
沧浪局胥江织里弄 2 号一进东	王瑛	16.90
沧浪局胥江游马坡巷 5 号楼西 1	靳志贤	11.99
沧浪局胥江游马坡巷 5 号楼下	罗珣	93.01
沧浪局胥江游马坡巷 5 号一进西	肖燕鸣	22.06
沧浪局胥江游马坡巷 5 号二进东	王素玉	26.16
沧浪局胥江游马坡巷 5 号一进中	夏达明	22.69
沧浪局胥江游马坡巷 5 号一进楼东	祝斌	35.40
沧浪局胥江游马坡巷 5 号一进楼中	鲍华	20.41
沧浪局胥江游马坡巷 5 号一进楼西	徐丽倩	12.04
沧浪局胥江游马坡巷 5 号东 1	邹送林	24.92
沧浪局胥江游马坡巷 4 号末进西	张文萍	35.48
沧浪局胥江游马坡巷 4 号末进西 1	孙建平	25.83
沧浪局胥江游马坡巷 4 号末进西 2	宋清	17.08
沧浪局胥江游马坡巷 4 号二进楼层	庄剑冰	77.13
沧浪局胥江游马坡巷 3 号	姚玉珍	24.21
沧浪局胥江游马坡巷 3 号	陈静华	61.59
沧浪局胥江游马坡巷 3 号	针灸医疗器械公司	274.34
沧浪局胥江游马坡巷 3 号三进西	陈广巧	20.21
沧浪局胥江游马坡巷 3 号末进东 3	高莉莉	35.58
沧浪局胥江游马坡巷 3 号二进西 2	金咏梅	22.89
沧浪局胥江游马坡巷 3 号二进西 1	邵广洲	39.52
沧浪局胥江游马坡巷 3 号二进东	吕篁	50.61
沧浪局胥江游马坡巷 3 号三进西	谢文江	55.91
沧浪局胥江游马坡巷 3 号	周明明	49.92
沧浪局胥江游马坡巷 2 号一进楼东	沈青青	26.80
沧浪局胥江游马坡巷 2 号二进楼西 1	王小英	49.12
沧浪局胥江游马坡巷 2 号二进楼东	陶启定	12.96
沧浪局胥江游马坡巷 2 号二进东	莫凤沼	22.32
沧浪局胥江游马坡巷 2 号	陈白男	43.66
沧浪局胥江游马坡巷 1 号西前	宋清	27.37
沧浪局胥江游马坡巷 1 号楼下中	杨镔	41.82

续表 4.1

坐落	承租人	使用面积/m²
沧浪局胥江游马坡巷 1 号楼层(合)	孙少青	74.29
沧浪局胥江余天灯巷 13 号二进中	胡小林	33.57
沧浪局胥江余天灯巷 13 号	顾跃明	24.55
沧浪局胥江余天灯巷 13 号末进楼层	曹海明	53.98
沧浪局胥江织里弄 2 号二进东	刘素清	48.29
……		

4.5 经营权分离模式

推动产权分离,加强利用模式。特别是对非居住类建筑遗产项目鼓励委托给国资平台或社会企业单位统一经营。不管展示性利用还是功能性利用,经营权都主张分离。

关于目前我国历史街区与建筑遗产的产权归属与功能调整,主要分为六种情况:

第一种情况,产权收归国有,例如苏州的平江路和山塘街。这些案例目前看起来很繁华,但其中的潜在问题将影响可持续发展。例如平江路最大的问题是原本的功能业态定位相对高端,但目前经营业态越来越低端化,导致这一状况的核心原因是租金上涨。负责管理运营的平江投资公司要涨租金,文化休闲类的店铺无力继续承担,只能任凭收益较好的商家入驻。收益较好的商家往往是旅游类店铺,比如臭豆腐小吃、奶茶之类,而最初的规划定位并非如此。产权虽然收归国有,国资平台业绩考核的运作模式依然会导致资金压力转嫁于商户租金,从而对整个利用业态造成冲击。

第二种情况,由开发商或合资公司持有产权,进行统一经营。上海新天地是一个成功案例,它采取一种特殊的模式,中间区段的历史建筑维修后加以功能利用与广泛宣传,周边进行地产开发。除了文物保护单位以外,其他建筑产权都是瑞安公司的,称之为“瑞安模式”(相似项目在西安被称为“曲江模式”)。瑞安采用这一模式的多个项目都获得成功,但在佛山遭遇了一定的困难,因为周边房地产的升值收益未能反哺对历史建筑保护的投资额。然而,扬州的教场项目是一个反面案例。扬州尝试把历史街区产权全部移交给开发商去做,但开发商做了一期就停掉了,它的失误在于单纯以这个项目本身进行资金运转,以至资金周转不灵时不得不中止项目。由此可见,单纯以历史街区项目做资产运营,对开发商而言相当困难,国资平台未必不可能。

第三种情况,早期为民间推动,后期由国资介入管理。这种情况尤为常见,项目本身产权较为混杂,大部分历史村镇与街区都是这样,但国资介入管理后要求功能要相对统一。典型案例是上海田子坊,最初由于陈逸飞等艺术家的进驻而成功兴起,文化带动商业,专业公司介入提供管理服务,控制主流业态,而居民仍持有产权并自行租赁。但近年来田子坊的问题逐步暴露，其根源是随着街区越发繁荣，居民要求涨租金，某个店铺的租金从最早的一个月六七千，涨到了现在的四万余元，直接导致了文化类的业态店铺连续撤散，如今已经变成了纯商业旅游街区。调整后的功能定位是可能生存的，但其未来的延续性存在问题，毕竟失去了最初的文化灵魂。

第四种情况，民间与国资合作。例如苏州的历史文化名村明月湾，政府和百姓共同出资修复国有、集体和农户所有的古建筑，将古建筑作价入股，成立股份公司，实行按股分红的经营机制。这种形式鼓励民资参与保护、经营和收益模式，但是其偏重于旅游，缺乏复制性。

第五种情况，古建筑资产收归国资，修复后再转售给民间。这种情况在江浙以及徽州地区极为常见。其优势在于每幢房子修得很漂亮，保留传统建筑韵味，产权从复杂到简单，投资额不大，可以滚动运作；其缺点是个案性强，不成规模，难以推广。

第六种情况，直接由民间收购。譬如委托民间中介和古建修复公司经办，在市场交易，民间卖给民间。操作方式是将周边数个建筑统一买下，合并成一个大宅子，再予以出售。但这样的方式也属于个案，不成规模，难以推广。

从以上六种情况（表4.2）中可见，所有权有些混杂，有些单一。但要做好历史街区或建筑遗产功能的激活，经营权必须相对统一集中，业态可以是商业、旅游、酒店、住宅等。从长远上看，激活历史街区利用功能，商业和旅游是不可持续的，历史街区的振兴和改造主要是依靠居住以及停留的人群。大规模的历史街区改建需要大量资金支持，不具备可推广性。单纯的开发商很难实现盈利，历史街区的改造还是应当主要依托于国资平台。历史街区的发展与保护政策、社会经济发展阶段息息相关，改造与振兴不能过急，消费人群的调整也需有一个长期过程。任何历史街区的功能利用方式都是要引导消费人群，人与社区有不可分割的紧密关系，功能定位与调整就是未来应当引导哪些人来用这个区域。

表4.2　六种常见产权调整方式的情况对比表

序号	方式	所有权	经营权	业态	费用	涉及层级	可复制性	规模效应
1	国资平台开发与经营	单一	单一	商	大	市、区级	小	大
2	开发商投资与经营	单一	单一	商	大	市、区级	小	大
3	民间推动、国资介入经营	混杂	单一	商	中	区级以下	中	中
4	民间与国资合作（入股）	混杂	单一	旅游	中	区级以下	中	中
5	国资转民间	单一	单一	商住	小	区级以下	大	小
6	民间转售转租	单一	单一	住	小	区级以下	大	小

上海田子坊街区早期由于文化业态引导，吸引相关文化人群入驻，初期是成功的。但由于缺乏统一集中管理与经营，民间自发租赁，导致后期田子坊租金快速上涨，原本的文化人群纷纷被迫离开。现在田子坊的商业氛围已经与最初的文化气息定位大相

径庭,不免可惜。如果能及时借鉴苏州明月湾古村的民间与国资合作或浙江乌镇的集中经营模式,这些文化人群也不会被迫离开,最初的成功模式也可以延续。民间力量很大,有一定的市场需求。人是建筑遗产利用最为核心的部分。确定了目标群体,合理的市场经营手段自然会指向相应人群所需的业态。现在很多人的利用思维模式集中在建筑业态定位的调整,不是未来人群定位的调整,这是重大的指导思想错误。因此,历史街区功能定位一定是引导哪些人来用,相应的产权调整也要从这方面着手。

4.6 建筑遗产产权置换模式

国有不可移动文物不得转让、抵押等。但对于一些利用不善的公有产权建筑遗产(老旧公租房),是否能够允许转为私有产权,特别是混合产权。文物管理部门可以与住建管理部门配合制定一些鼓励公有产权或公租房转制的政策。这类模式不适宜展示性利用,更适宜居住消费。

实践中,建筑遗产的产权转让情况特别复杂。古城内的建筑遗产或老宅往往价值量大,就算允许转让,意向购房者也会存在一定的资金压力。如果一味只是引入高收入人群,其模式不可持续。

房屋置换引入历史街区建筑并不是新的观点。1954 年起,美国非政府组织"萨凡纳历史基金会"就通过置换方式收购历史建筑,并出售给愿意对其进行修缮的购买者,到 1968 年已保护了萨凡纳历史街区 130 余栋历史建筑,在经济上是成功的①。房屋置换模式是指将不同房屋根据估值或市场价格进行产权调换并补差价,可以在一定程度上缓解资金问题。这些年来,老城区的房屋产权置换更多是在房屋征收补偿过程中出现。《苏州市古村落保护条例》第二十三条规定:"政府可以通过货币补偿或者产权置换的方式收购古村落内的古建筑、房屋的产权。"②可是政府同样面临资金压力大,担心资金沉淀的问题,造成这种模式形成不了规模效应。有学者指出产权置换不用完全依赖政府,可由政府授权房地产开发商,开发商用新建的现代住房产权置换历史建筑产权,然后对历史建筑进行整修,最后将历史建筑作为古董收藏品出售给高收入阶层。但也指出了整个利益链最终还是落到历史建筑购买者,对高收入阶层是否愿意出资购买历史建筑表示担心,从投资价值、投资偏好、投资风险力求证明其可行性③。实际操作中,往往就是最后一个环节掉链,开发商认为风险太大而不愿前期投入,使得老宅产权置换模式成为空话。由于产权与涉及人员的复杂性,民间自行谈判成功的可能性微乎其微。

---

① 张劲农,周波.创新历史文化街区保护[J].中国房地产,2013(23):71-75.

② 《苏州市古村落保护条例》2013。

③ 田艳,王若冰.法治视野下的傣族传统建筑保护研究[J].云南社会科学,2011(1):80-83.

4.6.1 利益人需求分析

究其原因，目前的房屋置换方式并未认真全面地分析历史街区或老宅(建筑遗产)各方利益人的诉求，具体操作模式上没有进行适应性调整，未能将各个环节优势抽取出来，取其长而避其短。

基于“苏州古城甲辰巷砖塔保护区保护与利用调研报告[①]”的问卷调查与市场调查分析表明，古城内的老宅房屋产权主要利益方的各自诉求如下：

(1) 产权人诉求：67.2%的产权所有人愿意考虑卖房，重新到古城外住宅小区置业；问题是目前仅有少数人询价，而且老宅产权人往往年龄偏大，对纯市场交易行为总有一些顾虑，对于购买者及其付款能力持怀疑态度。认为如果国资公司或街道单位提出整体收购或长期租赁，只要价格合理，愿意出售或长期租赁。

(2) 公房租户诉求：68.9%的公房租户愿意考虑搬出，重新到古城内小区置业，问题也是没有人提出交易需求(房卡)。也承认产权复杂，租户众多，众口难调，愿意接受国资公司或街道单位提出整体收购或长期租赁，只要价格或租金合理。

(3) 国资公司或街道单位(以下称“国资平台”)：愿意进行适当的旧房改造，清理租户甚至回购老宅，对市政设施局部改善。最大顾虑是老宅收购或长期租赁后，没有购房者或租赁者及时接手，导致资金沉淀。

(4) 潜在购房者或租赁人诉求：比较重视未来的区域规划，认为明确的利用发展规划会增加购房或租赁信心。对于市政基础设施，购房者认为只要允许建筑内部进行改造，可以解决，如果社区能对外部设施进一步改善就更好。潜在购房者最大的顾虑在于房屋产权复杂，交易过程中所涉及的人员过多，时间成本无法控制，甚至认为只要产权清晰、交易简化，哪怕多付一些费用也能接受，如果税费能适当优惠就更好。长期租赁也是一种选择，但居住不考虑长期租赁，如果是工作室或小会所，可以考虑长期租赁(不少于 10 年)，希望在周边能形成相似文化氛围的集聚区，有一定的物业管理。

主要利益方的矛盾点对比列表如下(表 4.3)：

表 4.3 传统民居主要利益方诉求表

行为	产权人或公房租户	国资公司或街道	购房者或租赁者	用途
出售	愿意出售 顾虑：没有人买或收不到钱	愿意收购 顾虑：没下家、资金沉淀	愿意购房 顾虑：交易太复杂	居住
长期租赁	愿意盘活资产 顾虑：没有人整体长租	愿意长期租赁 顾虑：没下家	愿意长期租赁 顾虑：后遗症太多	工作室或小会所、前店后室

4.6.2 古城老宅(建筑遗产)房屋置换新模式

对此，本书提出引入国资平台运作，以资产担保为基础的老宅(建筑遗产)房屋置

---

① 该报告为 2017 年苏州姑苏区人大重点调研项目，笔者为调研报告负责人。

换新模式。具体运作程序如下:

(1) 国资平台先行调查区域范围内愿意出售或长期租赁的老宅(建筑遗产)房源,可以与原产权人先签订意向协议,然后通过适当渠道对外出售或招租,不用先行投入资金。

(2) 购房者基本确定意向老宅(建筑遗产)房源后,与国资平台签订预购(收购)与担保合同,并向国资平台提供本人自有的对价资产(房产)用于置换担保(冻结)。冻结后的资产不得自行交易、租赁及做其他担保等,保证其交易的可行性。当然也可用资金进行担保,资金额不得少于意向房价的一定比例,用资产担保主要是可以减少购房者的资金压力。

购房者不用立即支付购房款项。等国资平台收购成功后,再履行置换合同。通过房产估值补差进行房屋置换,办理过户手续。如果出现国资平台未收购成功,合同解除,资产或资金担保自行解冻。同样也可用资金来直接支付购房款。当然,国资平台要对购房者提供的对价资产进行勘查,认可其价值以及交易难易度后,方可确定是否接受此处房产。

如果出现国资平台收购成功,而购房者违约的话,国资平台可处置担保资产或担保资金,如同银行处置违约抵押资产。由于涉及资产,建议双方到房屋管理部门办理担保备案手续。国资平台也可保留司法处置渠道。房屋资产担保或冻结形式可参照目前房地产抵押登记模式,也可以通过公证方式,甚至可以出台新的政策来设定老宅(建筑遗产)房屋置换过程中的担保形式。房屋长期租赁可参照上述行为,可用资金作为担保。

(3) 国资平台获得资产或资金担保后,进行老宅(建筑遗产)收购或租赁的实际运作,先行垫付资金给老宅原产权人。一旦收购或租赁成功后,与意向购房者或租赁人按照收购或租赁合同操作。国资平台如果有一定的资金实力,希望持有资产,也可不考虑收购后进行转售,仅用于长期租赁,通过收取租金分期回收成本。

整个操作模式的核心就是国资平台介入全流程运作,平衡各方利益,以资产担保作为保障,推动老宅房屋置换的顺利实施(图 4.3)。

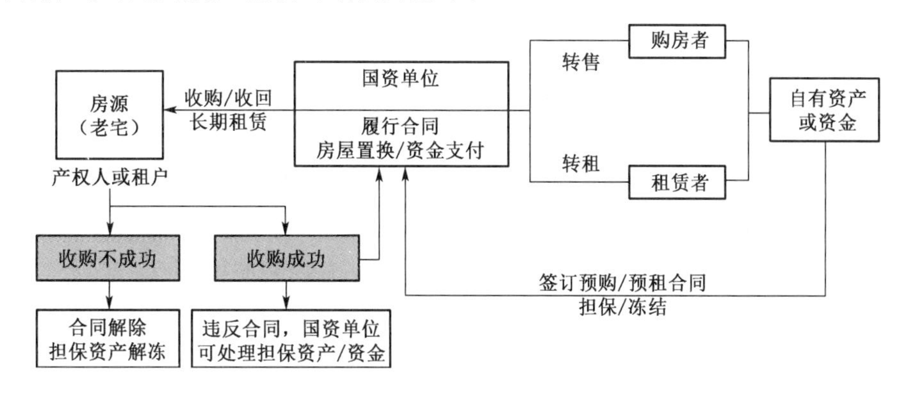

图 4.3 房屋置换(资产担保)模式流程图

4.6.3 新房屋置换模式的特征分析

1）法律依据分析

新的房屋置换模式涉及房屋资产担保行为，法律依据是《中华人民共和国担保法》与《最高人民法院关于适用〈中华人民共和国担保法〉若干问题的解释》，完全符合相关规定。房屋资产担保或冻结形式可参照目前不动产抵押登记模式，也可以通过公证方式，政府也可出台新的政策来确定老宅房屋置换的资产担保具体方式。

2）资金积压的风险分析

政府、开发商最大顾虑就是对老宅（建筑遗产）收购并修复后，长时间没有购房者接手。且修复后的建筑会出现物理折旧，还要持续投入维修资金，造成资金严重积压。采用先预定房源，再确定意向人，最后实施收购，实际起到了中介代理的作用。国资平台还可以根据购房者意愿进行个性化的修复或装修等，成本费用转嫁在老宅房价或租金上即可。国资平台还有的顾虑是出现购房者违约，导致资金沉淀，现在通过资产担保方式，其交易风险大大降低。

3）产权复杂的风险分析

国资平台利用政府品牌信誉，对房屋实施收购或长期租赁。原产权人表示更容易接受，认为如果出了问题可以找到责任人，不怕违约。而购房者或租赁人只需要面对国资平台，不用再应付众多的利益相关人，产权交易清晰，其担心的后遗症风险将不复存在。本书认为，为古城老宅（建筑遗产）交易提供相关服务，既要处理复杂多变的各方利益，又要前期垫付巨额资金，甚至还要对区域环境进行适当改善，这是一个极辛苦而不赚钱的工作，也只有国资平台能做到不以赚取利润为目标来实施运作。有些城市原本就有一些国资企业或街道单位负责历史街区保护与老宅（建筑遗产）收购，只因原有顾虑未能规模运作。如果有合适的操作方式，国资平台更应该积极主动参与到历史街区的保护与更新工作中。

4）资金成本分析

许多古城原居民随着年龄的增长，回归古城的想法日益强烈，想回到古城老宅去居住。但这些人群并不是都能拿出足够的资金来购买老宅，他们最大的财富可能就是目前居住的一至两套新城区商品房。现在新城区商品房单价往往高于老城区，就算建筑面积不及，总价有可能相近甚至反超。通过房屋置换方式，既不用支付资金，甚至还能有些盈余差价自行或委托重新改造或装修，这会大大增加本地人回流古城的可能性。以房屋资产进行担保，也不用支付定金，并不影响自己的正常居住与使用，无非限制了处置权。新的房屋置换模式可以减轻购房者的资金压力。对于税费而言，房屋置换涉及的税费是依据两处房产的合理差价进行缴纳，作为鼓励优惠政策的一部分。

5）时间节点分析

普通房地产交易中经常会有一种现象，购房者要先出售目前的住房才能有足够资金购买新房产，就要与买房人商量，具体交房时间要等到自己搬进新房后，甚至还要支付过渡期租金;而买房人支付了房款还不能入住,增加不确定风险,严重抑制房地产交易。新房产置换模式由于国资平台介入,并不要求购房者立即交房,甚至可以等到购房者对老宅改造装修入住后再交房;也要规定一个合理时限,如果超过时限,则要求购房者支付过渡期租金或视为违约。国资平台同意购房者用自有房产置换时,要对其房产进行勘查确认。在正常情况下新城区商品房不愁卖,只是房价高低,除非房地产市场出现重大波动,甚至直接转给老宅原产权人都有可能。这种交房时间延长也可归属于政府的鼓励措施。

6)其他特点分析(成片规模)

由于国资平台介入全流程运作,不会只针对一处老宅(建筑遗产),更希望是古城区规模运作。

推动细部规划:国资平台推动与参与古城区保护的细部规划、利用规划、城市设计与发展定位制定,使得现有居民、潜在购房者或租赁人增加信心,有利于古城故居的情感重建。

外部配套设施:国资平台会根据古城区老宅置换的进度,对该古城区片的外部配套设施与周边环境前期适当整治,成本费用可转嫁在老宅(建筑遗产)房价或租金上。

物业管理:国资平台统一进行古城区域规划,引入物业管理公司进行相对封闭式管理成为可能。

合作开发:国资平台参与古城区保护规划与发展定位时,可根据区片特征与相关单位进行联合操作,甚至考虑引入 PPP 模式①。

项目试点:各个城市情况不同,可考虑先从某个区片试点。由于在街道层面就可能进行试点,容易实施。无论成功与否,其代价不大。若试点成功则如同星星之火,以点带面,形成历史街区与建筑遗产保护与改造的新模式。

综上所述,由政府提供相关鼓励政策,通过国资平台(良好信誉)介入,进行资产资金资源的整合,提高老宅交易的成功率,逐步实现古城居住人员有效更换。购房者不需要考虑产权风险、资金压力;国资平台不用担心没有下家造成资金沉淀,甚至可以对外联合运作;原产权人也能顺利实现资金到位,重新购房改善居住环境。新模式充分考虑到各利益方,规避原有模式的弊端,取其优势推动实现交易闭环。

4.6.4 新房屋置换模式可能出现的问题

上述房屋置换模式不可避免会产生一些新的问题:

(1)由于租户或产权人众多,可能出现一部分人愿意、一部分人不愿意出售或租赁,这种情况国资平台经常遇到,有一定的处理经验。

(2)国资平台要考虑到原产权人违约的可能性,并在各方合同中予以注明。

---

① 高洪显,郑思海,秦亚飞. PPP 模式介入古村落保护的可行性研究:以河北省为例[J]. 经营与管理,2016(11):13-15.

(3) 如果以资产作担保，担保期间虽然要求资产不得出售、出租或抵押等，但资产使用权没有移转，有可能出现担保资产的违约现象。建议出台文件进行补充规定，到政府管理部门进行事先备案，有效防止产权转移以及办理抵押他项权利证。

(4) 国资平台与购房者就老宅(建筑遗产)与担保资产的成交价应以正式交易时点的房价作为参考进行置换或补差价，而不是意向协议时点。这是考虑到老宅(建筑遗产)收购的难度以及老宅产权瑕疵解扣后的价值增值，也是考虑到双方资产的市场价格变化。房价可以通过第三方估价或市场价参考。当然，最终确定的成交价也要在意向合同里估值的合理范围内变化，不能由于大幅涨价导致交易纠纷。

随着经济社会的发展，一些以前搬离老城区的原居民有回归古城的情节，对街区老宅(建筑遗产)改造更新产生新的原动力。如何鼓励这些人回归，支持投资者关注古城老宅是解决历史街区遗留问题的一种途径。引入以资产担保为保证的房屋产权置换模式，通过国资平台全程介入、购房者的资产前期担保等方式，充分考虑各方利益要求，逐步实现居住或使用人员的"腾笼换鸟"。ICOMOS 指出："作为保护政策存在长期良效的基本条件，激励小城镇居民及其行政代表以所在历史环境为荣的意识和维护的责任感是很必要的。"①

4.7 非移转产权前提下的建筑遗产长租模式

由于产权的复杂性，实践中建筑遗产产权交易很难普遍实现。其实还有许多模式可以实现经营权的分离，建筑遗产长租模式就是社会民间不断尝试的实践案例之一，主管部门可以予以借鉴，适时推出一些鼓励政策。这类模式对展示性利用和功能性利用都适宜，更偏重于功能性利用。

一种是相对单纯的单一产权长租模式，例如大学教授工作室的长租改造模式(图 4.4)。近年来，大学教授走出校园，在合适的环境下租赁或购买一些小型建筑，用于开设个人工作室，打造文化氛围逐渐成为新潮流。如广州华南理工大学职工老居住区(不在校园内，但仅一路之隔)的教授小楼群(三层类别墅，20 世纪 90 年代初建造)，由于年久失修，建筑布局不甚合理，2003 年—2013 年期间纷纷被空置，建筑残破、杂草丛生，成为普通职工住不起、教授们不愿居住的"鸡肋"项目。所幸的是，2013 年后一些有识教授将其重新租赁装修，精心打造成工作室，作为研究生培训基地。结果成为华南理工大学的一道新风景线，绿荫丛中幢幢并列的小楼，古色古香，却各有建筑韵味。将一些专业研讨会、研究生答辩会放在这些工作室中举行，时尚却不张扬。这种潮流影响到了广州地区其他大学，于是城区内一些规模不大但尚具风貌的小楼或小楼群一时间颇为抢手。(图 4.4)

另一种涉及混杂产权的长租模式，例如扬州汶河街道仁丰里历史街区的实践(图 4.5)。2014 年汶河街道开始这项实践工作，该项工作得到了区政府的支持。汶河

① 国际古迹遗址理事会 ICOMOS《关于历史性小城镇保护的国际研讨会的决议》，罗登堡，1975。

中山大学教授小楼群(未改造时)

中山大学教授小楼群(改造后)

图 4.4 教授工作室的长租改造

街道作为基层政府组织,在政策制定、资金投入和资源协调等没有决定权,但是对居民情况、邻里关系和手续办理等比较熟悉。以街道的资产管理办作为联系组带,创立一个平台,通过对居民老宅的长期租赁(10～15 年),掌握老宅的使用权。街道投入适当维修资金进行保护与适当改造,通过整体运营与招商计划逐步改变使用现状,逐步实现业态更新与人员素质提升。

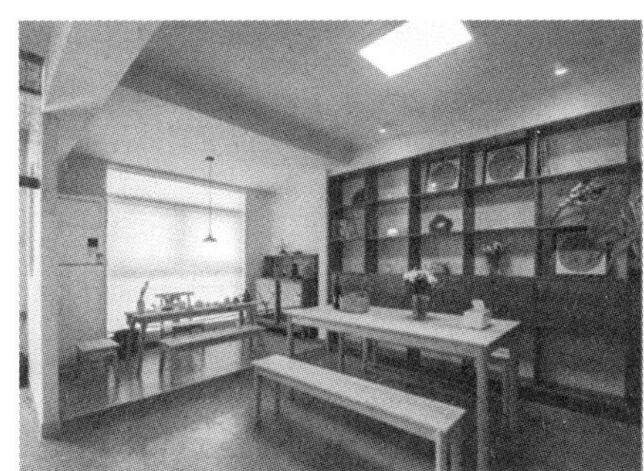

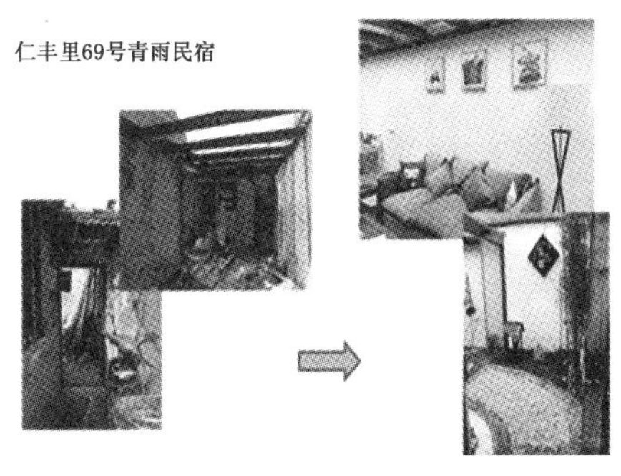

图 4.5 扬州仁丰里的老宅改造

扬州这种长租模式的形成最初正是由于一处老宅破旧不堪,房东对保护维修老宅的投入有所顾虑,愿意主动长租给街道,完全是基于信任。约定长租时,房东要求一个承诺:老宅不拆不改只修,外立面主体结构不得改变,内部可改装,引入适当的产业,不会对建筑物产生大的破坏。街道很好地完成了这个承诺,引入一家精品民宿,将深巷老宅的古朴典雅与当地休闲文化内涵有机结合。这个样板做好以后,当地居民逐步主动找到街道要求长租。长租一般期限为10～15年,租金每三年递增10%。至2018年,街道垫付加维修资金共计100余万,这个费用应该算是很少的。目前街道资产办大概掌握了40多处老宅。如果尚未引入承租人,租金由街道承担;如果通过招商引入承租人,租金转移支付。如果街道就该建筑适当投入维修,转租租金略有提高,以此收回维修成本;如果承租人自行改建,转租租金与原始租金一致,街道不增加租金,也不另收管理费。

居民也可以自行出租,这件事本身就是街道的一项公益推动,推动与鼓励民间自行租赁、自行修复。但是自行进行建筑修复必须按照历史街区整体修复工程要求,同时自行引入的业态也要求符合历史街区整体项目经营计划,保持传统文化休闲主题。扬州居民将自家的房屋改变用途,做商业用途或其他非居住用途,必须到街道办去盖章,这就让街道容易控制业态更新,尽量不会破坏整体设计。

街道统一制定长期的运营思路,将仁丰里定位成扬州传统文化展示与休闲空间,这是对标扬州东关街的考虑。东关街偏重于旅游人流量与沿街商铺、餐饮与住宿;仁丰里定位于高端文化路线,做宁静中的休闲。目前通过街道统一招商,已经有文化咖啡、城市书店、茶室、文化客栈、传统工艺坊等。而且街道充分利用这些业态场所举行各种文化休闲活动,如座谈会、文化论坛,2019年连续承办江苏省城乡规划师集中培训活动、迎国庆70周年民间诗词比赛等,已经逐步成为当地区政府接待各方宾客的重要场所。

老宅长租模式以街道为运营主体,不以盈利为目的,不涉及过多资金,居民信任程度高,邻里关系容易处理,统一控制引导业态,老宅修复有一定保证与监督,也容易得到政策支持。最重要的是在街道层面就可执行,边保护边改造,不用急,没有大的决策风险,不用涉及过多政府部门。这种模式成本不高,容易操作,特别适合规模较大的古城内历史街区的改造与保护,值得推广;同样也证明了在街道层面上推动历史街区的保护利用、改造调整是可行的。如果将街道资产管理办调整为国资平台,街道转为管理与监督方可能更为合理。

因此,激活功能利用推动历史街区建筑遗产产权的调整。首先在政府层面需要给予政策支持,做好保护规划、利用规划、区域设计等控制性规范,确定未来主要使用人群的调整方向、功能业态的负面清单与鼓励清单,同时对街区内必要的基础设施、公共设施等进行前期投入。其次,产权(所有权、经营权)调整由国资平台推动,街道或乡镇负责出面协调以及各环节的管理与控制。最终通过市场手段、租金来调整与引导经营业态与使用人群。目前历史街区的改造与复兴项目中,政府往往干预过多,而实际上政府部门只需要进行适当引导、限制和规范,街道层面作为管理主体,慢慢厘清产权、吸引目标人群入驻,以住为本、以商为辅,通过与各方的协商合作,寻求产权与利益的共同点,实现社会、经济和环境效益的有机统一①。

① 阮仪三,顾晓伟.对于我国历史街区保护实践模式的剖析[J].同济大学学报(社会科学版),2004,15(5):1-6.

5 利用的方式:建筑遗产展示性利用

2015《中国准则》第40条指出:"合理利用是保持文物古迹在当代社会生活中的活力,促进保护文物古迹及其价值的重要方法。""应当根据文物古迹的价值、类型、保存状况、环境条件等分级、分类选择适宜的利用方式。"第42条指出:应当"鼓励对文物古迹进行展示,对其价值做出真实、完整、准确的解释"。因此,根据朱光亚教授的《建筑遗产保护学》,建筑遗产展示性利用的作用与意义可以归结为:

1) 阐释遗产特征

展示设计是将遗产的意义与价值提炼并变得易于理解的手段,还可以将物质的遗产与非物质要素整体进行阐释,将文化与精神传统与遗产物质本体融合。

2) 传承普遍价值

遗产价值通过展示得以认知。展示传承文化遗产所承载的价值,阐释基于不同文化的遗产的多样性和突出的普遍价值。

3) 公众教育功能

遗产展示的重要意义在于其公众教育功能,这是遗产保护所产生的重要的社会效益。

4) 促进遗产保护

一方面,通过展示增加公众对遗产价值与遗产保护的了解,激发公众对遗产保护的关注与自觉;另一方面,通过遗产展示所获得的经济效益与社会效益,使各方相关者实际受益,促进遗产保护工作。

展示性利用是对历史文化遗产的诠释和展现,是保护工程的目标之一。建筑遗产是人类文明的见证,遗产保护工程就是要延续文化遗产的生命,真实、完整地传承到下一代,不仅是物质载体的传承,更重要的是文化意义和精神价值的传承。

5.1 建筑遗产展示性利用的主要内容

国际古迹遗址理事会关于《文化遗产诠释与展示宪章》(2008)是国际上第一个关于文化遗产诠释和展示的专门文件,对遗产诠释、展示做出了明确定义,并把诠释性基础设施和遗产地导游包含在遗产诠释和展示范畴中。

诠释:一切可能的旨在提高公众意识、增强对文化遗产地理解的行为。这些行为可包含印刷品、电子出版物、公开讲座、现场和不在现场但直接相关的装置、教育项目、社区活动以及持续的研究培训和诠释过程自身评估等。

展示：更明确地表示通过对文化遗产地解释性信息的整理、物理访问和解释性基础设施等的精心策划，对解释性内容进行传达。解释性内容可以通过各种技术手段来传达，包括信息板、博物馆式的展览、正式的步行参观、讲座、导览式参观及多媒体应用和网站等，但并不要求一定要用这些方式①。

2018《若干意见》专项讲述了文物利用展示与诠释的具体内容：

（一）构建中华文明标识体系。深化中华文明研究，推进中华文明探源工程，开展考古中国重大研究，实证中华文明延绵不断、多元一体、兼收并蓄的发展脉络。依托价值突出、内涵丰厚的珍贵文物，推介一批国家文化地标和精神标识，增强中华民族的自豪感和凝聚力。

（二）创新文物价值传播推广体系。将文物保护利用常识纳入中小学教育体系和干部教育体系，完善中小学生利用博物馆学习长效机制。实施中华文物全媒体传播计划，发挥政府和市场作用，用好传统媒体和新兴媒体，广泛传播文物蕴含的文化精髓和时代价值，更好构筑中国精神、中国价值、中国力量。

（三）完善革命文物保护传承体系。实施革命文物保护利用工程（2018—2022年），保护好革命文物，传承好红色基因。强化革命文物保护利用政策支持，开展革命文物集中连片保护利用，助力革命老区脱贫攻坚。推进长征文化线路整体保护，加快长征文化公园建设。加强馆藏革命文物征集和保护，建设革命文物数据库，加强中国共产党历史文物保护展示。

这三条强调了中国传统文化展示、革命文化展示以及拓展展示推广渠道等展示内容。

整体上，建筑遗产展示性利用主要内容②③包括遗产的物质本体、相关的自然和人文环境，非物质文化层面，遗产与遗产相关联的各种行为活动，以及从遗产衍生出来的研究、保护和人工干预活动记录。

1）遗产直接关联的物质本体及其环境构成要素的展示

遗产本体和遗产相关环境的各种物质要素是构成建筑遗产的有机整体，是获取历史文化信息的第一信息源。具体包括了各种类型的建筑物和建筑物群、构筑物、道路、地形、水体、植物、地面、园林要素、小品性质的要素以及相关联的外部要素。除此之外，包括文献性质的内容：一是记载着有关该遗址信息的各类史籍、志书、谱牒、碑铭、文学作品等文字形式的文献、档案；二是图像形式的文献，档案，如上述文字形式的文献、档案中附带的插图、绘画作品、壁画，依附于建筑物的彩绘、雕刻、纹样，器物上的图像、照片、影视片等。

---

① 卜琳. 中国文化遗产展示体系研究[M]. 北京：科学出版社，2013.

② 林源. 什么是建筑遗产的展示：关于中国建筑遗产展示的基本概念与内容的探讨[J]. 华中建筑，2008，26(6)，125-127.

③ 汤莹瑞. 文化遗产展示规划与设计初探[D]. 重庆：重庆大学，2013.

2）遗产非物质文化层面的展示

遗产的非物质文化以遗产本体及其环境为物质基础，在相关社会群体的历史实践过程中诞生、演化，与自然、社会环境相协调和适应，包含了各种文化表现形式和空间形态，是文化遗产的活的灵魂。遗产展示必须有机联系文化遗产地的历史人文背景，注重非物质文化的表达，传承文脉及地域特色，形成完整的文化意识形态。具体来说，一是发生在建筑遗产和建筑遗产相关联的环境中的各种行为、活动，包括日常生活、劳动、社会交往、商业活动、休息娱乐、节庆演出、宗教仪式等；二是由构成建筑遗产的各方面要素和发生在建筑遗产及其相关联环境中的各种行为、活动共同形成的场所气氛和感觉、空间特质，以及景观。

3）建筑遗产相关活动衍生的展示

除上述内容之外还有由建筑遗产衍生出来的展示内容。如遗产研究成果，实施保护工程的档案、记录，与遗产有着某种时空关联的其他知识和信息，与该建筑遗产同属一种类型的其他建筑遗产的信息。一是遗产各个历史时期及其相关社会活动的展示。通过考证历史图文资料，还原遗产在各个历史时期的状态，动态呈现遗产的形成和变迁，反映遗产建造和形成过程中包含的技术、技能及其价值。遗产历史上的所有者、使用者、管理者、政府决策者以及相关利益者构成遗产地的社会群体，其生活、生产及社会活动潜移默化地影响遗产地的文化属性。二是对文化象征及精神内涵的展示。建筑遗产包含特定的文化象征意义和精神内涵，借用某种具体的形象事物暗示特定的情感、哲学、宗教等精神内涵，寓意深刻且较为隐晦。揭示相关联的文化象征，传递文化精神内涵，是遗产展示的又一重要内容。

这些建筑遗产的展示性利用内容共同构成一个时间链条(同一个历史时期)以及一个空间链条(同一个文化地域)。不仅丰富了展示的内容和形式，更是拓展了展示的广度和深度，有助于形成以具体全面的建筑遗产为中心的、以时空及历史关联为纽带的遗产知识与信息体系。强调的是，建筑遗产展示性利用最终面对的是使用者。应尊重社会消费群体的需求，还原历史场景，重塑场所精神，对于加强建筑遗产保护、展示和诠释具有社会示范和教育意义。

5.2 建筑遗产展示性利用的主要方式

中国城市规划设计研究院王瑞珠院士在《国外历史环境的保护与规划》①一书中将建筑遗产的利用方式分为五种：①继续原有的用途和功能，这是建筑遗产最常见的利用方式；②作为博物馆使用，可以较好保护历史建筑和发挥最大效益；③作为学校、图书馆或其他各种文化、行政机构的办公地，这在西方比较普遍，国内近几年这种改造利用也越来越多；④作为旅游参观的对象，对于保护等级高的建筑遗产是普遍的方式；⑤作为旅馆、

① 王瑞珠.国外历史环境的保护与规划[M].台北:淑馨出版社,1993.

餐馆、公园及城市小品使用,这种方式对建筑改变较大,一般适用于价值不大的历史建筑。

国际古迹遗址理事会《文化遗产阐释与展示宪章》指出"传统的展示即通常所理解的静态博物馆式展陈,需要通过多样的技术途径表达,包括但不限于信息展板、陈列、步行游览、讲座和导览活动,以及多媒体的运用和网站"。要求遗产展示所有可见的诠释设施(如信息展板、指示牌等)必须既与遗产地的特点、环境及文化自然意义有关联,尊重遗产地的文脉和环境,又要容易识别,以避免对遗产的真实性和信息源带来干扰。复原展示尽量要有清楚的标识说明。

可以看到,完整的建筑遗产展示性利用方式至少包括:①建筑遗产的传统展示与诠释,做好宣传与引导;②专题或专项学习路线模式;③旅游或微旅游。前者是建筑遗产保护学界普遍关注的利用方式,后两者也属于展示性利用的延伸方式,已经非常普遍。本书通过研究案例的阐述与分析,希望引起大家对专题线路与旅游这两种展示性利用方式的重视。

对于建筑遗产的展示、诠释、旅游与宣传的各种政策文件、文献资料与案例研究举不胜举,涵盖了展示利用定义概念、基本原则、思路与方法、功能设置、空间设计以及展示方式等。本书对此并不过多阐述,只是列举几处规模不大却有一定特色的建筑遗产展示方式以供参考。

① 绍兴书圣故里的展示方式。将小学课本内容与现场场景相结合,让人耳目一新(图 5.1)。

图 5.1　书圣故里展示方式(网络截屏)

② 北京老城小巷里不经意的一处旧宅就是一篇真实的故事。婉容旧居位于北京东城区鼓楼南帽儿胡同 35、37 号的旧宅院,原为清末代皇帝溥仪之皇后郭布罗·婉容婚前的住所,为北京市重点保护文物①。目前尚未修复,现有部分宅院为居民使用,不对外开放。这里深居小巷,门面不大,周边也没有特意宣传,与主要景区或主干道尚有

① "婉容旧居",摘自"百度百科"。

一段距离。往往是要走入小巷深处,途经门口,不经意间注意到这处文字展示牌,突然发现这座外表普通的老式四合院居然是这么有"身份"(图 5.2)。于是笔者直接走入宅院,与住户闲聊片刻。对方非常客气,带着老北京口音介绍了宅院门楼上尚保留的木雕装饰。让人不经意间感受到北京古城和北京人的深厚文化底蕴。

图 5.2 婉容故居简介展示牌

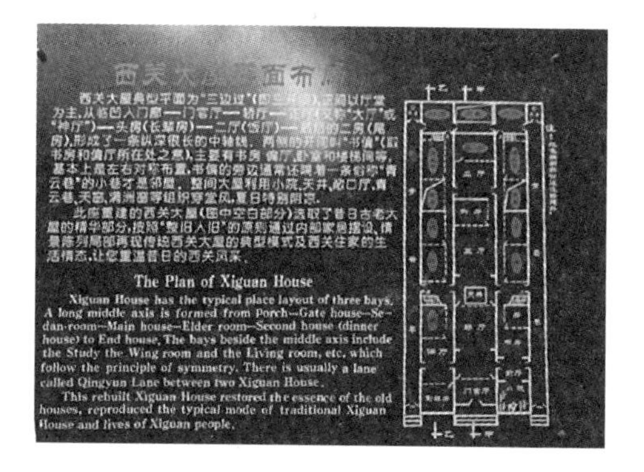

图 5.3 广州西关大屋简介与平面图展示牌

③ 广州西关大屋的建筑物平面与文字介绍见图 5.3 所示。

④ 台北社区历史资源点的说明。一个规模很小的历史文化资源点,现场以文字与图片详细展示其来龙去脉(图 5.4)。重要的是,这些展示全部由当地社区来提供,而不仅是文物保护管理部门,也就是说这些小型的建筑遗产平时是由社区负责进行照管与宣传的。

图 5.4 某故居详细图文历史介绍展示牌

5.3 非物质文化遗产与建筑遗产的结合展示

历史文化遗产展示不仅要展示遗产物质本体,还要尽量发挥传统历史文化资源优势。文化旅游的深度和层次比自然旅游的范畴要高,对景点的介绍和解释比自然景点内容要广。现代旅游活动中游客的知识结构以及文化档次越来越高，游览对象越来越有古雅性、科学性、文化性和知识性。游客要求游览的对象在观赏后对游客有一定的思想上的提升或者有所裨益。

我国各地古城中有许多大小不等的非物质遗产博物馆，例如扬州的双博馆、剪纸博物馆、扬州民俗非遗文化微型博物馆等。可是这些博物馆大多数深藏于街巷，无人问津。这是由于缺乏宣传途径与展示平台，连本地人都很少知晓。虽然通过互联网手段增加了宣传力度，但效果仍然一般。导致的现实情况是，一方面这些非物质文化博物馆基本无人问津；另一方面一些人流量大的文化遗产资源点却是展示内容稀少、展示方式单一。这种资源的浪费已经成为一种普遍现象。针对这种情况，打破思维禁锢，将物质文化遗产点与非物质文化遗产有机结合起来，集中展示、统筹考虑。核心理由是资源利用效率的问题，采用新理念和传播方式减少所谓的无效展示，相对集中展示，提高资源利用效率。

微观经济学认为"稀缺资源的最优配置"是指既定资源条件下，如何获得尽可能多的产品种类和数量，给社会提供尽可能多的效用。博物馆资源主要包括有形资源和无形资源。前者包括建筑物及相关设施、藏品、人力资源、资金、周边环境、展览等，后者包括藏品信息、博物馆文化氛围、博物馆声誉以及在行业中具有一定优势的无形资源等。有时我们只想着多开博物馆，但是博物馆资源是否得到有效利用，是否实现了当天最大限度地高质量接待的观众数量，这一方面我们很少去研究①。因此，将当地非物质文化遗产融入物质文化遗产里，也是一种展示模式，且是非常经济的模式。

物质遗产与非物质文化遗产结合成功的案例很多。比如绍兴鲁迅故居里长年设有定时的越剧表演。还有一处偏院，展示了一些图片与蜡像，形象体现了鲁迅文著中所描述的早年绍兴的民俗风情。这些又是中学语文课本中的内容，于是便有了"跟着课本游绍兴"的由来(图 5.5)。

图 5.5 跟着课本游绍兴展示牌

苏州网师园"夜花园"的创意就是苏州古典园林与非物质文化遗产的完美结合。

---

① 胡高伟.博物馆管理经济学分析初探[J].中国博物馆，2016，33(1)，88-92.

网师园古典夜园活动始创于 1990 年，至今接待游客愈 30 万人次。每当夜幕低垂，华灯初上，网师园内的八处景点就开始上演评弹、昆曲、苏剧、民歌、舞蹈、古筝、箫、笛等苏州传统文化表演。无数中外来宾在精致典雅的园林氛围中近距离欣赏精湛的文艺演出，得到传统文化美的享受。网师园的古典夜园活动已成为苏州的特色游览项目(图 5.6)。

图 5.6 网师园夜园活动

由此，建筑遗产有许多方面可以与非物质文化遗产结合的空间。例如苏州文庙可参照南京夫子庙的贡院中国科举博物馆(图 5.7)，引入江苏科举考试历史的内容。同时，可以结合四块举世无双的宋碑，讲述苏州历史地理文化故事。目前苏州文庙的展示内容过于单一，除了一些与儒家文化有关的布置以外，只有一个书屋与鲜有人知晓的小书院。文庙西侧院落自文物市场外迁后，基本长期空置，几乎没有利用，资源利用浪费较为严重。

图 5.7 南京中国科举博物馆(网络截屏)

就一个小遗产资源点来说，也有许多与非物质文化展示结合的机会。如苏州南园宾馆里的蒋纬国故居，空有古建筑之名，却没有合理布置本地文化展示，入内参观的酒店住客无法得到什么历史内容。如果跳出古建筑本身的历史记忆，在这一小方空间中引入本地的非物质文化元素，比如苏州文化和传统音乐、舞蹈、戏剧、文学、视觉艺术、地方习俗以及美食等，哪怕只是简单的图片文字罗列或场景展示，就能让游客在小小的建筑里获得莫大的精神享受，让人们的心理从参观型向体验型转变(图 5.8)。

图 5.8 传统的文化陈列展示(网络截屏)

再如上海多伦路民国建筑群,这些建筑与街区记载着真正的历史信息,营造了街区的整体生活氛围,上海民国历史街区整体格局以及石库门与洋房建筑的细部、材料、构造等都是吸引点。同时街区内本地居民拥有一些比较传统的生活习俗,也是游客愿意仔细欣赏和体验的资源,各地游客愿意花费时间与精力来了解这些代表上海民国时期的历史街区的历史沿革、历史格局和历史信息的细节。在物质遗产与非物质遗产结合的概念下,这样的展示不仅让参观者到知名点"打卡"或在酒店住上一晚,而是感受当地人以前的生活,赋予了旅游新的内涵。

通过一个小小的历史文化遗产资源点布置一个同样小小的非物质文化遗产展示,让更多的游客来领略本地的文化风采,正是2018《若干意见》提出"加大文物资源基础信息开放力度,支持文物博物馆单位逐步开放共享文物资源信息"要求的具体表现形式。

比如,在扬州可园的一个小花厅里设置一处扬州中国剪纸博物馆的小分馆,在瘦西湖的一处廊道中布置一个扬州传统民俗文化专题展,在大明寺平山堂的偏殿里展示扬州双博馆的精品,在东关街的某处老建筑中人们可以领略扬州八怪的作品。展示并不一定局限于建筑遗产本身的收藏,也不要随意空置。

再如苏州万寿宫,空有"万寿"之名,人们仅知道是老年大学,处处是教室,却找不到对这处建筑遗产的详细介绍与诠释,作为姑苏"三宫九观"之一的历史渊源再无流传、无人知晓。如果能在万寿宫(老年大学)里设置一个苏州非物质文化遗产的展示小馆,与苏州各家博物馆合作,展示内容可以每月定期更换,将苏州的非物质文化遗产精选一些展品或文化内容定期展示给老年学员,通过老年人的宣传,延伸到孩子来参观。这种思维甚至可以走入学校,在苏州的中小学校里设置流动的传统非物质文化遗产精品与文化展示。

因此,文化资源点的展示方式要逐渐突破原有的传统展示内容,不再局限于观赏建筑遗产本身以及自身收藏,而是通过与外界的非物质文化遗产博物馆进行深度合作,更多地融入文化内容。力求在一个小资源点上,采用更加灵活的展示方式,让物质文化遗产与非物质文化遗产的美共同被发现与传播。

5.4 建筑遗产信息的展示宣传推广方式

5.4.1 遗产展示与宣传推广的区块链思维

区块链的本质并不是去简单的中心化,也不是分布式储存,这些都是技术手段。区块链的本质是共赢共建的思维,区块链思维其实是社群思维。在区块链的世界里,社群里的所有人都是利益相关体,大家本着共同的利益自发地推动社群更好的发展。不管是共赢的思维还是社群的思维,其本质都是一样的,都是将一部分人的利益绑定后,大家在利益共同体中贡献自己的价值。

区块链思维应用到历史文化遗产点的展示与宣传中,主要体现在两个方面:一是充分发挥区片特色,以点带结,以结带面;二是充分发挥区片社区作用,将社区、媒体、群众力量共同发挥出来。

如何将区域内的遗产点以及区域间的遗产点连接起来,这是区域建筑遗产展示推广的核心。要让访问者自发走进古城的街巷,真正去发现、体验古城中灿若星空的文化遗产,那么设置在路边、景区、遗产点的引导指示就非常重要。通过良好的引导路线设计与展示,历史文化遗产点与历史街区不再是纯粹的静止凝固的被动等待,而是在时间流动与空间变换中,变成积极的动态的参观和互动。访问者在这种动态体验中认识历史街区的整体风貌。因此在设计引导路线时,要将街区内的历史文化遗产点串联和观光线路组织作为构思设计的一个重要出发点,进行线路优化,强化访问者对历史街区的整体意象。

同样通过合理的引导设计手法,指引访问者沿着区域主要设计路线的方向行进,如通过路面材质、图案的变化和建筑装饰风格的差异等。还要建立沿线的标识系统,如街区地图、引导路标等,使访问者通过引导标识系统能顺着指示路线到达周边文化遗产点。历史街区公共空间的组织就如同按人们的设想编排成了一出连贯完整的戏剧,把一连串的历史遗产资源点进行组合,并向访问者逐一展现,使街区公共空间中原本无序的因素最终组织成能够引发访问者情感的层次清晰的历史风貌环境。

下面罗列两个具体案例:

1)绍兴古城景点引导标志

绍兴古城内历史文化遗产引导标示牌随处可见,还能通过扫描二维码进入线上导览(图 5.9)。在大一些的历史街区内,小景点的引导标志也较为常见。但是许多古城就这样的宣传与引导做得不够。

2)台北油杉社区藏宝图

台北市的历史文化遗产点非常多,除了许多大型景点(如中山纪念堂、北桥温泉和西门町等)外,小规模的历史遗产点遍布老城区,有些是几幢老楼,有些是一处小庙。台北对历史遗产资源进行评估与等级划分,其保护与利用归属产权人,但宣传与引导的工作

图 5.9　绍兴景点导览标识

分别归属于有关政府部门以及社区，台北的地方社区要承担所辖区域内小景点的导引。

从图 5.10 这张社区藏宝图中可以看到图上标示区域很小，却将区域范围内主要的小遗产点列明，且附有遗产点说明。其中有一个遗产点是左侧社区的，图上指出向西距离 500 m。

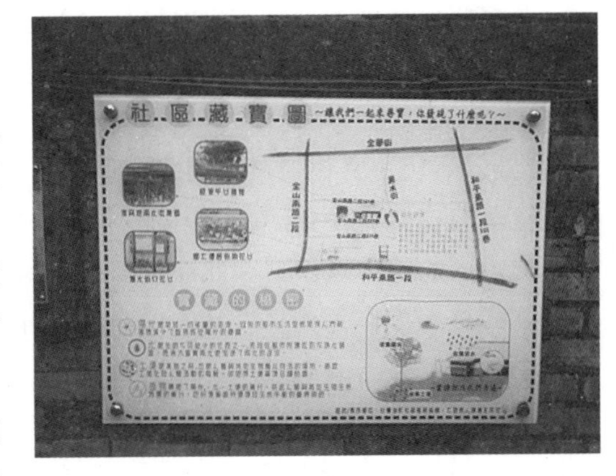

图 5.10　台北油杉社区藏宝图

通过这两个案例的比较，历史街区与历史遗产点的引导设计与展示可以有下列思考：

(1) 在古城的主要路口或路段增加设置“××区片历史遗产点综合引导图”，可以由街道或社区来设置或维护。

(2) “××区片历史遗产点综合引导图”应有区片范围地图、历史遗产点、相对距离、公交方式、文化介绍等，引入二维码。

(3) 在周边主要景点与遗产点外设置“××区片历史遗产点引导图”，可以由街道或社区来设置或维护。

(4) “××区片历史遗产点引导图”范围应覆盖一至两个街区，通过文字、图片或二维码详细说明历史遗产点的位置、标示重要的或次要的遗产点、相对距离、照片、遗产点简介、本街区文化介绍等。重要的是还要强调邻近的遗产点怎么走、多少距离，甚至可以列出步行时间。

比如，笔者看到台北的社区遗产点图，就依图走到下一处，然后又被引导到再下一处，不断延伸，越走越深，越接触就越有感触。通过线下指示的引导，慢慢感受这些散落的文化遗产点，领略街坊小巷，体会背后的本地文化习俗，观察身边走过的人们，在他们的说笑俚语间，觉得真正意义上融入这座城市。

5.4.2 充分利用互联网手段进行宣传推广

区块链思维是共同参与、共赢共建，线下社区、媒体以及群众参与宣传与推广是历史文化遗产展示利用必不可少的环节。当前采用的主要宣传手段还是首选互联网。2018《若干意见》也提到要加强科技支撑，充分运用互联网、大数据、云计算、人工智能等信息技术，推动文物展示利用方式融合创新，推进"互联网＋中华文明"行动计划。

国内互联网产业的快速崛起，使得消费者及旅游业的发展趋势逐渐发生变化。都市休闲旅游快速崛起，以携程、途牛、大众点评为代表的网络数据公司从服务本地居民休闲娱乐出发，带动传统产业升级，通过大数据、云计算、人工智能等商业技术将更多小众化、碎片化的文化资源转化成群众喜爱的文化和旅游产品。从文字到图片，再从图片到视频，不断升级的内容形态也正在扩大其对消费者选择目的地的影响力。在新一代短视频 App 的带动下，借助短、快、新、奇的传播内容，大批原先比较小众的目的地引发了消费者竞相打卡的狂潮，有的地区参观人数甚至达到 10 倍以上的增幅①。比如随着电视剧《都挺好》走红，拍摄地苏州古城内的同德里街坊居然成了剧迷的网红打卡点(图 5.11 左)；在抖音短视频的推广下，湘西芙蓉镇作为一个挂在瀑布上的千年古镇，成了号称年轻人不得不去的一处古镇文化旅游点(图 5.11 右)。

图 5.11 网红打卡旅游点图(网络截屏)

在这样的时代浪潮下，不管宣传维度还是内容深度都与先前的被动式宣传有着天壤之别。能否把握新生代消费人群的特征，或许将成为历史文化遗产资源展示未来发展竞争的又一个关键。部分城市已率先采取措施，如绍兴在绍兴旅游信息网中设立虚拟游部分②，即使不亲自到沈园也能一窥全貌，根据《钗头凤》改编的历史剧《沈园之夜》演出视频也可以在线观看。杭州市历史建筑保护管理中心结合时下流行的微信公众号，创办"杭州历史建筑"文刊，不仅罗列各种历史建筑信息，实时更新相关资讯与活动，还有全景导览、历史介绍、美食、娱乐、住宿等信息一键查询。进行全域地毯式排

---

① 目的地网红化成趋势，"小众旅游"能否持续爆发？[EB/OL].(2019-01-16). http://www.dotour.cn/article/37661.html.

② 沈园[EB/OL]. http://www.shaoxingtour.cn/xny/shenyuan/index.html.

查，对相关历史信息深入挖掘，线下形成展示地的文化遗产地图，在重要历史文化遗存处建立指引系统，线上通过微信公众号(二维码)给旅行者提供位置信息指引和相关历史文化讲解。整合各类历史文化资源，预约参观各类博物馆，体验各场馆特色活动，一键导航玩转热门文化经典，了解文物、非遗的“前世今生”并附带文创产品购物功能的公众号及 App 有“文化苏州云”“文化上海云”等(图 5.12)。讲好传说故事，丰富街巷内涵，开启新形式的文化发现之旅，展示与利用灿烂古城文化。

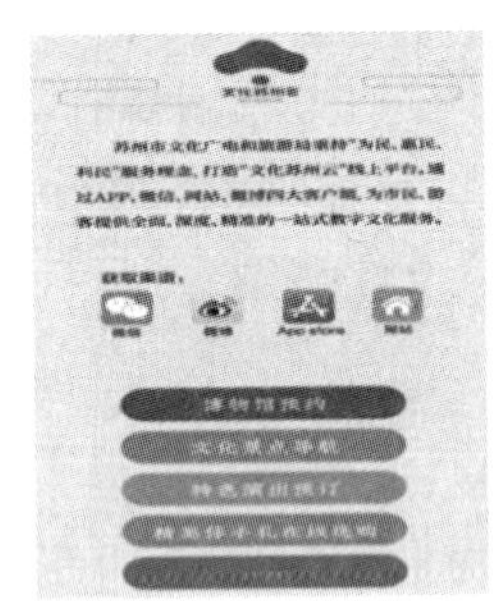

图 5.12　文化云 App(网络截屏)

5.5　建筑遗产展示性利用的经济分析

展示和诠释是世界文化遗产的语境下，针对遗产与公众交流的重要性，达到“为社会公用之目的使用古迹永远有利于古迹的保护”。[①] 展示是英文 presentation 的翻译，是对遗产地的诠释和展陈，是保护工程的目标之一。长期以来，保护学界坚持建筑遗产的展示不能为了收益而迫使保护工作让步，一切工作的核心和本质是遗产有没有得到安全有效的保护。对于像北京故宫、凡尔赛宫等人类重要纪念物无论有没有经济收益，必须得到最严格的保护。所有建筑遗产利用的初期阶段也应经过以静态修复和保护为主的工作，但并不是就此回避经济效益问题。

2018《若干意见》提出：“鼓励文物博物馆单位开发文化创意产品，其所得收入按规定纳入本单位预算统一管理，可用于公共服务、藏品征集、对符合规定的人员予以绩效奖励等。落实非国有博物馆支持政策，依法依规推进非国有博物馆法人财产权确权。”中央文件已经将文物的利用管理纳入资产管理范畴内，且要求统一预算。有学者认为“许多博物馆对于本馆文物藏品多是单独设立保管部门进行登记管理。这样做有利于对藏品进行专业的分类保管和研究，但是保管部门的文物账目只体现了文物藏品的数量和品级，并未体现文物的经济价值，这就需要由财务固定资产账目来体现。探讨文物经济价值有利于尽早完善财务固定资产账目，无形中就形成了一种监督机制”。[②] 胡

① 1964 年《威尼斯宪章》。

② 基于经济视角的文物价值[EB/OL]. https://wenku.baidu.com/view/b15a161911661ed9ad51f01dc281e53a580251f2.html.

高伟指出，一是要在博物馆考核评价指标体系中，增加"经济性"考核的指标，对于投入和产出明显偏离的馆和展览，要在考评结论中载明；二是要在博物馆内部管理中建立一整套"经济原则"指导下的质量管理体系①。

2018《若干意见》同时要求建立文物资源资产管理机制。建筑遗产属于一种资产，利用本身也是一种经济行为，展示性利用显然不能置之度外。正如最近流行的博物馆经济论点指出："博物馆经济是以博物馆或博物馆群为依托，通过充分发挥博物馆的特有优势和经济价值，将博物馆与旅游、文化等产业的有机融合的一种经济形态，也能带动区域软实力提升和经济持续发展，促进博物馆事业功能发挥的一种区域经济发展模式。"博物馆经济有两个方面的重要含义：一方面，博物馆经济是一种经济形态，包含并融合了文化艺术、旅游等产业；另一方面，博物馆经济是一种区域经济发展模式，通过博物馆经济效益的扩散，带动所在区域的经济发展②。

当然要认识到博物馆不是企业，不能以利润最大化为目标。博物馆经济要遵循公共性与可持续性两个基本原则。博物馆谋取经济利益不仅受市场竞争的调节，主要还是由博物馆的职能与性质规定约束。这是博物馆经济理念的特殊性，也是博物馆谋求经济利益之前必须注意的③。具体来说，博物馆经济可以体现在以下几个方面。

1）节约成本思维

博物馆通常是由财政拨款，再加上是公共事业单位，很难建立明确的财政考核。一谈到经济就想到收益，通常忽略了节约成本也是经济行为。

2）转变运营理念

改变传统的展示运营方式，建立适应市场经济和博物馆发展的新思维，运用多种方式来运营传播优秀传统文化，让文化遗产资源活起来。

① 由被动接受参观到主动拓展影响的思维。做到主动出击，加强对外宣传，以吸引观众，同时，加强对外联络，争取企业赞助和社会支持，比如北京天文馆的"天文科普进校园"系列活动课。2016 年起，北京天文馆与海淀区中小学综合实践教育中心密切合作，共同开展了天文主题的"科技进校园系列活动"，先后走进多所学校，为广大师生送去精彩的天文科普活动(图 5.13)。活动期间，除了常规的模拟星空演示、天文互动仪器体验、陨石标本展示等项目外，工作人员还丰富了科普讲解形式，增强了互动性和趣味性，收到了良好的效果④。

② 由封闭展示到对外培训的思维，延伸博物馆展示与诠释的范畴。现以苏州博物馆"小小讲解员培训班"为例，探讨以"互动"为核心的青少年教育项目。苏州博物馆近年来尝试开展了一系列针对青少年的互动活动，内容涵盖艺术、历史、文化等方面，既有固定的艺术体验性课程，又有配合某一特别展览或节日开展的互动体验。其中"小

---

① 胡高伟.博物馆管理经济学分析初探[J].中国博物馆，2016，33(1)：88-92.

② 什么是博物馆经济[EB/OL].(2017-09-03).https://bbs.pinggu.org/thread-5952672-1-1.html.

③ 田艳萍，韩喜平.博物馆的经济学分析[J].中国博物馆，1999，16(3)：3-5.

④ 戴岩.北京天文馆："天文科普进校园"系列活动课[J].中国科技教育，2016(7)：13-15.

小讲解员培训班”就是在暑期开展的一个典型活动，培训目标是激发青少年对博物馆的兴趣，帮助他们了解苏州历史和文化，掌握讲解、欣赏的基本方法，用自己的语言、语态完成对文物的讲解(图 5.14)。苏州博物馆也在与青少年的互动中不断改进自身的教育内容与教学方式。博物馆的教育活动通过不断的积累，最终成为能满足青少年终身学习需要的良师益友①。

图 5.13　北京天文馆“科技进校园系列活动”

图 5.14　苏州博物馆“小小讲解员培训班”

③ 由单一的展示产品到多元文化产品建设。比如北京故宫博物院文创旗舰店配合故宫博物院展览，做主题性的文化挖掘，研发了千里江山系列、清明上河图系列等产品。故宫文创产品萌趣而不失雅致，致力于以轻松时尚方式展现故宫文物、推广故宫文化，先后推出故宫娃娃、折扇团扇、文具用品等产品，目前拥有 400 万粉丝(图 5.15)。“故宫的藏品是一个取之不尽的宝藏，在这方面我们优势非常明显，能够不断挖掘，不断进行创意，不断创造一些人们喜欢的文化创意产品，这是我们的绝对优势”，原故宫博物院院长单霁翔说②。

图 5.15　北京故宫博物院文创产品(网络截屏)

① 朱莺.“互动”为核心的博物馆青少年活动设计：以苏州博物馆“小小讲解员培训班”为例[C]//区域博物馆的文化传承与创新：江苏省博物馆学会 2013 学术年会论文集.北京：文物出版社，2014：201-206.

② 故宫文创这样造品牌[EB/OL].(2019-03-01).https://baijiahao.baidu.com/s?id=1626748423536196840&wfr=spider&for=pc.

但是,发展博物馆经济一定要坚持两个基本原则。一是不能放弃博物馆本身的展示、诠释的专业特长,不能再出现博物馆对外出租经营饭店、工艺品店甚至酒吧等不良现象。要坚持正确产品与消费人群的关系。二是不要转为追求经济效益最大化,而是尽量达到"经济可行"。即不要求博物馆一定要实现经济平衡,可以弥补部分前期投入或维护成本已经有很大进步了。应坚持提高社会效益宣传与展示性利用的可持续性运行能力,坚持合理的社会效益和经济效益(短期与长期)的关系。

3)间接收益的衍生

博物馆不只是单独存在的,而是与周边街区、商业环境息息相关、密不可分。博物馆经营不仅是自身的展示利用,有可能会带动周边环境的商业繁荣。因此,良好的展示一方面能带来直接收益,另一方面也可能带来更大的间接收益,特别是旅游经济。国际古迹遗址理事会中国国家委员会(ICOMOS CHINA)《关于〈中国文物古迹保护准则〉若干重要问题的阐述》2000 规定:"对利用文物古迹创造经济效益应当加以正确引导,并制定必要的管理制度。经济效益应当主要着眼于以下几方面:①由文物古迹的社会效益形成的地区知名度,给当地带来的经济繁荣和相邻地段的地价增值;②以文物古迹为主要对象的旅游收益以及由此带动的商业、服务业和其他产业效益;③与文物古迹相联系的文化市场和无形资产、知识产权的收益;④依托文物古迹的文艺作品创造的经济效益。"典型案例就是杭州西湖景区从 2002 年起免景点门票,吸引大量人流量,通过周边配套商业旅游增加收入不但没亏钱反而"赚"更多了。

田艳萍指出:博物馆的"非营利性"不能等同于不能营利,应当理解为"不以营利为目的"①。展示性利用的运营情况与经济收益是不可回避的现实情况,毕竟无人问津或财务亏本总是不好。今后逐步也可能会作为国有资产绩效考核的基本指标。"经济可行"是衡量当前的展示性利用方式是否合理的重要评价指标之一。因此,认真研究建筑遗产展示性利用的经济分析,有助于改变传统的遗产保护、利用与经济的观念,注重对展示性利用行为对经济贡献的挖掘,加大保护投资,探索有效的、合理的展示利用方式。

5.6 战争遗产的展示性利用研究案例

人们对战争遗产的认识始于二战后出现的战后遗产概念。最初这一概念的提出是针对两次世界大战之后的文化遗产,后来泛指战争之后遗留下来的与之相关的历史遗迹。其研究对象包括战争时期产生的与之直接相关的遗迹、遗存,也包括战争之后在遗产地建设的纪念物、纪念建筑等。战争遗产向人们展示战争的残酷,警醒世人珍惜和平,其价值是全方位的,包括历史价值、军事学价值、纪念价值、审美价值以及经济

① 田艳萍,韩喜平.博物馆的经济学分析[J].中国博物馆,1999,16(3):3-5.

学价值等①。

国外对于战争遗产的展示研究围绕遗产旅游展开，但较少涉及经营管理层面。其重点在于探讨人与遗产之间的关系以及如何建立和维系这一重要联结，引导人们从恰当的角度认识战争遗产。在构建人与遗产联结的基础上，战争遗产的展示才有其价值，才能起到深入人心的展示效果。这一过程同时也是对战争遗产独特价值的再次挖掘。最后通过对遗产展示方式方法的研究，实现遗产价值的有效传承②。

考文垂主教堂也称为"圣米迦勒大教堂"，位于英国西米德兰兹郡考文垂市中心，是考文垂最著名的标志性建筑。该教堂外部呈砖红色，整体建筑风格恢宏大气，高大精美，常年吸引着到访这里的游客。二战期间，修建于14世纪的宏伟的考文垂主教堂在纳粹德国的闪电空袭中化为一片废墟，只剩下外墙和尖顶，考文垂主教堂也因此成为英国历史上第一个也是唯一被战争完全摧毁的主教堂。从远处看，教堂保留着高耸入云的塔尖。走近后却发现并没有屋顶，只有四周竖立着的断墙残垣。教堂内两排直径一米的石柱高低不平地排立着，仿佛在追忆自己当年顶天立地的身姿③。

教堂的重建工作最初在1940年轰炸结束之后开始酝酿，直到20世纪50年代才开始实施。新的考文垂教堂开放于1962年，坐落在老教堂的遗址旁边。新建筑与废墟遗迹呈90°直角，新老建筑的门廊设计得非常好。据介绍，昔日其位置是连接教堂和城市中心的通道，今天延续如此的设计，无论白天与黑夜，城市的人来来往往，都象征着教堂永远向每个人敞开。它既远离喧嚣，又可供人们凭吊历史，从而更体现小广场在城市中的宽容，可谓是考文垂主教堂理念"永生与和解"。

建筑的光与影是这个项目的耀眼之处，可进入建筑内部又感觉到它好像是没有玻璃的建筑，其实如画卷般不断上演的建筑光之舞是由绚烂的玻璃花窗缩在凹槽里表现的。艺术家青睐腐蚀玻璃的自由色彩和神秘光感，设计了约24.7 m高、15.5 m宽，具有近200种颜色的腐蚀玻璃，表现了太阳与黑暗、生命与死亡的关系，成为教堂中浓墨重彩的大手笔。此外，这种装饰玻璃还可将正午强烈的阳光变换成一丝丝柔美的光痕，散落在教堂的中心场所，令人梦幻弥散。驻足这个新教堂，能感受到喜悦和忧伤、胜利和战败交织在一起的多种情感④。

每天都有许多人来新、老考文垂主教堂参观、凭吊，祈祷人类幸福和世界和平(图5.16)。为了永远记住那段历史，今天的考文垂主教堂遗址成为国际事务调解中心。

考文垂主教堂同时可以引起我们对战争遗存这类特殊遗产的思考。我们通常理解的"遗产"指的是国家和社会长期形成的历史、传统和特色，"文化遗产"是指反映一个民族和社会的文化成就和创造力的遗迹、遗物，其意义就在于它们所蕴含的历史、文化、科学、艺术价值等。那么，对战争遗迹，尤其是近现代史上的一些战争遗迹的保存，

① 谷增辉.战场遗址的保护与利用研究[D].杭州：浙江大学，2009.

② 郭新，姚力，李震，等.战争遗产展示的演变与发展趋势[J].西部人居环境学刊，2017，32(2)：57-62.

③ 元丁.从圆明园到考文垂大教堂[J].世界宗教文化，2001(1)：21.

④ 金磊.用建筑遗产昭示使命：感受英国考文垂新主教堂的创作[J].城市与减灾，2012(4)：32-34.

图 5.16 英国考文垂主教堂（网络截屏）

其目的无关弘扬和赞美。除了让人们牢记历史、珍惜和平外，显然还有更深刻的含义，人们应当深思回顾。忘记过去意味着背叛，警钟长鸣才能避免历史的悲剧重演。只是对于考文垂教堂遗址的建立者而言，牢记过去不是为了让仇恨代代相传，重建行动以毫不隐晦的方式传递着基督“爱你们的敌人”的和解信息，并由此让人们重新树立面对未来的信心和希望①。

同时，通过研究英国的遗产保护，也留下了两点思考：一是如何像英国那样关注 20 世纪遗产，二是如何像英国那样展开系统的建筑遗产教育。文化遗产是为全民所共享的公共产品，公共参与的制度化已成为英国建筑遗产保护取得突出成效的重要手段。所以，建筑遗产的展示不仅包括物质文化遗产的展示，公众对遗产展示的反馈和参与也是遗产展示体系的组成部分。不仅要对历史上的文化遗产资源附加当代的诠释，还要考虑与公众（使用者）之间的关系，时刻提醒把文化遗产资源的价值传达给公众。

5.7 工业遗产的展示性利用研究案例

1973 年，第一届工业纪念物保护国际会议在铁桥谷博物馆召开，引起世界各国对工业遗产的关注。1978 年在瑞典召开了第三届工业纪念物保护国际会议，成立了有关工业遗产保护的国际性组织——国际工业遗产保护协会（TICCIH）。它是世界上第一个致力于促进工业遗产保护的国际性组织，也是国际古迹遗址理事会（ICOMOS）工业遗产问题的专门咨询机构。自 2001 年开始，ICOMOS 与联合国教科文组织合作举办了一系列以工业遗产保护为主题的研讨会，工业遗产也陆续被列入《世界遗产名录》。

2003 年 7 月，国际工业遗产保护协会（TICCIH）通过了用于保护工业遗产的国际准则——《关于工业遗产的下塔吉尔宪章》。宪章中阐述了工业遗产的定义、价值，以及鉴定、记录和研究的重要性，就法定保护、维护与保护、教育与培训、宣传展示等方面

① 施劲松.毁灭与重生：考文垂大教堂的启示[J].南方文物，2015(2)：205-208.

提出了指导性意见。

2006 年 4 月，“中国工业遗产保护论坛”在无锡举行，会议发表了《无锡建议》，首次倡议我国各界关注工业遗产。同年 5 月 12 日，国家文物局发布《关于加强工业遗产保护的通知》，要求各文物部门重视工业遗产的普查与保护。2018 年 1 月第一批中国工业遗产保护名录名单发布，2019 年 4 月第二批保护名单发布，共计 200 处中国工业遗产列入保护名录。名单中包含了创建于洋务运动时期的官办企业，也有新中国成立后的 156 项重点建设项目，覆盖了造船、军工、铁路等具有代表性、突出价值的工业遗产。工业遗产认定的作用是：第一，唤起公众对工业遗产保护的关注；第二，支撑科学决策；第三，传承和发展城市文化①。

因此，中国工业遗产建筑的再利用已经成为建筑遗产保护领域中的一个重要研究对象。张家浩等人以 CNKI 期刊数据库收集的 2904 篇与工业遗产有关的研究文献作为样本，分析得出我国工业遗产相关的期刊论文发表数量逐年上升的趋势，说明我国工业遗产的研究正处于良好的上升期。在研究方向上，我国学者对工业遗产旅游、保护及再利用等关注度较高，对历史研究、价值评价等基础性方向关注度较低。在研究学科方面，可以看出以建筑学为主的建筑及相关学科占有绝对的优势，其他学科关注度较低。在研究内容方面，工业遗产改造再利用的研究占有很大的比重，而工业遗产的历史研究、调查（信息采集）研究、价值研究、现状研究、工业遗产生态修复等基础性研究，对于保护与改造具有极高的指导意义，但受关注程度严重不足，这些领域存在较大的研究空间②。

近年来，较为成功的工业遗产展示性利用的案例就是上海世博会对黄浦江两岸工业遗产建筑的改造。上海世博园区总用地 5.28 km^2（图 5.17），园区内沿黄浦江两岸

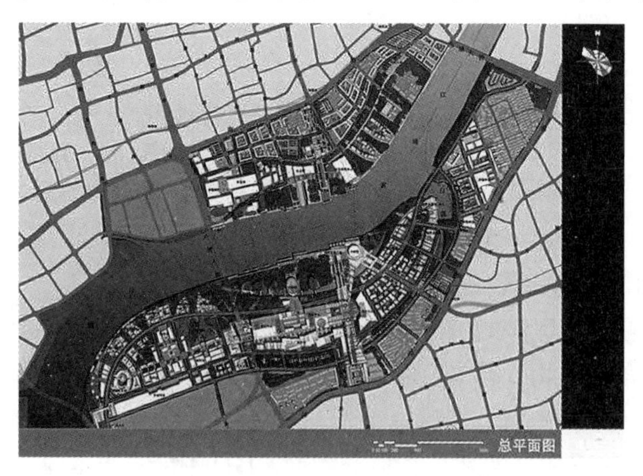

图 5.17　上海世博园区总平面图

① “中国工业遗产”，摘自“百度百科”。

② 张家浩，徐苏斌，青木信夫. 基于期刊统计的我国工业遗产研究发展分析[J]. 新建筑，2019(4)：104-108.

有中国最早的民族钢铁企业、最早的自来水厂、最早的外商纱厂等，其中江南造船厂建于 1865 年的洋务运动时期，是我国近代最重要的大型船舶制造和研发基地，积淀了大量的历史文化遗产。

1）工业遗产建筑的用途改造

上海世博会对于这些保留的工业遗产建筑，根据建筑物所在的区位以及建筑物本身的特点，改造成为文化设施、办公设施、服务设施、景观设施等①。

① 展览馆、博物馆、演艺等文化设施

利用工业建筑大跨度、大尺度的特点，改造成为展览馆、博物馆等文化设施是当下最普遍的利用方式，由工业建筑改造而成的展示馆本身也是展览的一部分。原江南造船厂西部的厂房被改造成为世博博物馆、综艺大厅与文明馆；中部的大型厂房被改造成为中国船舶馆；浦西区北部的城市最佳实践区内利用老厂房的改造形成城市最佳实践区的四组展馆，占城市最佳实践区建筑规模的一半以上；有着百年历史的南市发电厂改造成为主题馆分馆“城市未来馆”，原发电厂的烟囱也极具创意地改造成为“温度计”，成为世博园的地标之一。利用工业建筑改造而成的展馆展示的领域包括宜居社区、可持续的城市化、历史遗产保护与利用等，利用旧工业建筑改造而成的展示馆本身便是这些领域最好的演绎。

② 管理办公设施

工业建筑改造有利于空间分割和组合，可以改造为极具创意和新潮的办公空间。世博局利用上海第三印染厂的老厂房改建成为上海世博建设大厦，作为行政办公中心，是世博园区内第一幢工业厂房改造项目。

③ 服务设施

部分工业建筑根据规划布局，被改造为各种服务设施，如世博村里的商店、超市、临江餐馆等，继续发挥着应有的作用。另外位于世博园北部和边缘等区位较差的工业建筑，被因地制宜地改造成为物流、后勤保障用房。

④ 绿化景观设施

对于黄浦江两岸的江南造船厂船坞、工业塔吊等构筑物，上海世博会结合江南广场、世博公园的建设，将其保留下来成为重要的景观设施，作为工业文化的重要见证。原来工业生产的零件、构件、材料等，被艺术化、抽象化成为城市雕塑，分散在世博园各景观空间内。这些工业生产元素，通过景观营造手法，诉说着工业生产记忆点滴，传承着工业文化精神。

图 5.18 是上海世博会改造的工业遗产建筑。

2）工业遗产建筑的工程适宜性改造

上海世博会工业遗产建筑有江南造船厂的飞机库、海军司令部、总办公楼、2 号船坞，求新造船厂的红楼与厂部办公楼，以及浦东的上海溶剂厂房等。保护将着重建筑

① 周文.2010 年上海世博会工业遗产保护与利用[J].中国建设信息，2012(11)：60-61.

图 5.18 上海世博会改造的工业遗产建筑

结构加固、立面维修和局部历史复原等手法。其中巨构厂房在世博会上显示出其极大的结构和空间优势，建筑的高大感、结构的牢固性、内部改造用途的高适应性使得这些工业建筑具有明显的再利用价值和改造基础，为世博展馆的建设减少了可观的环境污染和能源消耗。南市发电厂主厂房、江南造船厂船体联合车间、江南造船厂东区和西区装焊工场、上钢三厂特钢车间和厚板车间等均被改建为以大型展览和剧场为主的功能综合体。

上海世博园区的工业遗产改造呈现出多种创新模式：一方面突显时代精神，整体加固原有结构，去除残旧屋面，采用新材料给建筑穿上"生态外衣"；另一方面以大跨厂房居多，巨大的结构桁架或部分屋顶被保留，新功能以一种个性的方式穿插于原柱梁间，新旧结构基本分离，新旧关系的强烈对比产生一种鲜明的视觉效果。江南造船厂船体联合车间、上钢三厂特钢车间和厚板车间都是此类型的典范①。

将旧厂房改造成为展览建筑，其生态改造策略与展览建筑的设计有很多相关性，同时又局限于工业建筑的一些特点，如采光性能、保温性能等。城市未来馆处于上海世博会浦西展区，由南市发电厂主厂房改造建筑。该建筑是生态技术集中运用到旧建筑改造中的一个较全面的实例。主入口前为参观者的排队等候区，长条状的白色膜结构遮阳，一方面为排队人群提供了阴凉的等候环境，另一方面也减少了建筑底层的南向日照，成为既有建筑改造中非常有效的一种生态设计策略。建筑外立

① 左琰. 工业遗产再利用的世博契机：2010 年上海世博会滨江老厂房改造的现实思考[J]. 时代建筑，2010(3)：34-39.

面的生态改造设计主要有两个方面，一是外立面的墙面材料，二是开窗和玻璃幕墙的改造设计。外立面的改造是在原有立面的外面增加了一层发泡保温材料，外覆装饰面板，形成了连续的外墙保温隔热体系，有效地增强了原来厂房的保温隔热性能。由于原来建筑开窗较少，拆除了主厂房顶部带形长窗以上的部分，代之以玻璃体，局部打开东立面。这一改造对室内的采光产生了有效的补充作用。室内空间的生态改造策略，最显著的就是主厂房中庭的主被动结合式的采光策略。中庭顶部开设天窗，利用定日镜跟踪太阳，将阳光反射转变为精确的垂直光，然后通过一组特殊的锥形反射镜组将垂直光部分转化为水平漫射光，实现建筑内部自然采光。城市未来馆的改造部分就建筑本身来说相对较少，绿色技术的运用是重点，建筑空间和结构并没有太多的变化，整个建筑基本保持了原有的建筑风貌和原有的空间特点①。

3）城市文化的展示

以城市文化综合竞争力推动上海世博会的筹备和举办，全面展示中华文明魅力和悠久历史文化，展示现代化国际大都市的深厚文化底蕴，充分体现“科技世博”“生态世博”“文化世博”等先进理念。上海世博会与城市文化的双向反馈是“展示与记忆”的成功践行。2010 年上海世博会将综合性实践变成了“文化记忆”，世博园区的后续利用将让记忆引向创新。创新思维将引发“城市美学大课堂的营建，让文化进入现代生活”。将文化记忆的生成、认知、积淀、传承、创新化为文化功能、收藏重点展示方式、研究途径和教育特征②。

上海世博会的改造与展示从城市主题上内在拓展了人们对上海城市的认识，形成城市特质，推广了上海城市发展的新理念，并改善了城市文化环境，增加了城市对人才的吸引力。其物质载体和文化载体都为城市的进一步发展提供了条件，“物质载体为上海城市发展的肌理提供了新的架构空间；文化载体融于城市形象的规划、建设、文化特质品牌，从而形成良好的互动趋势”。③

4）工业遗产建筑的后续利用

2010 年上海世博会会展的结束并不意味着其影响力的终止。会展区域将迎合今后新的会展、休闲和旅游需求，世博品牌融于城市形象的规划、建设与后续开发是必然趋势。让上海世博会场馆的后续利用继续发挥“城市，让生活更美好”的世博主题，做好世博会场馆的后续利用及建设的跟踪演进，有利于建立与世博功能和理念相一致的、相对完整的城市社会经济功能。

世博园区后期利用将原本的建筑风格和文化博览区作为博物馆集中区域；城市最佳实践区延续“美好城市”的理念，形成创意街区；“一轴四馆”中心展区成为精品会展和商务区；附带配套住宅区域成为生活条件齐全的国际社区。

---

① 毛磊，吴农，刘煜．上海世博会部分旧厂房改造场馆中的生态设计策略浅析[J]．华中建筑，2011，29(5)：133-136.

② 陈燮君．世博、文博及城市文化与记忆：上海世博会的成功践行[J]．中国博物馆，2011，28(1)：59-67.

③ 司俊男．上海世博会的品牌作用与城市形象研究[D]．苏州：苏州大学，2012.

保护类工业遗产建筑的后续利用主要分布在浦西地块内南浦大桥与卢浦大桥之间的原江南造船厂，该区域内的建筑在世博会期间进行了保护改造和再利用，改建为展馆和公共服务设施，世博会结束后根据后续利用规划对这些展馆进行了二次改造和利用，实现可持续发展[①]。

① 保留历史建筑的后续利用。保留建筑主要指风貌较好、质量较好、具有历史价值、内部需要更新改造的建筑，这些建筑在世博会结束后主要的用途是作为历史建筑供游人观赏（表 5.1）。

表 5.1 上海世博园区保留建筑的后续利用

性质	建筑名称	后续功能利用
保护建筑 会展期间及会展以后建筑实体保持不变、功能可能发生置换的已建建筑	总部办公厅、翻译馆、原国民党海军司令部、原飞机库、二号船坞、求新船厂办公楼、求新船厂红楼、三山会馆、黄楼	以展示功能为主的适应性再利用
保留建筑 会展期间及会展以后建筑实体、功能均保持不变的已建建筑	将军楼、翻译楼、溶剂厂锅炉房	不变

② 改造建筑是指世博园区内原来就有的建筑，或者后期建设建筑，具有悠久的历史，通过改建等措施加以再利用（表 5.2）。

表 5.2 上海世博园区改造建筑的后续利用

性质	建筑名称	后续功能利用
改造建筑 一定程度上服务于会展功能，会展以后视城市生活需求，建筑实体、功能作为试验区、特色住区局部调整与置换的新建建筑	船舶馆	船舶博物馆
	宝钢大舞台	世博大舞台
	城市未来馆	上海当代艺术博物馆

③ 城市未来馆是国内第一栋由老厂房改造成的三星级绿色建筑，成为世博会期间一个展示新能源、新技术、新理念的平台。2012 年 10 月，世博会城市未来馆正式改建为上海当代艺术博物馆，形成上海新的文化设施、文化创意产业集聚区，积极开展以当代艺术为主题的国际交流、专业研究和普及教育等活动。

因此，运用原来的旧工业厂房片区作为上海世博园区的场址，不仅使这个地区有历史价值的老建筑得到了保护和重新利用，也使得周边其他区域得到了整体开发，整体价值得到明显提升，成为上海城市功能结构的重要组成部分。世博园区中的城市最佳实践区是上海世博会的重大创新项目，成为世界文化交流、分享、推广城市最佳实践的平台，促进了城市发展观念的革新以及高质量城市环境的创新。近十年来，这个地区逐步被建设成为活力街区，成为一个集商务、商业、办公、文化、休闲和娱乐等为一体化的重要场合，继续演绎“城市，让生活更美好”的中心主题。

① 袁磊.上海世博会场馆后续利用再研究[D].天津：天津大学：2013.

5.8 历史地段建筑遗产群的展示性利用研究案例

2018《若干意见》指出："促进文物旅游融合发展，推介文物领域研学旅行、体验旅游、休闲旅游项目和精品旅游线路。"本书以苏州子城的历史文化遗产群的展示推广分析作为研究案例，前文已经介绍了苏州子城39处历史文化遗产资源点的可利用性评估。

5.8.1 历史地段建筑遗产群的旅游模式

现在对历史地段建筑遗产群采用的常见展示方式是旅游（包括微旅游）。许多古城也曾提出"推动旅游资源向旅游产品转变"的概念，力求从旅游资源的内涵入手，提升和扩大传统观光旅游资源的品牌效应，加快开发文化历史遗存、历史街巷、水系环境等非传统旅游资源品牌。然而，历史地段建筑遗产群的旅游设计是基于旅游者动机而形成的，是以旅游者个人动机为核心而不是以对象为核心的现象性质。所以，供给与需求角度的定义都与旅游者对遗产地的感知有关。Yaniv Poria 等人（2001）从旅游者需求的角度对遗产地旅游进行定义：遗产地旅游的主要动机是基于对目的地的个人遗产归属感的感知。强调了理解旅游者的行为动机与感知，将有助于遗产地的管理，如定价政策、遗产地使命、游客特征了解等①。

历史文化遗产资源本身并不是旅游资源，只是后来被人们当成了旅游资源，然而并非所有的遗产地都可以发展为旅游资源。从理论上讲，只有被确定为具有商品价值的遗产，才能成为向游客宣传和销售的遗产旅游资源。同样，并非所有游客都有足够的遗产鉴赏和品味能力，更多是"叶公好龙"或"到此一游"。因此，历史文化遗产经常存在于两种不同的环境之中，分别是"现象环境"和"行为环境"。前者扩展了普通的环境概念，包括了自然环境、文化环境和人类活动环境；行为环境则存在于现象环境之外，通过人类价值筛选传承的社会和文化事实所构成的环境，可以理解为行为环境是人对现象环境选择的结果。因此，历史遗产的存在是现象环境的一部分，是否能够成为旅游资源却是人的行为选择的结果。遗产本身是人类选择保护的历史遗存，遗产旅游则是人们对遗产旅游商品化选择行为的结果，遗产旅游更多是被当成一种社会形象，而非一种旅游产品来理解和研究，还要满足其他的配套需求。

历史文化遗产展示利用方式并不仅是旅游，应根据具备的条件分阶段开展，避开相应的思维困境。历史文化遗产的展示利用方式分为三个阶段：第一阶段是做好遗产展示与诠释，做好宣传与引导；第二阶段是引入专题或专项学习路线模式，先行针对特殊群体；第三阶段是引入旅游或微旅游。

---

① 谭琳曦. 遗产旅游资源管理与可持续发展研究：以开平碉楼为例[J]. 旅游纵览（下半月），2017(5)：236.

5.8.2 旅游模式对于苏州子城历史文化遗产的不适宜性分析

将苏州子城历史文化遗产点的本体展示、衍生文化产品进行提升与完善，再通过合适的宣传推广让游客了解并产生参观旅游动机。要形成一套相对成熟的苏州子城历史遗产旅游模式是不适宜的，理由是不具备旅游的基础条件。

理论上，一个旅游线路的形成与完善有其自身的影响与决定因素，更倾向于旅游者的需求与动机，主要集中在旅游目的地满意度，主要影响因素如表 5.3 所示。

表 5.3 旅游目的地满意度影响因素表①

因素	判断优劣程度
风景与资源	有无当地文化展示、风景是否优美
景区环境	景区是否集中、生态环境保护、景区卫生情况、标牌指示、厕所充足干净、拥挤情况
食宿设施与服务	宾馆硬件设施程度、宾馆服务质量、景区管理人员服务、用餐的菜肴质量、餐馆的服务质量
游览服务	当地导游服务、夜间活动机会
当地环境	当地通信邮件情况、良好的社会治安、当地居民热情友好程度、旅游地城市建设
物价与购物环境	购物点商贩诚信情况、当地物价情况、旅游商品质量
交通	景区外交通、景区内交通
其他	

这些决定性因素如果能满足游客需求，则提高满意度，反之亦然。苏州子城历史遗产点属于散落景点，显然在风景与资源、景区环境、食宿设施与服务、游览服务等重要方面无法做到集中经营，不可能形成完善的景区服务与配套要求，无法满足游客的多元需求。

苏州是旅游大市，存在着"苏州旅游资源丰富，但呈现出'两散'的特点"。一是旅游资源多、精、小、散，如颗颗珍珠散落在苏州古城各区域。古城区内除了一些著名园林景点常年熙熙攘攘、门庭若市以外，绝大多数的中小型历史文化遗产资源由于缺乏合理宣传与展示利用，长期隐匿于古巷市井，依然是人流稀少，甚至门可罗雀，例如甲辰巷南宋砖塔、寿星桥、圆通寺博物馆等。二是散客比例高，苏州每年接待游客超过 1 亿人次，其中散客的比例高达 85%。近年来姑苏区在文化遗产展示上做出了一些探索，特别是 2017 年推出了 12 条古城微旅游线路。两年多时间以来，微旅游线路并没有取得想象中的轰动效果，未引起足够的社会影响和示范效应。也就是说，微旅游模式并没有实现苏州古城的历史文化遗产展示与推广的目标。

经过对于苏州古城微旅行线路的分析得知，旅游线路串联重在体验文化，而线路组织虽为小团，淡季也存在拼团失败的情况。微旅行这种特殊模式决定了它的定位、市场开拓方式和发展方向。要保证旅游质量，就必须严格控制团队的人员数量，让微

① 张朝枝. 旅游与遗产保护：基于案例的理论研究[M]. 天津：南开大学出版社，2008.

旅行不可能大众化，只能走相对高端精品旅游线路。要求微旅行重在服务，服务价值的高低往往直接取决于领队或导游的水平。需要领队能根据游客的年龄、身份、所属社群来设计不同的分享内容。虽说为了促进古城旅游，苏州还专门培训了一批微旅游讲解员，也邀请在苏州生活多年的本地旅行达人作为领队，但实际上高素质领队仍然稀缺，使得微旅行难以大规模复制，弊端也很明显。

苏州古城微旅行之所以不温不火，关键问题在于要将文化资源做成旅游线路就要满足旅游的基本条件，否则这个旅游线路设计就是不切实际。更进一步说，虽然城市微旅行是旅游方式去景区化的一种变革，但与其说是去景区化，其实还是将景区旅游的传统思维套在了散落的资源点上。因此，完善的子城遗产旅游是无法成形的。但可以考虑设计苏州子城散点展示与专题线路模式。

5.8.3 苏州子城专题线路展示设计

根据可利用性的评估结果（详见第3章），将类似使用功能的苏州子城历史文化遗产组合在一起做专题线路展示，可以起到良好效果。

1）专题展示一：子城教育线路

文化和旅游引领国民消费升级，文旅融合也成为新趋势，目前依托于城市独特的人文、历史资源而形成了文化游走热。监测数据显示，随着《国家宝藏》《我在故宫修文物》等文化综艺节目的播出，博物馆、文化遗产、教育类展馆等兼具科普教育、旅游和历史文化多重内涵的景区成为游客热门打卡地，每到节假日，全国各大学校、博物馆类目的地人气爆棚①。

苏州子城（双塔街道）辖历史文化遗产资源点中，教育类主题的文化遗产资源点最为丰富（图5.19，图5.20）。论历史渊源，有北宋名臣范仲淹于960多年前创立的苏州文庙府学，还有中国第一所西制大学东吴大学，更有创立近百年的苏州美专；论当下，万寿宫内老年大学门庭若市，苏州大学称雄国内一流学府，苏州文庙里时常进行传统礼仪盛会，柴园作为苏州教育博物馆系统而丰富……上至耄耋老人，下至黄口小儿都能在此找到学习的乐趣。

经过现场调研，东吴大学旧址、振华女中旧址等历史文化遗产资源点由于位于苏州大学和第十中学，处于封闭状态，不对访问者开放。当然作为学校，其教育功能应优先考虑，若不顾管理和使用情况直接开放给访问者的确是不负责的行为。但可结合所在单位工作时间，在特定时间或时段内对外开放，以减少访问活动造成的影响。以苏州十中为例，学校每年在寒暑假放假近三个月，可以与学校协商，将其中的某月某日设定为开放日，提供人员协助管理、限制和规范访问活动，类似于武汉大学的樱花季或北京大学暑假游。一方面避免了师生和访问者冲突的管理问题，另一方面也解开了束

---

① 途牛《2019五一小长假出游趋势报告》：博物馆、红色景区受青睐[EB/OL].（2019-04-22）. http://www.dotour.cn/article/38637.html.

图 5.19 苏州子城教育类历史文化遗产资源点联系图

缚，可以更好地展示历史文化资源，学校也可以通过资源讲解志愿者活动搭建学生参与到社会实践的平台，让学生更深入地了解母校，自觉保护历史文化遗产。

根据教育类各文化要素点的位置以及城市交通的节点设计以下串联线路，线路包含一个中心（柴园）和两块组团（文庙沧浪亭组团和苏州大学组团），线路共串联资源点16 处，两端连接轨道交通三元坊站和相门站，总长 5.6 km，建议走访时间一天。由于柴园作为苏州教育博物馆，全面地展示了中国古今教育系统，具有系统性和总结性，可以将其作为起点或者终点，拆分为西南支线和东北支线，分别侧重服务不同年龄阶段的人群。

可以通过互联网上的苏州旅游总入口以及马蜂窝等旅行网站进行推广，并鼓励相关路线的徒步攻略分享。线下要求在同主题下的资源点都要有明显的指示牌，提示最近的同类资源点的位置和距离，以及邻近的其他主题线路。日本以及中国台湾地区等地为鼓励旅游，增加趣味性，在沿线景点设置景点印章，游客可以自由盖取。若集齐特定数量或类别还可兑换奖品，逐渐成为一种具有特殊意义的纪念活动，值得我们学习。这里要指出的是，串联线路设立的目的在于做好遗产展示，而非创造一个收费的旅游线路。通过强化每个资源点的展示效率和信息量，辅以串联线路的提示性，为访问者提供惊喜的“隐藏菜单”，从而激发探索欲，真正做到全域旅游。

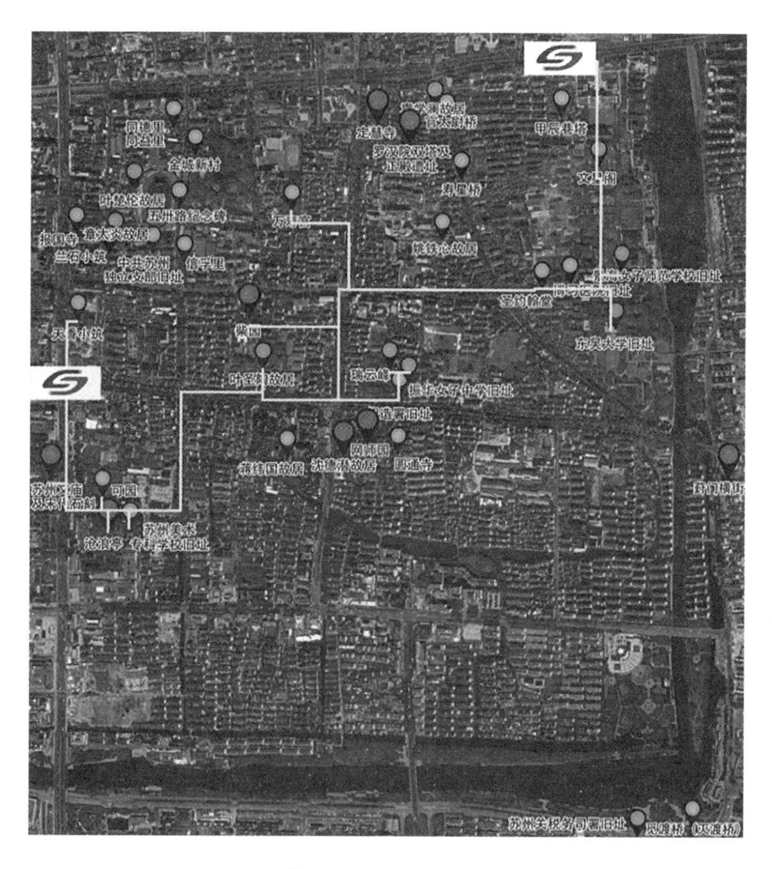

图 5.20 苏州子城双塔街道教育线设计

这种教育专题线路特别适宜于中小学生,建议学校可以推荐将其作为假期实践活动路线。

2）专题展示二:子城河桥故居线路

每座古桥都渲染着历史的记忆,虽不起眼,却有温度。每个故居都有一个特殊的气场,可以勾起回忆,原汁原味才有意义。一砖一瓦、一草一木,无不承载着一方水土的记忆,完全可以是文化传统中极有意义的片段。比如,绍兴市将数位北大校长的故居串珠成链,"打包"设计成一条线路,使得原本散落的名人故居可以用一个个故事串联起来,使其在一个更大的时空范畴里展示出其真正的价值(图 5.21)。

对于苏州子城,自北沿官太尉河一路走来,可以领略定慧寺、罗汉院双塔及正殿遗址、袁学澜故居、官太尉桥、寿星桥、姚铁心故居、望星桥、天赐庄、圣约翰堂、博习医院旧址、盛家带、忠信桥、十全街、葑门横街、护城河风光带,直到灭渡桥,跨越子城数个区域。顺着这条小河,苏州古城的"河路并行、一河两路"的城市格局保存完好。水畔路边点缀着名人故居、小餐厅、咖啡馆、小书店、画廊和文化工作室,这是一次历史时空之旅。轻易地勾起我们脑海里的场景重现,纵然只剩片瓦碎砖,仍能自生"绿窗明月在,青史古人空"的深远感。

这种故居河桥专题线适宜于本地古城文化爱好者徒步行走。

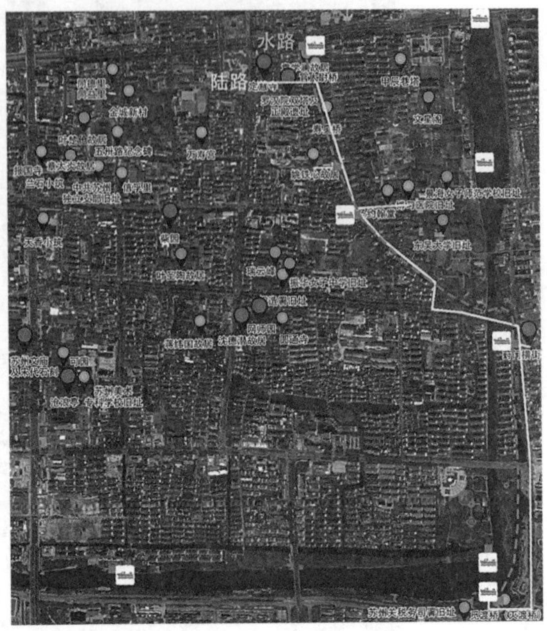

图 5.21 苏州子城河桥故居线路设计

3）专题展示三：红色记忆线路

红色文化是在革命战争年代，由中国共产党人、先进分子和人民群众共同创造并极具中国特色的先进文化，蕴含着丰富的革命精神和厚重的历史文化内涵。红色文化作为一种集物态、事件、人物和精神为一体的内容体系，包括物质资源和非物质文化两个方面。其中，物质资源表现为遗物、遗址等革命历史遗存与纪念场所，非物质资源表现为井冈山精神、长征精神、延安精神等红色革命精神。但从实际生活来说，大多数红色遗存本身只具有较少和单一的历史信息，观赏性和体验感较差。其主要的意义来自历史人物、活动、事件的场所复原以及环境展示使得观赏者获得心灵的洗礼，这些是最依赖展示效果的文化资源类型。红色旅游景区与文化、创意和科技的融合创新对年轻游客形成了较强的吸引力，使得年轻人对红色文化认同感增强。

以苏州市姑苏区双塔街道锦帆路社区为例，虽然面积不大却是苏州革命思潮的发源地，各界有志之士曾在此定居，历史人文气息浓厚，思想意识先进，红色萌芽就在这片沃土上发展壮大。中共苏州独立支部所在地是苏州革命的“红色摇篮”，也是苏州党建的“初心”。1925 年，在这条很平常的巷弄里，成立了苏州第一个中共组织——中共苏州独立支部，它的成立揭开了苏州人民革命斗争的新篇章。

社区充分发挥文化资源优势，深入挖掘小巷里的红色记忆，主持设计了包含中共苏州独立支部旧址、五卅路纪念碑、同德里同益里、上海战役指挥机关旧址等 10 处历史文化遗产资源点在内的红色摇篮线路图，并先后制作了手绘地图、二维码导读、明信片，设置党史角方便广大党员群众随时了解本土苏州地区的“红色故事”（图5.22）。同时，通过各大名家的古风家训，宣传优良家风，加强党的思想作风、党风、工作作风、领导作风和干部生活作风建设，为广大党员干部树立了典范，为党风廉政建设、从严治党提供了榜样的力量。苏州红色摇篮线路颇受关注，大量游客前来打卡留念，不少单位前来组织团建活动，每到周末节假日参观者络绎不绝。当然还要不断增加展示手段，让访问者感受到新的变化与进步。

图5.22 苏州子城红色记忆线路设计

这种红色专题线也适宜中小学生以及单位党建。建议学校可以推荐作为假期实践活动路线，单位可以作为党建活动路线。党建活动不一定非要去延安、井冈山等，走进身边的革命历史遗产点，让老同志给党员们上历史课，感受子城红色文化，一样能达到良好的教育效果。

苏州子城历史遗产点的专题线路设计与2018《若干意见》的内容构建中华文明标识体系、创新文物价值传播推广体系以及完善革命文物保护传承体系能够相互对应。表明这样的历史街区内的建筑遗产群展示专题线路模式完全符合国家对文物遗产保护利用的总体思路。姑苏区作为苏州之“核”，子城作为姑苏之“心”，其所拥有的文化、科教及历史遗产资源是苏州新时期提升核心竞争力的关键要素。因此在不求速度求质量的新常态发展阶段，高水平的发展目标要求古城必须战略性、前瞻性地思考未来产业的方向、重点策略及空间整合①。

综上，历史地段的建筑遗产群通常呈现“分散且精巧”的特点，其展示性利用不能仅简单定位于旅游思维，要根据实际情况来合理规划。用合理路线实现将遗产资源点以由“点”到“线”，再到“面”的形式展示性利用，消除遗产点分散的弊端。

① 深入挖掘整合文化资源，不断提高展示与诠释水平

推动遗产资源向遗产产品转变。通过可利用性评估，将区域主要的历史文化遗产分门别类，并从历史文化遗产资源的内涵入手，通过更多方式做好自身的展示与诠释。

① 孙中亚，等.“文化”为魂：古城产业提升与空间优化策略研究：以苏州市姑苏区为例[C]//持续发展 理性规划：2017中国城市规划年会论文集.东莞，2017.

② 分类分片、形成遗产点关联展示

整合与合理关联分布于历史地段内各区片的历史文化遗产资源，包括景点、博物馆、宗教、教育、故居、桥梁、街巷等，建成以历史诠释、文化体验为着力点，涵盖文化展示、教育、休闲三大功能的古城文化展示。

③ 讲好非遗故事、打造文化名片

利用现有的历史文化遗产资源点，突破原有局限思维，大胆创新，勇于合作，通过小展馆的方式将本地非物质文化遗产内容结合历史遗产资源点进行组合展示与推广。

6 利用的方式:建筑遗产功能性利用

前一章阐述的是建筑遗产展示性利用分析,本章主要讲述建筑遗产的功能性利用分析。如果前者是给人“看”,后者就是为人“用”。虽说建筑遗产是一项有待挖掘的价值“宝库”,但也并不意味着所有建筑遗产都具备功能性利用的可行性。建筑遗产的功能性利用分为延续其原有功能以及调整现有功能。

第一,保持现有功能的建筑一般保存完整,结构无重大破坏,现状利用情况较好。比如,杭州市上杭区是杭州市历史文化街区和建筑遗产等文化资源分布最为集中的城区,建筑遗产的现状使用以居住为主,功能单一,保存完整,是保持现有功能的代表。河北蔚县对传统建筑进行抢救性修缮,对历史文化街区、名镇名村的基础设施进行改造与环境整治[①]。对历史建筑按原样维修,恢复原貌、原用途是建筑遗产发展为旅游产业的突出代表。

第二,调整优化当前使用功能的建筑遗产再利用通常会根据其区位、现状、遗产价值发展为文化创意产业园、特色居住区、商业办公类、旅游景点或展览展示类。工业遗产保护和再利用与文化创意产业结合是最多的实践方式。如北京798艺术区是原国营798厂等电子工业的老厂区,艺术区内完整保留了包豪斯风格的建筑群,将闲置的厂房发展成为极具特色的艺术中心、画廊与餐饮酒吧等,成为国内外极具影响力的艺术区。南京1865创意产业园是由晨光机械厂改造而成,采用政企结合模式,依靠政府改变其用地性质,发展科技和服务业,也为创业人员提供了良好的条件。上海田子坊是里弄民居改造成为休闲社区,弄堂里除了创意店铺、古玩、画廊、摄影展等,还有各种各样的咖啡馆。石库门里弄的平常人家,抹上了“苏荷”(SOHO)的色彩,多了艺术气息熏染[②]。

6.1 建筑遗产功能性利用的文献研究

6.1.1 建筑遗产保护利用规划的研究

建筑遗产保护规划不同于一般的工作计划和实施方案。规划,顾名思义包括“规”和

① 刘歆,罗向军.历史建筑遗产地域性文化特色与保护利用策略研究[J].人民论坛,2013(A11),174-175.

② 贾雯帆.邂逅田子坊[EB/OL].(2017-08-21). http://paper.people.com.cn/rmrbhwb/html/2017-08/21/content_1799421.htm.

“划”两部分，“规”是指法则、章程、标准，即依据现有法规编制，并具有法规所赋予的强制性。“划”指计划、谋划，即具有的长远性、全局性和战略性，因而不同于方案。国内建筑遗产由于涉及城乡建设系统和文物系统，其保护规划也相应分为两大类。一类是建设系统的建筑遗产保护规划，包括《历史文化名城名镇名村保护条例》规定的历史文化名城、名镇、名村、历史文化街区的保护规划，一般古城、古镇、古村落和传统村落、风景名胜区等特殊类型的保护规划。另一类是文物系统的建筑遗产保护规划，包括《文物保护法》规定的全国和省级重点文物保护单位保护规划，以及大遗址、世界文化遗产等特殊类型的保护规划。两类建筑遗产保护规划具有用词相近但不得混淆的两种法定概念和保护空间。

2018《若干意见》提出：“国土空间规划编制和实施应充分考虑不可移动文物保护管理需要。”2015《中国准则》指出：“文物保护规划是文物古迹保护、管理、研究、展示、利用的综合性工作计划，是文物古迹各项保护工作的基础。”“若适当的利用有利于文物古迹的保护，则应制定专项规划，确定利用的方式和强度。”建筑遗产保护规划是指为保护历史建筑而设计的一系列制度体系、行为方式、政策目标等。它与一般的城市规划虽然在制定过程、执行形式等方面较为相似，但涉及范围远远小于后者。其规划目标更加侧重建筑遗产的保护与合理利用，目标明确而单一。近年来，由于各地建筑遗产保护过程中出现的混乱失序的窘境，建筑遗产保护规划的重要性逐渐得到了广泛的认可和重视。王正刚认为对古建筑再利用必须要有科学规划和适当方式，必须遵循遗产本身及其周边环境存在发展的客观规律，不管是内部改建、加建或外围复建，其目的都是继续体现其内外价值，从而达到新的完整和谐①。

许多国家和地区专门制定了涉及建筑遗产保护规划的法律规定。例如欧洲各国政府普遍制定了文物登录制度以保护历史建筑，英国政府于 1947 年颁布《城乡规划法》(*Town and Country Planning Act*, 1947)，确立了登录制度的框架，明确规定地方政府有权不经过财产所有者的同意便可将具有重要价值的建筑登录在册。赵彦等人在详细解析芝加哥历史建筑再利用的经验时总结指出，规划在芝加哥历史建筑再利用中发挥着承上启下的作用，成为政府意愿和历史建筑所有者利益的协商平台，同时也是历史建筑再利用的技术支撑，正是规划的包容性和严肃性，使得规划意图能够在历史建筑再利用中充分贯彻，避免了经济利益对历史建筑的过度破坏②。

赵勇等在总结了 20 世纪 80 年代以来我国历史文化村镇的研究进展后，认为以往的研究多集中在历史文化村镇的特征价值、形成演变、保护与发展以及旅游研究上，开始形成了多学科参与的局面，而历史文化村镇的合理利用规划、资源普查鉴定、定量数理评价等方面还有待进一步深入③。巫清华等认为我国现阶段逐步形成完整的历史文

① 王正刚. 城市发展中的古建筑保护研究[J]. 文艺理论与批评，2014(2)：132-136.

② 赵彦，陆伟，齐昊聪. 基于规划实践的历史建筑再利用研究：以美国芝加哥为例[J]. 城市发展研究，2013，20(2)：18-22.

③ 赵勇，张捷，李娜，等. 历史文化村镇保护评价体系及方法研究：以中国首批历史文化名镇(村)为例[J]. 地理科学，2006，26(4)：4497-4505.

化村镇保护体系，包括保护理论意识体系、资源调查与动态监管体系、技术支撑和服务体系、法规体系，这些体系的形成为建筑遗产利用的合理性奠定了坚实的基础①。

建筑遗产的保护规划工作中，利用先进的科学方法可以使工作效率大幅度提升，保护效果大幅度增强。刘沛林利用景观基因法，研究传统村落古镇景观的内在特质、外在表达以及传承特点，是对文化地理学关于"文化景观"理论的发展；研究传统村落古镇的内部特点可以了解其形成的根本原因，为规划保护工作提供依据②。

在合理保护规划建筑遗产的前提下，充分发挥建筑遗产的功效，发挥其效益的最大值，重点在于将自然景观与建筑遗产和谐显示在参观者面前，更加吸引游客，也是规划作用的一部分。王云才、刘滨谊认为新一代的建筑遗产景观应以什么样的面貌出现在人们的面前，如何继承和发扬传统文化，创造出具有时代特色而非城市发展模式拷贝的现代建筑遗产景观，以改变当今新建古街古镇平庸无味、千村一色的状况，这也是乡村景观园林研究的基本目标③。

江凯达等总结了积极探索建筑遗产的保护规划再利用，为传统建筑寻找新的功能使其复苏，是历史建筑可持续发展的重要方面，对社会、经济、文化等各方面都有重要的意义，对历史建筑的保护也有着重要的促进作用。在规划传统建筑实践中的经验，并在实施过程中进行的一定的探索，对于普遍存在的历史建筑的更新和发展具有一定的参考价值④。

吴晓等以大运河遗产保护规划研究和编制中存在的问题为导向，分别从保护规划、遗产构成、遗产评估、保护区划、保护规划分期等方面研究了大运河遗产保护规划的总体思路和需要关注的重点问题，总结出具有普遍性、原则性的方法，对建筑遗产规划保护研究起到了很好的启示作用⑤。

6.1.2 建筑遗产功能性利用方式的研究

从建筑遗产利用的层次来说，可以分为建筑遗产自身及其所蕴含的文化价值，以及由这一价值所带来的社会效用与经济效益。吴晓枫在探讨乡土建筑的多维利用时指出，乡土建筑的多维利用包括两个层次：第一层次是对乡土建筑的物质形态与非物质文化遗产的展现；第二层次是在古村镇实现无形资产增值的前提下，利用其品牌效应，带动周边或整个地区的经济、文化发展⑥。因此，在建筑遗产的功能性利用中，除关

---

① 巫清华，肖红.中国历史文化村镇保护体系研究述评[J].内蒙古农业科技，2010，38(4)：6-8.

② 申秀英，刘沛林，邓运员，等.中国南方传统聚落景观区划及其利用价值[J].地理研究，2006，25(3)：485-494.

③ 王云才，刘滨谊.论中国乡村景观及乡村景观规划[J].中国园林，2003，199(1)：55-58.

④ 江凯达，杨毅栋.实践中的历史遗存保护与再利用策略：以杭州市上城区为例[C]//中国城市规划学会.多元与包容：2012中国城市规划年会论文集.昆明：云南科技出版社，2012.

⑤ 吴晓，王承慧，王艳红.大运河遗产保护规划(市一级)的总体思路探析[J].城市规划，2010，34(9)：49-56.

⑥ 吴晓枫.保护与利用乡土建筑的对策研究：关于"多维规划""多维保护""多维利用"的探讨[J].河北学刊，2009，29(6)：189-193.

注建筑遗产本身实体的保护及其非物质价值的合理利用之外，还应关注建筑遗产空间范围内所包含的经济、生活系统。通过市场化运作和现代生活系统的构造，在保护与利用建筑遗产的同时满足居民的现代生活需要。既能使建筑遗产具有新的活力和生命力，实现可持续发展，又能鼓励居民自觉地参与保护与利用工作，使得建筑遗产能够真正融入现代乡村与城市中，成为人们居住生活所不可缺少的有机组成部分。

针对建筑遗产具体的利用方式，大多数学者通过实地调研的方式对建筑遗产的构成、现状等进行研究，特别是从使用功能、外部形式、内部空间、工作方法等方面着手，对建筑遗产的利用方式进行分析①②。也有学者提出创新利用方式，建筑遗产的利用与保护应以自身特色为定位，杜绝盲目效仿，提倡公共参与，对建筑遗产等进行功能转化，盘活老城活力等。目前总体上国内形成以下几种再利用开发模式：博物馆模式、遗产景观公园模式、创意产业模式、旅游购物模式以及由政府主导、区域合作、点轴开发、创意产业共同带动的发展模式等③④。

以浙江乌镇为例(图 6.1)，作为我国建筑遗产动态保护与合理利用的一处成功案例，在建筑遗产保护与利用对象的兼顾统筹发展方面，无疑具有一些的经验借鉴意义。自2001 年起，以发展旅游产业和保护地方遗产作为并行的原初动力，乌镇在其西栅历史街区推行整体式保护与利用，并迅速取得商业成功。针对历史古迹众多，古民居密布的特点，乌镇的保护规划将整个镇区划分为绝对保护区、重点保护区、一般保护区和区域控制区四个不同等级的保护区域，总体保护范围和缓冲总面积达 198 hm^2。保护规划还针对各区域提出不同等级的保护措施，逐步实施。乌镇在保护历史遗产与营造现代生活环境中，遇到的一个最大难题是如何在不影响乌镇居民日常生活的过程中实现古镇的保护与利用。乌镇充分重视古镇保护与当地居民生活现代化之间的矛盾，在国内古镇保护项目中创造性地提出了“历史街区保护再利用”的概念，即除了强化保护对象的遗产价值外，更重视古镇社区生活实用功能的完善，力争实现古镇保护、旅游开发以及社区生活设施的协调发展。为此，乌镇以“改善古镇人居环境，保留现代生活方式”为目标，以保护古镇整体风貌为前提，采用“管线地埋”“雨污分流”等先进技术，实现了多项基础设施的建设与升级。在旅游开发过程中乌镇充分考虑到了旅游业的发展给古镇保护可能带来的压力，妥善处理了保护区与旅游功能区的相互关系。乌镇自实施保护工程以来，每年确保保护资金的到位，将旅游收入大部分投入到更大范围的保护中，总结出了一条“先行古镇保护，适度旅游开发，旅游反哺保护”的发展道路⑤。具体承担古镇保护

---

① 姜振寰. 东北老工业基地改造中的工业遗产保护与利用问题[J]. 哈尔滨工业大学学报(社会科学版)，2009，11(3)：62-67.

② 何军. 辽宁沿海经济带工业遗产保护与旅游利用模式[J]. 城市发展研究，2011，18(3)：99-104.

③ 黄庭晚. 建国以来我国建筑遗产展示模式的发展研究[D]. 北京：北京建筑大学，2015.

④ 高海，富中华，吕仕儒. 大同市工业遗产的保护与利用模式[J]. 山西大同大学学报(自然科学版)，2014，30(6)：92-96.

⑤ 必须说明的是，乌镇模式没有普遍意义，只能说是一种取得成功经济效益的利用模式。它的经验要分解一下，有些方面可学，有些是不可仿的。

和旅游开发工作的乌镇旅游股份有限公司不断致力于当地居民生活质量的改善，旨在留住原居民，保证本地文化精髓的传承①。历经十余载寒暑，乌镇不仅完成了对大量建筑遗产的修复与保护，更在留存历史文化原生态风貌的基础上，在全国范围内率先走出了历史街区保护再利用的可持续发展之路。有金融市场报告分析指出，乌镇模式的保护性开发，操作核心是依托稀缺资源，整体产权开发，复合多元运营②。

图 6.1 乌镇鸟瞰图（网络截屏）

同济大学阮仪三选取了上海“新天地”、桐乡“乌镇”、北京“南池子”、苏州“桐芳巷”、和福州“三坊七巷”五个实例对历史街区的保护与更新利用实践模式进行了对比分析（表6.1）。认为以乌镇为代表的江南六镇保护更新利用模式和北京的南池子保护更新利用模式是相对科学的，更符合我国城镇历史文化保护区保护与更新利用的发展方向。两种模式的共同特点在于坚持政府主导的渐进式保护更新，坚持保护的原真性原则，在最大限度上保持了原社区网络的稳定，坚持居民参与的原则，坚持土地的非商业性开发原则③。

表 6.1 历史街区保护与更新利用模式对比

模式	三坊七巷	桐芳巷	新天地	乌镇	南池子
土地出让程度	除文物建筑用地外其余全部出让	全部出让	全部出让	小部分出让（非商业性）	小部分出让（非商业性）
改造前后风貌协调程度	不协调	基本协调	协调	协调	协调
商业性开发程度	强	强	强	弱	弱
参与改造的主体	房地产开发商、政府部门及其官员	房地产开发商、政府部门及其官员	房地产开发商、政府部门及其官员	社区居民、政府部门及合适组织	社区居民、政府部门及合适组织

---

① 伍策，许红．乌镇实现历史遗产保护再利用 打造“乌镇模式”[EB/OL]．(2014-06-08)．http://hb.ifeng.com/news/cjgc/detail_2014_06/17/2444382_0.shtml.

② 东兴证券．中青旅 2012 年财报点评[EB/OL]．(2013-04-22)．http://finance.qq.com/a/20130422/005841.htm.

③ 阮仪三，顾晓伟．对于我国历史街区保护实践模式的剖析[J]．同济大学学报(社会科学版)，2004，15(5)：1-6.

续表 6.1

模式	三坊七巷	桐芳巷	新天地	乌镇	南池子
参与者之间的关系	房地产开发商与政府部门及规划设计部门之间进行协商后要求居民服从	房地产开发商与政府部门及规划设计部门之间进行协商后要求居民服从	房地产开发商与政府部门及规划设计部门之间进行协商后要求居民服从	政府部门主导，社区组织及居民内部协商，设计人员提供技术支持	政府部门主导，社区组织及居民内部协商，设计人员提供技术支持
搬迁问题	搬迁所有原居民	搬迁所有原居民	搬迁所有原居民	少量居民经内部协商后搬迁	部分居民经内部协商后搬迁
技术与材料	工业化生产，流行性材料，倾向清除与新建	工业化生产，流行性材料，倾向清除与新建	传统的新的地方性材料，适当技术、保护、整治与改造相结合	传统的新的地方性材料，适当技术、保护、整治与改造相结合	传统的新的地方性材料，适当技术、保护、整治与改造相结合
保护整治或开发方式	除保留部分保护建筑外全部拆掉建高层建筑	除保留一栋保护建筑外全部拆掉重建具有传统风貌的新建筑	保护文物建筑，保留并修缮老建筑的外表，室内现代装修	对大部分建筑采用保存、保护、整治、修缮的方式	保留并修缮大量质量及风貌较好的四合院，将危建房拆掉重建

南京大学顾江在《文化遗产经济学》①一书中认为遗产项目利用要上升到产业化运作的高度，实施以构造竞争优势为目的的营销战略，针对特定市场，配置资源，进行营销，实现全员营销、深度营销、创新文化遗产产业化的运作途径。认为文化遗产产业化运作需要具备市场、规模和资金三要素，并从古城类遗产产业、遗址、建筑类遗产产业，文物类遗产产业等方面分别举例说明。

学者们主要从功能定位、经营模式和投资模式三方面对不同类型的建筑遗产功能性利用进行研究。

功能定位上，徐阳②表示对于近代产业建筑的整体保护和再利用不能只针对单一建筑，周围环境需得到足够的重视，这样才有一种整体的氛围。程良③对于产业建筑再利用的实践项目进行剖析，找出相关问题，提出建筑要合理定位，改造主题要鲜明等相关策略。刘旎④提出上海工业遗产建筑在使用功能方面过于单一，超过一半的案例是改造为创意产业园，多样化再利用的手段不够；外部形式方面很少采取彻底更新的手段；内部特殊形式的处理较少。在定位时，不仅要考虑设计行业的工作室，还要兼顾餐饮娱乐等商业设施，以期达到土地价值最大的利用率。丁华⑤提出对于不同类型的产业建筑要有相应功能的利用，同时还要对建筑外观和历史底蕴的要求等方面进行考虑。魏祥莉⑥针对商业性历史文化街区提出了以下几种功能定位：①开发适度的商业功能，传统商业与区域间的现代商业互补满足不同人群的需求，通过对街区环境容量

① 顾江. 文化遗产经济学[M]. 南京：南京大学出版社. 2009：80-97.

② 徐阳. 风景园林建设与科学发展观[C]//第七届风景园林规划设计交流年会. 北京，2006.

③ 程良，李连瑞. 创意产业对旧建筑的更新利用[J]. 山西建筑，2010，36(9)：36-37.

④ 刘旎. 上海工业遗产建筑再利用基本模式研究[D]. 上海：上海交通大学，2010.

⑤ 丁华. 浅析工业遗产改造的功能置换与定位[J]. 中外建筑，2013(5)：51-54.

⑥ 魏祥莉. 商业性历史文化街区保护性利用研究[D]. 北京：中国城市规划设计研究院，2013.

的分析,控制商业开发量,维持居住和商业的比例,将商业活动限定在街区特定区域,使街区内的商业功能与其他功能互不干扰;②发挥旅游文化功能,提出四个方面的策略,强调居民与游客之间的互补以及街区本身文化特色和特殊品质的挖掘和展示;③延续居住功能,规划和整治中应强调保留居住功能的必要性,在实施中要妥善处理房屋产权问题,为本地居民提供必要的基础设施、生活需求,改善公共空间品质、居住环境;④发挥教育展示功能,对历史文化进行展示,让本地居民和游客都能直观了解街区的历史文化价值;⑤延续集市功能,具有日常生活化的市集能体现商业街区特有的市井文化,反映着市民真实的日常生活和心态,使街区充满了活力,而这种的市场购物体验是现代购物中心和规范化的商业运营不能比拟的;⑥公益服务功能,适当增加街区的公益服务功能,如教育、安全、医疗、健康、环境、卫生、弱势群体就业等,以体现街区的社会价值。功能定位目的是在延续其经济价值以外,强调历史、科学、艺术、社会价值,在功能设置上除了商业利用,还应包括公共服务设施、文化展示、教育等。魏祥莉对建筑遗产业态从文物保护单位(不可移动文物)、历史建筑、传统风貌建筑三个层次进行分析,体现出清晰的利用规划业态分析思维方式。定位确定的前后次序是保护确定的建筑定位、配套服务的建筑定位、规划建议的建筑定位、市场调整的建筑定位。功能选择应以全面保护历史建筑的艺术价值为前提,其次才是实用方面的意义。但应尽最大可能地使新功能接近建筑的传统功能,并且新功能应能更好地保护历史建筑,使新建筑形式蒙上传统色彩。

经营模式上,公共性引发了较多的关注。遗产意味着承续,延续建筑遗产的最好方式就是使用它们。现在有许多建筑遗产并没有得到很好地利用,只是实际上的“冷冻式保存”,这种保护遗产的方式没有使建筑遗产的价值发挥出来。陈畅、周威①比较了“意库”创意产业园与“华山 1914”产业园的利用保护,提出开放经营才能使工业遗产与城市融为一体。季国良②认为要恰当选择利用方式和主题,实现可达性和可读性,发挥城市建筑遗产公共环境效益,给公众享用提供便利条件,以提高城市建筑遗产利用中的公共性,这样才能更好地保护建筑遗产。

投资模式上,张希晨③提出对于建筑遗产改造模式方面,科学的再利用策略不仅要注重外部空间设计和配套设施建设,更要充分发挥政府的主导作用。梁敏、龚亮④表示建筑遗产的保护与再利用应采取政府主导,投资者和开发商参与互动并协商配合的方式,出台完善相关激励政策,同时强化公众参与,凝聚共识,应当通过媒体、居民社区、学校等渠道,加大对公众宣传力度,让公众意识到工业遗产的价值,有益于对建筑遗产

---

① 陈畅,周威.多方利益诉求下工业遗产保护更新的规划管理探索:以天津为例[C]//2014(第九届)城市发展与规划大会论文集.天津,2014.

② 季国良.城市建筑遗产利用中的公共性创设:以济南为例[J].东南文化,2015(4):23-27.

③ 张希晨,徐丽燕,万骞.工业遗产在地产开发项目中的再利用[J].工业建筑,2012,42(6):16-19.

④ 梁敏,龚亮.近代工业建筑保护与再利用策略研究:以汉口租界区为例[C]//2015 中国城市规划年会论文集.贵阳,2015:289-299.

的保护和再利用。

通过文献研究与实践工作可知，建筑遗产的功能性利用分析的主要内容包括保护与利用规划研究、价值评估、市场调查与现状分析、项目定位、使用者分析、功能分区和用地布局、合理性评价与管理等。

6.2 建筑遗产保护规划中的利用规划专题研究

2015《中国准则》第45条指出"文物古迹的合理利用应进行多种方案的比较"，意味着需要提供不同的利用规划方案进行对比甄选才能更加完善。目前国内建筑遗产保护学界对建筑遗产项目利用规划理论与实践研究不多。笔者在参与保护规划的实际编制工作中发现，目前国内的建筑遗产保护规划（特别是历史地段保护规划）过多关注规范性格式要求与上级批准的规范内容，对项目利用的可行性处置对策研究不足，关注物的部分而忽略了人的部分，关注价值信息而忽略了价值主体，造成利用规划的结论与项目实际情况不能完全紧密配合。

如果说产权明晰是推动建筑遗产有效保护与利用的前提的话，随之而来的问题是如何明确建筑遗产的产权及其所承载的文化价值与经济社会效益，在产权明晰的基础上如何选择建筑遗产保护与利用的方式，或者更为具体的，应该划分怎样的标准，以判断建筑遗产合理利用的程度与限度。一般来说，包括建筑遗产保护与利用在内，任何城市与乡村的更新改造大多带有前瞻性考虑，以使其具有社会经济持续再生的活力。这一前瞻性考虑的具体制度化和操作化形式，就是建筑遗产项目保护规划及其相关专题规划体系。

为此，笔者经过研究分析，结合自身工作经验，整理了一套适用于历史地段（历史文化街区、历史名镇、名村等）保护规划中的利用专题报告基本框架，希望能为建筑遗产项目保护规划的实践工作提供参考依据。

根据项目的运营方式分成两部分：

一、历史地段项目利用规划方案专题报告格式（旅游运营）；

二、历史地段项目利用规划方案专题报告格式（社区改造）。

一、历史地段项目利用规划方案专题报告格式（旅游运营）

1. 项目的整体发展定位

明确是否可以引入旅游开发运营，以及与社区改造经营的主次关系。

如果没有明确，那么就需要说明。本报告通过分析，建议可以引入旅游开发，以及与社区改造经营的主次关系（国家产业政策、区域与城市经济发展、城市规划、人口情况，项目特色等）。（这段结论可以写入保护规划的正文）

2. 项目现状分析

1）核心资源（项目特色）。

2）保护限制条件（强调对利用的限制）。

3）空地与保留建筑表。

4）产权状况（产权说明书、分布图，哪些能集中利用，哪些不能集中利用）。

5）利用现状与优劣分析（如果是全迁项目，没有这部分。这段结论可以写入保护规划的正文）。

3. 项目资源分析（供的问题）

1）项目哪些建筑已经明确功能，哪些建筑能更新使用，纳入旅游运营的范围有哪些建筑。

2）旅游市场分析（国家产业政策、城市发展、区域旅游发展现状与规划、周边景区或项目等）。

3）竞争项目优劣分析（同质化竞争分析）。

4）项目 SWOT 分析（优势与劣势分析、机会与威胁分析、整体分析）。

5）小结（适宜做什么，不宜做什么）。

4. 消费者分析（需的问题）

1）原有消费者分析，组成、需求、层次（可能的消费能力，包括个人、单位）、规模（人数）、来源，调查表结论（调查表、调查对象）。

2）区域或城市的消费需求潜力分析。

3）需要引导发展的新消费者分析，组成、需求、层次（消费能力）、规模（人数）、来源，调查表结论（调查表、调查对象）。

4）小结（消费者需求、消费能力、消费者的来源）。

5. 项目运营模式分析（供求相互均衡的分析过程）

1）项目运营利用方式（确定运营模式、确定业态）

分析过程：根据“建筑遗产项目旅游运营模式分析”，通过资源特点、消费者需求与潜力预期、政策支持，以及同类成功案例分析，判断哪一种模式或组合，确定业态、档次、调整时间的计划表（达到某个具体的人数或收入额，确定进入不同阶段的开发与运营的时间节点，供求失衡点）。

方案结论：宜做哪一种运营模式，确定业态、档次与周期。

2）主要业态分析（分项分析）（调整和确定档次，然后确定规模）

酒店、餐饮、休闲（及培训）、购物的需求，档次和规模，理由与分析，一定区域或城市范围的同类业态竞争对象说明与分析，供求关系。

3）小结（注意事项）

确定最终的运营模式与功能业态（强调运营方案只是建议）。

6. 未纳入旅游运营的土地与建筑的利用规划方案分析（参照非旅游社区改造项目利用规划方案）

1）范围。

2）明确哪些建筑可以调整、不能调整用途（供）。

3）使用者分析（求）。

4）市场分析、项目竞争分析、SWOT分析。

5）结论：业态、形态、规模、产权。

7. 项目功能定位与用地布局

1）受保护的文保与历史建筑，已确定的功能定位与用地布局。

2）空地与保留建筑状况和产权情况（表、图）。

3）重点景观与节点，空间环境要求。

4）入口、停车、活动点与人流走向建议。

5）旅游部分和非旅游部分功能定位结论（业态、档次、规模）。

6）是否集中产权经营的建议。

7）用地布局（位置、规模）与时间计划（用地规模，各阶段用地布局图），分析与确定具体位置，定位并确定空地规划指标、建筑的利用指标等（经济评价的基本指标）。

8）建议人口控制范围（人口规模上下限）。

8. 利用规划方案结论

1）结论

产权关系、功能定位、业态（档次）、规模、各阶段的用地布局、分期计划（建设周期、运营周期）等（以表图的形式表现），结论性的数量指标，为项目的经济评价提供基础数据。

2）运营管理的注意事项

① 强调保护、管理与实施的基本原则；

② 产权限制条件可能对利用产生的影响分析（针对产权、投资、费用、收益和价值）；

③ 强调产权集中与产权流转要注意合法性；

④ 运营引导（分散产权，鼓励或补贴措施）；

⑤ 环境、交通、市政设施等的指导性建议或要求；

⑥ 人数整体控制方式；

⑦ 与原使用者的关系处理（补偿建议）。

3）说明

利用规划方案只是建议，可以不选用，但是要明确项目利用的禁止、限制、鼓励和必须事项（业态清单）。

禁止限制事项：利用禁止或限制条件，负面业态清单。

鼓励必须事项：项目的技术经济指标，鼓励业态清单。

附属说明

建筑遗产项目旅游运营模式分析

利用规划方案与建筑遗产项目“旅游运营方案”“旅游策划报告”与“利用策划方案”的区别:侧重于项目功能定位与用地布局,不用涉及具体运营细节(如营销方式等)。

遗产项目旅游运营分析表

遗产项目类型	历史名城	历史文化街区	历史名镇	历史名村
旅游资源	古城旅游	古城旅游	古镇游+自然人文景观	古村游+自然人文景观 古村游+乡村特色游
宣传等级	强	一般(个别强)	一般(个别强)	弱(个别强)
承受力	强	强	一般	弱
交通	强	强	一般	弱
消费者	外来游客	外来游客+本地消费	外来游客	外来游客
	资源等级+宣传等级+地理环境影响消费者来源			
	项目定位+交通+服务承受力影响消费者层次、规模数量			
老项目	留住与挖掘原消费群体+吸引新消费群体			
新项目	吸引新消费群体			
收益模式	间接收益	间接收益	直接收益	直接收益
旅游时间	日夜	日夜	日夜	日
产权主体		一般	复杂	相对简单
资金平衡		历史街区+房地产开发	项目平衡+多元产业平衡	项目平衡+多元产业平衡
难点		如何实现项目内部平衡	如何实现项目内部平衡	如何实现项目内部平衡

旅游收益模式分析表

收益模式	直接收益	旅游间接收益	其他间接收益
收益来源	直接大门票	服务项目收益(服务项目:车船、索道、广告宣传、活动表演、导游咨询等)	项目内部房地产开发收益平衡
	景点小门票	多元产业收益平衡(旅游产品销售)	周边房地产开发收益平衡
		项目与周边物业的运营或租赁收益	多元产业收益平衡(其他产品销售)
影响对象	旅游消费者	旅游消费者+配套服务商	本地消费者

利用规划方案(旅游运营)的分析过程

1. 分析项目的旅游资源、空间肌理、环境要素等,特别是已经明确功能的文保单位或部分历史建筑,分析项目现有的旅游运营开发情况,再结合周边城市特征、附近较大影响力的旅游项目,研究这些要素对本项目旅游运营有何帮助,可能吸引哪些层次的消费者,进行初步旅游运营定位(罗列数种可能的方案)。

2. 对于初步旅游运营定位的几种方案,通过城市定位与发展方向、周边类似的竞争性遗产项目对比(总结与评析)、项目 SWOT 分析(包括项目旅游开发的现状分析),

分析市场供求关系，研究初步方案的可行性，是持续跟进调整还是错位竞争、特殊定位，或分阶段演进，确定旅游运营定位的最终发展方案（列出远期目标、近期目标）。

3. 消费者需求分析主要从游、吃、购、行、住、娱等角度分析。根据功能定位发展方案，分析预计的消费者（客源），包括：层次（年龄段、职业段）、区域（本地、外地、省内、全国等）、来源（旅游团队、散客、会议培训客户等）和规模，分析如何挖掘原有消费者（通过现场调查表），同时结合项目的发展目标分析项目希望引入的新消费者（随机调查表）的档次与规模，研究客户来源，以及分阶段实现的计划。

消费者需求分析调查表

消费者（旅游客源）	内容	内容	备注
层次	年龄段		
	职业段		
区域	本地	县区	
		地市	
	外地	本省	
		大区域	
		全国、海外	
来源	旅游团队		
	散客	自驾	
		公共交通	
	专门对象	亲子类	
		会议培训类	
		绘画摄影类	
		学生实习类	
		其他	
次数	来过的次数		

4. 根据旅游运营方位的最终发展方案，以及新老消费者可能的来源、层次、规模等，对旅游运营收益方案进行分析，优化与改进最终方案，提出旅游人数控制量（上下限）以及相关管理与发展建议。

1）纯旅游运营模式（白天旅游，不含夜间）。

2）纯旅游运营模式（白天与夜间旅游）。

3）住宿度假模式。

4）会议培训模式。

5）其他特殊模式。

5. 对消费者人流导向、入口、停车（根据人流确定位置）等提出建议，可以分阶段设置。

6. 结合预计的消费者发展、层次和规模等，研究消费者对不同业态种类[酒店、餐饮、休闲(培训)、购物〕的需求、档次和规模。分别对重点业态的周边同类竞争情况(供)进行分析，酒店、休闲是重点。结合项目实际情况(可以纳入旅游运营范围或建议纳入旅游运营范围)确定合理比例与规模(功能定位)。

7. 结合项目实际情况(可以纳入旅游运营范围或建议纳入旅游运营范围)，将不同业态、不同比例的功能定位确定在具体的用地布局(明确其规模与位置)。

1) 景点功能、位置。

2) 配套物业的规模、位置建议。

3) 酒店档次、规模、位置建议。

4) 大型餐饮集中区档次、规模、位置建议。

5) 休闲(日夜、动静)集中区，档次、规模、位置建议。

6) 购物集中区，档次、规模、位置建议。

7) 其他零星业态。

8. 根据用地布局(规模与位置)，提出空地指标建议，对新建建筑的风貌建设等提出要求，对原有保留建筑提出用途建议，对传统建筑风貌的维护提出建议。

9. 对于未纳入旅游运营范围的土地或原有建筑，分析其销售或租赁的消费者对象，提出使用时的注意事项。(居住、办公或零星手工业轻工业)

10. 对非物质文化遗产的运营以及项目做整体宣传定位。

二、历史地段项目利用规划方案专题报告格式(社区改造)

1. 项目的整体发展定位

明确不引入旅游运营，以社区改造与经营为主(以住宅、办公用途为主，商业是配套)。

2. 项目现状分析

1) 核心资源(项目特色，包括文保单位、重要历史建筑、其他特色要素等)、保护限制条件。

2) 空地与保留建筑表(说明)。

3) 产权现状(产权说明书、分布图，明确哪些能集中经营，哪些不能集中经营)。

4) 利用现状的优劣情况分析结论(价值评估的结论部分)。

3. 项目利用方式分析

1) 利用方式分析

社区改造的分析思路：

① 维持原有功能：房屋维修注意事项，产权转移的事项，注意维护原居民的占比。

② 整体改造成办公或特殊市场：产权(是否允许转移，如何引导)、意向消费者。

③ 整体改造成新型住宅区：产权(是否允许转移，如何引导)、意向消费者。

④ 整体改造成综合类：产权(是否允许转移，如何引导)、意向消费者。

⑤ 部分改造：

a. 新的或修好的部分参照第②至第④小点。

b. 保留的部分：

业态功能不动，建筑形态不动，人不动：维护、鼓励或不鼓励。

业态功能不动，建筑形态不动，人动：产权、意向的人群方向。

业态功能不动，建筑形态动，人不动：产权、原有人群的意向。

业态功能不动，建筑形态动，人动：产权、意向的人群方向。

⑥ 利用方式：哪些可以出租，哪些出售。

改造调整方式：修缮修复（都不动）、整合提升（建筑形态动）、综合改建（业态功能动）、拆除重建（都动）。分析得出项目利用方式的初步结论。

2）使用者分析（需的问题）（住宅或办公）

一直使用的原使用者，回迁的原使用者，新使用者（鼓励本地人或投资者）：

① 原有使用者分析，包括组成、需求、层次（消费能力）、规模（人数）、来源，调查表结论

（调查表、调查对象）。

② 可能的新使用者分析，包括组成、需求、层次（消费能力）、规模（人数）、来源，调查表结论（调查表、调查对象）。

3）项目 SWOT 分析与供求分析

分析利用方式的可行性

① 市场分析

政策：与国家政策、城市规划发展与社区方向是否一致。

市场接受度：市场特征与外部环境分析、外部商业环境与未来发展机遇分析。

类似项目竞争分析。

② SWOT 分析

利用规划方案最重要的是能否集中销售或租赁，引导其他主体如何销售或租赁。

③ 供求分析

市场定位、产品定位分析，时间计划（供求失衡）。

4）建议利用规划方案结论（功能、档次）

业态、形态、租售、消费者、时间计划。

4. 项目功能定位与布局

1）文保单位与历史建筑（已确定的功能定位与用地布局）。

2）空地与保留建筑状况（表、图）。

3）重点景观与节点，空间环境要求。

4）入口、停车、活动中心点与人流走向建议。

5）功能定位结论，包括主要业态、形态、档次，以及其他配套。

6）产权能否集中利用的分析建议。

7）用地布局（位置、规模）与时间计划（各阶段用地布局图，用地规模），分析与确定

具体位置,提出空地规划指标、建筑利用基础指标等(为经济评价做准备)。

8) 人口控制(社区人口规模)。

5. **利用规划方案结论**

1) 结论

产权情况、功能定位、业态(档次)、规模、各阶段的用地布局、分期计划(建设周期、运营周期)等。(结论性的数量指标,为项目经济评价提供经济基础数据)

2) 运营管理的实施注意事项

① 如果有少量的旅游运营项目,列明注意事项。

② 产权流转的合法性。

③ 运营引导(分散产权,鼓励或补贴措施)。

④ 对环境、交通、市政设施等的指导性建议或要求。

⑤ 人口整体控制。

⑥ 与原使用者的关系处理。

3) 说明

利用规划方案只是建议,可以不选用,但是要明确项目利用的禁止和必须事项。

6.3 建筑遗产功能性利用分析

上述的两个利用规划报告格式虽然属于建筑遗产保护规划的内容,比较原则性,但已基本呈现建筑遗产项目功能性利用的分析思路,即在建筑遗产保护规划与评估的基础上,做好市场调查与现状分析、项目定位、功能分区和用地布局等。

6.3.1 功能性利用分析的基本思路

2015《中国准则》第45条:"对已失去原有功能的文物古迹,应根据价值和现状选择最合理的利用方式。在合理利用文物古迹之前,须进行全面评估,具体包括:1. 价值评估,确定文物古迹的价值,以及这些价值的主要载体;2. 文物古迹的性质和类型;3. 文物古迹的结构状况。"

1) 利用对象的现状分析

利用对象的情况分析要结合保护规划、项目价值评估、可利用性评估甚至管理条件评估等,要明晰对象建筑遗产项目的价值特点、保护等级,本身以及周边环境有什么吸引点,包括物质文化与非物质文化内容(价值评估),建筑现状保存情况(可利用性评估、工程调查与测绘)、产权状况(产权调查)、保护限制条件(保护规划)、工程上能否改造(可利用性评估)、管理与宣传现状情况(管理条件评估)。这些内容在本书前面章节中都有具体阐述。

建筑遗产项目的现状利用情况、目前的消费人群、文化宣传导向的调查是确定功能延续或更改的重要前提条件。建筑遗产项目对象通常分成三大类:①独立的建筑遗产项目，如全国重点文物保护单位，历史建筑等；②小规模的历史地段项目，如历史社区或历史街道，达不到历史街区的规模，又包括了大量历史建筑与传统建筑；③大规模的历史地段项目，如历史街区、历史名街、历史名村、历史名镇。至于历史名城，绝大多数的中国历史名城已经是新旧建筑混杂，利用情况复杂多样。国内一些名家诸如单霁翔[①]、阮仪山[②]、张杰[③]、张松[④]等各自有深入研究，本书不做历史名城的功能性利用分析。对于三大类别的建筑遗产项目功能性分析利用内容的对比详见表 6.2 所示：

表 6.2　不同类别的建筑遗产项目功能性利用现状分析对比表

利用分析内容	独立建筑遗产项目	历史社区或历史街道	历史街区或历史村镇
价值评估	可能有	没有	一般没有
可利用性评估	一般没有	一般没有	一般没有
管理条件评估	一般没有	一般没有	一般没有
保护规划	有	通常没有	可能有
保护等级	有	部分建筑有	可能有
产权	相对简单	复杂	非常复杂
保护限制条件	清晰	部分建筑可能有	往往不够明确
建筑保存情况	容易调查	一般也不复杂	调查内容较多
工程能否适宜性改造	根据保护限制条件确定，改造的限制大	外立面不动的话，还是有一定的保护限制	外立面不动的话，相对的限制较小，除非是重点建筑
受周边环境影响	较大影响	有一定的影响	本身就是建筑环境
文化传承	较大	有一点	相对较小
现状利用情况调查	容易	一般	复杂
目前消费人群调查	容易	一般	复杂
涵盖住宅业态	除非本身是住宅	一般不涵盖 *	一般都涵盖
同类项目对比分析	有的容易，有的没有	相对容易对比	容易对比
SWOT 分析	容易	复杂	比较复杂
总体功能定位	容易 **	复杂	非常复杂
功能延续或业态调整(空间)	容易	建议引入业态清单	复杂，多种业态清单，充分考虑住宅业态

---

① 单霁翔. 文化遗产保护与城市文化建设[M]. 北京：中国建筑工业出版社，2009.

② 阮仪三. 中国历史文化名城保护与规划[M]. 上海：同济大学出版社，1995.

③ 张杰. 从悖论走向创新：产权制度视野下的旧城更新研究[M]. 北京：中国建筑工业出版社，2010.

④ 张松. 历史城市保护学导论：文化遗产和历史环境保护的一种整体性方法[M]. 上海：同济大学出版社，2014.

续表 6.2

利用分析内容	独立建筑遗产项目	历史社区或历史街道	历史街区或历史村镇
总体功能定位	容易**	复杂	非常复杂
时间阶段设计	一般不用	需要设计,但相对简单	需要设计,较为复杂
合理性评价	容易	较难	很难
经营方案	基本不用	最为需要	更多是引导
执行实施	容易,直接执行	复杂,直接执行与间接引导	非常复杂,主要需要政策引导
宣传与推广	相对容易	可以引入民间宣传推广手段	需要集中资源宣传推广
后续功能调整	相对容易	比较复杂	很难

注:* 如果是住宅类的历史社区或街道一般不用专门的功能性利用分析,延续原有功能即可。
** 独立的建筑遗产项目利用功能定位往往需要根据周边环境与消费群体的变化经常调整。

建筑遗产项目利用的深度分析至少包括竞争项目分析与 SWOT 分析。通过与同类项目的比较,从建筑、人群与文化等不同角度,重点分析建筑项目的优势、劣势、机遇与挑战。要从理论逻辑与实际市场来推导合理的建筑遗产项目功能性利用定位与业态延续或调整。

2）利用功能总体定位

首先要设定建筑遗产项目利用功能定位总体目标,这是非常重要的。其关键是明确人、物、文化三方面的发展引导,利用最终是要引导什么样的人群来消费或使用。

如果在上位规划或保护规划中对于周边区域或建筑遗产本身的利用功能定位以及消费人群发展方向有明确规定,如历史街区、名村镇或著名景点,那就做好进一步的实施与管理。

要看到许多建筑遗产项目并没有明确的利用功能定位或其定位并不合理。如果是直接整体征迁的项目相对容易操作,如果是存量的建筑遗产项目,特别是历史地段的更新利用定位就比较复杂。失败的利用案例举不胜举,结果是项目社会影响败坏或是无人问津,政府或企业资金投入无法收回,造成资源严重浪费。最担心的是有些遗产项目的改造是不可逆的。所以,建筑遗产项目总体功能定位一定要清晰合理,讲得出道理以及做好可行性分析,不能像有些地方的建筑遗产保护规划与发展定位一味迎合个别领导的主观意见,应该坚持合理科学的利用功能定位。实际操作中,开发商投资需要考虑回报,利用定位就会偏重于短期效应;政府投资对经营不够专业,受政策层面影响大,容易脱离市场。如果能合理结合这两种投资或经营模式,对于建筑遗产功能利用是有利的。

3）利用功能的延续与调整

建筑遗产保护规划在保护限制中对原有功能是否延续应有一些强制规定,操作层面上，在保护规划或城市设计中应当详细规定哪些建筑遗产（文物古迹）必须延续原有功能。“法无禁止即可为”。对于未列入“强制名单”的建筑遗产原有功能是否需要延续，应当以是否违反利用的前提以及是否能促进目标的实现作用标准进行评估，提出相应参考建议，再确定是否需要调整功能，最后通过保护规划具体落实。

合理利用建筑遗产就意味着要科学界定历史建筑的潜在功能与经济价值。不仅要提炼其形态特征、组成要素、场景意义、美学观念、历史文化等，而且要从中认识建筑遗产的各种独特价值和文化积淀，以及其所能满足的不同的经济需求与功能需要。例如里弄建筑、四合院建筑就不适合改造利用为大型超市，因为难以满足其空间、地理位置、人口流动性等客观要求，这些更适宜居住或小型餐饮；厂房、仓库等更加适宜调整为大型超市或相同性质的其他商业类型。同时，也要考虑建筑遗产周边的经济环境来选择合理的商业或其他业态，基于历史建筑的现状策划改造和利用的合理模式。

功能性利用的分析应注意：①空间分布（业态布局）；②时间计划（分段实施，动态引导）；③业态清单（禁止负面、鼓励，控制比例）。

按照建筑遗产项目的具体情况，具体功能利用分区调整确定的基本思路是：

① 对于文物保护单位、控保单位、登录不可移动文物点等建筑遗产，制定严格保护规划确定功能业态予以保护与实施。

② 根据建筑遗产项目的整体功能定位，确定项目范围内需要保留或增加的必要配套设施，如公共厕所、垃圾存放点、交通道路、停车场地、景点服务区等。

③ 根据建筑遗产项目的整体功能定位，确定建议业态的功能分区，比如哪些区域建议要做住宅、酒店或办公区。

④ 剩余的区域范围由市场来自行调整利用功能，主要指商业或其他业态，特别是中小类业态。

苏州山塘历史文化街区的功能业态分区见图 6.2 所示，不同类型的建筑的业态分类见表 6.3 所示。

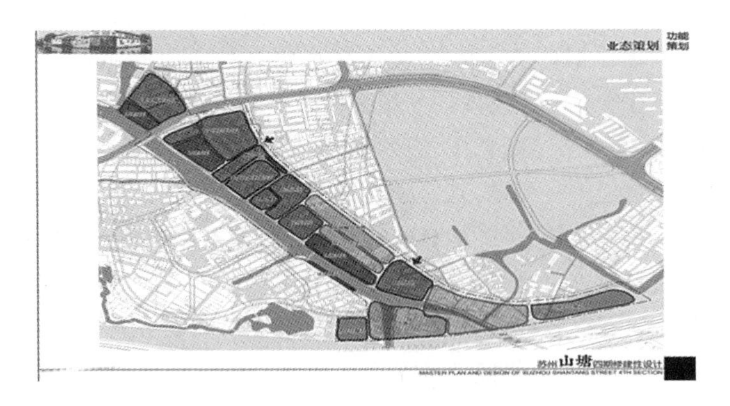

图 6.2　苏州山塘历史文化街区的功能业态分区

表 6.3 不同类型的建筑的业态分类①

大类	小　　类
工业类建筑	工厂,仓库,谷仓,粮仓,磨坊,酿酒厂,麦芽作坊,采矿场,火车站
宗教类建筑	教堂和小礼拜堂,修道院,女修道院,长老会
(半)公共建筑	市政厅,博物馆,学校,医院,天文台,法院,办公大楼,图书馆,剧院,旅馆,邮局
住宅建筑	城堡,乡村房屋,农民住宅,城镇房屋
军事建筑	堡垒,兵营,城门
商业建筑	工艺车间,百货商店,交易所,银行,市场,品牌专卖店,通道走廊

注:以 Sherban Cantacuzino 和 James Douglas 为代表。

大型建筑遗产项目的利用业态设定也不是一成不变的,需要通过时间计划来不断调整。比如餐饮、表演等这些体验感较强的业态种类容易吸引消费者,可以在项目初期或一期引入,然后根据项目发展情况与消费群体的理念逐步调整,比如将餐饮业态调整至二期,一期更新为零售店铺等。当然具体项目需要具体分析,可参考第 7 章案例研究。

设立业态清单(禁止负面、鼓励,业态控制比例)在大型商业地产项目运营中比较常见,较少应用于建筑遗产项目。从运营角度上讲,特别是从事商业旅游业的建筑遗产项目其实就是一个平面化的商业综合体,商业综合体经营策划方案的理论与方法同样可以应用到建筑遗产项目中。这是一门新的学科,本书不再延伸阐述。

4) 利用实施管理与评价

建筑遗产项目功能性利用定位或调整结果的合理性需要后期实施评价,不是讲个道理或一个可行性分析即可,而是要通过合理的评价方法进行判断。如果可能的话还应当引入经济效益评价。

项目利用功能定位成果一旦确定需要实际执行,需要多方面的考虑具体实施手段、动态管理机制以及文化宣传与推广等事项,这些内容也要在建筑遗产项目功能性利用分析中充分考虑。

综上所述,建筑遗产功能性利用分析的基本思路是:第一,明确对象的现状情况、优势缺点、市场情况;第二,结合上位规划或保护规划对其进行利用总体定位,明确消费人群对象;第三,业态延续或功能调整分析;第四,确定功能空间布局与时间进度安排,其中根据需要进行细化分析,还可以引入合理性分析或通过经济评价来判断功能利用的合理性;第五,综合考虑利用管理、实施手段以及文化宣传与推广等事项。

6.3.2 功能性利用分析的重点事项

1) SWOT 分析(市场分析)

SWOT 分析模型,又称为态势分析法,EMBA 及 MBA 等主流商管教育均将

① 吴美萍《关于历史建筑的适应性再利用的理论研究的简单综述》(未发表)。

SWOT 分析法作为一种常用的战略规划工具包含在内。SWOT 分析法通过优势(Strengths)、劣势(Weakness)、机会(Opportunity)和威胁(Threats)对项目内外部条件各方面内容进行综合和概括，进而分析组织的优劣势、面临的机会和威胁。SWOT 也是房地产开发项目、旅游地产项目、文化遗产项目利用方案制定的基本方法(表 6.4)。

表 6.4 SWOT 矩阵分析表

	优势(Strengths)	劣势(Weakness)
机会(Opportunity)	SO 战略(发展型战略) 尽可能增加内部优势，用此优势撬动外部机会	WO 战略(扭转型战略) 尽可能减少劣势，并最大限度利用外部机会
威胁(Threats)	ST 战略(调整型战略) 最大限度增加优势，并尽可能减少威胁	WT 战略(防御型战略) 尽可能减少劣势和威胁

建筑遗产的保护利用也是一项复杂的系统工程，涉及较多的相关研究领域，包括历史文化遗产保护、城市更新、项目管理等，必须通过系统构建、科学分析的方法来认识历史建筑保护利用项目。应用 SWOT 分析的不在少数。胡英娜[①]运用 SWOT 分析法对张壁古堡的地理环境、历史资源、交通体系、基础设施等方面进行了分析，提出了加强村落管理、加大宣传力度、提高旅游竞争力的建议。成蕗[②]运用系统分析法，将项目策划作为遗产保护利用项目生命周期中至关重要的子系统来进行环境分析、流程设计、主要内容阐释和方案内容评选。耿娜娜等人[③]通过 SWOT 模型对工业遗产旅游发展演变、现有情况进行剖析评述，提出太原市发展工业遗产旅游的切实策略，以期对太原市工业遗产旅游的发展提供一定的借鉴性。

比 SWOT 分析更为复杂与先进的是凯利方格法(RGT)。凯利方格法由美国心理学家乔治·凯利于 20 世纪 50 年代基于个人构建理论提出，主要运用于心理学研究，为了测量人复杂的认知度而建立。它是一种将访谈技术和因素分析相结合的研究方法，由元素(Element)、构建(Construct)、连接(Link)等三个主要因素组成。凯利方格法始于应用心理学研究，目前已经运用在比较广泛的领域，特别是市场营销领域，在 19 世纪 70 年代开始运用在旅游策划、遗产城市形象的研究上[④]。游群林将 RGT 引入历史风貌建筑旅游资源的整合利用，是一种开创性的借鉴。首先，研究对象是历史风貌建筑旅游资源价值需求双重性对应问题，一方是借助对实体的控制而拥有历史风貌建筑潜在的历史、文化、科技、审美价值的组织，另一方是对这些价值有内隐性需求的游客，但二者的认知是否相对应需要研判。当两大主体的认知一致性程度高时，拥有者才会认为值得保护与利用。这就需要将 RGT 分别运用于旅游组织和游客，对双方感知的结果进行比对。其次，即使双方的认知达成一致，但价值能否实现，还需要作为媒

① 胡英娜，张玉坤. 张壁古堡之里坊模式探析[J]. 华中建筑，2006，24(11)：98-101.
② 成蕗. 历史街区保护利用项目策划的系统研究与应用[D]. 武汉：华中科技大学，2008.
③ 耿娜娜，杨璐. 太原市发展工业遗产旅游的 SWOT 分析[J]. 江苏商论，2016(2)：61-64.
④ 谭健萍. 凯利方格法在旅游形象研究中的应用综述[J]. 商，2015(17)：272-273.

介的旅游服务产品的开发设计满足游客需求。旅游组织需要将各种旅游资源进行整合，形成丰富多彩的产品呈现给游客，让游客在接受这种服务的同时获得精神满足①。

这些分析方法在建筑遗产领域的运用正在被不断创新尝试，其目标就是让建筑遗产的利用规划、策划行为更为科学合理，值得鼓励。SWOT 分析应用于建筑遗产项目详见第 7 章的具体案例研究。

2）经营策划方案

项目经营策划方案是为提高建筑遗产利用效率和经济收益而采取的一系列利用策略，特别是商业旅游类建筑遗产项目。根据建筑遗产项目的不同性质，综合各方面的考虑最终形成一整套适合建筑遗产利用发展的营销策划方案。基本思路是根据市场竞争环境分析和建筑遗产项目自身优劣势分析，针对目标市场需求，制订有效的市场推广计划，为建筑遗产项目运营做好准备。建筑遗产合理利用策划从建筑科学和市场营销学的角度出发，以实态调研为基础，结合现代科技手段对建筑遗产项目的现状、所处环境以及相关制约因素进行定性和定量分析，通过科学论证，最终得出符合项目特点的保护和建设目标、内容和要求，以实现该目标所应遵循的程序和方法。

针对建筑遗产项目，经营策划方案除了一般性房地产策划方案所包括的市场推广主题策略、营销策略、销售策略、招商策略、市场推广工具设计（VI 设计及宣传品、销售工具设计）、广告设计创作、媒体投放、公关活动策划等以外，还应根据项目实际情况确定建筑遗产项目的用途、各用途的面积，获得建筑遗产产权，对建筑遗产进行修复等一系列成本费用分析。在具体的实现技术路径选择上，罗志华等提出的“自下而上”的设计策划操作思路可供借鉴：从项目当前主要矛盾关系入手形成工业建筑再利用建设原型⟶多因素作用下的工业建筑保护和利用方式选型论证⟶可行场地布局方案与多因子约束下的关键指标迭代生成⟶设计策划方案价值评估⟶建设原型的再论证或策划结论的生成②。这一方法考虑了建筑遗产项目的可持续发展问题，强调在策划人员主导下的多方参与，强调建筑遗产再利用新技术的应用，不失为一种较为科学、可行的选择方案。

3）建筑工程适应性改造

这部分内容研究文献很多，并不是本书的重点，在此提及是为了逻辑上不至于遗漏。2015《中国准则》第 45 条：“文物古迹的利用过程中，由于当代功能要求，可能需要增加为适应这一功能的设备，改善文物古迹的节能、保温条件的现代材料及必要的结构加固措施。所有措施都应是可逆的，在必要时能完全恢复文物古迹利用前的状态。”法国建筑师维欧勒-勒-杜克提出：“保存建筑的最好办法是为它找到一个功能，然后通过修复以满足新功能所需要的所有条件。”即在合理功能定位的基础上，对现存具有一

① 游群林．基于价值需求的历史风貌建筑旅游资源保护开发与利用研究[D]．天津：天津财经大学，2012.

② 罗志华，杨宏烈，杨希文．工业建筑遗产再利用设计策划操作模式研究[J]．四川建筑科学研究，2012，38(3)：263-267.

定历史价值的历史建筑进行不同程度的改造以便利用，主要是通过功能性改造或更新改造，在保持历史建筑原有风貌的同时使历史建筑获得新生，以促进和发展历史街区的活力，使它和现代社会经济发展相适应，同时保持历史街区传统风貌的完整与协调。例如，在菊儿胡同 8.2 hm^2 改造规划中，将现存建筑分为三类：一类是 20 世纪 70 年代以后建成的房屋，质量较好，予以保留；另一类是现存较好的四合院，经修缮加以利用；还有一类是破旧危房，需拆除重建。对单个改造项目而言，应首先确立其应有的功能定位，并据此确定合适的改造标准，充分利用现状，减少拆迁量，减少资金浪费和流失，降低建筑工程造价成本。

吴美萍《关于历史建筑的适应性再利用的理论研究的简单综述》一文提到很多学者将旧建筑再利用看作一个技术问题，有不少专业手册专门介绍如何改造老建筑以满足新功能，其中，以 Highfield D. 为代表，Highfield D. 1987 年出版了小册子《旧建筑的更新和再利用》，第一部分对民用建筑和非民用建筑进行区分讨论，充分阐述了旧建筑更新相对于新建筑的优势，第二部分则就旧建筑的防火、热性能、声学性能、防湿性、冷凝性和防止木材腐朽等方面提出了应对措施，并以实际案例进行分析。学者 James Douglas 就再利用的一系列技术问题展开了讨论。两位学者更多是将建筑作为一个外壳或者容器来看，对保护和遗产方面的关注非常有限。除了这两位学者，也有其他学者提出历史建筑的再利用需要综合不同学科的专业知识才能得以解决，如保护、建筑、规划和工程等不同学科。关于适应性再利用的工程技术问题具体包括：①承重结构如框架结构、楼层、墙体、屋顶、基础、载重加固；②建筑围护结构如内表面装饰、加盖新楼层、外立面维护、设施可及性；③舒适性、安全性和节能性、耐火性、热性能、声学性能、防潮防湿、室内空气质量等。

2003 年，刘敏博士①以青岛历史文化名城为例，提出了历史建筑利用面临再利用中工程改造的空间转型，挖掘建筑形体空间功能替换与空间重组的结构潜力，为其找到新的合理可行的建筑空间形态，要求改造部分融入原有部分，新旧元素巧妙结合。

① 全面整修，局部水平分割。在保护整体空间格局特征的前提下，进行局部空间的调整，一般不改变结构体系，侧重于非承重墙体的变更。

② 保持建筑外观不变，垂直加层。一般应用于建筑层高较高或大空间的情况，在不改变楼层布局和结构关系的前提下，局部加层。

③ 局部重建，再现空间。对损坏的建筑构件可适当进行重建，重建部分空间重新利用与划分。

④ 内院空间的充分利用。对于里院与庭院建筑“院”空间的重新利用，是扩大建筑面积的有效手段。

⑤ 保留体量，局部拆减，重构空间。对于历史文化价值不高而使用价值较高的建筑，将建筑非结构性墙体拆除，或者将建筑楼板、梁、柱局部拆减，获得流通开敞的空间

① 刘敏. 青岛历史文化名城价值评价与文化生态保护更新[D]. 重庆：重庆大学，2003.

满足现代生活需要。

⑥ 保留外壳,内部垂直分层与水平划分。一般是应用于内部结构破损严重的情况,尤其是木楼板老化建筑,或者大空间的工业建筑,保留建筑外墙、承重墙、屋顶等“外壳”,内部重构。

⑦ 水平扩建。只要建筑基地条件允许,可以在建筑的各边增建。

⑧ 垂直扩展,建设高层建筑。注意新建高层建筑与历史建筑的协调共生。

⑨ 以开发为主的部分保存式。一般保留历史建筑的一部分,通常包括立面式(只保留建筑外墙面)、进深式(保留沿建筑立面往里一定的跨距)、构件式(只保留建筑的柱、门、墙面等构件)。(图 6.3,图 6.4)

图 6.3 苏州盛家带建筑景观改造外墙面处理效果图

图 6.4 专门添加玻璃顶罩保护的建筑遗产(安徽西递笃敬堂)

在建筑遗产利用规划、功能定位明确的前提下,要通过适当的建筑空间转型或工程改造达到与预定用途相匹配的建筑结构形式。

6.4 建筑遗产功能性利用合理性评价

功能性利用的合理性(适宜性)评价是为投资者及经营商在确定建筑遗产具体利用方案时做出合理选择提供的一个重要参考,是对功能性利用方案是否适合,适宜开发利用程度及限制状况条件所进行的评价。

6.4.1 功能性利用合理性(适宜性)评价方法

1) 典型案例抽样法

典型案例抽样法是从研究对象的总体中抽取一部分对象作为样本,对样本对象进行调查研究,并用对样本调查的结果来推断总体情况。典型案例抽样方法是随着现代数学的发展而出现的一种调查方法,它是全面调查与典型调查的逻辑补充。抽样调查的特点是:① 调查对象是研究对象总体的一部分而不是全部,它可以减少全面调查工作量太大的不足,同时,调查研究对象由研究对象总体中的许多对象所组成,而不是个别的单位或个人,比典型调查的代表性大;② 调查对象一般是按照随机的原则从研究对象的总体中抽选出来的,其对象具有很强的代表性,因此通过抽样调查获得的对总体的认识有较大的客观性和说服力;③ 抽样调查的目的是从对样本调查的结果来推断总体、认识总体,而不只是为了说明样本本身的情况。

2) 对比分析法

对比分析法是把一组具有一定相似因素的不同性质分析对象安排在一起,进行对照比较。通过综合比较它们在构造、性质、内容、过程、结果等方面的差异,得出不同对象的本质区别、现象差异和改进或创新目标。这是一种科学的探析方法,这种方法切合马克思唯物辩证哲学思想的矛盾统一观,运用这种方法,有利于充分显示事物的矛盾,突出事物的本质特征。对比分析法是通过认识和对比分析,找出研究对象之间的共性和差异,从而在实践中实现一定范围内的经验借鉴和规律移植,并通过认识进一步升华和飞跃,最终研究和构造放之四海而皆准的一般规律。

3) 传统可利用性评估法

建筑遗产传统可利用性评估主要采用专家打分法(德尔菲法)、层次分析法等确立评估体系。对建筑遗产的利用方案做出综合分值判断,建立评价的指标体系,分析影响评估目标的各种因素及其相互关系,在可利用性指标体系的基础上,制定出利用评估权重表。最终通过专家赋值与计算机模型得出综合结论。详细分析见第 3 章。

4) 线性规划模型分析法

线性规划是运筹学的一个重要分支,它辅助人们进行科学管理,是国际应用数学、经济、管理、计算机科学界所关注的重要研究领域。线性规划主要研究有限资源的最佳分配问题,即如何对有限的资源进行最佳方式的调配和最有利的使用,以便最充分发挥资源的效能来获取最佳的经济效益。线性规划运用数学语言描述某些经济活动的过程,形成数学模型,以一定的算法对模型进行计算,为制定最优计划方案提供依据。其解决问题的关键是建立符合实际情况的数学模型,即线性规划模型。在各种经济活动中,常采用线性规划模型进行科学、定量分析,安排生产组织与计划,实现人力物力资源的最优配置,获得最佳的经济效益。目前,线性规划模型被广泛应用于经济管理、交通运输、工农业生产等领域。

5)经济指标分析法

经济指标分析法是借助于一系列经济指标,对不同的技术方案进行分析、比较、评价,寻求技术与经济之间的最佳关系,使方案技术上的先进性和经济上的合理性有机地统一,进而做出决策。经济指标分析法是以经济观点评价技术方案的优劣,以经济效果最大化为准则进行选优。常用计算方法有效果分析法、效益费用比率法、效益费用现值比较法、内部收益率法、投资回收期法等。本书在第 8 章专门对建筑遗产项目利用的经济效益进行评价分析。

6.4.2 典型项目利用合理性的对比分析

本书采用典型案例抽样法和对比分析法,从全国级的历史地段项目中选择同类型中条件比较相似的案例进行比较分析,以期从中能看出两者之间的异同,为历史建筑遗产项目合理利用提供参考价值。

本书基于“建筑遗产保护利用平台”数据库(详见本书附录)内容,选择了历史名村、历史名镇、历史名街、历史街区四个组别,每组选择两个典型研究案例。从项目简介、交通状况、规划条件、利用方式、经济发展和文化底蕴六个方面对四组案例进行罗列比较,在此基础上做进一步的分析研究。(以下所有数据均为 2018 年公布数据)

1)案例第一组(历史名镇):江苏常熟古里镇与内蒙古丰镇市隆盛庄镇

本组对比并没有选择全国著名的历史文化名镇,选择的一个是经济繁华地区,另一个是经济保守地区。这更容易从交通、基础设施、经济发展等方面挖掘两个地区的差距原因与历史遗产项目发展机会。

① 对比案例简介

常熟市古里镇位于江苏省常熟市境域东部,东与白茆镇相接,南邻唐市镇,北与淼泉、梅李两镇接址,西与常熟市区毗邻,204 国道横贯镇区。古里镇地处于长江三角洲、太湖流域,按吴淞基准点,海拔最高为 4.75 m,最低为 2.5 m,由北向南微倾。南北距离 9.8 km,东西距离 7.3 km,总面积 49.5 km^2。古里镇具有典型的江南水乡风情,是目前江苏省保存最为完整,也是太湖国家级名胜区的十三大景区之一,素有“东方小威尼斯”之誉。

隆盛庄镇位于内蒙古自治区集宁与丰镇之间,北与察右前旗、兴和交界,西与红砂坝镇相邻,东南与浑源窑乡、黑土台镇接壤。兴丰一级公路南北纵穿镇区,南通新 208 国道,北接 110 国道,镇域总面积达 415 km^2。

② 交通区位对比

古里镇对外交通便捷，主要对外交通道路包括 204 国道、苏嘉杭高速路、沿江高速公路、锡太公路等。204 国道沿东西方向穿越镇域，铁琴铜剑传统风貌区与 204 国道仅一河之隔。苏嘉杭高速公路南北方向穿越古里镇域，并在古里镇境内于 204 国道交叉处设有出入口(图 6.5)。

隆盛庄镇中兴丰一级公路南北纵穿，通新 208 国道，北接 110 国道。相比古里镇，隆盛庄镇交通区位条件处于劣势，镇区道路现状不理想，标准低，路网通达深度不够。这主要是受到地理区位、地形条件、经济发展水平的影响(图 6.6)。

古里镇位于江苏省，位置优越，该地自古经济发达，又临近海洋，是交通要塞之地。隆盛庄镇位于内蒙古，相对于江苏省，其位置、地形对交通条件的影响较大，经济发展一般，因此路网通达度不够。

图 6.5　古里镇交通区位

图 6.6　隆盛庄镇交通区位

③ 规划条件对比

基于小城镇形象特色的理念，古里镇分别从以下四个方面进行了规划，以期更好地突出小城镇形象特色。第一，古里镇将客流量较大的古街——铜剑街与文昌街拓宽，并在街区范围内设置了较多的机动车停车场，以适应逐年增长的客流量。第二，在物质要素方面重点保护域内李市历史文化街区和铁琴铜剑传统风貌区，保护古里镇独具特色的水乡自然地理环境，保护历史遗存，具体内容包括历史街区和各级重点文物保护单位、文物保护对象。第三，非物质要素方面重点是保护和发展以白茆山歌和陆瑞英民间故事为代表的非物质文化遗产。第四，为给游客提供良好的旅行环境，对古里镇的基础设施进行了全面整修，消防、通信、通电、排水、供暖等设施较为齐备。

隆盛庄镇对建筑遗产的保护规划措施主要有以下几点。第一，针对建筑物、构筑物的现状评估区分不同情况，采取相应措施，以保持传统风貌的真实性和完整性。将除文物保护单位外的建筑分为历史建筑、传统建筑、与传统相协调建筑和与传统不协调建筑四类，进行分类保护与整治。第二，保持原有街巷尺度、原有沿街建筑立面的连续性，保护以当地植被为主的绿化形式，尤其注意保持重要历史街巷的走向、尺度和铺装，保护其历史风貌。第三，新建、扩建必要的基础设施和公共服务设施。第四，合理组织道路交通，基本保持原有道路断面形式，保护传统的铺装不受损坏，逐渐恢复被弃置的历史街巷的使用。

比较两地的保护规划可以看出，古里镇保护规划主要以扩大景区旅游可容量为主，以及如何保护建筑遗产不受到增加的客流量影响。由于一直以来发展旅游业，镇区内基础设施、主要道路比较发达；但在扩大可容量、扩宽道路的规划上，仍存在如何使传统建筑不受破坏的制约。隆盛庄镇保护规划工作主要偏重于对古镇进行合理分区，分类整治与保护。这是由于隆盛庄镇相对偏远，旅游业欠发达，镇内配套的各类规划及设施还不齐全，但由于存在众多古建遗产，因此在合理规划保护后还是存在很大的发展潜力。

④ 利用方式比较

古里镇以发展旅游业为主，同时具备服装、纺织、生物医药、轻工机械等经济形式。古里镇发展模式较为多样化，包括开发当地建筑遗产资源，发展旅游业，依靠便利的交通发展轻工业、医药业等，两者相互补充，互相促进。隆盛庄镇基本以农业为主，近几年也在积极发展旅游业。工业有三处，分别是机械厂、纺织厂和木料加工厂，前两处现已空置，准备调整用途。

⑤ 经济发展情况比较

将古里镇与隆盛庄镇主要经济指标数据进行对比，如表 6.5 所示：

表 6.5　两镇主要经济数据对比（2018 年）

	古里镇	隆盛庄镇
总人口/万人	10.1	4.215 6
占地/km^2	116.6	440.0
所在城市 GDP/亿元	2 400.23（常熟）	114.11（丰镇）
旅游收入/亿元	384.59	2.70

⑥ 文化底蕴情况比较

古里镇历史文化价值高，镇内现有古建筑 46 余处，其中古楼 2 座、古庙宇 15 座、古祠堂义庄 4 座、古桥 19 座、重要墓碑 2 个。古建筑遗产保存完好，具有很好的研究和旅行观光价值。有多位历史文化名人在此留下佳作，有柳如是的《戊寅草》《湖上草》及《柳如是尺牍》《河东君山水人物册》，钱谦益的《初学集》《有学集》《投笔集》《杜诗笺注》，瞿启甲的《四部丛书》等，名人书画的存留为古镇建筑遗产的利用吸引了更多的游客。

隆盛庄镇地理位置接近察哈尔游牧区，亦是古时的蒙古地区到五台山的必经之处，每年都有成千上万朝山进香的人从这里经过。隆盛庄镇便成为路人添置物品、落脚歇息、交易农畜产品的理想之地。保存的清真寺、南庙等寺庙是我国内蒙古地区保存较为完整的历史建筑群之一。处于北方游牧文化区与西北农耕文化区的过渡地带，属于两种文化的边缘地区。这种文化地理位置对于保留传统文化，弘扬民族文化和民间民俗文化具有重要意义。隆盛庄镇是蒙、汉、回、满等众多民族共同生活的家园，不同的民风民俗也是吸引游客和发展古镇旅游的一大优势。

⑦ 小结

从两地数据来看不难得出古里镇经济发展远好于隆盛庄镇，其旅游收入也高于隆盛庄镇，这是因为古里镇位于经济发达的江苏省，便捷的交通、齐全的设施、优越的区位不仅促进了经济增长，也使当地的古镇能得到充分的利用，但由于地域面积限制，加上资源充分挖掘，古镇旅游在当地的重复性强，利用潜力已经有限。隆盛庄镇虽然占地面积较大，但由于区位、经济条件的限制，利用现状一般。虽然是路网密度不大，但位置优越，车流量较少，距离北京也不是很远，随着自驾旅游的普及，依托当地独特的自然资源和风土人情来发展旅游的潜力巨大。这组案例对比可以看出，当地的特色风景、风土文化的挖掘以及同类项目的竞争性等因素会影响利用发展潜力。

2）案例第二组（历史名村）：海南省三亚市崖城镇保平村与北京市门头沟区斋堂镇灵水村

本组两个古村落历史形成时期相近，保平村建于唐末宋初，灵水村建于辽代。经过了一千多年的变化，两者的差异比较明显。

① 对比案例简介

保平村位于海南省三亚市崖城镇，地处崖州古城西南 4 km，古称毕兰村，是古崖州的边关重镇、海防门户。其所在镇内有海南西环铁路、G98 海南环岛高速公路、225 国道等交通干道，主要港口有南山港、崖州中心渔港，主要海湾有崖州湾。

灵水村现位于北京西部门头沟区斋堂镇西北部，距镇政府 12 km，东南部距政府驻地 32.5 km。村子距 109 国道 4 km。灵水村形成于辽金时代，自然风光秀美，文物古迹众多。

② 交通区位对比

保平村所在镇境内有 G98 海南环岛高速公路、海南西环铁路、225 国道等，附近还有南山港、崖州中心渔港等港口。可以利用的交通工具有飞机、火车、汽车、轮船，交通较便利，如图 6.7 所示。

灵水村位于镇域西北部，距镇政府 12 km，村子距 109 国道 4 km。在该古村中主要出行形式为汽车，由于离镇域较近，其交通方式多元化，通行较为便利，如图 6.8 所示。

图 6.7　保平村交通区位图

图 6.8　灵水村交通区位图

③ 规划条件对比

保平村近年来针对建筑遗产的规划保护工作主要有:第一,对古村落内所有历史建筑建立历史建筑档案,真实记录历史建筑的基本信息和保存状况;第二,对古村内的所有历史建筑进行严格保护,对主要历史空间结构(从临高骑楼街至“大”字形特色骨架)周边的重要院落进行整治,并建立严格的机动车管控制度,减少机动车对街巷的破坏;第三,加强非物质文化的展示,例如崖州民歌、保平革命烈士纪念碑、家书长廊、农军桥和何绍尧纪念亭;第四,参考历史文献在村口原址处,修建保平书院与保平桥;第五,完善道路交通设施建设和基础设施改善;第六,改善生态环境。

灵水村对建筑遗产规划保护的主要内容有:第一,建立健全规划法规体系,依法加强管理古建筑;第二,建立文物文化遗产保护档案;第三,建立古村落历史文化展示体系;第四,建立古村落保护专项资金;第五,培育稳定的古村落保护管理人员和古建筑修缮队伍;第六,重点整治当地生态环境。

对比保平村、灵水村建筑遗产保护规划工作的主要内容可以看出,保平村规划重点在于对建筑遗产本身的管理与保护以及基础设施的完善,这是由于近些年旅游事业的发展,尤其是三亚旅游业的腾飞,给当地古村带来收益的同时也给古建筑带来了巨大的压力,相对滞后的基础设施不能满足日趋增长的游客量。灵水村重点保护规划除了针对当地建筑遗产外,还要针对当地严峻的生态环境问题。这是由于灵水村所在的位置在北京附近,大城市的发展给其带来了严重的环境问题,加上当地降水较少,水土流失、风沙等环境问题比较严重。环境问题不能解决好,古建筑的保护也受到不小的挑战。

④ 利用方式比较

保平村以农业为主，当地政府正利用旅游资源大力发展观光旅游业。灵水村的八大举人宅院、八大商号、八大景观、十四座古庙、三棵千年古树以及其他古迹都是灵水村具有巨大价值的旅游资源，使灵水文化的历史沉淀，主要的发展方式是旅游业。

⑤ 经济发展情况比较

以保平村与灵水村主要经济指标数据进行对比，如表 6.6 所示：

表 6.6 两村主要经济数据对比（2018 年）

	保平村	灵水村
总人口/万人	0.125 6	0.547 0
占地/km^2	2.73	0.5
村经济收入/万元	976.35	13 420.4

⑥ 文化底蕴情况比较

保平村历史悠久，文化深厚，村中保存完好的明清古宅是崖州古建筑最有代表性又最集中的古代民居建筑群。如今保存完好的古民居中尚有“明经第”小门楼。保平书院、九姓祠堂、关帝庙、文昌庙、天后庙、保平桥、毕兰村遗址等这些历史文化古迹，曾经记载着保平村的社会文明和文化昌盛。

灵水村是京西古村落群中最具文化底蕴的古村落之一，现保留 100 多座明清时期的老四合院，日寇侵华时破坏了许多有价值的古建筑，大部分已经只剩下地基和遗址。应当把现有保存较好的资源全部集中管理，避免再有人为的破坏，根据资源的重要程度，重建和修复具有代表性的历史建筑，并相应赋予其历史价值或展示功能。

⑦ 小结

虽然两者都是以旅游业为主要利用方式，但从主要数据来分析，灵水村与保平村的经济发展差异明显。这是由于灵水村地处北京附近，以大城市的发展为依托，依靠便利的交通条件，宣传打造北京最美乡村，通过发展旅游业，使得当地经济得到较快发展。但目前环境问题也日趋严重，成为阻碍经济发展和破坏建筑遗产的主要因素之一，发展潜力一般。保平村原本主要以农业生产为主，经济发展远不及灵水村。但由于位于以旅游业为主的三亚市，近几年三亚市也在拓展新的旅游模式，从海滨游向乡村游发展，保平村的旅游发展迅速。从 2010 年全村收入 172 万元到 2018 年收入 976 万元。当地政府也对当地建筑遗产进行合理规划保护，修缮完备相关基础设施，这对于建筑遗产的利用发展有很大影响。从这组案例对比可以看出，建筑遗产项目旅游利用与当地投入宣传力度有密切关系。

3）案例第三组（历史街区）：西藏自治区拉萨市八廓街与安徽省黄山市屯溪老街

本组两个历史街区虽然位置距离遥远，但有一些共同之处，一是在全国范围的社会影响力都很大，二是以旅游作为城市主要收入来源，2018 年两个城市的旅游收入占 GDP 比重都是 75%。

① 对比案例简介

八廓街以大昭寺为中心，西接藏医院大楼，南临沿河东路，北至幸福东路，东连拉萨医院河林廓东路。该街区位于现拉萨市中心区，同时也是历史上拉萨古城的核心区，已有1 300多年历史。至今仍然保留有较大规模、较为完整的传统景观风貌、整体街巷格8局，传统民居建筑以及一定的传统生活方式。

屯溪老街位于安徽省黄山市屯溪区中心地段。北面依山，南面傍水，全长1 272 m，精华部分853 m，宽5～8 m。包括1条直街、3条横街和18条小巷，由不同历史年代建成的300余幢徽派建筑构成的整个街巷，呈鱼骨架形分布，西部狭窄、东部较宽。屯溪老街是中国保存最完整，最具有南宋和明清建筑风格的街市，属于全国重点文物保护单位。

② 交通区位对比

八廓街距拉萨贡嘎机场59 km，距火车站拉萨站9.2 km，拉萨南站11.2 km，附近有拉萨汽车站、拉萨东郊客运站、拉萨北郊客运站、鲁固汽车站(图6.9)。屯溪老街街区内有多条公交线路直接通往火车站，且距离很短，又位于黄山市屯溪区中心地段，交通十分方便(图6.10)。

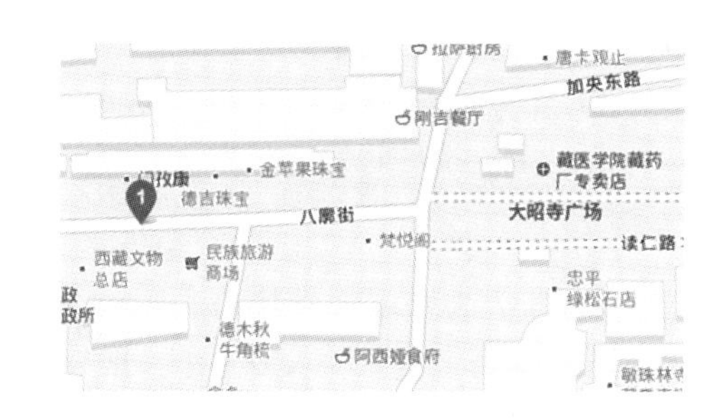

图6.9　八廓街交通区位图

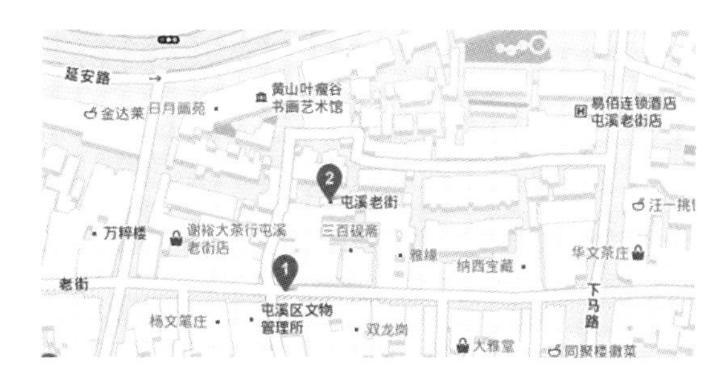

图6.10　屯溪老街交通区位图

比较八廓街与屯溪老街的交通区位可知，八廓街所在地区有多条主干道经过，且有机场，交通比较方便，但由于所处地区位于我国西北部，海拔高，阻碍交通通行度的因素较多，成为限制古街发展的重要原因之一。屯溪老街位于安徽省，在我国中部，处于黄山市屯溪区中心位置，交通非常便捷，为老街的发展提供了有利的条件。

③ 规划条件对比

八廓街规划保护工作主要内容是：第一，通过对当地经济发展的动力分析，指出历史文化遗产的保护不仅是对当地藏族优秀传统文化的保护，而且是对当地支柱产业旅游业的发展，统一当地领导对历史文化遗产保护重要性的认识；第二，将老城区分级为重点保护区和建设控制区，并提出分级控制要求；第三，对街区内人口和土地使用功能进行调整，对道路交通、市政设施和防灾等基础设施进行规划。

屯溪老街规划保护工作主要内容有：第一，保护老街地区的空间实体，包括对老街核心区的保护，老街周边地区的建设控制和山水环境的景观协调；第二，保护老街的历史文化内涵，弘扬徽州地方文化；第三，保护居民的生活稳定，维护社区的活力；第四，建立老街商业建筑数据库，统一管理；第五，保护与发展相结合，将老街街区建成集历史传统文化、旅游、餐饮、商业、娱乐、住宅为一体的特色街区；第六，逐步改善老街的交通条件、基础设施、房屋质量和生活环境。

从近年来两者的规划保护内容可以看出，八廓街主要侧重于对街区进行合理的分区分片，以及提高当地居民合理利用其发展旅游资源的意识。这是由于当地宗教事业比较发达，早年间大部分人过去主要是朝圣。随着近年来旅游业的发展，过去参观游览的人数也逐渐增多，当地居民及当地官员的规划意识也逐渐提高。屯溪老街一直以历史老街建筑的形式吸引游客，其发展较为成熟，因此对其主要规划偏重于保护好历史老街里建筑遗产的完整以及改善老街环境等。

④ 利用方式比较

八廓街的利用形式以旅游业，以及周边随着旅游业兴起的商圈为主，利用情况比较单一。屯溪老街地区作为国内外著名的历史文化街区，规划明确提出要建成以老街为核心的文化、旅游、观光、休闲、商贸区。两者主要利用形式都是以旅游业为主，屯溪老街因旅游业延伸的其他利用经营方式显得较为多元化；而八廓街开始注重文化建设，也发生了一些深层次变化。

⑤ 经济发展情况比较

以八廓街与屯溪老街主要经济指标数据进行对比，如表 6.7 所示：

表 6.7 两个历史名街主要经济数据对比（2018 年）

	八廓街	屯溪老街
总人口 /万人	0.6	1.25
占地 /km^2	1.34	0.13
所在城市 GDP /亿元	540.78	677.9
所在城市旅游总收入 /亿元	403.76	509.76
旅游收入占 GDP 比重	0.746	0.752

⑥ 文化底蕴情况比较

八廓街保留了拉萨古城的原有风貌，街道由手工打磨的石块铺成，旁边保留有老式藏房建筑。街道两侧店铺林立,有 120 余家手工艺品商店和 200 多个售货摊点,经商人员 1 300 余人,经营商品 8 000 多种。街内遗存的名胜古迹众多,有下密院、印经院、席德寺废墟、仓姑尼庵、小清真寺等寺庙和拉康 12 座,有松赞干布行宫曲结颇章,黄教创始人宗喀巴的佛学辩论场松曲热遗址等。

屯溪老街全长 1 272 m,精华部分长 853 m,宽 5~8 m。包括 1 条直街、3 条横街和 18 条小巷,由不同年代建成的 300 余幢徽派建筑构成整个街巷,呈鱼骨架形分布,西部狭窄、东部较宽。因屯溪老街坐落在横江、率水和新安江三江汇流处,所以又被称为流动的"清明上河图",是中国保存最完整,最具有南宋和明清建筑风格的古代街市。

⑦ 小结

从两地主要数据来看,八廓街依托于拉萨旅游,屯溪老街依托于黄山旅游,两处遗产项目都能够充分利用旅游资源,属于全国重点文物保护单位,也是全国著名的旅游景点。虽然地理位置距离很远,收入都相当可观。一是世界文化遗产的宣传影响,二是旅游配套设施的齐全。两者经济数据绝对值存在差异的原因主要是由于所处的经济圈不同,同时当地人对旅游业的延伸服务意识也是重要影响因素,这一点上东部地区的服务创新意识明显要更强一些。

4)案例第四组(历史名街):天津市和平区五大道与江苏省苏州市平江路

本组两个历史名街一为历史殖民地文化建筑遗产区,一为典型江南传统建筑遗产区,旅游收入比重相近。

① 对比案例简介

五大道是天津近代租界时期形成的历史名街。主要指在原英租界的西北区域中东西方向并行排列六条街道(现为和平区内的成都道、重庆道、常德道、大理道、睦南道和马场道)内的所属区域,占地约 140 hm^2。目前也是天津最大的历史文化保护街区。

平江历史文化街区是苏州古城内迄今保存最为完整的一个区域。拥有世界文化遗产耦园和 16 处省市级文物保护单位,以及 43 处苏州市控制性保护建筑等众多历史文化遗产。它至今保持着河路并行的双棋盘格局,体现着小桥、流水、人家以及幽深古巷的江南水城特色,有深厚的文化底蕴、丰富的历史遗存和人文景观。

② 交通区位对比

五大道附近共有 22 条马路,总长度为 17 km,总面积 1.28 km^2。有多条铁路经过(天津站、天津南站、天津西站、天津北站、滨海站、于家堡站等)。可乘坐航班到达,天津滨海国际机场位于东丽区,距天津市中心 13 km,距天津港 30 km(图 6.11)。

平江路距离苏州火车站约 3 km,距苏州汽车北站约 1~2 km 路程。沪宁高速苏州出口至东环路,右转干将东路至平江路;苏嘉杭高速苏州出口至东环路,左转干将东路至平江路。陆路、水路交通都很发达。有轨交 1 号线。平江路公交车站是苏州交通网络重要站点之一,经过平江路的线路有 301 路、301 路袁家浜线、305 路等公交线路(图 6.12)。

图 6.11　五大道交通区位图

③ 规划条件对比

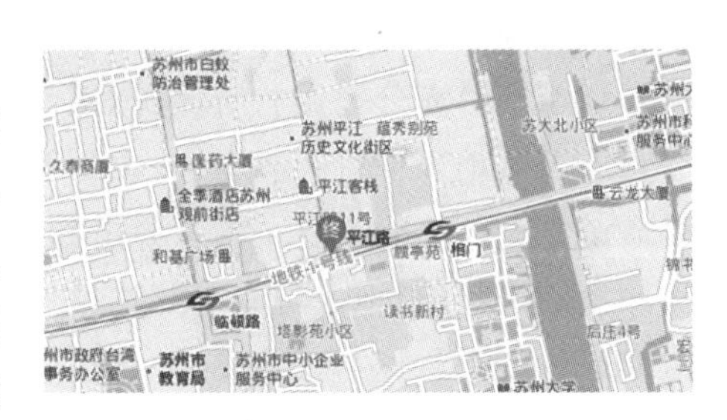

图 6.12　平江路交通区位图

五大道的规划保护工作内容主要包括：第一，不得擅自改变街区的空间格局；第二，严格控制核心保护范围内的建筑总量，新建、扩建、改建后地上部分的建筑面积总量不得超过现有地上部分的建筑面积总量(不包括违章建筑)；第三，严格控制一切开发建设活动，新建、改建、扩建活动必须符合历史环境的尺度，不得损害历史建筑的可识别性；第四，严格控制新建、改建、扩建建筑和构筑物在高度、密度、退线、体量、色彩、材料等方面要求，必须与周边保护建筑相协调；第五，不得擅自新建、扩建道路；第六，严格保护核心保护范围内的院落、绿化、小品、铺装等历史环境要素；第七，不得新建工业企业，现有妨碍本街区保护的工业企业应当有计划地迁移。

平江路的规划保护分三级设置。第一级，沿街沿河风貌保护地段，指平江历史街区内一纵四横五条路两侧一至两进的“视线可及范围”地带，保护面积为 8.68 hm^2。原则是普遍保护沿街沿河的历史风貌，严格控制建筑活动，确保原汁原味，对障景进行必要的修景工作，对破损、缺失部分取镶嵌式的设计手法，使风貌完整统一。第二级，平江历史街区，指平江街区内具有较高历史价值的沿街沿河建筑、文物、园林等，这一地区风貌已有一定程度的破坏，部分民居已改建，但该地区传统街巷与民居仍相对集中，其中还有文物建筑，面积达 23.83 hm^2。原则是恢复原有的立面风貌，注意与文物及古建筑风貌的协调，允许改造内部环境以求适应现代化的生活需求。第三级，平江历史风貌保护区，指整个平江街区，面积为 42.94 hm^2。原则是保护具有水乡特色的建筑与空间环境，改造更新与历史街区特色不符的地段，如振亚丝织厂、染织二厂等工厂及仓库，逐步通过功能置换对它们进行更新改造，使这些地段与原汁原味地段的风貌相协调，功能上也与历史街区的文化性质相吻合。

④ 利用方式比较

五大道历史文化街区是以历史名人故居为典型代表的，集中展示“天津小洋楼”建筑特色及整体风貌的,安静优雅的历史文化街区。其利用着重在于提升街区的文化和环境品质,完善居住功能和配套设施,彰显街区历史文化价值。

平江路是苏州的著名历史老街,是第一批中国历史文化街区之一。位于苏州古城东北隅,是一条沿河的小路,其河名为平江河。宋元时期苏州又名平江府,故以此名路。平江路全长是 1 606 m,精致水巷,阡陌交通,平江路不是游人的街,是老百姓的路。到平江路不是来游玩,是要来体验,了解苏州百姓的生活。平江路的居民还保持着传统的生活方式,体现江南传统街巷的特色。

⑤ 经济发展情况比较

以天津五大道与苏州平江路所在城市主要经济指标数据进行对比,如表 6.8 所示:

表 6.8 两个历史名街所在城市主要经济数据对比(2018 年)

	五大道	平江路
占地 /km^2	1.28	1.165
所在城市 GDP /亿元	18 809.64	18 597.47
所在城市旅游总收入 /亿元	3 920	2 609
旅游收入占 GDP 比重	0.208	0.141

⑥ 文化底蕴情况比较

五大道汇聚着英、法、意、德、西班牙等国各式风貌建筑 230 多幢,名人名宅 50 余座。这些风貌建筑的建筑形式上丰富多彩,有文艺复兴式、希腊式、哥特式、浪漫主义、折中主义以及中西合璧式等,构成了一种凝固的艺术。

平江路拥有世界文化遗产耦园和 16 处省市级文物保护单位,以及 43 处苏州市控制保护古建筑等众多历史文化遗产,是中国江南传统历史街区的代表。

⑦ 小结

从两个历史名街的主要数据来看,五大道街区格局与历史建筑代表了中国的一段特殊历史时期,平江路街区格局与历史建筑体现了独特地理区域特征,也各自体现不同文化价值与社会效益。从两者对比上看,无论是历史还是地域差异,只要结合各自特征充分利用,同样能够将建筑遗产的环境效益、社会效益和经济效益发挥最大。

6.4.3 建筑遗产项目利用的线性规划模型分析

线性规划模型分析是指通过设立以建筑遗产本身的特点、交通区位环境因素为决策变量,以建筑遗产数目、维护建筑遗产的成本、建筑遗产周边环境为约束条件,考虑建筑遗产经营的收入以及维护建筑遗产及周边设施的成本等情况,建立线性规划模型,对于建筑遗产项目利用是否优化配置具有指导意义。

1. 建筑遗产项目利用规划可利用的模型

1) 模型简介

线性规划是运筹学的一个重要分支,它辅助人们进行科学管理,是国际应用数学、经济、管理、计算机科学界所关注的重要研究领域。线性规划主要研究有限资源的最佳分配问题，即如何对有限的资源进行最佳调配和最有利使用，以便最充分发挥资源的效能，获取最佳的经济效益。线性规划运用数学语言描述某些经济活动的过程，形成数学模型，以一定的算法对模型进行计算，为制定最优计划方案提供依据。其解决问题的关键是建立符合实际情况的数学模型，即线性规划模型。在各种经济活动中，常采用线性规划模型进行科学、定量分析，安排生产组织与计划，实现人力物力资源的最优配置，获得最佳的经济效益。目前，线性规划模型被广泛应用于经济管理、交通运输、工农业生产等领域。

2）模型在其他相关领域的应用效果

① 模型在土地利用规划中的应用

最优线性规划法是从区域土地利用的综合效益中提炼出一个体现本区土地资源特点和社会发展要求的单一效益，并将其他效益作为约束条件来考虑的一种方法。其基本思路和步骤是：

第一步，根据区域土地资源的特点和社会经济发展的要求，从区域土地利用的经济、社会、环境等效益中选取一个作为规划的主导目标。

第二步，划定若干个土地利用类型，并确定各类用地类型的效益权重，构成效益权重集。

第三步，构建目标函数：

$$S(x)=\sum Kw_ix_i$$

式中：$S(x)$—— 目标函数；

K—— 各类用地效益系数，为一常数；

w_i—— 各类用地的相对权重值；

x_i—— 各类用地面积。

第四步，根据耕地效益即每公顷耕地产出效益的发展预测值来确定常数 K。

第五步，选取区域土地面积，规划目标年耕地保有面积，规划期内建设用地面积，园地面积，退耕还林净增林地面积，区域内宜农、宜林、宜牧的土地面积等数据作为约束条件。

第六步，列出方程，运用适当数理统计软件求解，得出土地利用的最优方案。

张佳会、黄全富、王力运用线性规划法对石柱县土地数量结构进行优化①，结果发现具有以下特点。①经济效益主导性，石柱县是国家级贫困县，最紧迫的任务还是发展地方经济，增加人民收入，提高人民的物质生活水平。②地域特殊性，石柱县地处山区，规划林地占了相当的比重，充分体现了三峡库区水土保持的重要性。由于该县地处偏远，

① 张佳会，黄全富，王力.最优线性规划法在土地利用总体规划中的应用[J].重庆师范学院学报(自然科学版)，2001，18(1)：36-39.

交通不便,为加快地区经济发展,有必要增加大量的交通用地。③国家政策的约束性,该规划充分体现了国家关于退耕还林和耕地动态平衡以及严格控制建设用地的政策要求。为满足未来人口增长对农产品的需求,政策约束保有耕地量 51 931.2 hm^2,为防治水土流失,上级下达了严格的退耕还林指标 77 hm^2。

② 模型在经济管理规划中的应用

线性规划在经济管理工作中可以从整体统筹规划,尽量达到用最少的人力物力资源去完成任务,或在人力物力资源一定的前提下,合理规划统筹,以达到最高的经济效益。线性规划的优势在于通过建立模型,运用严格的数学方法,借助图表和计算机等手段求解,并以所得数据指导企业、政府机构、银行管理部门选择最优的资产组合方式,以实现最大的管理目标。除了能在满足各方面的限制和条件下获得最大收益外,还能表现在一个或多个约束条件发生变化时最优的资产组织的变化。在条件比较复杂的情况下,甚至还可应用多重目标线性规划来替代单一目标线性规划,并在一组相互冲突的目标和数种解决方案中进行权衡抉择,从而得出一组最可行的最优方法。因此,线性规划在企业经营决策、计划投资、优化组合方面起着重要作用。

目前,已经有较多企业、银行及管理部门采用线性规划法来解决生产与投资规划的问题,并取得了一定的经济效益或投资回报。

2. 线性规划模型在建筑遗产项目利用优化配置中的分析

1) 建筑遗产项目利用优化可能的影响因素分析

建筑遗产本身的因素包括:①建筑遗产所在的区位、交通与环境条件;②建筑遗产提供的可利用空间;③建筑遗产的区域文化。

当地居民的因素包括:①基础设施的使用;②对外来者(经营者与消费者)行为的包容程度;③政府政策的支持程度。

经营者的因素包括:①经营者的利润空间;②经营者的持续经营能力。

消费者的因素包括:①市场范围与认可度;②市场消费能力。

2) 理论基础

通过分析,建筑遗产项目利用优化是一个线性优化的过程,可以分解为目标函数、决策变量和约束条件三部分。通过在目标函数和约束条件下对决策变量进行求解,来获得最优的利用方式,产生最大的经济效益,从而保证所形成的利用计划更具有指导意义,为建筑遗产的利用优化提供更准确的依据,在获得最大效益的同时更好保护建筑遗产。

线性规划模型在建筑遗产项目利用优化配置的应用如下文所示。

① 选择决策变量

根据建筑遗产本身具有的特点,选取建筑遗产所在的区位、交通、环境条件以及可利用的空间作为决策变量。例如,历史文化古镇、古村、历史名街、历史文化街区对于上述条件的依赖程度,这些条件能带给不同种类建筑遗产的实际效益。决策变量分别

设为 $x_1, x_2, x_3, \cdots, x_n$，用 $x_i (1 \leqslant i \leqslant n)$ 来表示。

② 确定目标函数

建筑遗产利用优化配置的目标是在保护的前提下实现经济文化效益最大化，即总利润最大。确定总利润时，不仅要考虑通过建筑遗产取得的总收入和人工费用，还需要考虑日常维护的各种费用，这里包括固定维护费用和可变维护费用。目标函数如下：

$$\max F = \sum_r c_r x_r - \sum v_i y_i - \sum (a_k + u_k z_k)$$

$$(r = 1,2,\cdots,m; \quad i = 1,2,\cdots,n; \quad k = 1,2,\cdots,s)$$

式中：m—— 建筑遗产的种类数；

n—— 固定维护的数量；

s—— 维护人员数目；

c_r—— 第 r 种建筑遗产的收入；

x_r—— 第 r 种建筑遗产不同收入的种类数；

v_i—— 第 i 种建筑的维护费；

y_i—— 需要维护的次数；

a_k—— 第 k 个人工的固定费用；

u_k—— 单位可变费用；

z_k—— 第 k 个人工的工作量。

③ 确定约束条件

约束条件是由建筑遗产运营的特点和建筑遗产本身的各类性能决定的，它反映了决策变量与产生效益流程参数之间必须遵循的关系。如果在建立模型时忽略了重要的约束条件，则求得的解不可信；但如果过于细微，约束条件数目增加，计算时间也将增加；同时由于变量多，关系复杂，比较容易给出互为矛盾的约束条件，造成模型无解。

通过对建筑遗产产生经济效益的流程进行分析，根据其运营的特点和本身的性能确定如下约束条件：

a. 建筑遗产数目约束。每个区域建筑遗产的数目是有限的，在经营过程中，每个建筑遗产在一定时间内都有其最大的承载量，在过程中不能超过其承载量，不然会对建筑遗产造成破坏。

$$\sum_f = x_i f \leqslant d_i \qquad (i = 1,2,\cdots,n)$$

式中：n—— 一个地区建筑遗产数目；

$x_i f$—— 第 i 种建筑遗产运营方案 f 中的承载量；

d_i—— 第 i 种建筑遗产最大承载量。

b. 维护建筑遗产的成本约束。维护工作在建筑遗产运营过程中是不可避免的,每个建筑遗产在不同的运营模式下有不同的维护方式,因此,要正确反映建筑遗产经营与维护之间的关系,要考虑最大的维护成本,每个建筑遗产的维护成本最好不能超过运营收入。

$$\sum_{i} x_i \leqslant b$$

式中:x_i—— 建筑遗产第 i 种维护方式下的成本;

b—— 最佳经营收入。

c. 建筑遗产周边环境平衡约束。每个建筑遗产周边环境都不相同,建筑遗产不可能独立存在,必须与周边环境相协调,建筑遗产的运营不能超出周边环境的最大承载量,否则即便经营收入增加,环境遭到破坏也是得不偿失的。

$$\sum_{j} x_{rj} \leqslant x_f \qquad (r = 1, 2, \cdots, m)$$

式中:m—— 一个地区的建筑遗产数量;

x_f—— 当地环境最大承载量;

x_{rj}—— 第 r 个建筑遗产在第 j 天的承载量。

3)应用可行性

对于建筑遗产项目的利用优化可以借鉴线性规划模型来研究。建筑遗产是旅游业的支柱,因此对建筑遗产利用的优化配置尤为重要。建筑遗产是指历史上存留下来的具有一定文化价值、经济价值、欣赏价值的古镇、古村、历史名街、历史文化街区等。建筑遗产功能性利用具有形式较多样、经济来源较单一、建筑本身较稳定、影响因素较复杂等特点。建筑遗产利用是由一系列不同的盈利模式组成的复杂利用方式,其核心是利用现有的建筑遗产获得最大的经济、文化效益,并对建筑遗产进行很好的保护。在实际管理过程中,每处建筑遗产可以采用多种不同的利用方式,应用不同的利用方式来满足市场、游客对建筑遗产的要求。

通过分析,建筑遗产项目利用优化是一个线性优化的过程,可以分解为目标函数、决策变量和约束条件三部分。通过在目标函数和约束条件下对决策变量进行求解,来获得最优的利用方式,产生最大的经济效益,从而保证所形成的利用计划更具有指导意义,为建筑遗产的利用优化提供更准确的依据,在获得最大效益的同时更好地保护建筑遗产。

4)分析小结

由于建筑遗产项目利用优化配置方案由建筑遗产本身条件所决定,受到区位、周边环境条件、建筑遗产的承载量、基础设施情况等诸多因素影响,所以利用配置方式不同,所取得效果不同,获得的经济文化效益也大相径庭。本书将线性规划模型引入建筑遗产项目利用优化配置评价。基于建筑遗产本身具有的特点,其交通区位环境条件为决策变量。以实现建筑遗产经济文化效益最大化的目标为前提,考虑通过建筑遗产取得的总收入和人工费用，以及日常维护的各种费用为基本变量，建立目标函数。设置建筑遗产数目约束、维护建筑遗产成本约束、建筑遗产周边环境这三个约束条件进行线性规划分析是可行的。通过对建筑遗产本身特征、所在区位、基础设施以及其他影响因素的程度进行调查收集，再量化成具体数值，通过线性规划模型的计算分析，能够确定不同条件下建筑遗产的最优利用配置。

引入线性规划模型对建筑遗产功能利用优化配置评价分析的研究成果较少，各种影响因素如何收集、如何量化还需要进一步研究与思考。

6.5 建筑遗产功能性利用的经济分析

尽管以建筑遗产的合理开发与利用来实现其长期有效、可持续的动态保护逐渐成为包括理论和实践在内的社会各界一致认可和呼吁的观点，但是建筑遗产利用的内涵、核心以及边界的界定仍然经历了较长时间的摸索过程。赵彦等人将建筑遗产的再利用发展特征总结为"波浪式"历程，并指出建筑遗产从最初以修复和保护为主，逐步向局部开发利用、再利用等阶段演变，每次变革都会带来新的发展理念和方向[①]。

19 世纪初，建筑遗产的保护尚处于"忠实于原状修复"阶段，这种缺乏实用性的保护必然导致技术、设备、专业人才以及必要资金的缺乏，实用功能不足甚至使得"原状修复"也难以达到理想效果。1945 年以后，得以幸存的建筑遗产再度引起包括艺术界在内人士的高度关注，当时已有部分人提出对建筑遗产进行开发和再利用，虽然这些声音极其稀少而微不足道，且与异常紧迫的战后重建工作相比更加难以引起人们重视，不可否认这些呼吁仍然对催生建筑遗产的再利用观念起到了重要的启发和推动作用。1964 年《威尼斯宪章》明确提出了"基于社会公益目的的利用"的保护思路，建立在保护基础上的建筑遗产合理利用工作才轰轰烈烈地开展起来。我国的建筑遗产再利用起步较晚，且大多集中于理论研究和探索阶段。例如，阮仪三提出文物建筑除了具有观赏价值外，还具有使用价值，应注重维护和更新问题[②]；刘怡涵提出建筑遗产要经过有目的的改建、扩建，增强建筑的生命力[③]；王珺等人则提出建筑遗产的保护和更新不应采用单纯依靠政府的保护方式，而应该强调公众参与和市场机制的作用[④]。更为系统地，赵彦及其合作者根据保护内容及驱动力差异，将建筑遗产合理利用分为维护性再利用、保护性再利用、创造性再利用和开发性再利用四种方式[⑤]；张欣娟则根据建筑遗产利用的具体方式将再利用方式划分为单项整饬模式、整体整饬模式、改造修复

① 赵彦，陆伟，齐昊聪. 基于规划实践的历史建筑再利用研究：以美国芝加哥为例[J]. 城市发展研究，2013，20(2)：18-22.

② 阮仪三. 作为遗产类型的文化线路：《文化线路宪章》解读[J]. 城市规划学刊，2009(4)：86-92.

③ 刘怡涵. 历史建筑的保护和再利用初探[J]. 美术大观，2010(8)：193.

④ 王珺，周亚琦. 香港"活化历史建筑伙伴计划"及其启示[J]. 规划师，2011，27(4)：73-76.

⑤ 同①.

开放模式以及捆绑修复开发模式四种类型①。

与理论界较为丰富的研究成果相比，我国建筑遗产合理利用在具体城市规划建设实践中却未能取得相对应的成果，有效的经验总结和实践操作明显不足。目前通行的是"修旧如旧"，求其"真实性"的刚性措施。在城市规划建设中，面对散落于民间村落的建筑遗产，应打破保护至上的固化思维。正如梁思成先生所说的"不求原物长存②"观念，是结合传统建筑的结构、用材等特点而提出的更新观点。事实上，在长期固守"修旧如旧"这种建筑遗产保护理念的过程中，逐渐暴露出我国的建筑遗产开发利用的诸多问题。例如法律法规体系不健全、缺乏切实有效的执行力和操作性；建筑遗产市场化开发要么难以真正实现独立运作经营，行政力量阻碍市场化运作，要么过于追求利润最大化，甚至湮灭了建筑遗产原有的历史传统与文化内涵；建筑遗产开发利用缺乏民众参与，导致开发产出成果与民众需求不相符，难以真正取得应有的社会效用和经济效应；建筑遗产开发缺乏相关部门监管；非政府组织发展滞后，无法填补政府退出市场所造成的监管缺位现象等。因此，如何界定或衡量建筑遗产开发利用的"合理性"成为问题的起点和关键。

本书认为，界定和衡量建筑遗产功能性利用的经济合理性可借鉴不动产估价"最高最佳利用"原则。从经济角度上看，不动产利用的驱动力在于经济效益最大化。最高最佳利用需要满足四个标准：法律上允许、技术上可能、财务上可行和价值最大化③。这些标准是依次考虑的，法律上允许、技术上可能的检验都必须在财务上可行和价值最大化检验之前进行。前者不可行，后者无意义。最高最佳利用分析提供了某类不动产在市场参与者心目中竞争地位的详细调查基础，确定不动产最有利、最有竞争力的用途。因此，最高最佳利用可以被描述为市场价值形成的基础。最高最佳利用通常分为将土地设想为空地的最高最佳利用与有改良物的不动产的最高最佳利用两种情况。改良不足的建筑，就是指那些没能达到最佳用途或最大规模的不动产，有被拆除或改建的可能。因为那些没有得到充分利用的建筑，一旦拆除或改建行为得到法律上的许可，就会在原地建造一个能够产生更大价值的新建筑，市场趋势会导致人们去追逐兴建那些新的不动产。但是建筑遗产毕竟是历史遗留的产物，历史时期的规划布局、基础设施、人们的生活习惯与现代社会相比可谓是大相径庭。以现代人视角来看，建筑遗产无论从最佳用途、规模等通常很难达到最佳利用效益。所以在分析建筑遗产利用时，最高最佳利用原则需要一些适宜性调整，具体体现在几个主要方面：

1）建筑遗产"价值最大化"的特殊理解

四个标准中"法律上允许、技术上可能、财务上可行"对于普通不动产与建筑遗产

---

① 张欣娟．浅析城市历史建筑的保护与再利用[J]．科技情报开发与经济，2012(11)：110-112.

② 梁思成．中国建筑史[M]．天津：百花文艺出版社，1998.

③ 住房和城乡建设部．房地产估价规范：GB/T 50291—2015 [S]．北京：中国建筑工业出版社，2015.

普遍适用;其中,法律上"财务上可行"与前文的"经济可行"可作相同解读。对"价值最大化"的理解,一方面是建筑遗产使用价值最大化(机会成本最小化)。在遵循建筑使用功能文化属性的前提下,通过创造性再利用,为人类特定的活动提供室内外空间的能力①。人们直接使用建筑遗产实现消费功能,如居住、办公等,就要充分考虑机会成本的最小化,即人们使用其他建筑物达到相同的使用效益时所需要支付的成本费用。另一方面是经济收益最大化。建筑遗产利用经济收益通常包括租金收益、经营收入或旅游收益等,属于直接收益。建筑遗产经济收益还可以表现为衍生的间接经济收益。例如建筑遗产给所在区域带来整体经济效益的提升,拉动地方旅游、住宿、餐饮、商业和其他相关行业的综合性发展等。特别在旅游业中,文化遗产项目的品牌效应及其特殊资源凸显垄断价值,有效利用遗产资源的比较优劣发展旅游业,可以实现良好的经济回报,也会拉动更多的遗产保护资金支持②。因此,建筑遗产利用不能仅关注于眼前利益,一定要将间接收益影响都考虑在内。甚至很多时候应放弃部分眼前利益,着眼于未来,这样才能做到可持续发展。建筑遗产不同于普通不动产,"价值最大化"体现在首先保证其社会效益、环境效益最大化的基本前提下,才能考虑满足使用需求或提升经济效益的价值最大化。

2)建筑遗产利用功能的调整优化

由于建筑遗产拆除或改建行为可能性较小,或从社会影响、文化意义的考量,以及政府的政策主导出发,意味着建筑遗产的继续利用成为唯一选择。空置或博物馆式的静态陈列属于经济、使用及社会效益的极大浪费。如果现状使用是适宜的,就应继续保持;如果现状使用达不到经济效益最大化,可以通过适宜性的功能调整来弥补。对于保护等级高的文物保护单位,其使用功能应严格限定。《文物保护法》第二十六条规定:"使用不可移动文物,必须遵守不改变文物原状的原则。"但并不是所有建筑遗产的使用功能都被严格限定,宗教建筑用途通常不会改变,位于历史街区的古民居,哪怕属于建筑遗产,也可能会开放旅游参观,或可能继续作为住宅功能使用,甚至用于精品会所,但这些调整都必须在符合建筑遗产相关限制的前提下。对于等级更低的普通建筑遗产,使用功能的调整余地就更加灵活。例如一些地方政府对于历史街区的传统风貌建筑用途变更未做严格限制规定。紧临商业街的传统民居,自然改为优雅休闲的咖啡吧,依水小筑吸引游客休憩。老城内的旧厂房或仓库不乏建筑精品,所处的地理位置又使得人们趋之若鹜。于是许多新颖独特,具有市场敏感的适宜性改造方案纷纷提出,例如北京 798 区、上海新天地等,甚至项目本身就是政府主导的改造成果(图 6.13,图 6.14)。所以,建筑遗产的功能用途首先与保护等级相关。有些严格限制,有些较为灵活,哪怕是没有强制限定用途的建筑遗产,最佳利用功能也要结合建筑物自身条件、周边环境状况、区域发展规划等实际情况来综合确定。

---

① 朱光亚,等.建筑遗产保护学[M].南京:东南大学出版社,2020.

② 顾江.文化遗产经济学[M].南京:南京大学出版社,2009:23-52.

图 6.13 北京 798 街区(网络截屏)

图 6.14 上海新天地(网络截屏)

3) 建筑遗产的工程修复成本控制

价值最大化(经济效益最大化)是目标,建筑遗产最高最佳利用还要取决于投入成本的多少。进一步考虑,建筑遗产的修复不同于现代“方盒子”建筑的兴建,很难参照市场建筑成本,建筑遗产的真实性、完整性及其导致的修复成本问题应当值得注意。人们经常需要考虑是完全保留原貌,还是仅保留建筑外立面。对于某些建筑遗产,保留建筑外立面,对内进行现代化改造也不妨是一种既解决历史保护又能统筹兼顾经济效益的办法。多数情况是对不同保护等级的建筑遗产实施不同程度的修复改进方案,增加一些必要设施,提高其舒适度和实效性,使得这些建筑遗产更具备功能实用性。所以在确定可能的利用预期方案时,工程修复改进成本要作为一个重要的决定因素考虑在内。关键点是要求修缮方案在满足建筑遗产达到预想实用性要求的前提下,尽量合理控制工程修复改进成本。

4) 科学量化建筑遗产利用的经济效益

经济效益是利用的经济表现,需要通过技术方法予以衡量显化。合理衡量经济效益的技术方法包括建筑遗产经济价值评估与历史地段项目经济评价两个技术体系。建筑遗产经济价值评估是指估价机构与估价师根据估价目的,遵循估价原则,按照估价程序,在合理的假设下,采用适宜的方法,并在综合分析建筑遗产经济价值影响因素的基础上,对其在价值时点的特定经济价值进行分析、测算和判断,并提供相关专业意见的活动。历史地段项目经济评价是根据国家规定的建设项目经济价值技术标准,适用于历史地段项目并进行一定的技术调整,通过分析项目投资、成本费用、营业收入与资产价值等,计算项目内部收益率、净现金量等财务指标,明确盈亏平衡分析、敏感性分析等以判断项目投资的经济可行性①。项目经济评价是引导和促进资源合理配置,减少和规避历史地段项目投资风险的基础性工作。经济价值评估是静态与针对性的,反映建筑遗产在评估时点的经济价值,关注的是时点效应。项目经济评价是动态与整体性的,反映历史地段项目在投资期或收益期的财务资金情况,关注的是时段效应。建筑遗产经济评价分析可详见本书第 8 章。经济价值评估行为是项目经济评价的重要组成部分,两者既有区别又有联系,都是反映建筑遗产利用经济效益的主要计算

① 徐进亮.历史地段经济评价大纲及指标体系研究[J].建筑与文化,2017(4):85-87.

方式。

因此,综合建筑遗产展示性利用、功能性利用的经济分析,得出表6.9。

表6.9 建筑遗产利用的经济评价基本要求表

<table>
<tr><td colspan="4">基本原则:尽量保证社会效益、环境效益最大化的前提</td></tr>
<tr><td colspan="2">展示性利用</td><td colspan="2">功能性利用</td></tr>
<tr><td rowspan="2">重要纪念物</td><td rowspan="2">不用考虑经济收益,必须得到严格的保护、展示和诠释</td><td rowspan="2">价值最大化的理解</td><td>(如果使用)尽量体现消费价值,机会成本最小化</td></tr>
<tr><td>(如果经营)尽量获得经济效益,经济收益最大化</td></tr>
<tr><td>其他遗产项目</td><td>在保证展示与诠释的基础上,采用合理利用方式,尽量达到经济可行,弥补成本</td><td>经营性项目</td><td>经济可行是基本要求,采用合理经营手段,产生直接效益,达到经济效益最大化</td></tr>
<tr><td>成本</td><td>合理控制成本</td><td>成本</td><td>(消费)机会成本、(经营)投资收益率</td></tr>
<tr><td>间接收益</td><td>可反哺展示性利用的成本</td><td>间接收益</td><td>获得衍生经济效益</td></tr>
</table>

7 利用的实践:建筑遗产项目利用案例

即使是地方政府已经投入大量的保护资金,对于数量众多的建筑遗产项目来说仍无疑是杯水车薪。政府的财力毕竟有限,而随着文化传统的回归,许多个人、企业对建筑遗产也产生了浓厚兴趣,这些个人或企业拥有雄厚资本,愿意也有能力运用资金对建筑遗产进行修复利用。因此,如果能适度引入民间社会资本,政府只需要在前期对基础设施进行基本投入,然后通过保护规划引导和引入市场机制,以小规模投资,以街道、村落为改造主体,利用市场化手段,合理运用功能定位、用地布局等利用方式,引入多种投资渠道,吸引合适的消费或使用人群,激发社会舆论关注,对古建筑、历史街区或古村镇进行利用与运营,找寻一种建筑遗产项目保护和利用的新模式。这正是笔者近年来一直努力想要突破的理论与实践之处。本书以笔者参与的三个实践利用案例苏州平江路礼耕堂(全国文物保护单位)、苏州葑门横街以及苏州道前历史街区为代表,分析了遗产项目的三个层级:独立遗产项目(点)、历史街道(线)与历史街区(面)。虽然还有很多不足之处,但毕竟是对不同的建筑遗产项目利用实践案例的探索,以供参考。

7.1 独立建筑遗产项目功能性利用研究案例

本书以苏州平江路卫道观前潘宅礼耕堂[①](全国文物保护单位)的功能性利用作为研究案例。

7.1.1 平江路与潘宅简介

1)平江历史街区

苏州平江历史街区在苏州古城中心以东,东起环城河,南及当年以春秋铸剑名匠干将取名的干将路,西至当年吴王顿军憩息的临顿路,北止白塔东路,总面积约 116.5 hm^2,是苏州古城内迄今保存最为完整、规模最大的历史街区。街区内拥有世界文化遗产耦园 1 处,省、市级文物古迹 7 处,市控制保护建筑 44 处。街区至今保持了自唐宋以来水陆结合、河街平行的双棋盘街坊格局。城墙、河道、桥梁、街巷、民居、园林、会馆、寺观、古井、古树、牌坊等历史文化遗存类型丰富且数量众多,堪称苏州古城的缩影,是全

① 徐进亮.礼耕堂:平江历史街区——潘宅[M].苏州:古吴轩出版社,2011.

面保护苏州古城风貌的核心地区。1986 年平江历史街区被国务院批准为绝对保护区；2005 年获得了联合国教科文组织颁发的 2005 年度亚太地区文化遗产保护荣誉奖；2009 年 6 月无可争议地荣膺首批中国十大历史文化名街。

历史街区内保留着幽深古巷前后相通的江南水城特色，留存了许多几落几进、围以高墙、封闭式的深宅大院人家，积淀了深厚的文化底蕴，聚集了丰富的历史遗存和人文景观。历史上有许多文人雅士、达官贵人生活于此。街区内的居民至今仍保持着苏州人的传统生活习惯方式，是周边的主要居住生活区域(图 7.1)。

图 7.1 平江历史街区

平江历史街区连片的民居建筑，是苏州古城风貌最集中的体现。民居单体构筑精致，黑白灰色调典雅，空间序列富有变化，可谓江南民居的典范。街区内一条条依河临水的幽静街巷，一排排错落有致的枕河民居，一座座粉墙黛瓦的庭院宅第，鳞次栉比地保留着许多规模宏大、结构规整的传统民居建筑。除了大多数普通民居外，斑驳的围墙庇荫着不少深宅大院，有的原系官僚富商宅第，有的曾是文化名人故居，各有千秋、各具特色。这些规模宏大、装饰精美、布局严谨的庭院宅第、私家花园，堪称中国古代天人合一、宜于人居的民居建筑珍品。它们布局的轴线清晰、层层递进，装饰古朴典雅、工艺精致，生活起居、休闲娱乐等功能俱全，生动地反映了江南水乡的民居文化和建筑艺术特色。

2）卫道观前潘宅(礼耕堂)

卫道观前潘宅位于平江路卫道观前 1-8 号，是苏州古城内留存不多的清前期建筑，为徽商潘麟兆家族所建。乾隆四十八年(1783 年)，潘家耗资 30 万两白银，历经 12 年，至 1795 年，翻建卫道观前宅地，五路六进。潘宅位于平江历史街区，东至徐家弄，南临卫道观前，西近平江路，北至混堂弄，坐北朝南，占地 9 613.34 m^2(合 14.42 亩)，现有建筑总面积 8 232.52 m^2。潘宅分为五路，正路居中，存六进。正路以东为东路，从东往西共二路。东一路为六进，东二路为六进。正路以西为西路，从东往西共二路。西一路为七进，西二路分为两落，东落四进，西落五进。现状建筑布局尚称完整(图 7.2 至图 7.4)。2014 年被列为全国重点文物保护单位。

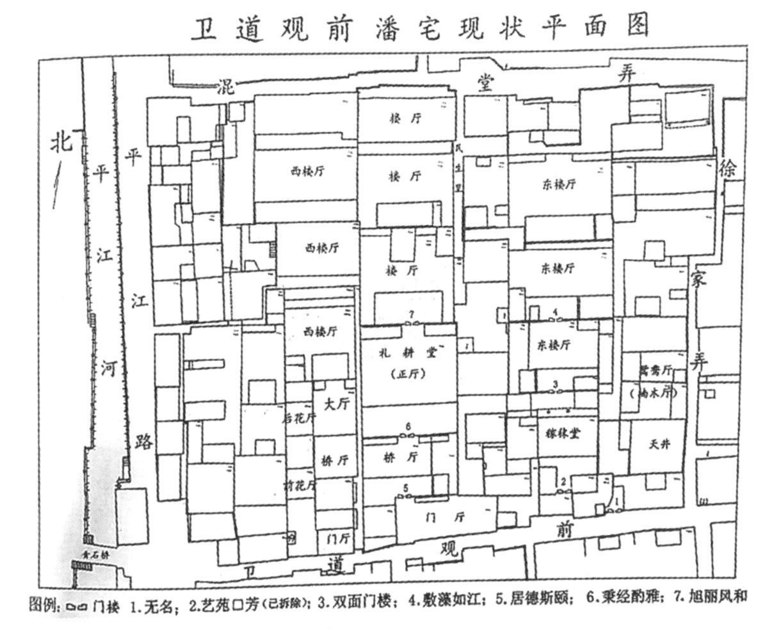

图 7.2 潘宅现状平面图

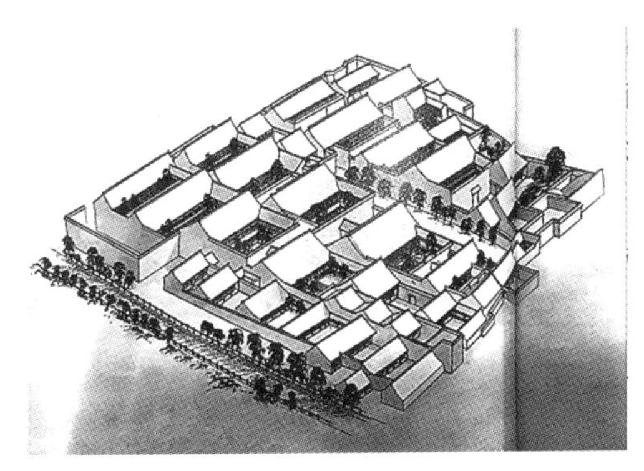

图 7.3 潘宅复原效果图

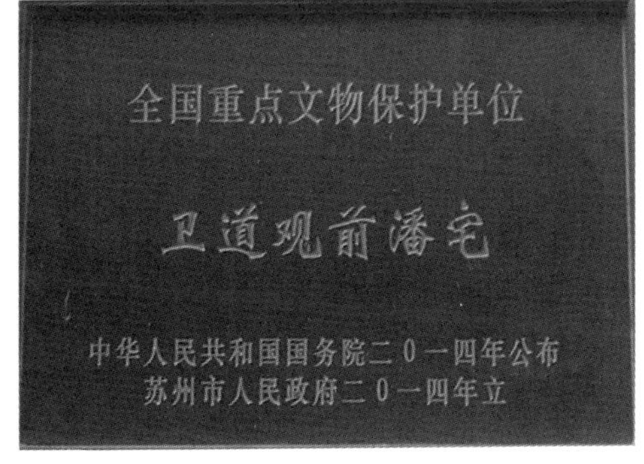

图 7.4 全国重点文物保护单位标识

7.1.2 建筑遗产项目情况

1) 历史渊源

礼耕堂潘宅是清乾隆年间享誉苏城的“富潘”家族的祖宅，堪称江南水乡自乾嘉以来民居中的杰出代表作。因其主厅挂有“礼耕堂”牌匾，所以简称“礼耕堂”。潘宅为清乾隆四十八年(1783)吴中商人潘麟兆(1687—1763)及其子元忠、元常、元纯合家所建。乾隆四十八年始，潘家耗资 30 万两白银，历经 12 年，扩建卫道观西偏宅地，并向东扩至 14.42 亩，形成五路六进之巨宅。1809 年，嘉庆皇帝下旨“乐善好施”予潘家。礼耕堂潘宅是目前苏州古城内为数不多的建筑格局保留完好的大型住宅群，是清中期苏州富商宅第的代表性建筑。1982 年公布为苏州市文物保护单位，2013 年被列为全国重点文物保护单位。

2）现状情况

卫道观前潘宅上百年来一直为潘氏住宅。1958 年，潘宅部分房产归国家所有，绝大部分散为民居。一部分被街道办事处、居委会使用。中路门厅、轿厅、大厅曾由振亚丝织厂用作粮油经营部、工场及老年之家。待使用潘宅房屋的工厂单位搬出后，留下的房屋已破败不堪。由于规模庞大，产权非常复杂，大部分为私人所有，部分为国有产权。目前约有 100 余户居民居住在内，占总面积的 84%（图 7.5）。

图 7.5 部分未修复的居民住宅

中路三进与西路四进共计 1 226 m^2，房屋在 2004 年由市房管局组织修复。房屋产权归属市房管局，属于国有资产，产权清晰。

3）修缮状况

2001 年 6 月，由苏州市房产管理局分三期对卫道观前潘宅进行修复。第一期修复工程主要是对西一路北面第五、第六、第七进房屋进行修复，其中第五、第六进为楼厅，第七进为平房，修复建筑面积 975 m^2。当时潘宅还属于市级文物保护单位。面对已经破败不堪的房屋，在规划修复方案时，考虑的重点是修复利用，最后确定将西一路北面第五、第六、第七进房屋修复改造为居民住宅楼。

2004 年实施的第二期修复工程主要修复中路轿厅，正厅即礼耕堂，西一路一进至四进及备弄，修复建筑面积 1 226 m^2。修复方案的总体思路是房屋建筑按原样维修，尽量做到不更换或少更换原构件。破坏严重的西一路尽量按原样恢复。正路两座砖雕门楼只作加固处理，对门楼上已有损坏的砖雕，未经专家论证，没有专门的维修方案时不准随意进行修补。原使用这些房屋的工厂单位退出，房屋经修复后不再作为居民住宅，把用途限定为文化事业，招租有保护能力的文化单位保护性使用。西一路的房屋因倒塌严重，修复工作展开后，经过细致的考证，在恢复原有风貌的基础上，复原了一个约 120 m^2 的小庭院，复建“观复”水榭一座。

中路正厅礼耕堂是修复工作的重中之重，好在除门窗外的原结构件均完好无损。

修复工作一开始,就对工厂使用时留下的水泥构筑物进行了细致的剔除。但是正厅地上的方砖均已破碎,修复过程中除了将厅堂中间部分的方砖重新换用陆墓"御窑"生产的新砖外,两旁仍用原方砖进行拼补铺设。将厅前天井里的杂草、杂树全部铲除,尽可能地使用原石板恢复铺设天井。对砖雕门楼进行加固,门楼上的砖雕仍然保持原样,待将来论证,制定专门的修复方案后再进行修复。

2005 年 8 月,实施第三期修复工程,范围为中路北面第四、第五、第六进楼厅及中路以东二路的房屋,房屋建筑面积 4 385 m^2。因为这些房屋中公私房的权属交错,居民住户又达 80 余户,在一时无法松动人口、搬迁住户的情况下,只能以解危为主,先作保养性维修保护。维修重点为整修屋面杜绝屋面渗水,修补墙面保证居民的安全正常使用。

7.1.3 现状利用情况

本次研究案例主要是指已修复的中路轿厅、正厅,西一路一进至四进及备弄,共计建筑面积 1 226 m^2 的部分房屋。

1) 修复后的房屋情况

中路礼耕堂正厅,结构规整,用材粗壮,制作精细,为清乾隆时期具有代表性的作品。正厅硬山式,五开间面阔 17.40 m,进深 14.10 m,檐高达 3.80 m。正厅扁作梁结构,以座斗举架提升,镂雕金兰式蜂头,以及两边棹木抱梁云相伴,一共 8 组。棹木抱梁云上透雕着历史故事。屋尖山架梁置木雕流云飞鹤山雾云,60 度泼水有如飞鹤在厅中飞翔。中为四界大梁,前檐挑檀头雕水浪龙头鲤鱼,内挑雕灵芝梁垫。"礼耕堂"匾额下是三开间统宕平门,白色抄漆龟裂纹。厅内各种木雕精致细腻。

中路轿厅五开间,面宽 18.20 m,进深 6 界 7.10 m,檐高 3.20 m,中间 3 间为正厅,东西两边的边间为备用间,硬山式,哺鸡脊。屋面铺设厚实,走水当、盖瓦垄垂直均匀。正厅前置 18 扇十字长方式落地长窗,长窗虽有宽窄,但为讨个吉利的口彩,均以 6 扇一间。西边间为 6 扇十字长方式短窗与大厅窗式相匹配。外廊上方鹤胫式一枝香轩。圆作四界大梁架于前后步柱之上,再以童柱提升梁架。屋架没有过多的装饰,仅以脊桁、金桁的节点透雕金兰滕的蜂头作点缀。

全宅共有八座砖雕门楼,现中路轿厅、大厅、堂楼前各一座保存最为完好,刻有乾隆五十二年款。(图 7.6)

西一路存六进,分别为门厅、轿厅、大厅及三进楼厅,西路西侧尚有花厅两进。

西路一进门厅。门厅三开间,面宽 7.10 m,进深 4.70 m,檐高 3.10 m。屋顶纹头筑脊,蝴蝶小青瓦屋面。厅内圆作梁架较为简单,方砖地坪。大门是由 6 扇排门组成,排门的面上覆钉着回纹式竹片,再抹以数遍桐油,既可保持光亮,又可防水防腐。

西路二进轿厅为圆作厅,三开间面宽 7.10 m,檐高 2.76 m,前后设廊,哺鸡脊、小青瓦屋面垂直均匀。轿厅前后正间 6 扇宫式落地长窗,两侧则是宫式地坪窗,下半部为木栏杆,上半部为短窗,木栏杆内装活动式雨挞板。

图 7.6　中路正厅、砖雕门楼与轿厅

第三进为西路大厅，三开间，面宽 8.90 m，檐高 4.00 m，进深 7.90 m。廊桁盘枋下置万川式挂落，14 扇宫式落地长窗。三级花岗岩台阶虽不依正间面宽，而以三开间面宽三等分分配，倒也匀称。这里原为接待贵宾及行礼的地方，现为传播公司产品展示厅。

西路第四进楼厅，楼厅三开间，面宽 10.45 m，进深 9.30 m，楼厅底层高 2.80 m，楼层檐高 2.60 m，楼后檐高 2.00 m。楼厅前设楼前廊，东西两边为庑廊。楼前廊和庑廊连成一圈，楼前廊和庑廊顶部置船篷轩，西庑廊南置门景供出入于书厅小天井，南门景出入于西面套房，东门景可至备弄。内厅圆作梁架，共分 7 界，前三后四，设草架，楼后置船篷轩，楼厅板壁隔断，对子门开关，楼面 4 cm 厚大同板铺设，南立面楼层 18 扇宫式短窗，楼下 18 扇宫式落地长窗。（图 7.7）

图 7.7　西路大厅与楼厅

西路西侧有小庭园，西南角是一水榭，貌似亭子，两面傍水而筑，上有万川式挂落，东北面置吴王靠。水池虽然不大，却极为精致。池边采湖石叠置，形态各异，全凭匠工灵敏奇特之意。水榭内挂一匾，题“观复”二字，为赵之谦所书。庭园内种植四季植物腊梅、睡莲、红枫和瓜子黄杨。铺地则利用各种颜色的碎碗片、角料铺砌成海棠芝花式花街，组成了一幅美丽的地面风景画。

小庭园北为前花厅，两开间圆作厅，是潘家主人起居、读书之地。前花厅面宽

6.23 m,进深 5.75 m,檐高 3.45 m,哺鸡脊、小青瓦屋面。南立面置 10 扇菱角式落地长窗,北立面中间菱角式落地长窗,两边各 4 扇菱角式短窗。

北侧为后花厅,也称作书厅。书厅二开间,面宽 6.07 m,进深 6.65 m,檐高3.13 m,圆作梁架,方砖地坪。书厅屋脊极其简单,仅用黄瓜环瓦代之,覆于屋脊盖瓦或底瓦之上,其瓦穹似黄瓜形,当然亦有盖瓦底瓦之分。黄瓜环型瓦必须与走水当、盖瓦垄的起伏相匹配,垄当起伏,垄与垄连成水平线,当与当落低亦相当均匀。圆作梁架,内置卷篷。南立面 6 扇菱角式落地长窗,厅后为 8 扇菱角式短窗,窗外是小天井,天井内植有花卉、古树。(图 7.8)

图 7.8　西侧庭园与前花厅

2）修复房屋现状利用情况

潘宅修复后的 1 226 m² 房屋出租给苏州市礼耕堂文化服务有限公司使用。2008 年起,平江府礼耕堂以会员制运营为主,是集茶室、咖啡厅、餐饮、书画、古玩为一体的文化娱乐高级休闲会所,主导经营最纯正的苏帮官府菜肴、清茶、黄酒等。2014 年后逐步调整经营业态,对外开放从事商业活动。

目前部分建筑用于文化展示,部分建筑经营餐饮,部分建筑经营书房:

① 中路礼耕堂正厅平时空置,需要时放置餐饮桌椅,经营餐饮。

② 中路轿厅现为苏州年轻画家陈如冬的画室。厅内高悬一块牌匾,上书“牧云堂”三字,字是画家陈如冬所题。

③ 西路轿厅用于文化产品展示,经营茶道、工艺品和书籍等。

④ 西路西侧前后花厅用于经营餐饮,放置餐饮桌椅。

⑤ 西路第四进楼厅中的初见书房礼耕堂店于 2014 年 9 月开业,面积 115 m²。(图 7.9)

图 7.9　初见书房礼耕堂店(网络截屏)

7.1.4　功能性利用的适宜性分析

独立的建筑遗产项目的功能性利用定位与运营相对容易,毕竟只有一处,产权相对简单,经营模式或业态受到周边历史地段环境的影响较大。最常见的就是博物馆模式、遗产景观模式、公共休闲区模式、创意产业模式、商业及旅游模式等。前文所述,分析功能性利用的基本思路是:首先明确对象的现状情况、优势缺点;其次根据上位规划或保护规划对其进行利用总体定位,明确消费人群对象;紧接着进行业态延续或功能调整分析;然后再确定功能空间布局与时间进度安排,可以根据需要进行细化分析,还可以引入合理性分析或通过经济评价来判断功能定位的合理性;最后考虑利用管理、文化宣传与推广事项等。就本次研究对象平江路卫道观前潘宅礼耕堂而言,应用分析如下:

1）现状情况分析

卫道观前潘宅是全国文物保护单位,是清中期苏州富商宅第的代表建筑,也是目前苏州古城内为数不多的建筑格局保留完好的大型建筑群,历史文化地位不容置疑。目前对外经营开放的部分房屋产权清晰,建筑工程已经修复,保留与恢复建筑与庭园,古色古香,完全满足现代化经营或消费需要。其他未修复的建筑部分的产权复杂且主要用于散乱居住,不在本次分析范围内。

卫道观前潘宅位于历史文化名街平江路的中心地段,并不是孤立的建筑遗产项目,其保护与利用状况都受到平江历史街区总体功能利用的影响。这是潘宅利用的有利之处,但也存在着不利影响。有利点在于消费者会慕名于平江历史街区而来,不用特意宣传导客;不利之处是平江历史街区作为旅游景区,消费者基本都以游客为主,也会影响其经营业态。

目前潘宅主要用于商业经营,包括文化展示、餐饮与书店等,提供对外游览。

2）功能利用定位分析

由于规模较大以及位于历史街区小巷深处,缺少停车条件,对外交通便捷度一般,仅适宜步行或非机动车。因此，不适宜居住，只适宜展示或经营。虽说潘宅是全国文物保护单位，其特点在于清代富商宅第建筑布局的整体规模尚完善，但85%的建筑物未修复，修复部分规模较小，不属于园林类，很难作为旅游景点对外开放。目前并没有博物馆愿意入驻。

其实针对潘宅的功能利用不需要过多深入分析。毕竟平江历史街区整体定位是旅游休闲，周边基本上都是商业经营业态。潘宅作为一个独立商业经营点是适宜的，无非是考虑引入哪些商业中小类业态。潘宅出入口并不沿主要商业街，距离主要商业街约有100 m，门面不突出，并且禁止做悬挂式广告牌，只是在主路口有个指引标识，需要游客自行走入，因此不适宜作商铺门面。

原本2014年前的功能业态定位其实是适宜的，即定位成本地文化高级休闲会所，以会员制运营为主，集茶室、咖啡厅、餐饮、书画、古玩为一体，倡导原味苏州生活。在传统工艺的艺术品研发上，与江南工艺美术大师密切合作，推广雅集活动，集艺术品投资讲座、鉴赏，书画展、古典艺术表演等为一体，服务上层精英人士，而非游客。

但是可惜的是，运营方急于想收回投资成本，一开始的经营重点就放在了餐饮经营与相关延伸产品交易，没有耐心按照最初定位来长期运营苏州传统文化会所，也没有举办什么文化展览、论坛与表演等。实际运营中，由于缺少停车条件，且保护限制要求潘宅内不得出现明火，厨房需要放在宅外，对餐饮的品质与服务大打折扣。在经营初期，源于传统古宅内高档餐饮的品牌受到了一部分人群的青睐。但时间一长，其服务的单一性与餐饮品质的不足等缺点就逐渐暴露，高级餐饮会所的运营深受影响，运营方又未及时调整回会员制的文化会所，而是对其进行分割转租，部分建筑从事文化展示，部分建筑经营餐饮，部分建筑经营书店，且对外开放，游客可随意进入。原本的总体功能和使用者定位彻底颠覆。目前潘宅的功能性利用现状并不理想。餐饮部分订餐量少，书房经营也趋于平淡。根据目前经营情况，运营方无法收回成本支持租金与投资成本，根本原因还是在于没有坚持原本合理的利用功能定位。

因此，卫道观前潘宅最适宜的功能利用就是彻底重新调整，恢复会员制的高级文化会所。先行封闭，适当的时候再对外开放。定位回到推广雅集活动，集艺术品投资讲座、鉴赏、书画展、古典艺术表演等。面对上层精英人士，提高服务品质与管理，不要急于成求，要有长期运营文化的心理准备。打造一处展示、诠释与凸显传统吴文化“精美、精雅、精湛、精致”的高级文化场所，真正体现历史建筑遗产与非物质文化遗产的结合。

7.2 历史街道项目功能性利用研究案例

历史街道项目有别于独立的建筑遗产项目，涉及整条街巷的建筑，产权与业态情况要复杂得多。本书以苏州葑门横街历史街道的功能性利用更新分析作为研究案例。

7.2.1 葑门横街利用现状分析

1）物理环境与店铺条件

葑门横街位于历史文化名城苏州古城东侧，葑门塘北岸，西起莫邪路，东接石炮头（路）至东环路，北邻葑门路，南枕葑门塘（河），全长约760 m。历史上葑门横街最早可以追溯到南宋，繁荣于明清。由于靠近城东水乡农村，常有农民摇船进城贩卖鱼虾鸡鸭和菱藕蔬菜等，就近在地处城门边的葑门塘系缆摆摊，慢慢形成交易集市。现在的葑门横街仍然延续了这一传统功能，是毗邻古城东南的集镇式的城乡贸易中心。（图7.10，图7.11）

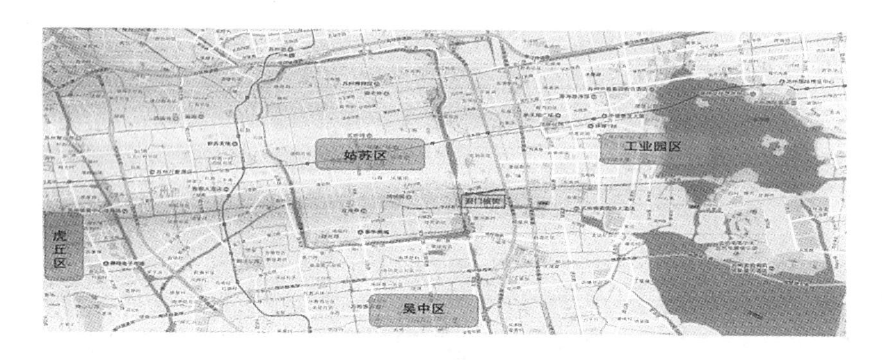

图7.10 葑门横街区位图

图7.11 葑门地区鸟瞰图（其中深色框内为葑门横街研究范围）

葑门横街大部分现有建筑仍然保留了清末民国初枕河人家的风格，前街后河，河街并行。由于地理位置与形成原因，葑门横街历史上多是简易民房与小型店铺，深宅大院和公共类建筑较少。葑门横街上现存店铺大多为一层，少量为住宅楼的底层店铺，极少数为二层，且前店后屋、下店上屋、商住混合现象较为普遍。房屋结构方面，除西段和中段部分住宅楼底层店铺以及东段少量二层小楼是混凝土结构，大部分店铺所在房屋为砖木结构,部分房屋为纯木结构,少量简易房。从建筑年代上看,葑门横街有5%的清末建筑,60%的民国建筑,其余为现代建筑。葑门横街西段北侧数栋居民楼底层商业的建筑层高较低,中段大量平房店铺的建筑层高较矮。另外,横街上还存在一些非正式摊位(约占总店铺数的6.8%),有些利用自己的院落或住宅开门经商,有些占据街边街角空地,还存在部分流动售卖。(图7.12)

图7.12 葑门横街流动售卖与非正式店铺类型

除里河菜场外,其余如娄门菜场、南门市场等均在约3 km以外,可以认为葑门横街方圆3 km范围内几乎没有体量相当、种类齐全的大型农贸市场(图7.13)。

葑门横街主要营业时间在白天,18:30晚市结束后(冬季17:30)各店铺陆续关门,几乎没有夜市活动。在晚间,横街上仅有数十米一个的照明路灯,并无霓虹广告、地灯以及其他建筑外立面照明设施,整个街道显得较为昏暗。葑门塘虽可通航,但目前只有环卫船只通行。虽规划为"金鸡湖水上游联通南线"(图7.14),整修了部分码头和河房,但目前利用率较低,仍有大量驳岸亟须整修。目前业态以农贸市场为主,一些生活垃圾随意丢弃,葑门塘周边生活污水的无序排放对葑门横街及葑门塘的环境品质造成一定影响。

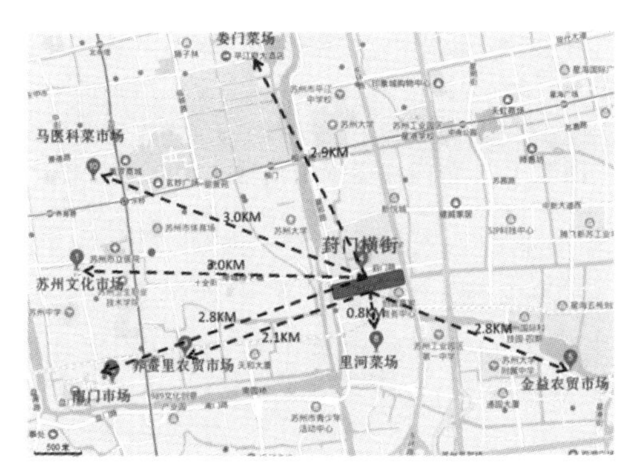

图7.13 葑门横街周边农贸市场分布图

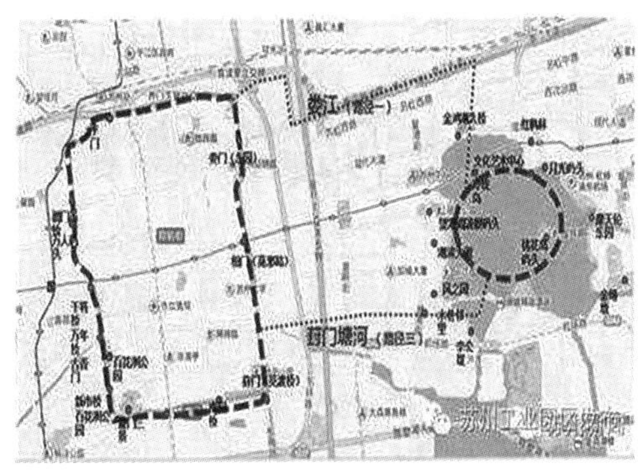

图7.14 苏州全域水上旅游规划

2）现状消费人群类型

葑门横街是苏州少有的自然聚拢的人气依旧十足的传统商业老街，横街上的人流量主要集聚在主街和菜场周边，消费者以女性居多。以某工作日下午 6:15 一分钟内经过的 50 位消费者为例，男女比例为 17∶33，女性人数约为男性人数的两倍。

夏季葑门横街早晨 6:00 开市，晚上 6:30 收市，冬季开市晚一小时，收市早一小时。以夏季为例，横街上每天有两次人流高峰，一个出现在早市（6:30～9:30），另一个出现在晚市（16:30～18:30）。早市是全天人流量最高的时候，最高瞬时人流量约 70 人/分钟；晚市最高瞬时人流量约 40 人/分钟。（图 7.15）

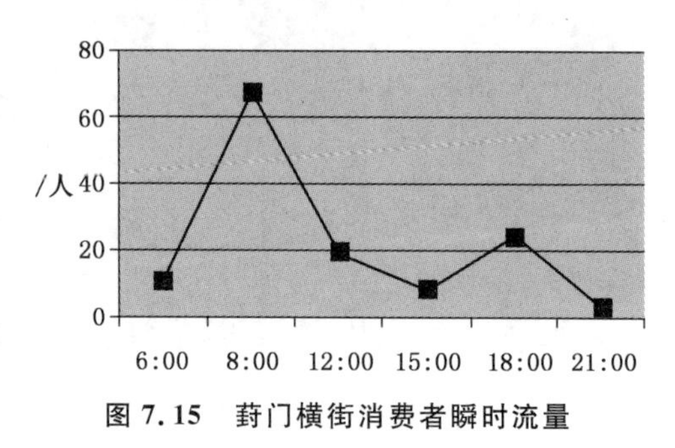

图 7.15　葑门横街消费者瞬时流量

早市消费人群年龄分布如图 7.16 所示，其中，中年人超过 50%，中年与老年人达到了 90%。晚市消费人群年龄分布见图 7.17，青年人比例有所增长，占到 35%，但中年加老年仍占绝大多数，占 58%。究其原因，以工作日为例，早晨年轻人多去上学或上班，因此前来买菜的多是中老年人，买够一天的菜后部分老年人不再参与晚市。到了晚市，一些年轻人下班买菜，比例得以大幅度提升，且儿童往往与老年人结伴出现。如此可知，葑门横街并非只是中老年人的天下，在晚市中其实有超过三分之一的年轻人群参与。因此如果适当经过引流，可以成为参与夜市的人口基础。

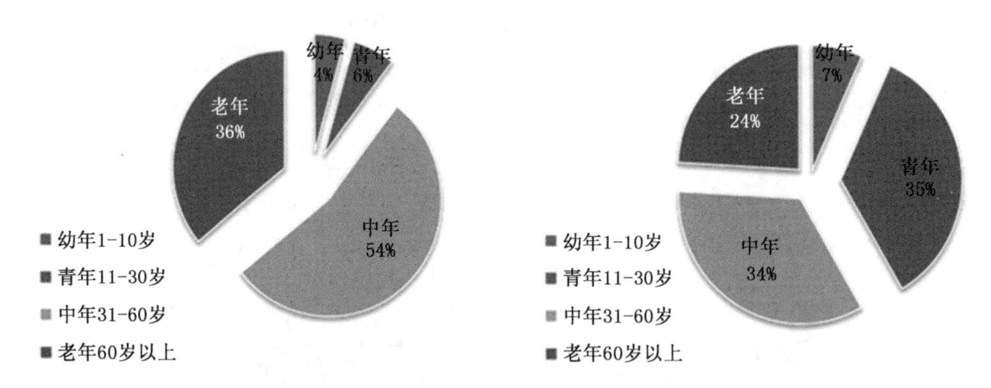

图7.16　葑门横街早市消费人群年龄分布　　图 7.17　葑门横街晚市消费人群年龄分布

葑门横街的消费人群主要是周边居民和苏州本地人，少有游客。大部分以肉蛋菜农副产品为消费对象的消费者来横街的频率在 1～2 天一趟，每次的平均时间约 1～2 小时。以苏州特产和休闲购物为主的消费者来横街的频率约每周一次，每次的平均时长约 2～3 小时。

3）现状利用业态分析

虽然葑门横街主要功能为农贸市场，但其中的利用业态不仅限于农副产品交易。对横街主街 351 处店铺的调查发现，存在的业态包括肉类、禽蛋、蔬菜、水产、瓜果、熟食、干货、豆制品、特产、粮油、杂货、餐饮、服装、棋牌、喜丧用品、酒类、理发、医药、花卉、眼镜、修理、钟表、锁行、彩票、古玩、房产中介等20余种。横街的老人家都说"以前生活在横街上,婚丧嫁娶,一辈子都不用离开横街"。

店铺业态类型比例如图7.18所示。店铺数量占比最高的是蔬菜,其次还有肉类、水产、瓜果、服装。根据现场估测,这几类业态按照店铺平均营业面积排序,相对较大的是肉类、瓜果、服装,相对较小的有蔬菜和水产。

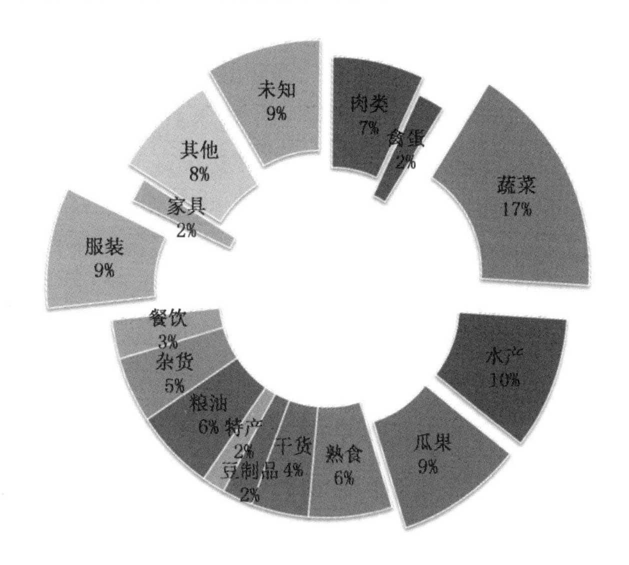

图7.18 葑门横街业态类型分布

营业时间上开市最早的多为菜场核心业态,如蔬菜、水产多在早晨6:00左右就开门了,服装、特产、棋牌等都要到八九点才开门。大部分店铺在晚市结束后18:30~19:00关门歇业,甚至有一些店铺如棋牌馆在16:00前就基本提早结束营业,但也存在部分以兜售当季蔬菜瓜果及特产和小手工艺品为主的非正式店铺经营时间较为随意,拥有固定或临时摊位的商家在早市结束后或商品出售差不多后就关门,流动售卖多集中在早晚市高峰期。(图7.19)

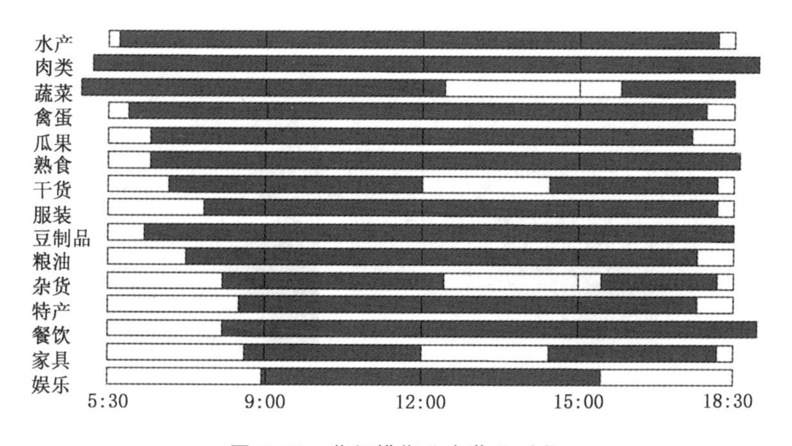

图7.19 葑门横街业态营业时段

4）历史文化传承与宣传

葑门横街历史悠久，目前尚保留红板桥、徐公桥等古桥，街巷肌理保存较为完好，仍有一些地方特色饮食、小手工艺等老字号品牌。2010 年开始，葑门街道共举办了 4 届横街民俗风情节，力求留住横街市井文化的根，延续土生土长的苏州传统世俗文化。

当然，相较于苏州的其他历史文化街区，葑门横街的建筑风貌并不统一，部分房屋显得较为破败，在历史、艺术价值等方面也不突出。风貌不同的建筑立面，杂乱无序的建筑招牌、棚子等附着物，以及凌乱的市政电线也导致大量历史文化信息被掩盖。这些年来，为了方便经营使用，横街部分建筑已经重建或翻新，历史文化信息丢失严重。关于葑门地区以及相关街巷的历史文化的挖掘和展示不足，街巷标识系统不完善或欠缺。历史建筑、老字号以及传统文化元素的相关材料没有通过标识传达给消费者。比如红板桥作为一座还在使用的清代古桥，却没有任何标牌介绍和保护标识。因此，葑门横街历史文化展示功能不足。

葑门横街虽然在苏州民间的知名度很高，人气很足。但由于其面向群体多是本地人而非游客，主流媒体的报道较少，并无专业宣传包装，在综合知名度和美誉度上远不及平江路和山塘街等历史街区。横街以农贸市场为主，缺少休闲娱乐功能和景观节点，很难得到自媒体的关注。相关公众号、精美照片和推荐文章较少，整体宣传力度较弱。

图 7.20　葑门横街西口

实地宣传方面，如广告牌、介绍性标识、街巷的导向性标识牌等方面存在诸多不足。葑门横街为东西向，南枕葑门塘，北向有三条小巷与葑门路相连，但仅有西侧与莫邪路岔口在经过改造后成为具有比较明显标识的横街入口（图 7.20），北侧三处岔口没有明显出入口标识，横街东段的一处小公园（图 7.21）使用率较低，没有明显特点也没有发挥引流作用。

与葑门横街相关有组织的活动或节日有“葑门横街民俗风情节”（图 7.22），该活动从 2010 年开始举办，通过不同的活动主题来展示横街的民俗特色，第一届发动民间艺人晒传统绝活，第二届举办摄影展展示横街风情，第三届组织玻璃画等手工艺品义卖，

图 7.21　葑门横街东段小公园

图 7.22　葑门横街民俗风情节

第四届着力恢复和引进十余家传统老字号,传扬苏州传统市井文化。历届横街民俗风情节虽然取得了一定的成功,但举办时间不固定,活动不够连续,宣传力度不够,没能形成横街名片,影响力上有所不足。

5)利用现状分析结论

葑门横街是姑苏区保留为数不多的具有地方生活原生态活力的老街。经过调研发现其在人气流量、认可程度、市井氛围、传统特产等方面具有优势和独特的价值。

葑门横街利用现状存在的问题主要有:

① 利用业态低端:以农副产品、杂货类商品为主,价低质差,产品利润率低;而且由于长期处于低效利用,经营商家逐步为外地人所取代。葑门横街这么优越的地段条件,如果仅是定位于此,未免可惜。

② 业态空间分布杂乱:各种小业态穿插无序,没有形成明确的功能分区,缺少明显的街巷标识指引系统。

③ 流量分时严重:主要集中于早、晚市期间,其余时间人流稀疏,特别是 19:00 以后店铺关门,横街上几乎没有消费者。

④ 历史建筑保存较少,优秀的非物质文化因素不够浓厚,以民间世俗文化元素为主,显得有些低端与杂乱。

⑤ 利用管理松散:环境卫生较差,建筑与基础设施陈旧,电线凌乱,杂物堆放混乱,垃圾清理不够及时,缺乏有效的管理组织形式。

⑥ 缺乏规范与引导:致使街区发展目标模糊,商户更替随意,无引导性或利用管理基本原则。对历史文化传承和公共空间不够重视,宣传力度薄弱。

上述这些问题直接导致了葑门横街品质无法提升,因此有必要对未来的利用发展定位、业态调整与管理方式进行更深层次的研究。

7.2.2 功能性利用发展定位研究

1)目标定位

(1) 综合定位

① 葑门横街是苏州人的老街(人)

集聚人群的差异决定着历史街区的不同特色与发展定位。葑门横街历史上就是城乡结合区域自然形成的农产品、手工艺品、生活服务的交易场所,面向的是苏州土生土长的居民消费者,承载了低成本的苏式传统生活方式。葑门横街没有面向游客去发展旅游经济,仍然保留着本地居民早聚晚归的人间百态,不图高档消费,只求生活和谐。由本地人自发形成的生活集聚地传承至今,这个特色必须保留并继承延续下去。人就是老街的生命力所在。

② 葑门横街是展示苏州本地特色产品的老街(物)

葑门横街是服务于苏州本地人生活的老街。这里没有陈列苏绣的精致店铺,没有装修华美的艺术品牌,没有休闲小资的咖啡饮料,也不像山塘街集聚商贩,或似平江路堆砌人文气息，或如观前街充满现代休闲元素。这里有的是熙熙攘攘的农贸集市，当街叫卖的杂货小铺，新鲜当季的果蔬特产，传承百年的老字号。保留着最传统的手工，最地道的做法，最新鲜的本地果蔬和最真实的生活。老百姓可以买到本土的放心时令货，也有机会展示自家的特色产品。葑门横街要成为苏州本地特产的展示平台，有买有卖，规范管理，产品接地气，却不缺时尚。

③ 葑门横街是体现与传承苏州本地生活文化习俗的老街(文化)

文化传统不仅体现在建筑风貌、地方工艺，还是美食菜肴、当地的生活习俗也是地方最重要的文化传统。苏州本地人聚集在这条老街巷，感受世俗喧嚣、体会邻里关系、聆听吴侬软语、品味生活习俗，这里有吃、有喝、有穿、有用，一应俱全，这里保留了苏州市井烟火文化的根源。这种传统生活文化习俗在热闹、嘈杂、纷繁和琐碎中，留下了岁月的痕迹，延续着旧时的记忆，要让其在葑门横街里体现与传承下去。

(2) 分期目标

① 利用业态发展分项目标

利用业态结构发展目标是实现总体目标定位的具体表现形式的分项目标之一。在保留传统早晚时段的农副产品与杂货交易的前提下，对这些核心低端业态在空间与时间上进行规范引导与控制，引入有品牌有信誉的本地时令特产专卖。同时，逐步恢复与引入一些本地生活消费的老字号。对各种业态的合理比例给予基本控制范围，空间上提出合理分布方案。近期，在兼顾当下日常消费的同时，引入老字号对横街利用业态进行提档升级，逐步打破店铺空间限制。中远期，通过引导消费者转型，鼓励延长营业时长，在横街西段与中段以点带线发展夜街商业消费，逐步提升葑门横街品质活力。

② 消费者类型分项目标

消费者类型目标是实现总体目标定位的具体表现形式的分项目标之二。在保证葑门横街整体商业氛围和市井气息不变的原则下，通过改善环境、提高业态品质留住中老年消费群体，通过新功能植入和宣传推广逐步吸引年轻消费群体。在晚市过后留住人流，通过夜市延长人流高峰时间，吸引更多年龄段消费群体进行休闲消费，逐步改变消费者年龄结构单一的现状，提升葑门横街活力。

③ 文化保护与宣传分项目标

文化保护与宣传目标是实现总体目标定位的具体表现形式的分项目标之三。历史老街重点反映了历史传统文化，葑门横街最大的文化特色即是本地市井文化和生活习俗。在保护街巷肌理、建筑风貌、桥梁水道等物质载体的基础上，深入挖掘并展示葑门横街的历史文化信息，在商业运作中支持与宣传苏州本地特产的展示销售，以及与此相关的生活习俗展示，争取为广大公众所知。提升线上与线下的宣传推广方式，讲述横街故事，打造最地道苏州传统习俗老街的名片。

2）确定项目目标定位的可行性分析

(1) 街区文化定位的差异化

苏州的历史街区众多，其中平江路和山塘街是最具备苏州特色的历史文化街区，每天游人如织,在全国具有一定的知名度。研究团队通过对平江路、山塘街、葑门横街三条老街的调研,认为葑门横街在物质条件、主要功能和消费者上与平江路和山塘街存在较大差距,日常生活的市井世俗文化特色鲜明,可以深入发掘横街自身特色,避免“千街一面”,寻求差异化发展途径。

① 平江路历史街区

修复开始时间:最近一次是 2002 年。历史上曾经多次修复,延续唐宋街坊格局,历史上主要以传统民居为主。

物理特征:街巷格局延续了一河两街的传统街巷格局,保留了大量姑苏传统风格建筑,风貌和谐。

业态定位:较高端。业态类型主要为文化和休闲,涵盖文化体验、演艺茶楼、小吃餐馆、工艺品、服饰等。老宅多改建用作客栈、旅店、会所、琴馆等。注重店铺文化品位,充满人文情怀。

消费人群:休闲体验游客,散客为主。

文化特色定位:传统文化为主,在街巷布局的多元化、江南水乡景观的展示、商业与文化的交融组织等方面获得了来自全国各地消费者的认可。

② 山塘街历史街区

修复开始时间:近期第一次 1992 年,第二次 2002 年。初建于唐代,明清民国时期是江南地区大宗货物交易集中场所。

物理特征:山塘街河街布局形式为一河一街,河街分离,河东侧以主街为轴,两侧分布店铺,游览时与水隔绝,仅西侧店铺临河。

业态定位:中端。山塘街的业态类型主要有工艺品、纪念品、地方服饰、小吃、餐馆、会茶馆、旅店等。

消费人群:观光体验游客,旅行团客为主。

文化特色定位:吴文化为主,以反映街区传统文化的历史建筑、传统工艺、博物馆作为主要构成要素,是文化氛围浓郁但现代休闲功能欠缺的文化观光消费街区。

葑门横街不同于这两个著名的历史街区。虽然历史也很悠久,但位于城门外的葑门塘边靠近城东水乡农村,没有深宅大院,没有著名古建。只有简朴民房,建筑风貌也不甚统一。自古以来都是贩卖果蔬、水产、农副产品的民间集市,一直与周边居民生活息息相关,市井氛围浓郁,具有较强的生活功能。区别于传统的苏式高雅情调文化,横街属于民间世俗文化范畴。正是这种历史缘由形成了其独特的街巷市井文化定位。

(2) 物理状况比较

从整体规模上来看,葑门横街不如平江路和山塘街。不仅是主路不属于街区,在道路宽度与支巷数量上也有差距,店铺平均面积较小且整体密度较大。在街与河的关系方面,葑门横街与葑门塘虽也是河街并行,但有房屋隔阻,关联较少,亲水性差,缺乏传统水乡建筑观览体验。

① 店铺规模

通过综合文献研究发现,20 m^2 以下的小店铺给人以精致小巧的消费感,平均能够在 1～2 分钟内入店快速体验；20～80 m^2 的中型店铺商品类型较多，给人较为丰富的消费体验，入店体验一般需 3～5 分钟；80 m^2 以上的大型店铺商品类型多，消费体验层次丰富，多以餐饮、住宿和会所等业态出现，消费时间较长。店铺大小规模的交错排布，能够满足不同商业类型对于功能空间的需求，同时也能带给消费者丰富的消费体验，削弱视觉审美疲劳，延长整体消费停留时间。

经过研究团队收集资料与实地调查发现，平江路上店铺规模小、中、大的比例为 30.14%、40.67%、29.19%，不同规模店铺比例基本相当，大小店铺交错排布，既能提供精致小巧的优雅环境，又能满足丰富体验的休闲需求。主街与支巷上的店铺交替互补，为消费者提供了快速浏览和深度体验的不同选择。山塘街以中型店铺为主体(68.70%)，大、小规模店铺比例分别为 14.16%和 15.65%，从小至大比例呈橄榄状。店铺规模未形成梯度，空间分布较均匀，且店铺内部布局相当，休闲消费环境差异性不大，使得功能空间不足，趋于单一化，消费者的休闲体验层次感较差，降低消费者的满意度。调查发现，街区内店铺的规模是确定历史街区定位的重要影响因素。

对比而言，葑门横街的店铺规模普遍较小，营业面积小于 20 m^2 的小型店铺比例达到了 71.43%，这其中还有近 1/3 的店铺营业面积小于 10 m^2；中等规模(20～80 m^2)的店铺占 27.43%；面积大于 80 m^2 的大规模店铺以个位数计，仅占 1.14%。形成原因主要与街区的发展历史相关，作为农副产品交易市场的横街并不需要大规模店铺，规模太大对于店家反而是一种拖累。从临时到固定的集市发展历程中，街巷为周边的农副产品交易者提供交易场所与配套服务，因此商住混用，前商后住或下商上住的现象十分普遍。缺乏中大规模店铺也使得横街的店铺结构单一，易形成业态同质化，现实的物质条件限制也会影响街区利用发展定位的确定。(表 7.1，图 7.23)

表 7.1 葑门横街、山塘街、平江路店铺规模对比分析

	葑门横街	山塘街	平江路
小型(<20 m^2)	71.43%	17.14%	30.14%
中型(20～80 m^2)	27.43%	68.70%	40.67%
大型(>80 m^2)	1.14%	14.16%	29.19%

② 建筑与街巷布局

基于现有建筑与街巷布局情况，通过对历史建筑与街巷布局的创意利用，赋予历史街区文化空间的消费功能，是实现利用功能活化的重要途径。

建筑方面，平江路和山塘街除了沿街老建筑以外，还分布了较多的文保单位与历史建筑，其中平江路 59 处(改造再利用的有 7 处)，山塘街 36 处(改造再利用的有 3 处)，历史沉淀雄厚。在这一方面，葑门横街明显处于劣势，横街上的房屋多属于简易老式民居，有些甚至是棚屋，而且经过多年的翻修改建，留存的历史文化信息已不多，对于少许价值较高的历史建筑利用也不合理。

街巷布局方面，深入挖掘和打造“体验化”街区文化空间一般会受到消费者青睐。

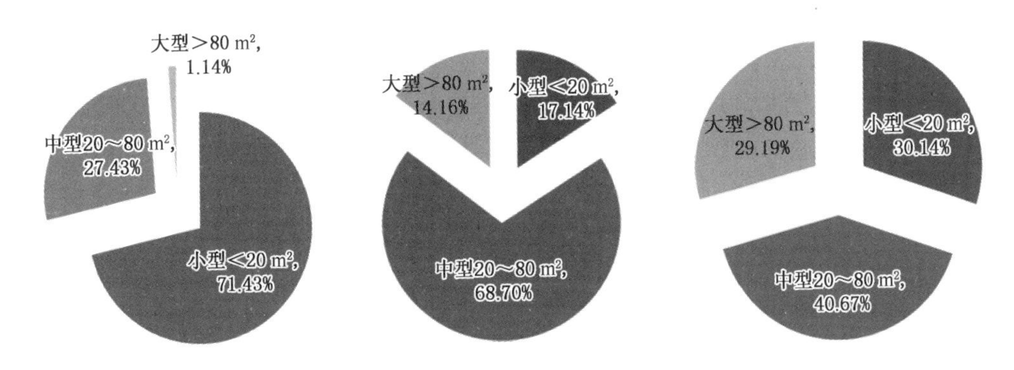

图 7.23 葑门横街（左）、山塘街（中）、平江路（右）店铺规模对比分析

平江路以主街为轴延伸出可供深入文化体验的 15 条规模不等的支巷，分布了 28.03% 的店铺，平江路通过对传统街巷格局的梳理营造出历史街区体验氛围。支巷的风貌肌理、居民原真生活和原真业态构成了街区文化空间的重要元素，为游客慢旅游与深度文化体验提供了条件。山塘街仅有 1 条支巷，却分布了 9.03% 的店铺。葑门横街的 4 条支巷几乎没有利用潜力，主要原因在于纵深性不够，沿河支巷也没有足够的建筑空间以供利用，而且现状商业点也仅在支巷岔口处的几家店铺，并未向内延伸，支巷店铺分布占比仅有 2.28%（图 7.24）。正是这样的建筑与街巷布局决定了横街利用定位与其他历史街区存在差异。

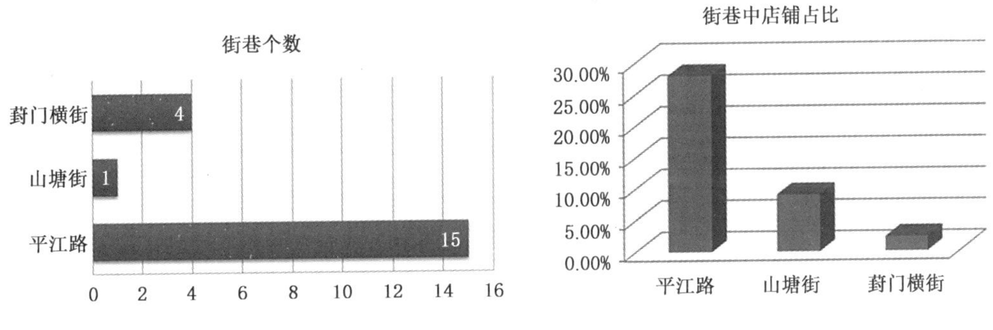

图 7.24 葑门横街、山塘街、平江路街巷对比

③ 公共空间可利用性

历史街区是满足游客人性化需求的休憩空间，是丰富旅游体验过程及实现游客情感满足的重要物质凭借。良好有品质的公共空间同时也为消费者提供了休憩留念的场所。

平江路和山塘街在沿河两侧设置了便于休憩和观景的沿河石凳或亲水平台，较强的亲水性和较好的景观视野成为游客休憩赏景的主要空间。同时，河畔高大古树较多，树荫沿河覆盖，为游客提供了舒适的休憩环境。其次，平江路与山塘街的主街空间频繁收放，码头、街巷、店前空地组合搭配，公共空间变化多样。沿河分布的咖啡馆、餐厅和茶馆等休闲业态提供了大量休闲桌椅和休闲伞等边缘消费空间，也在一定程度上丰富了公共空间。良好的公共空间满足了消费者购物、休憩、逛景、休闲和社交等需求，提升了消费者满意度和街区品质，并延长了在街区中的整体消费时长。

葑门横街的主街宽度虽有收放，整体上看街道较为狭窄，店前空地较少。整条街巷几乎没有可以休憩的场所，部分稍大的公共场地也被杂物堆满或被围栏阻隔，空间有效利用率低，环境品质较差。葑门塘码头等设施不健全，虽有部分小巷亲水，但经常会被流动摊贩堵塞，可通行性差。因此，街区定位也要充分考虑公共空间可利用性。(图 7.25)

图 7.25 平江路与葑门横街公共空间可利用性对比

(3) 利用业态现状比较

利用业态直接影响到商品和服务类型的选择，以及游客的停留时间和聚集空间。历史街区的消费者不仅是来消费的，他们更加注重历史的沉淀、情感的愉悦、休闲的体验以及自我价值的实现与满足。因此，满足游客休闲体验的多元消费需求成为历史街区利用的重要目标。

平江路上文化体验(17%)、酒吧/茶/咖啡(9%)、小吃(12%)和餐馆(13%)等休闲功能较强的店铺比例较高，空间上呈交错分布，每个区段都有若干不同类型的主流业态支撑，能够保持游客消费体验过程的新鲜感，延长休闲消费时间(图 7.26)。平江路家庭经营店铺占总店铺的 12.50%，大多分布在小巷中，为游客深度体验和慢旅游提供了条件，展示了历史街区的空间和场景。总体上，平江路已进入休闲发展阶段，实地调研发现，平江路以散客为主，团队游客较少。店铺营业时间自 9:00～11:30 至 21:00～23:30 不等，中午、傍晚前后人流量较大。

山塘街的店铺中工艺品(34.21%)、纪念品(5.92%)和地方服饰(8.55%)等 3 类业态的比例远高于平江路，这三类业态购物功能较强，而休闲功能较弱，导致游客视觉审美疲劳，平均停留时间短。空间分布上，工艺品店(珍珠、丝绸和古玩)集聚度高，营造出以购物为核心的消费氛围，商业化气氛较浓，休闲体验功能不足。沿河店铺几乎全为商业化用途，游览与日常生活场景相隔离。另外，山塘街几乎没有家庭经营店铺。实地调研发现，山塘街团队游客较多，以购物和游船为主要活动，停留在观光阶段。店铺营业时间多为 9:00～21:00，少数晚至 22:00 前后。观光团基本以夜游为主，晚间人流量较大。

葑门横街的店铺业态主要以菜场功能为核心，占比最高的是蔬菜（17%），其次还有水产（10%）、瓜果（9%）、服装（9%）、肉类（7%）。这些业态生活功能强，休闲功能较弱。蔬菜、水产、肉类等农贸产品交易在葑门横街中段聚集度极高，其他业态功能散布在横街东西两段和北侧支巷。整个街区除西端个别茶室、东端公园外几乎没有休闲场所。实地调研发现，葑门横街主要为周边居民和苏州本地人消费，基本没有观光游客。店铺营业时间自 6:00～18:30 不等，没有夜市，早晚市前后人流量较大，夜晚几乎无商业活动。

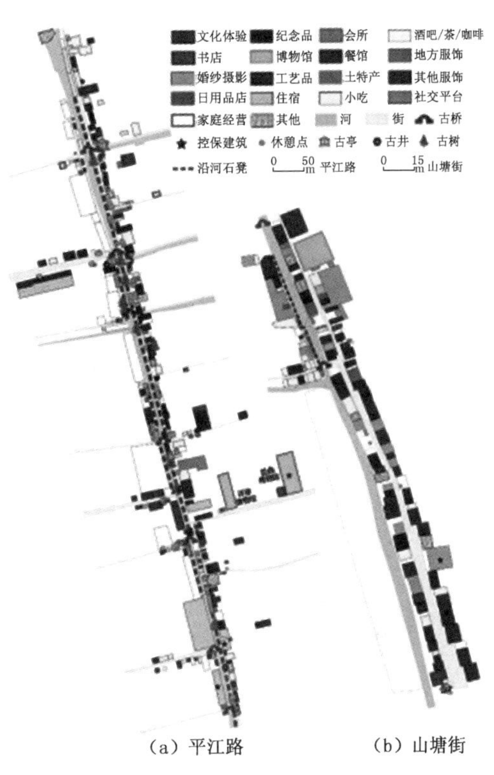

（a）平江路　　（b）山塘街

图 7.26　平江路与山塘街业态对比

研究团队经过详细调查，就三处历史街区的现状利用业态进行了比较分析。从表 7.2 中清楚看到，作为定位中高端的平江路，高档工艺、休闲小吃、茶室咖啡、文化体验和住宿客栈的业态占绝大多数，而农副产品、杂货店基本没有。山塘街作为中端定位，以中档小艺术品、地方服饰、纪念品店为主。上述业态在葑门横街几乎没有，有的是农副产品、杂货店、小餐馆、棋牌店等。如果要适当提高档次，首先是对低端业态数量进行控制，然后适当向中高端业态发展。

表 7.2　平江路、山塘街、葑门横街利用业态分类与比例

商业业态分类		平江路	山塘街	葑门横街
工艺品	高档	5%	3%	0%
	中档	3%	8%	0%
	低档	2%	5%	1%
农副产品	肉类	0%	0%	7%
	蔬菜	0%	0%	17%
	瓜果	0%	0%	9%
	水产	0%	0%	10%
	熟食	1%	1%	6%
	干货	0%	0%	4%
	粮油	0%	0%	6%
	豆制品	0%	0%	2%
	禽蛋	0%	0%	2%

续表 7.2

商业业态分类		平江路	山塘街	葑门横街
家具		0%	0%	2%
餐饮	休闲小吃	12%	9%	0%
	小餐馆	8%	6%	3%
	重餐饮	5%	1%	0%
饮品		8%	5%	0%
酒吧		1%	4%	0%
文化体验		17%	12%	1%
书店		1%	1%	0%
博物馆		1%	1%	0%
服饰	地方服饰	14%	14%	0%
	普通服装	2%	0%	9%
纪念品		9%	7%	0%
土特产		2%	3%	2%
住宿		2%	3%	0%
杂货	日用品	1%	3%	4%
	专业用品	0%	0%	2%
棋牌		0%	0%	1%
其他		6%	14%	12%

注：①文化体验类包括评弹或昆曲等曲艺休闲类茶馆，具有参与生产性质的店铺等；
②博物馆类包括博物馆、陈列馆等公共性场所；
③地方服饰包括售卖苏州传统服装、高端旗袍、定制服装等类型的店铺；
④专业用品类包括五金、婚丧等杂货店；
⑤其他类包括各种非正式类店铺、空置或未知业态类型的店铺，以及部分占比不超过1%的业态类型（以葑门横街为例，包括酒类售卖、理发、医药、花卉、眼镜、修理、钟表、锁行、彩票、古玩、房产中介等）。

（4）消费人群分析

与平江路等历史街区相比，只有一条主街三条支巷的葑门横街只能算是一条“小”街，然而在这样一条“小”街上却聚集了近400家店铺，每日的人流量并不输于平江路。研究团队通过调研，对平江路与葑门横街消费人群的差异性进行比较分析。

平江路历史街区通过其现代沿街休闲业态和深度体验功能的打造，形成了历史文化元素与现代生活相融合的现代城市休闲消费空间，成为受青年游客青睐的休闲文化历史街区。平江路街区的消费者来自全国各地，主要为散客。葑门横街延续了传统的农贸集市功能，面向的消费者群体是本地人，苏州居民占绝大多数，且老苏州人比例很高。

与平江路相比较，葑门横街的人流量主要集中在上午，尤其是在早市期间出现爆炸式增长（平江路在同一时段没有大量人流量）。横街的人流量在经过了晚市的高峰（18:30）之后快速下降，而在平江路上，与横街几乎同时在16:00～17:00人流量开始增加,人流量会持续增加至 19:00 前后达到顶峰,然后维持高流量,直到 21:30 以后才出现下滑。对比可见,葑门横街的人流每天有两次高峰,而平江路仅有一次,横街的最高瞬时人流远高于平江路,可以用摩肩接踵形容,但平江路的人流高峰持续时间更久,可用细水长流形容。(图 7.27)

年龄结构方面,平江路具有明显的年轻化倾向,研究团队针对调查日晚间 18:30 的人流的年龄结构对比见表 7.28,可以发现即使在葑门横街年轻人比例最高的晚市(傍晚),年轻人也仅占了 35%,而在平江路,这一数值是 49%;同时段的葑门横街老年人数比例达到最低,也有 24%,而平江路这一数值只有 1%。(图 7.28)

人均消费时间方面,平江路约为 2~3 小时,高于葑门横街的 1 小时。

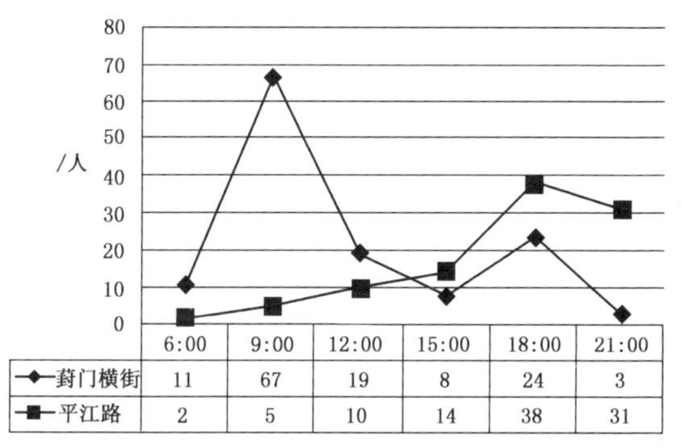

图 7.27 葑门横街与平江路瞬时人流对比

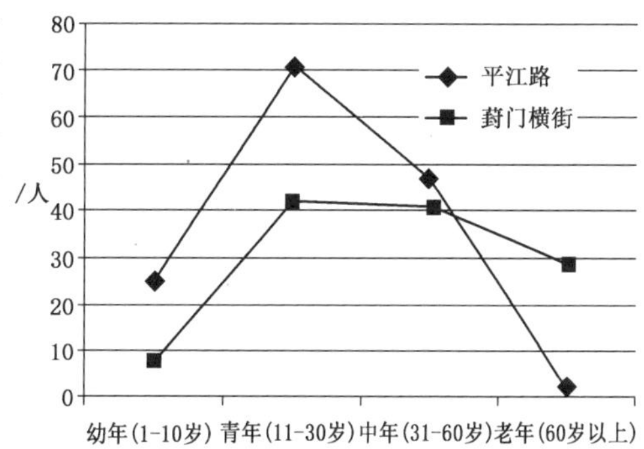

图 7.28 葑门横街与平江路消费者年龄分布对比

消费能力方面,以休闲消费为主的平江路上的消费者人均消费远高于以农副产品为主的葑门横街。(表 7.3)

表 7.3 平江路、山塘街、葑门横街对比分析

	平江路	山塘街	葑门横街
消费者类型	散客游客	团体游客	当地居民
满足需求	体验	观光	生活
消费时间	长	短	长
消费类型	休闲消费	观览购物	比较消费
消费能力	强	强	弱
消费时段	全天	全天	白天
人流高峰	16:00~22:00	16:00~22:00	6:00~9:30 16:00~18:30
特征	历史、人文	游船、花灯	商品价格便宜、市井
与水结合	中	强	弱
休憩空间	较多	较多	较少

(5) SWOT 分析

经过上述调查与分析,对于葑门横街利用整体定位与业态发展的优势、劣势、机遇

与挑战分析如下：

① 优势 Strengths

现状利用业态明确：历史缘由形成的农副产品交易市场，也集中了一些本地的传统特产；

消费人群与人数：本地人生活消费为主，特定时间阶段人流量大；

街区市井世俗文化认可度：现状业态与消费群体基本固定，形成了苏州独有的一条市井世俗文化街巷，略有一定知名度。

② 劣势 Weakness

主要是利用业态低端、业态分布杂乱、流量分时严重、消费群体层次不高、横街历史文化展示不足、利用管理松散和缺乏规范与引导等。上述这些问题直接导致了横街品质无法提升，有必要对未来的利用发展与管理方式进行更深层次的研究。

③ 机遇 Opportunity

A. 政策机遇

依托2018年《苏州历史文化名城保护条例》公布实施的时机，勇于探索成片保护更新模式，推动历史街区保护与利用的多元化方式，为古城整体保护积累实践经验。

横街南侧葑门塘向西沟通外城河，向东流入金鸡湖，确定作为规划中的"金鸡湖水上游联通南线"，成为苏州全域水上游的一处重要节点。同时，结合近期横街的街道路面翻修、沿街沿水建筑外立面的整修工程，对项目的利用更新研究工作也提上议程。葑门横街上历史建筑少，历史文化元素也不够深厚，这是缺点；但也是其特点所在，因为保护限制较少，更新利用的调整余地大。除了在建筑立面或小品上做一些文化装饰或宣传标识外，横街其他相关限制不大，在其他历史街区则管控严格。

B. 发展机遇

人的消费需求是多样化的，历史街区发展定位也需要多元化。苏州的历史街区众多，存在同质化的问题。适当的错位竞争在项目发展定位、业态、规模、产品与消费群体呈现自身特点，最终形成葑门横街在文化展示的错位。

保留现有主流的消费群体，通过业态调整以及宣传引入更多其他年龄段的消费群体，提高活力与消费能力。除了老年人以外，目前苏州青年、中年人对互联网的依赖性较大。山塘街、平江路等虽然盛名在外，但是在合理运用互联网工具进行宣传推广方面仍存在一定欠缺。葑门横街起点低，更能充分利用互联网、公众号等宣传手段，打造网红地，费用不多但显时代特色，实现文化展示与宣传的弯道超车。

C. 商业机遇

苏州人一直有扎堆买东西的传统习惯。自发逐步形成一些专业市场，经过竞争淘汰反复，最终在市区范围内形成一些有一定规模性、有名誉、有品牌的市场，如虎丘婚纱市场、陆慕家具市场、钱万里小商品市场等。还有一些本地的土特产在市里并未形成规模性的品牌市场，如本地水果、水产、茶叶、阳澄湖螃蟹等，居民觉得要去周边生产地购买才能放心。横街本身就具备市内农副特产交易场所的基本条件，也有历史缘由,只是目前未形成品牌效应。苏州目前尚没有本地果蔬、水产等农产品的品牌交易场所。如果适当重点引导,在葑门横街形成这一类专业市场是可行的,以一个历史街区形成专业市场也是一种创新。本地的农贸土特产利润不大,对于一些中低端、内容好、利润不高的土特产老字号,比如小餐饮店、点心店和糖果店等而言,其他历史名街的房屋租金偏高,生存空间不大,这正好能够体现出葑门横街的优势。

本地特产除了本地果蔬、水产以及小餐饮、点心和糖果、生活小杂货等,还有一些民间自家制作的小手工艺特产。本次研究召开的专题研讨会对是否允许引入民间手工艺特产有一些争议:一方观点是与基本定位不符,如果盲目引入,可能会一发不可收拾;另一方观点认为既然葑门横街定位于本地特产展示平台,民间自家制作的小手工艺特产也可纳入,一方面必须有一定的比例控制,不可喧宾夺主,另一方面在街区初期的业态调整时,也不急于引入,而是根据经营情况将此作为未来业态发展与支持的一种可能。

④ 挑战 Threats

A. 利用指引与功能定位

目前项目功能单一、建筑老旧,没有利用规划等规范性文件。要实现转型升级,必要的规范指引作为功能定位、业态、管理手段的引领与原则控制标准是需要的,但指引不可能一劳永逸,也要随着时间不断更新改进,以适应市场变化。业态的引导与控制也不能是纸上谈兵,需要因地制宜、因时制宜、因人制宜、因管制宜。

B. 房屋产权与租金

横街上属于国资的房屋仍占少数,大部分都是私房或企业用房,产权复杂,租金各异,没有相对统一的标准,基本上属于自由租赁(街道已经有所控制,如玉店)。需要引导手段和引入资金。

C. 管理组织

葑门横街没有专门的投资运营公司,街道社区、商会、城管等各管一块,无法形成合力,有些重复,有些无人问津,如集中宣传。思考与选择新的利用管理组织方式和可行的管理措施,也是一种挑战。

D. 引导消费者

利用业态更新的目的还是想引导消费者。主要产品不动,仍吸引原有主要消费者(中老年来买菜)。细节上做一些调整(改进农副产品的种类,延伸出新的特产与服务)。同时通过宣传推广,将这种古城范围内为数不多的世俗文化集聚地呈现给更多的公众。

7.2.3 利用业态结构调整研究

理论上,利用就是延续原功能或调整为新功能。实际工作中,建筑遗产项目利用方式包括规划研究、市场调查与分析、总体定位、功能分区和用地布局等。

1）现状业态发展分析

根据研究团队的现场调查，目前葑门横街的利用业态较为复杂。西段为简易茶室、小餐饮与杂货店等为主，但掺杂有少量生肉类、蔬菜、瓜果；中段以农贸菜场核心功能为主，包括大量的蔬菜、瓜果、肉类、水产，掺杂部分服装、小餐饮、棋牌等休闲或服务型业态；东端（石炮头）主要集中了各类非正式店铺（以蔬菜居多）和非菜场核心业态，东端北侧还有一处小公园，是市民聚焦地；北侧小支巷有家具类业态聚集，以及少量餐饮和杂货店。（图 7.29）

目前西段为葑门横街主要出入口，有街巷标识。经过改造后店铺物质条件较好，主要的几处老字号也存在于此；中段以农贸市场为核心功能，变化较少，但整体品质有待提升；东侧业态较为杂乱，并未形成固定的集聚业态功能。晚间店铺基本关门。

图 7.29 葑门横街现状业态分区图

2）利用业态结构调整的可行性分析

利用业态发展总体目标是基于服务苏州本地居民，对横街业态结构给予调整提升建议与合理比例，提出空间分布方案。

要提升业态定位，只要将低端业态迁出，引入中高端业态，但在葑门横街不现实。先不谈中高端业态是否愿意入驻，如果没有低端业态，也就没有了街区世俗文化定位的根本。所以，保留其核心农副产品交易作为街区主要业态是无可置疑的，这样也能保证本地人消费的特色。必须看到，目前横街低端业态店铺分布随意，所有区段都有，过于分散，不利于集约利用，需要有序地进行引导，使其相对集中分布。类似于工业企业整合并入工业园区集中管理更为合理，如果随意散落在城市各处，就会严重阻碍区域发展。

葑门横街利用专题研讨会上，与会代表们希望街区能逐步恢复与引入一些本地老字号店铺。据了解，有一些未入驻的老字号希望有机会进驻，如传统品牌小餐饮。横街商会也在致力于恢复一些老街的老字号。横街西段是主要出入口，是街道的脸面，需要一些老字号来撑场面。如果走进街巷，迎面就是肉食店、杂货店，显得业态管理有些凌乱。通过一定的管理手段将一些低端业态向中东段集中，西端再适当引入一些青年人喜欢的休闲小吃、饮品店也是提升业态的表现。重餐饮（点菜）业态估计较难引入，需要时间，但也不鼓励，因为与街区的整体利用定位相悖。棋牌室、婚丧店、理发室等尽量向东段或支巷引导。

横街中段在保留农贸市场与杂货店的基础上，将其中一部分作为本地土特产的品牌专卖店,哪怕是低端产品也要赋予新的特色。将传统街区内的低端业态尽量集中,进行区域限制,通过正常竞争淘汰一些非环保、无品牌的低端业态。

横街东段目前业态主题不够明确。原本都是老式住宅,其中一部分已经破墙开店,主要是农副产品交易,路面较窄。由于处于街巷边缘,交易有效时间短,所以对于东段业态的调整,一开始可以作为中段业态的补充。当一些传统业态通过市场行为与引导逐步离开横街中段后,不用直接淘汰,可以引导向东段发展,但对入驻商家也要有一定的管理控制,要符合鼓励清单与负面清单。然后,再根据西中段的发展情况,逐步实现利用业态的"腾笼换鸟",给予新的发展主题。

一般来说,没有入街经营备案的跟进,所有区段的店铺仍然会处于无序状态。需要成立一个利用业态的管理或协调组织,对入驻店铺的业态进行规范很有必要。设立鼓励清单与负面清单,对其他利用业态在街区中的数量占比设置控制范围,以此来规范低端业态,提升中端业态,这是实现有序业态管理的基本手段。

河道沿街建筑的业态发展要根据"金鸡湖水上游联通南线"整体布置,但可提前配置一些亮化工程,例如店招灯箱与灯笼等。通常情况下,沿河布置餐饮、茶室是常见业态。

葑门横街东段(石炮头段)目前有大量的流动摊位,集中在早上,业态仍然是农副产品。流动摊位是一种较好的零售形式,只需要一小块空地,不用固定场所;缺点是如果缺乏控制,数量不可控、业态不可控。如何灵活利用优点,规避失控缺点,一定要引入规划管理。如必须划定区域范围,固定流动摊位位置与范围,给予编号。对入摊经营者进行前置管理,挂证经营。根据本次研讨会的建议,一开始发放不要超过 20 张流动摊位经营证。同时,对流动摊位可能影响的店铺或住房进行沟通,适当补偿。

苏州古城很久没有出现运营良好的夜市。许多本地中老年人很是怀念 20 年前观前街夜市的熙熙攘攘、摩肩接踵,充满着世俗的市井烟火生活气氛,也是另一种传统文化的体现。因此,葑门横街适当引入夜市的提议得到了研讨会的肯定。但认为不能一开始覆盖全域,可以在西段开始做尝试。因为一是西段出入口路面较宽,二是沿街店铺档次较高,第三是有小支巷,可以分流人群,安全性有保证。夜市可以采用流动摊位模式或其他模式,至少要让消费者有铺可看、有物可买。西段夜市的引入也可以带动更多年龄段人流,对中段的主营项目经营时间的延长起到推动作用,夜晚一般很少人来买菜,但本地水果、土特产等不受影响,很有可能由此带动中段业态的提升。

虽然葑门横街各段的主要业态定位基本明确,但业态发展也是动态的。葑门横街定位是本地特产的展示平台,类似于民间自家制作的小手工艺特产或其他本地土特产是否逐步纳入,长远看不应禁止,近期可进行一定控制,无论是时间还是数量。这样既保留了可能的发展潜力,又不至于冲击主要利用业态。

由此,葑门横街利用业态在空间上可分为西中东三段,通过管理、支持与引导等手段逐步确认各自的业态主题，并通过竞争逐步提升档次。对于一些需要引进的品牌、老字号，国资房屋可以通过租金的支持来优先引入。因此，要优先考虑编制利用业态的鼓励清单、负面清单以及各业态在空间占比的控制范围。

葑门横街利用业态在时间上也可有调整余地，普通菜市场的经营时段主要是早上与傍晚，上午、下午与夜间则比较萧条，但如果引入小餐饮老字号，早中晚餐就有一定市场。而本地水果、土特产等不受时段影响。夜市的引入也能一定程度上延伸、改变或提升葑门横街的经营时段，符合利用业态发展的基本规律。其他利用业态或土特产的引入也可根据街区经营发展情况来分阶段引入或移除。

3）结论

上述分析最终形成利用业态调整的结论。业态管理调整是一个复杂过程，其需要遵循的基本原则写入后文的利用管理措施中。

(1) 在空间和时间维度上，葑门横街利用业态结构的调整方案

中段：保留其核心农副产品交易作为中段街区主要业态，重点引入信誉度高的本地特色农副特产展示与销售作为推广品牌的关键点。尽量将生熟分离，将低端业态从西端向中段集中，杂货等从中段向东端调整。北侧支巷临近葑门路，基础设施较完善，有特色的小餐饮、熟食等适当集中分布。

西段：逐步将有苏州特色的休闲、饮品、点心、文化茶楼、书店、品牌面店等中端类业态集中至横街西段，同时恢复或引入老字号。西端作为横街门面，初期可以尝试引入夜市。

东段：近期作为中端业态调整的补充区域，适当引入流动摊位，结合小公园，可以将杂货店、低档茶室、棋牌室、婚丧店、理发室等低端业态集中分布。远期业态主题再根据市场发展情况进行确定。(图 7.30)

定期或不定期组织本地手工艺术品的展示会。

图 7.30 葑门横街规划业态分区图

(2) 构建葑门横街利用功能业态清单

至少包括鼓励清单、负面清单与控制性指标，清单与指标在初次编制时宜粗不宜细，然后不断细化清单与控制指标。

① 鼓励清单与负面清单

根据葑门横街的利用业态现状与发展定位，鼓励清单与负面清单可包括表 7.4 所示内容。

表 7.4 鼓励清单与负面清单

	鼓励清单	负面清单
1		可分为限制清单与禁止清单
2	老字号:小餐饮(面店)、点心、糖果等	重餐饮:点菜餐饮(限制)、酒吧(限制)
3	本地时令特产:本地特色水果(枇杷、杨梅、橘子)、本地水八仙、碧螺春茶叶、鸡头米、太湖三白、太湖大闸蟹、阳澄湖大闸蟹等	高档工艺品销售与加工:玉石、黄金、首饰、蜜蜡等(禁止)
4		客栈民宿(限制)
备注		

② 葑门横街利用业态控制性指标清单

在负面清单中除限制与禁止的利用业态以外,控制性指标清单罗列各种利用业态,并分区分时进行比例控制。(表 7.5)

表 7.5 葑门横街利用业态控制性指标清单表

商业业态分类		控制比例	空间范围	时间范围
农副产品类		50%~55%		
其中	肉类、水产、禽蛋类类	12%~15%	主街中段、东段	5:30~18:30 其中本地时令特产可延长至 21:00
	蔬菜、粮油、豆制品类	20%~25%		
	瓜果类	6%~10%		
	熟食、干货类	2%~5%		
	其中:本地品牌时令特产	不得少于其中的 25%		
杂货类		4%~5%		
其中	日用品	2%	主街中段、东段	9:00~21:00
	专业用品	2%	主街中段、东段	9:00~21:00
餐饮类		8%~10%		
其中	休闲小吃	2%~3%	主街中段、支巷	11:00~22:00
	小餐饮	4%~5%	主街西段、中段、支巷	5:30~20:00
	饮品	1%~2%	主街西段、中段、支巷	9:00~21:00
	其中:本地特色品牌	不得少于其中的 25%		
工艺品类		6%~8%		
其中	中档	2%~3%	主街西段	9:00~21:00
	低档	4%~5%	主街中段、东段	9:00~19:00
服饰类		6%~8%以内		
其中	地方服饰	2%~3%	主街西段、东段	9:00~21:00
	普通服装	4%~5%		

续表 7.5

商业业态分类		控制比例	空间范围	时间范围
文化体验		6%～8%		
其中	文化茶室	1%～2%	主街西段	9:00～21:00
	书店	1%	主街西段	9:00～19:00
	博物馆、纪念馆	1%～2%	主街	9:00～17:30
	纪念品	2%～3%	主街西段、东段	9:00～21:00
其他业态		6%～8%		
其他土特产		1%～2%	主街中段	9:00～21:00
民宿		1%以内	主街西段、东段	全天
棋牌		1%～2%	主街东段	全天
其他小业态		3%以内	主街	
总计		90%～105%	控制在这个基本范围内	

农副产品交易是葑门横街的主体现状业态(现状占比63%),也是葑门横街高人流量的来源。因此对于农副产品交易,在维持其主要地位不变的前提下(调整后占比50%～55%),主要是调整归类和提档升级。

引导调整葑门横街西段部分肉类、水产和蔬菜类业态,集中至葑门横街中段。西段引入部分新业态类型,以提升吸引力并增加消费时长。在主街口增设书店、中档工艺品店以增加文化休闲属性,提升街区品质底蕴。葑门横街西段由于店铺物质条件较好,建议引入文化体验类老字号,如文化茶室等,提升整体档次。同时延长西段营业时长,一方面为居民提供休闲去处,一方面开发夜市,改善"不开张→无人气"负反馈,带动"店铺→人气→店铺"正循环。限制重餐饮、酒吧类店铺进驻。

将传统的农副产品归集于葑门横街中段,时令瓜果土特产走差异化品牌发展路径,提升葑门横街中段品牌价值。对于有条件的熟食类店铺应进行深加工和包装,提升品质,制成苏州特色小吃。维持肉类、水产、豆制品、禽蛋类业态的比例,优化其分布,并做好环境卫生配套工作(如给排水、环卫垃圾等)。少量削减或整合干货、粮油类业态数量,规范管理,提升品质。

葑门横街东段除了作为中段业态的补充以外,建议植入部分纪念品业态,依托东端小公园,增加休闲属性。

对葑门横街上少量工艺品销售进行档次提升,整体定位中低端为主,同时腾出少量的小店面为传统匠人提供展示苏州传统工艺和产品售卖的场所,择优对其进行资金支持、租金减免和宣传帮扶。将葑门横街上原有的部分具有展示性质的生产类店铺改造成文化体验类业态,穿插于横街。服装类业态可适当减少,减少葑门横街中段的普通服装类服装店,转到东西段,普通服装店逐步提档升级。对于杂货类业态,削减其中日用品类杂货商店的数量,维持专业用品类商店,以保持横街历史记忆延续。

对于葑门横街上空置或利用不善的店铺,应进行引导或再出租。对有条件的民房或多层店铺，可将其中一部分改造为博物馆、展示馆或民宿，提供给喜欢并希望感受葑门横街市井文化氛围的游客。其余店铺根据街区功能分区和铺面基本条件安排合适业态。（图 7.31，图 7.32）

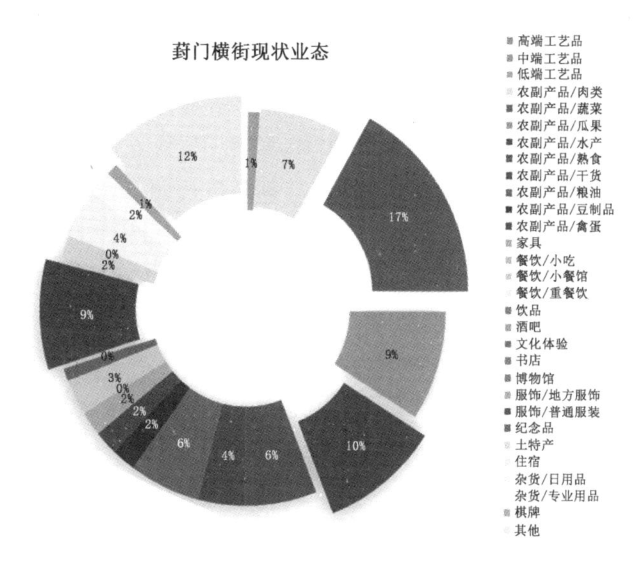

图 7.31　葑门横街现状业态分类比例

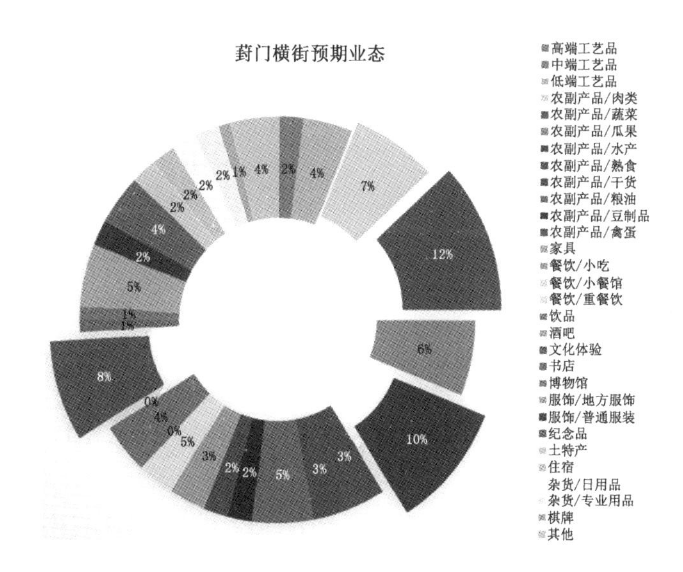

图 7.32　葑门横街预期业态分类比例

7.2.4　利用管理措施（实现手段）建议

1）利用业态管理

葑门横街利用的调整提升已经是苏州市范围的一个社会命题，需要地方政府、社会团体、群众等社会各方面的支持与关怀。目前，葑门横街业态显得凌乱的主要原因是由于店铺自由租赁，没有对业态进行控制或引导。正如一个区域的经济发展与同类企业数量不受控制，自由发展，就可能会出现严重的同质化竞争与产能过剩，就需要发改委等部门对经济结构进行合理控制与引导调整。商业街区利用业态的结构调整同样如此，需要有序引导。

但在业态结构调整过程中，一定会触及个别商铺的现有利益。由于商铺产权不是完全属于国资平台或街道，单纯使用市场手段很难达到目标。为了长远发展，前期要引入一些准强制性的管理措施，通过业态准入、鼓励、限制等手段，将部分业态进行区段调整，集中在一定的区域范围内后，由市场竞争来自行调节，实现优胜劣汰。

（1）制定并公布《葑门横街更新利用指引》。包括利用目标定位、业态结构调整方向和控制清单等。编制与公布业态清单与利用指引的行为本身具有管理属性，这是对市场行为的一种限制，更是一种规范。让商家、租户与消费者清楚了解到横街未来利用业态的发展方向、步骤与基本原则，不至于由此产生怀疑，造成不必要的市场波动。

（2）对葑门横街现有店铺进行一次全面的摸底、申报和登记，统一编制、发放与悬挂店铺号码牌。这不是公安门牌编号，而是统一编制的横街店铺号。实际上就是将横街看作一个平面的大型商业综合体，进行统一编号管理。

（3）针对葑门横街利用业态结构调整，并制定大致的调整阶段。如第一阶段先从横街西段调整业态，中段提升农副产品品质，东段作为机动区域，然后根据第一阶段的发展再实施第二阶段。业态调整遵循先易后难、先有后精的原则。

（4）引入横街商铺业态准入备案制。明确一个横街利用管理组织，由该管理组织在一定期限内对现有的店铺经营业态进行登记。发放横街经营准入备案证，实行一铺一证。在更新租户或业态需要重新准入备案时，管理组织按照鼓励清单、负面清单与控制清单进行支持或限制。

加强大型农贸市场内场铺位的入场管理，也要执证经营。准入备案证是入街经营的证明，不作为办理工商登记或其他部门管理的法律依据。对常驻流动摊贩也要进行登记和发证，通过规范管理引导业态。

横街经营准入备案证内容在利用指引中详细说明。本调研报告不予细化。如果商铺不办理备案证，管理组织可以对商家或房东采取限制宣传、限制公众号商家支持或其他控制手段。

（5）充分利用横街内国资所有产权的房屋（包括公房）。对鼓励业态在租赁与使用过程中，可以在租金、租期或资金方面给予一定优惠，原则上对限制或禁止业态不予租赁。对于民间房屋中的业态虽然不能直接控制管理，但可以通过宣传支持、准入限制等间接手段予以引导。

（6）葑门横街利用业态发展结构调整的基本原则。业态调整是一个复杂且长期的过程，一些基本原则必须遵循：

① 坚持苏州本地特色产品展示老街的业态目标定位。保留其核心农副产品交易作为横街主要业态，重点引入信誉度高的本地特色农副产品以及适当引入老字号作为

横街品牌提升的关键点。合理利用大型空间与公共空间,定期或不定期提供其他本地特产(如本地手工艺术品、学生专场)的展销会,逐步形成本地特产的专业市场,打造苏州本地特色产品的展示平台。

② 编制与坚持利用业态的鼓励清单、负面清单与控制性指标清单。设置管理组织,引入经营前期备案方式,编制三个清单。负面清单不是绝对禁止清单,而是在本项目中属于不支持发展的利用业态。三个清单指标在初次编制时宜粗不宜细,先设立,然后根据市场反应不断调整与细化清单与控制指标。

③ 利用业态在空间区段逐步做到相对集中控制(空间分布)。明确横街不同区段的业态主题,分段进行鼓励、禁止和控制。对公共空间有序利用,鼓励适当引入流动摊位。

④ 鼓励店铺适当延长营业时段(时间阶段)。引导消费者转型,鼓励延长营业时段,在横街西段与中段以点带线发展夜街商业消费,让消费者多停一些时间,逐步提升葑门横街品质活力。当西段业态调整后,鼓励延长营业时间以及消费停留时间,进而影响中段业态营业时段。业态调整是个较漫长的过程,应当分阶段实施。

利用业态结构调整不需要一步到位,分阶段分区域尝试。如有成效,再行推广,再试下一个。遵循基本原则,稳步推进。哪怕调整过程略有偏差也不要紧,能及时改进。至少要行动起来,现状业态有所改进就是提升。

2)消费者管理

人就是老街的生命力。通过利用业态、环境、宣传与管理四大要素引导消费人群。葑门横街的定位就是服务于本地人消费,但要逐步改变消费者年龄结构偏单一的现状。

① 利用业态结构调整可能会给现有消费者带来一些习惯上的不便,但只要保留横街主流业态,就能满足中老年消费群体基本需求。通过改善环境,引入本地特色农副产品以及老字号,让老客户觉得经营业态的调整是提升,不是折腾。

② 在保证基本消费人群的前提下,通过新功能植入和宣传推广逐步吸引年轻消费群体。通过西段的业态提升、中段的品牌介入、东段的管理加强,以及适当引入西段夜市,休闲业态的引入和公共空间的打造,提供休闲娱乐场所和休憩空间,有序延长人流高峰时间,吸引更多年龄段消费群体来进行休闲消费。

③ 消费者目前到葑门横街主要是满足基本生活消费。想要引入更多其他年龄段的消费群体,提高活力与消费功能,必须借助更多、更新颖的推广宣传方式,充分利用互联网、公众号等宣传手段,实现文化展示与宣传的弯道超车。葑门横街要注意坚持以生活消费者为主,不主张旅游观光客组团模式。

④ 交通引导与安全管理。交通便捷与否影响人流动线。明确葑门横街主要出入口,设立明显的交通疏导标识与安全提示。在接近人流量上限时,及时设岗控制人群进出。编制紧急疏导方案,高度重视安全隐患。尽量留出便于一些住户出入的支巷。

横街禁止机动车通行，可适当限时控制小货车、电瓶车、自行车进出，可以参照扬州东关街出入口管理。在横街北部与南部光荣墩设置固定停车场，晚间允许莫邪路两侧临时停靠，在主要出入口外侧设置共享单车停靠桩等。

在引入新业态的同时，要注意是否有对建筑结构安全、消防安全、食品卫生安全等产生影响的因素，也要关注商户与住户的稳定性安全因素等。

3）保护与宣传

葑门横街的文化特色是苏州本地传统市井文化和生活习俗。在保护好历史街巷肌理、建筑风貌、桥梁水道等物质载体的基础上，深入挖掘并展示葑门横街的历史文化信息。在商业运营中宣传苏州本地特产的展示销售，以及与此相关的生活习俗展示，争取为广大公众所知。提升线上与线下的宣传推广方式，讲述横街故事，打造最地道苏州传统习俗老街的名片。

① 发掘历史

留住苏州人记忆中的老街。管理组织与社区办公室、当地居民甚至在更大范围内共同来发掘历史街巷肌理、建筑风貌、桥梁老宅、生活世俗、非物质文化等横街历史记忆。对街巷与历史地名的来源、相关历史、传说故事等进行广泛征集和整理，可以编撰成册或书籍。

② 保护传统

葑门横街属于历史老街。应保护其街巷肌理，严禁占用街巷或改变街巷肌理的建设。对古桥老宅等进行定期检测和修缮，恢复其整体风貌。通过复兴横街上曾经消失的著名老字号来重现横街甚至苏州记忆，提升横街消费品质，打造横街名片。民俗风情节可以固定周期连续举办，延续土生土长的苏州传统世俗文化。

历史建筑活化在传播建筑本身深邃文化内涵的同时具备新的使用功能和活力，适应了现代需求，是取代僵化保护的创新做法。因此，在保护历史建筑文化价值的基础上，适应后现代城市生活需求的“创意化”和“体验化”的活化改造是特色文化空间持续发展的重要途径。

③ 讲述故事

历史记忆需要通过宣传讲述来传承，宣传主题为“横街·故事”。横街故事首先要通过物质形态来讲述。文化故事与老建筑相结合，体现与传承苏州本地生活文化习俗，甚至可以部分恢复民国时期的老建筑立面与一些传统装饰，比如添加一些繁体字标语等。延伸作为一个影视展示场所也未必不可，这就大大增加了宣传力度。选择个别房屋专门做一个横街的民俗文化和土特产展示馆，或是恢复一处民国时期的普通人家形式，通过文字、图片、实物、视频、VR 作品来展示横街故事。故事还要通过非物质形态来讲述，主要有专家讲座、广场演艺、特产展示会、公众媒体、自媒体、微信号、短视频等。至少要让苏州人都知道横街故事，正如上海新天地、田子坊整修了部分石库门建筑，通过宣传推广，吸引许多上海本地人去造访寻觅祖辈们的生活形态。建筑传承故事，故事流传记忆，记忆延续习俗，习俗穿越岁月。

④ 实地宣传(实体平台)

在实地宣传方面,历史建筑、街巷老桥、老字号以及传统文化元素的相关材料可以通过标牌介绍和保护标识等展示给消费者。介绍葑门横街历史、相关典故、发展过程以及现状功能分区,要求所有店铺在各功能分区中按经营业态分类表示,并在各功能区域设置明显导览标识。可以考虑在部分有传承的店铺门面布置介绍与老照片,下设公众号二维码等。

葑门横街的保护限制较少,可在建筑立面、路桩等做一些文化装饰或宣传标识,也可以增加一些小品装饰。

仅是展示还不够,可结合周边学校的特色,定期或不定期举行一些体验活动等。(图 7.33)

图 7.33 多样的保护与宣传方法(网络截屏)

⑤ 媒体宣传(网络平台)

充分利用互联网平台,通过媒体、自媒体来推广宣传,甚至横街的店铺经营备案证都可以通过线上办理。提供免费无线上网,便于实时监控与统计。这里强调的主要是微信公众号"葑门横街"或"横街故事",讲述横街历史、相关典故、发展过程以及现状功能分区。还可以通过横街实地店铺门口的微信二维码,介绍店铺传承,将实地移转到网上,甚至可以用苏州本地话来讲述故事。微信里的故事、精美照片也可以让当地居民或附近学生来编撰,也是一种宣传手段。(图 7.34)

图 7.34 二维码展示与宣传

微信公众号还可以罗列街上所有的店铺,包括固定店铺、流动摊位甚至参加过特产展示会的艺术家或学生等,将商家直接转为线上线下一体,成为网上的本地特产的横街展示平台。而且网上平台也可以作为利用业态的支持与限制手段,如鼓励业态可以置顶推荐,限制业态不予展示等。

⑥ 长远的保护与宣传

长远来看,将来甚至可以考虑与十全街在保护与宣传、本地特产介绍与销售方面连成一体,互为支持,成为苏州的大学、初高中、老年大学等校外文化体验基地,形成城东传统历史生活文化体验区。

4）动态管理

要注意到，葑门横街的更新利用、宣传管理不可能一步到位，需要分步实施，边调整、边试点、边落实、边改进，层层推进。对进入和退出葑门横街的商户利用二维码进行管理，同时监控人流量、店铺热度，进行相关考核等。体现动态管理，定期分析总结消费者的喜好，对落伍业态和新兴业态进行评估和引导，通过动态调整提升横街活力，维持横街的健康良性发展。由专门管理组织负责动态管理，协调与利用行政措施与市场手段来引导与调整。

葑门横街现状CAD底图和重要节点素模截图见图7.35和图7.36所示。

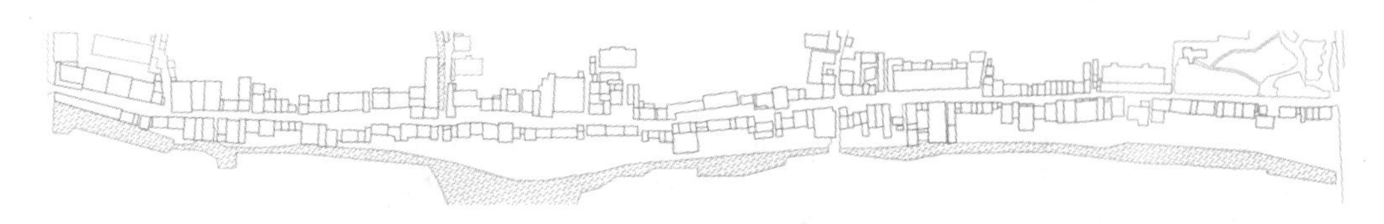

图7.35　葑门横街现状CAD底图

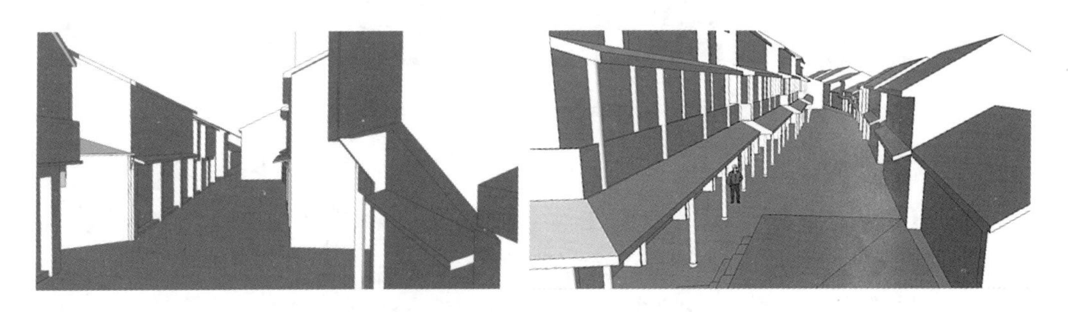

图7.36　葑门横街重要节点素模截图

7.3　历史街区项目功能性分析利用研究案例

历史街区相比历史街道范围更大，产权业态更加复杂，人员结构多样化，也必定会涉及大量居住房屋。本书以苏州道前历史街区的功能性利用更新分析作为研究案例。下文为笔者主持的苏州道前历史街区利用规划编制内容节选。

7.3.1　利用规划的研究背景与目标

一、利用规划的研究背景

苏州古城是中国首批24个历史文化名城之一，苏州社会各界对这座城市充满感情，深切意识到古城弥足珍贵的价值。始终认真贯彻国务院关于保护古城的批复精神，对古城的基本格局、建筑高度、建筑容量、建筑造型、建筑色彩和建筑环境设计进行了全面控制，以确保古城风貌不再受到损害。

古城的老建筑是一座城市的记忆,是城市历史的见证者,它承载着这座城市的文化积淀。一旦损毁,文物本体及其承载的历史文化信息都将不复存在。为了加强对文物的保护,继承中华民族优秀的历史文化遗产,促进科学研究工作,合理利用道前街区,根据《中华人民共和国城市规划法》《中华人民共和国文物保护法》《中华人民共和国文物保护法实施条例》《江苏省文物保护条例》《苏州历史文化名城保护规划(2013—2030)》的有关规定,对道前街区的利用规划进行研究。

二、利用规划研究目标

1. 持续深化古城保护

苏州各级政府一直以来坚持把古城复兴作为战略重心,创新理念,破解难题,努力使古城焕发新生机。根据《苏州历史文化名城保护规划(2013—2030)》的有关规定深化产业负面清单、直管公房管理、保护补偿机制等方面的研究,着力构建系统化的古城保护体系。深度挖掘姑苏文化旅游资源,扩大传统民俗活动影响力,整合梳理微旅行线路,开展景区周边旅游环境专项整治,提升古城旅游品质,打造旅游名片。道前街区历史文化底蕴深厚,众多古迹和名人故居散落在12条古巷中,其中控制性保护建筑(历史建筑)多达11处。此次利用规划旨在积极探索街区成片保护更新与利用模式,并为古城整体保护积累实践经验。

2. 盘活已修缮改造、待修缮改造的古宅民居

道前街区的控制性保护建筑(历史建筑)多达11处。经过近年努力,已经通过政府改造或私人改造的方式对街区内大部分控制性保护建筑、文保建筑等进行了修缮,重点工程包括幽居、按察使署旧址、曹沧洲祠堂等,使得这些古建筑重获新生。由于历史原因以及古建筑市场不成熟,这些已经修缮改造的控保建筑却未能重新回归社会,发挥应有的历史人文价值,而是空置沉寂,这无疑是重要历史文化资源的一种极大浪费。而且街区内仍存在数量众多的未修复的古建筑,通过盘活这些古宅民居等重要的历史文化资源,发挥应有的价值,可以为街区注入新的活力,推动街区发展。

3. 改善民生,提高街区活力

道前街区的老建筑多用于租赁,街区内居住环境差,群租现象严重,存在电线乱拉乱扯、木门窗丢失、墙面粉刷脱落严重、楼梯损坏严重等问题,严重影响居民生活。破败的普通民居与已修缮的民居以及经过历史沉淀的古建筑不尽协调。古城资源及地段价值均未能充分利用,整体价值偏低,有较大的保护与再利用空间。通过对道前街区的重要节点进行示范性改造,引导街区居民对自已场所进行经营,使之成为集旅游、商业、居住于一体的综合性历史街区,从而整体性地改善居民生活环境,提升街区活力。

4. 深挖文化资源,拉动经济发展

道前街区保护与利用规划着眼于文化经济产业,通过文化特色创意,在传统文化与现代生活之间搭建桥梁,重塑、活化文化资源。精品体验游览和特色文旅项目的开发,为传统古城社区注入高附加值,带来新的消费和增长点,持续放大古城文化资源的

核心优势。利用规划的落实，一方面引入旅游和消费，改善了当地居民的就业情况和生活水平，另一方面也通过对文化资源的深入挖掘，增加了政府的税收收入。同时文化创新和旅游发展的持续发酵也会为街区带来源源不断的新机会，带动区域经济持续发展。

7.3.2 道前街区项目概述

一、区域概况

1. 项目区位

本项目为道前街区利用规划研究。项目位于江苏省苏州市姑苏区，古城西侧。街区东起养育巷，南连道前街，西与学士河相邻，北与干将西路相望，面积 0.163 km^2。街区距离苏州火车站不足 3 km，紧邻地铁 1 号线，在街区北侧有养育巷地铁站，周边公交有 303 路、602 路、9007 路等。街区距离传统商业中心观前商圈约 1 km，石路商圈 1.5 km，均步行可达目的地，地理位置相当优越，交通十分便利。(图 7.37)

道前街区传统文化资源积淀深厚，留存有众多历史遗迹和名人故居，其中控制性保护建筑达到 11 处。区域内有居民大院 108 个，常住居民 2 130 户、6 120 人。

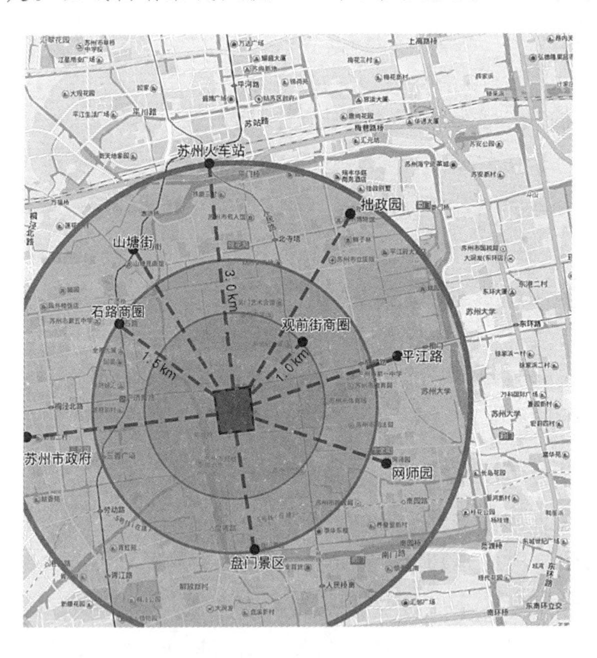

图 7.37 项目区位图

2. 历史功能演变

道前街区位于古城西，以前的道前街曾经是苏州的官衙中心。道前街之名最早出现于明代，当时设苏松常兵备道于此，故得名道前街。民国后，县府将清代三个大官府衙门所在地府前、道前、卫前街合并，后改称道前街。新中国成立后市政府等办公场所也设在此街，老苏州现还称 170 号的大院子，原是“市人委”(市人民委员会)，办公氛围浓烈,现在主要为一些局级部门的办公场所。

道前街区留存有12条小巷,众多历史遗迹和名人故居散落其中。部分民居用房已经转换使用功能,如棋牌室、理发店等;部分保护较好的成片民居被自发改造成私人会所等文创或娱乐用途;另有数量众多的民居用于出租,保护状况堪忧。

3. 建筑特色

街区内居民建筑多为一层、二层的平房建筑,部分为三层、四层建筑。从建筑年代来看,干将西路、道前街、养育巷等沿街建筑多为20世纪90年代以后新建的现代建筑,而巷内建筑多为历史较久远的老式建筑。

沿街主要是粉墙黛瓦、临水而居、前巷后河,呈现“小桥、流水、人家”风貌;小巷风貌(内部)则是白墙矮矮、道路窄窄、粉墙黛瓦、飞檐翘角,呈现曲径幽深的风貌。(图7.38)

道前街区总体保留了苏州古城传统社区的建筑风格与街巷格局。

图7.38 道前街区建筑风貌

4. 文物保护单位及历史环境要素

道前街区文化积淀深厚,文保单位与控保单位多达11处(占地面积约1万m^2)。(图7.39)

1) 部分已修缮改造的历史建筑(图7.40)

按察使署旧址(道前街170号,现属市政府管理);

曹沧洲祠堂(道前社区用房,属南门街道管理);

上海外贸疗养院(原雷氏别墅,属该外贸单位管理);

畅园(属苏州市园林局管理);

桃园(属南门街道管理);

吴宅(苏州市基础设施综合开发有限公司老办公楼)。

2) 未修缮改造的历史建筑(图 7.41)

瓣莲巷 22、24、26、28、30、32、44、46、48 号,富郎中巷 18、20、22、24 号,庙堂巷 10—16 号,庙堂巷 22—26 号;沈民故居;舒适旧居,西支家巷 5、7、8、9、10、11、14、15、17、19 号,余天灯巷 8、10、12、13 号。

姑苏区道前街文保、控保老宅分布见图 7.42 所示。

图 7.39 文保单位、控保建筑标识

图 7.40 已修复的历史建筑

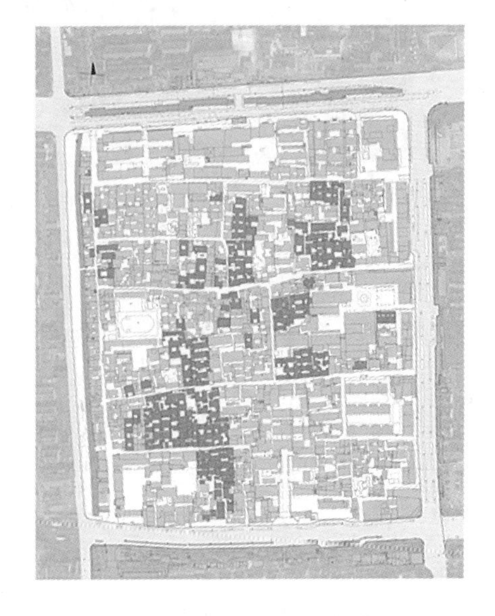

图 7.41 未改造的历史建筑

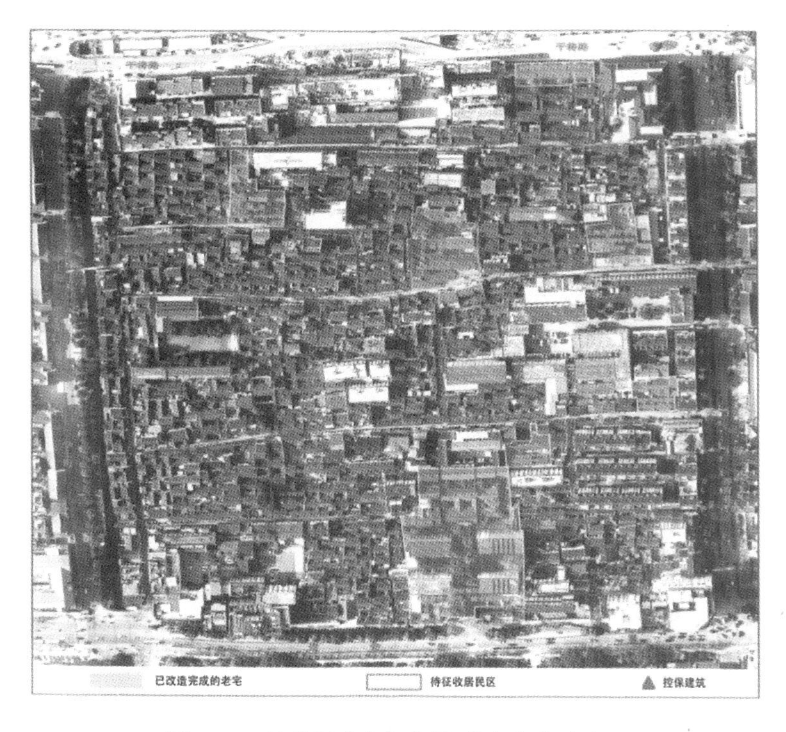

图 7.42 姑苏区道前街文保、控保老宅分布图

5. 空间格局与肌理

1) 空间格局

道前街区是苏州古城风貌的集中展示区之一,面积 16.3 hm^2。历史建筑遗产和名人故居散落于 12 条小巷。区内的文保单位与部分控保单位已经修缮完毕,其余还遗留有部分历史建筑、牌坊、古井、古树等历史遗存。

道前街区里的养育巷、剪金桥巷、学士街、富郎中巷、庙堂巷、瓣莲巷等古巷历史久远,其中,养育巷、剪金桥巷、学士街均为南北走向,富郎中巷、庙堂巷、瓣莲巷为东西走向。纵横相错,呈棋盘状。街区西侧为河道(剪金河),呈南北走向。(图 7.43)

2) 现状肌理

道前街区总体肌理与苏州古城区高度协调。街区外侧沿街建筑多经过拆除重建,现为坡屋顶多层住宅或高层写字楼;街区西侧多为临水而居的低层民居,风貌较为统一;街区中部建筑密度最高,且掺杂部分加改建,多为一层至二层的房屋,整体风貌和肌理较好;街区道路曲折,宽度适中,主次巷区分明显,肌理保存较为完整。街区内绿化多集中在街巷两侧和西东侧两处空地,街区中也有零散大树分布。(图 7.44)

6. 历史文化要素

文化遗产包括物质文化遗产和非物质文化遗产。物质文化遗产是具有历史、艺术和科学价值的文物,非物质文化遗产是指各种以非物质形态存在的与群众生活密切相关、世代相承的传统文化表现形式。

图 7.43 街巷现状照片

1) 物质文化遗产

街区由数量众多、形态各异的各类民居建筑组成，其中有 10 余处受到政府保护的省市级文物建筑与控保建筑，包括行经街区的水道(剪金河)、12 条古街古巷、散落民居间的古井等。

2) 非物质文化遗产

街区中有几处老茶馆。茶道起源于中国，中国人至少在唐朝或唐朝以前，就在世界上首先将茶饮作为一种修身养性之道。在茶楼、茶馆、茶舍品茗谈艺、观书赏画，一直是文人雅士的乐事。

富郎中巷东侧有一处书画装裱店。书画，也就是书法和绘画作品的统称。书法是中国古老的艺术形式。千百年来，中国书法一直被国内外民众所喜爱，千千万万的书法爱好者为之着迷、疯狂。

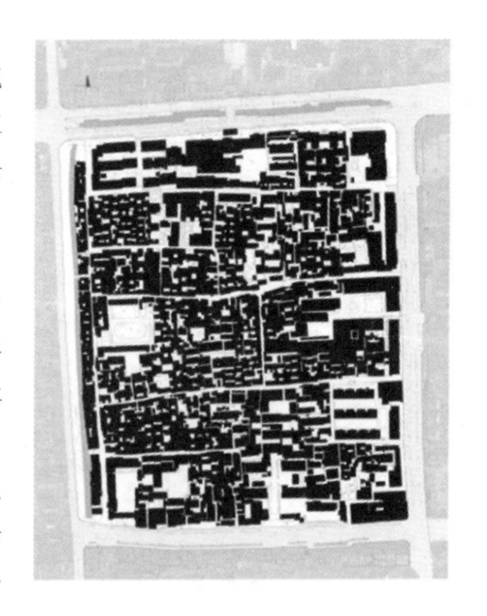

图 7.44 街区肌理图

街区沿街有多家苏绣手工艺店。苏州刺绣发源于苏州吴县，已有 3000 多年的历史，自春秋时期开始就已形成了一定的规模。苏州女子性情柔和，心灵手巧，擅长慢针细活。苏绣形成了自己独特的“精、细、雅、洁”风格，而其中的双面绣已成为刺绣技艺中独树一帜的精品。

富郎中巷21号是“苏州市周易研究会”的所在地。易学源于《易经》之学,简称易学,是古人思想、智慧的结晶,被誉为“大道之源”,是中国乃至世界人文文化的基础。国学大师、中国社会科学院特约研究员沈瓞民曾在民国时期定居于此,精研《易经》,并著有《三易新论》。

在闲逸的道前街区,饮茶、听评弹、走街串巷、研究器具、闲话家常,这些闲逸的生活场景在道前街区总可以不经意偶遇。这里保留了老苏州人对于生活的理解与追求。

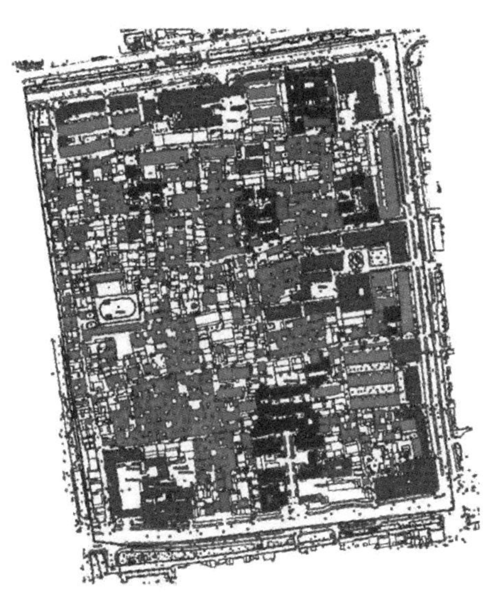

图7.45 苏州古城道前社区产权分布图

7. 产权状况

产权调查包括核对并确定所有者、使用者、相关利益人等的基本情况、抵押情况、查封情况或产权异议情况,登记用途、现状用途,土地使用权性质、取得时间,土地剩余使用年限,产权限制条件,土地面积、建筑面积,有无增加或减少土地面积(侵占或被侵占)、有无增加或减少建筑面积(加屋、搭建)情况等。

同时根据可利用性评估的需要调查了部分产权人的转让意向、使用者的使用意向等,作为可利用性评估和利用规划的依据。(图7.45)

二、上位规划对项目的利用定位

1.《苏州历史文化名城保护规划(2013—2030)》《苏州市全域旅游发展规划》的规划要求说明

2012年苏州被批准为全国唯一的历史文化名城保护区。最新《苏州历史文化名城保护规划(2013—2030)》立足于全面的名城保护观——保护、利用与发展三者相互协调、相辅相成,使保护和利用历史文化成为一种可持续的发展方式。其目标在于保护历史文化资源,传承优秀传统文化,统筹保护与发展,完善名城保护机制,促进名城可持续发展,使苏州成为传统文化与现代文明相融合的国家历史文化名城示范区。文件指出要分层次、分年代、分系列构建历史文化保护体系,在地域空间上分为“历史城区”“城区”“市区”三个层次。“历史城区”保护结构为“两环、三线、九片、多点”。历史城区的保护是工作的重中之重。

规划提出苏州将在未来全面实施全域旅游发展战略,优化城市旅游布局,坚持国际化标准,深度挖掘遗产文化、水乡湖泊等旅游资源潜力,积极创新旅游产品和开发模式,着力提升旅游服务和配套,推动旅游产业转型升级,打造具有独特魅力的国际文化旅游胜地。优化城市旅游布局是全域旅游发展的重要组成部分,而街巷游正是城市旅游布局的细化与重要落实手段。

苏州古典园林、江南水乡古镇、独特的苏式休闲生活方式等资源具有独特性和极强的远程吸引力，苏州旅游的拳头产品必须依托这些资源来开发。规划提出，以游客体验需求为导向，发挥苏州古典历史文化、非物质文化遗产资源优势，积极探索互动体验性的文化传播方式，组织民间艺人和专业团体，将苏式传统文化精品剧目和民俗活动导入游客文化体验旅游活动中。以散点串联等方式，打造文化体验主题游线、廊道项目。以“旅游＋生活方式”思路，整合非遗传承、文创研发、历史街区生活资源、古镇古村落、特色产业等，开发社区旅游综合体等参与性强的场景式综合文化体验旅游项目。（图 7.46 至图 7.49）

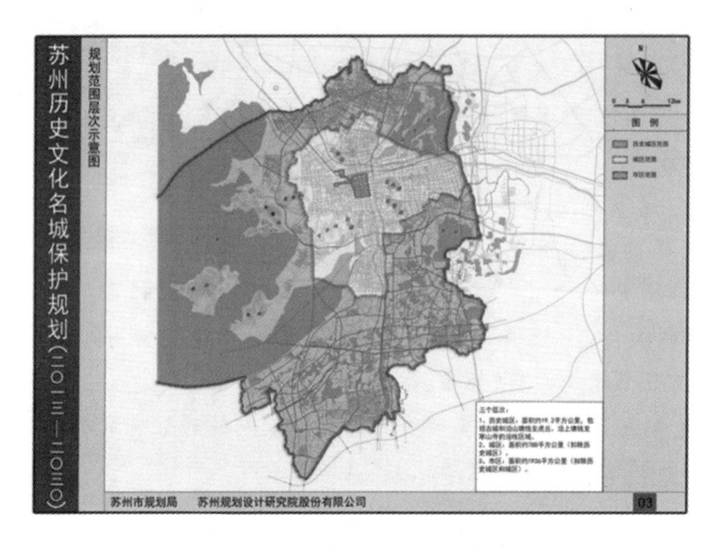

图 7.46　规划范围层次示意图

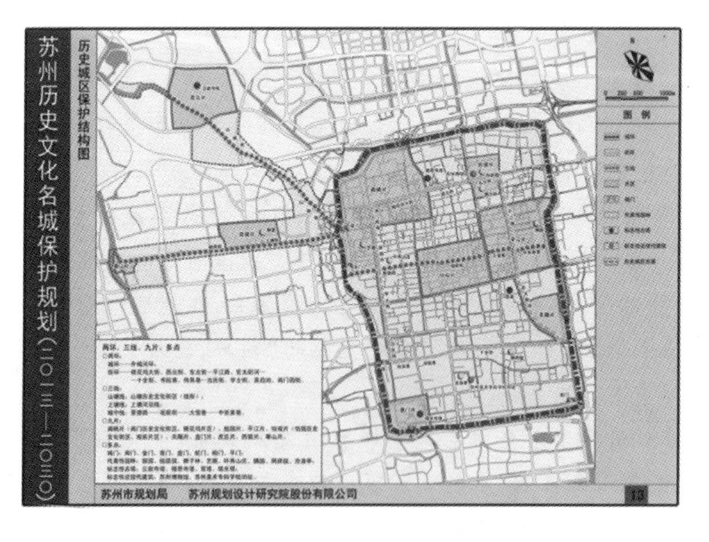

图 7.47　历史城区保护结构图

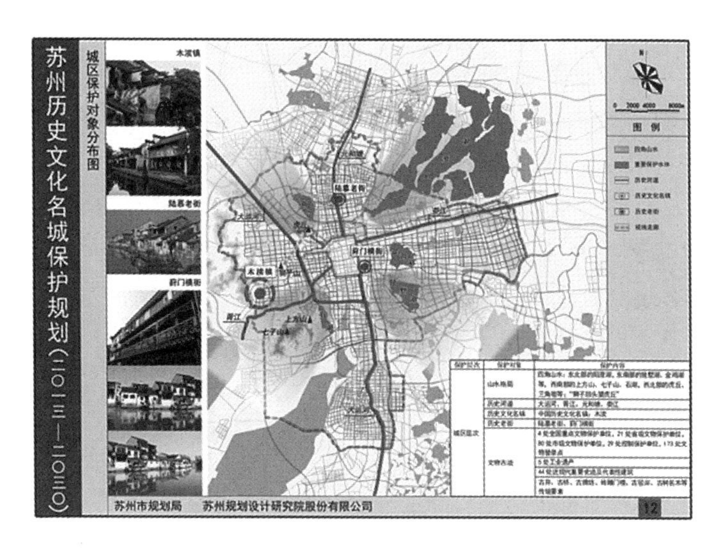

图 7.48 城区保护对象分布图

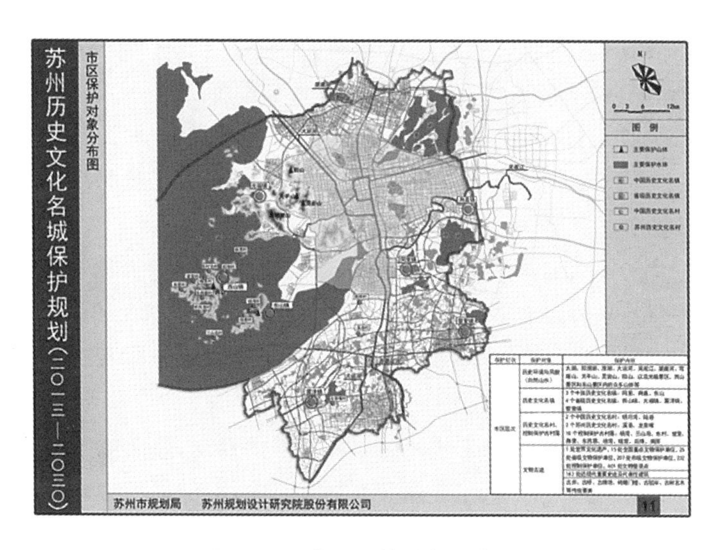

图 7.49 市区保护对象分布图

2. 上位规划及相关规划的要求结论

道前街区坐落在古城区重要位置,南连南门商圈,北承观前商圈,区域位置优越,是以传统居住功能为主的街区。《苏州历史文化名城保护规划(2013—2030)》中规定古城内传统民居功能调整应遵循引导,进行建筑高度限制,保持风貌协调,鼓励老建筑更新和改造。(图 7.50)

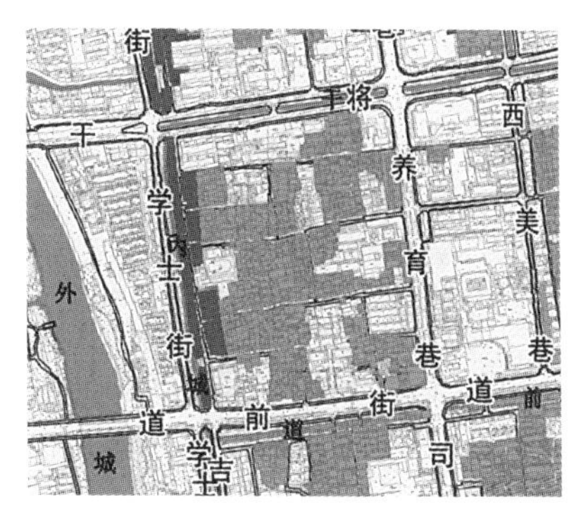

图 7.50 古城传统民居功能调整引导图(灰块为保留居住功能)

独特的苏式休闲生活方式等资源具有独特性和极强的远程吸引力,道前街区的定位为闲逸、经典、文化与国际交融的风格，通过对于重要节点的示范工程带动居民与社会团体对街区内的老宅民居进行保护修复，在基本保留原有建筑的基础上，使之成为苏式生活经典示范区。街区游是城市旅游布局的细化与重要落实手段，通过提升古建老宅观光体验与综合服务配套设施，开发社区旅游综合体等参与性强的场景式综合文化体验旅游项目。

总体来看，此次利用规划适应了苏州历史文化名城和道前街区保护与发展的需要，符合周边地区可持续发展需求，该方案与《苏州历史文化名城保护规划(2013—2030)》《苏州市全域旅游发展规划》等文件相辅相成，互相协调，在提高苏州市经济的发展水平、加大历史街区的保护力度、完善道前历史街区周边地区公共配套服务设施等方面具有积极意义。

7.3.3 道前街区项目利用分析

一、道前街区使用人群调查

1. 对旅游消费人群调查

问卷调查内容包括：游客区域、性别、年龄、文化程度、职业、收入水平、旅游方式、消费类型、消费金额，以及交通情况、道路宽度、城市面貌、停车设施、古建保护。

问卷调查结果显示，来此旅游的游客以苏州本地的游客为主，大多数并非专门到此游览，而是由于周边旅游景点的带动。不同年龄阶段的消费类型与消费水平如下(图 7.51，图 7.52)：

1) 年龄 65 岁及以上的消费者主要以纯游玩为主，消费能力较弱(25%)；

2) 年龄 45～64 岁的消费者消费类型主要为特产与纪念品(22%)；

3) 年龄 25～44 岁的消费者消费类型主要为休闲娱乐、奢侈品和特色餐饮等，消费能力较强(28%)；

4) 年龄 15～24 岁的消费者消费类型主要为休闲娱乐，特色餐饮与小吃等(25%)；

5) 年龄 14 岁以下的消费者消费类型主要为小吃(8%)。

80%的人认为古城街道过窄，92%的人认为交通拥堵，86%的人认为停车难，54%的人认为古建保护比较一般。

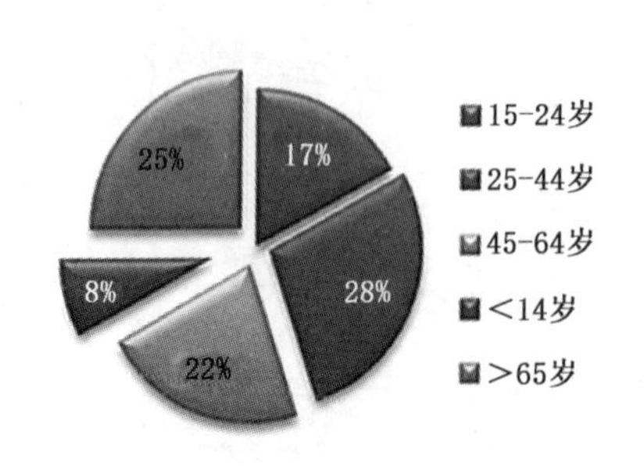

图 7.51 旅游消费人群年龄分布图

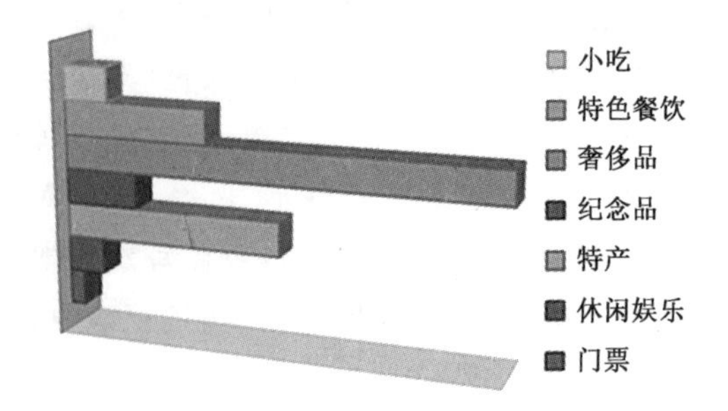

图 7.52 旅游消费人群消费强度分析

2. 对职工或商户的调查

问卷调查内容包括:企业经济三类型、单位规模、建筑面积、净利润、租(买)、选址类型、办公环境、装修要求、交通情况、道路宽度、城市面貌、停车设施、古建保护。

问卷调查结果显示,街区中的单位规模普遍不大,办公环境不同的职业对古城办公的要求不尽相同。大型国有企业的职工多希望办公环境优美、有院子、交通便利;中小商户对于办公环境的要求仅有交通便利。78%的受访者的办公场所为长租。92%的受访者对公司的装修预期是主题装修。(图 7.53)

86%的人认为古城街道过窄,92%的人认为交通拥堵,94%的人认为停车难,30%的人认为古建保护比较一般。

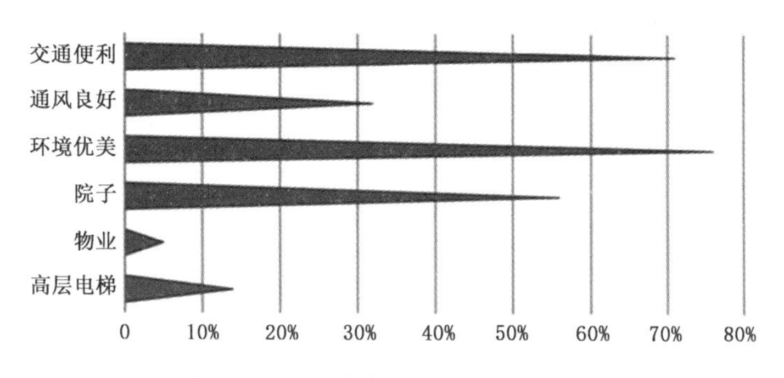

图 7.53 职工商户对办公环境需求分析

3. 对街区居民的调查

调查对象包括原居民(原房东、回迁的原使用者)、新居民(租户、新迁入住户)、外国人。调查问题涉及国籍、籍贯、性别、年龄、文化程度、职业、收入水平、居住地、交通情况、城市面貌、周边配套设施、停车设施、古建保护等(图 7.54)。

1) 原居民。大多为退休职工,年龄多在 45 岁以上,收入水平中等,对苏式传统生活有一定的追求,对周边配套、交通出行情况要求较高,周边配套包括学校、医院、银行、菜市场、超市等。他们认为街区内最突出的问题是街道过窄与停车困难。

2) 新居民。租户多为打工者或低收入者,他们普遍学历不高,对于住房要求是租

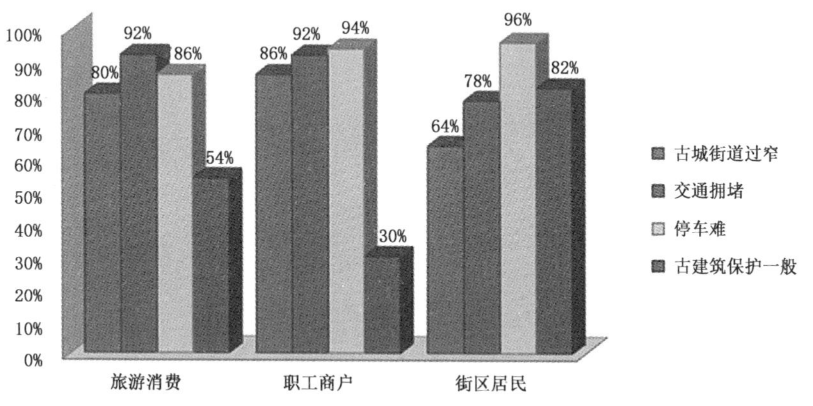

图 7.54 街区各类使用人群对古城区问题分析

金便宜，满足其基本功能“住”即可，对其他方面没有过多要求，对于古城环境和交通出行比较重视。新迁入住户多在街区附近开办小商业，他们认为古城内最突出的问题是卫生状况差。

3）外国人。年轻的外国人多以短租为主，具有旅行的性质；中老年外国人则以长租为主，他们看中的是古城的环境，区位以及配套设施，他们认为古城内最突出的问题是建筑安全和保护现状。

4. 结论

旅游消费方面，当前道前街区以苏州本地人旅游为主，受制于人流类型单一以及商业业态固化，消费与服务水平偏低。但随着街区环境整治与古建修缮的逐步推进，街区内商业将面向更广大的游客群体，业态将逐渐多元，服务水平也将逐渐提升。

职工和商户方面，道前街区以中小商业为主，多集中在街道两旁，办公或商业建筑多为低层建筑，内部小环境优越，但未能连片形成产业。部分优质连片老民居被改造成为私人会所，由于其内向性，未能形成带动效应。职工和商户多希望获得有院子的办公环境，在装修风格上也偏向有苏州特色或主题风格。

街区内本地居民大多向往传统苏式生活，对街区优越的区位和历史文化价值都比较认可，普遍对于停车、交通、建筑安全、保护修缮等方面有一些意见。租户居民主要希望在建筑安全方面能有所改善。街区中不少房屋因为质量问题空置，年久失修导致的破败加剧了其使用的不安全和不便利性，这一问题的解决刻不容缓。

综合而言，街区最亟待解决的是房屋安全与建筑保护问题。因此通过政府主导结合市场行为打造老宅样板房，鼓励本地人购买居住或投资，同时带动居民自发改造修缮建筑，实现自下而上的街区更新。同时老房子大多自带院落，修缮后可投向街区内外的中小型公司，以获得源源不断的再生动力。同时对街巷宽度的整治可提升街区通行度，学校搬迁后的空地以及停车场的建设也能部分解决街区内部的停车问题。

二、项目利用现状分析

道前街区总体风貌与苏州古城区高度协调。沿街主要是粉墙黛瓦、临水而居、前巷后河，呈现“小桥、流水、人家”风貌；小巷内部则是粉墙黛瓦、飞檐翘角、白墙矮矮、道路窄窄，呈现曲径通幽的风貌。

交通街区内道路交通较为通畅，部分巷道过窄，不能满足消防与日常机动车要求，对街区的内部交通可达性产生影响。

市政设施较为完善，但管线交错，各家各户的接入需要统一管理。

生活配套便利，区位优势明显，这一点也是该街区最吸引人的地方。

停车配套不足，仅少数街巷边或小空地上可部分停放机动车，街区内部机动车停放位置不够，更没有给临时车辆的停车场。

街区文保单位多被机关单位用作办公使用，不能有效向社会开放；控保单位现在经过修缮后多空置或租售给私人企业,居民参与度低,社会影响力小。

商业业态:东侧养育巷为市内有名的装修特色街,北侧干将西路也以卫浴、家居为主,与之相呼应,南侧道前街主要为旅游文化区。

街区内居民住宅基本上为一层、二层的建筑,部分公房等为三层、四层建筑。从建筑年代来看,干将西路、道前街等沿街建筑多为20世纪90年代以后新修建的建筑,而巷内建筑多为老房子。文控保单位在产权上多为公有,由政府组织进行了保护和修缮,而街区中还存在大量公房,基本上是租赁给务工人员和退休老人。这些房屋的居住环境往往较差,并存在私加乱建、电线乱拉乱扯、木制门窗丢失、墙面粉刷脱落严重、传统装饰构件损坏严重等问题(如图7.55),与已修缮的古建筑不尽协调。道前街区乍看是繁荣与古典的交汇处,实际里面的住宅多租赁给外地人员居住,古城资源及地段价值均未能充分利用,整体价值偏低,有较大的保护利用空间。这种情况需要通过政策的引导和市场的手段加以调节。

街区现状使用功能分布见图7.56所示,街区老建筑改造利用见图7.57所示。

结论:街区内沿东、北、南三面为较高大的现代商业/行政建筑环绕,中心区域为大量低层院落式传统建筑。传统建筑群中有11片已经被纳入(待)修缮区域,集中在区内中间区域。区内大部分传统建筑为居住建筑,沿剪金桥巷两侧为前店后宅或下店上宅模式。

街区内的文保建筑、控保建筑需要保留。在保护修缮的基础上应增加开放度,引导更多的人参观了解,服务街区并成为街区名片,提升社会影响力。其他的虽未修缮但有修缮价值的建筑,如保留的居民楼及单位用房,可以修缮改造但不允许大规模拆除或重建。部分房屋的产权问题建议通过政府规划引导市场参与。

图7.55 街区内建筑与环境问题

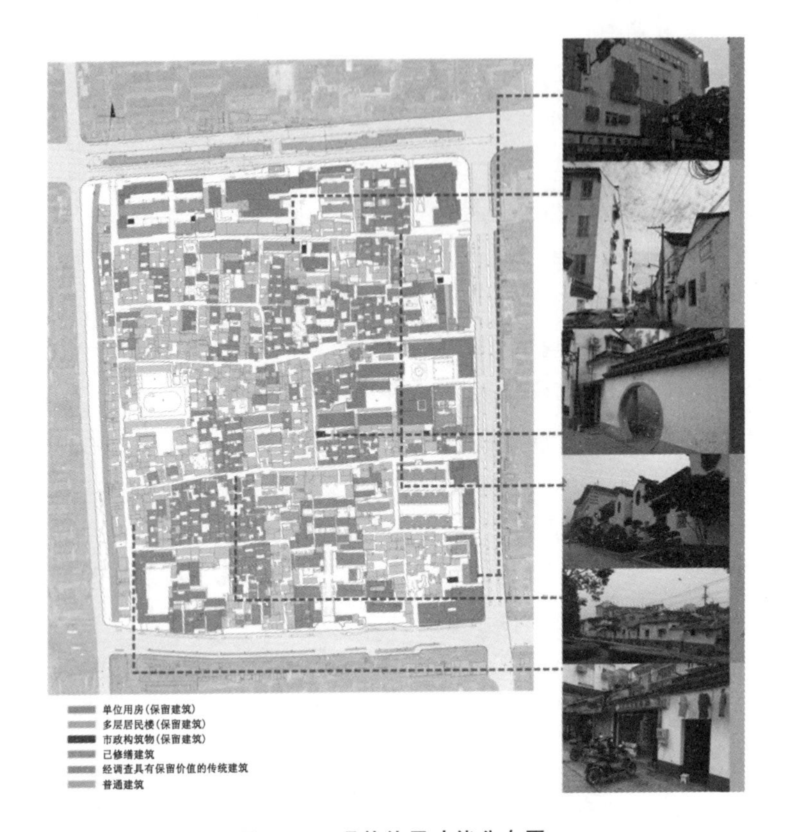

图 7.56 现状使用功能分布图

图 7.57 街区老建筑改造利用照片

三、市场供求关系分析

1. 区域市场分析

1）苏州宏观经济

2017 年以来，苏州市经济保持平稳增长，质量效益逐步提高，城乡发展协调并进，环境面貌有效改善，社会事业全面进步，民生福祉持续增进。

① 经济运行稳中有进，地区生产总值持续增长

2017年,全市实现地区生产总值1.7万亿元,按可比价计算比上年增长7%。姑苏区全年地区生产总值660亿元,同比增长6%。(图7.58)

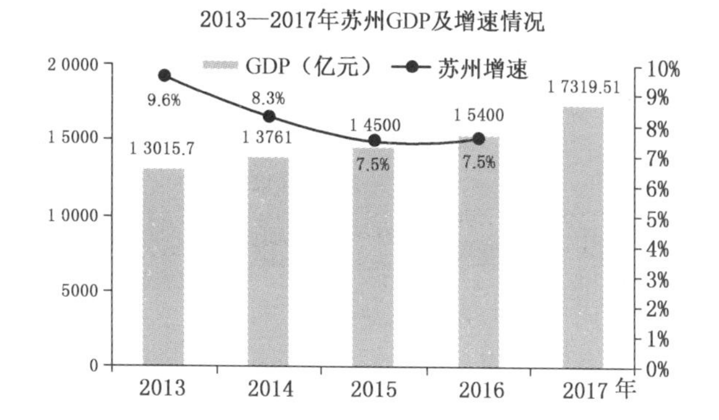

图7.58 苏州市地区生产总值与增速状况

② 产业结构不断优化,第三产业占比逐年增长

全市服务业增加值比上年增长8.3%。全年实现高新技术产业产值1.53万亿元,比上年增长10.5%,占规模以上工业总产值的比重达47.8%,比上年提高0.9个百分点。

其中姑苏区加速壮大以科技创意、特色商贸、文化旅游为主导的现代服务经济产业体系,预计全年服务业增加值占比达89.3%。(图7.59)

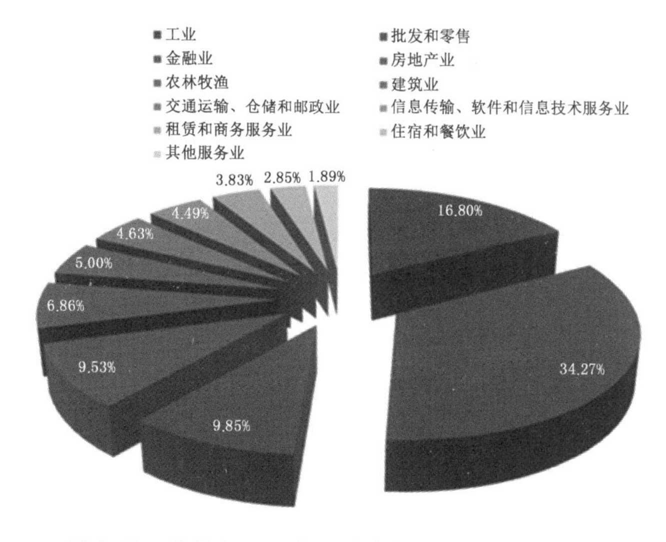

图7.59 苏州市2018年一季度各行业GDP占比情况

③ 旅游市场健康发展,区域消费带动明显

2017年全市实现旅游总收入2 332亿元,比上年增长12%,其中旅游外汇收入23.5亿美元。全年接待入境过夜游客172.57万人次,接待国内游客12 092万人次,均比上年增长7%。旅游业发展量级稳步提高。(图7.60)

姑苏区与萨博中国共建“国家文化新经济开发标准试验区”,成立“文化新经济发

展研究中心”。

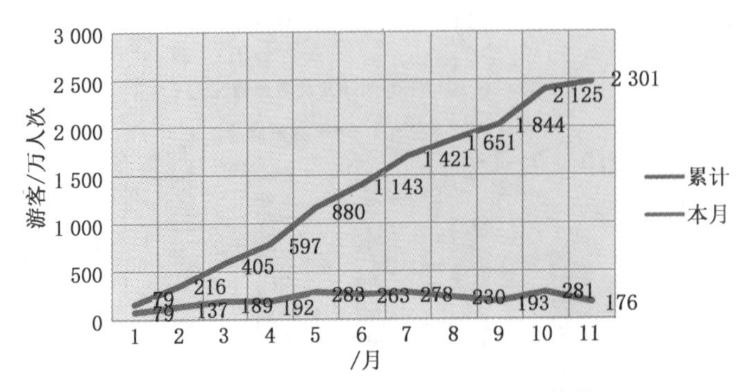

图 7.60　2017 年 1—11 月苏州旅游接待情况

④ 全体居民人均可支配收入快速增长，生活水平日益提升

2018 年一季度苏州常住居民人均可支配收入 15 452 元，同比增长 8.1%。其中，城镇常住居民人均可支配收入 17 339 元，同比增长 8.0%；农村常住居民人均可支配收入 10 935 元，同比增长 7.8%。(图 7.61)

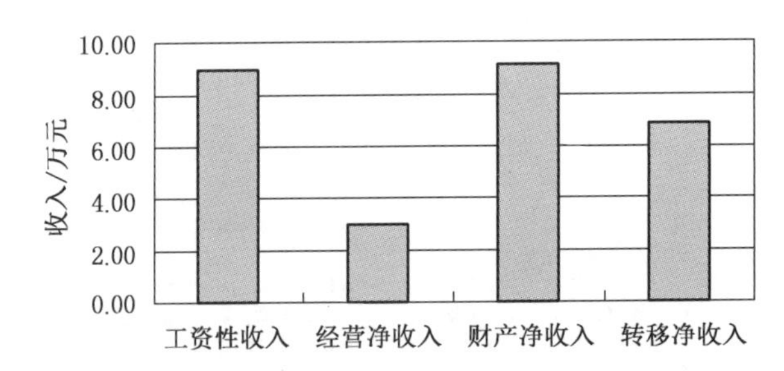

图 7.61　苏州市 2018 年一季度全体居民人均可支配收入增长情况

2) 苏州土地房地产市场分析

2016 年下半年以来，苏州城市经济稳步发展，城市建设、交通体系不断完善，为苏州土地房地产市场稳定向好发展筑底(图 7.62)。随着各种楼市新政出台，住宅市场限购、

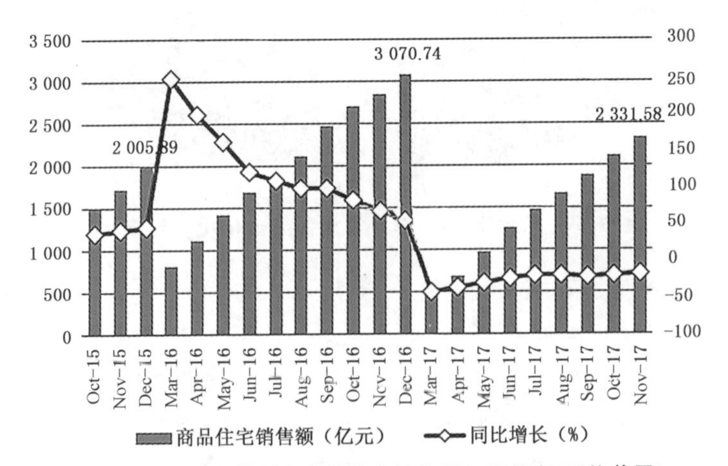

图 7.62　2017 年苏州市商品住宅销售额与增长率(网络截屏)

限贷逐步实行,在“苏十五条”的基础上,进一步强化调控,政策环境趋紧,房地产市场在调整中平稳发展。全年完成房地产开发投资2 288亿元,比上年增长5.7%。商品房销售面积1 900万m²,比上年下降23.8%,其中住宅销售面积1 654万m²,比上年下降26.8%。

姑苏区有江南典型的小桥人家,整个城区内都弥漫着原生态的老苏州的生活气息,拙政园、苏州博物馆、狮子林、平江路等享誉中外的名胜景点均汇聚于此,有着得天独厚的自然环境和人文环境。古城区是古典与现代相结合区域,古城区的房价也因此居高不下。但经过近年的调控,房地产市场稳中有升,健康发展。(图7.63)

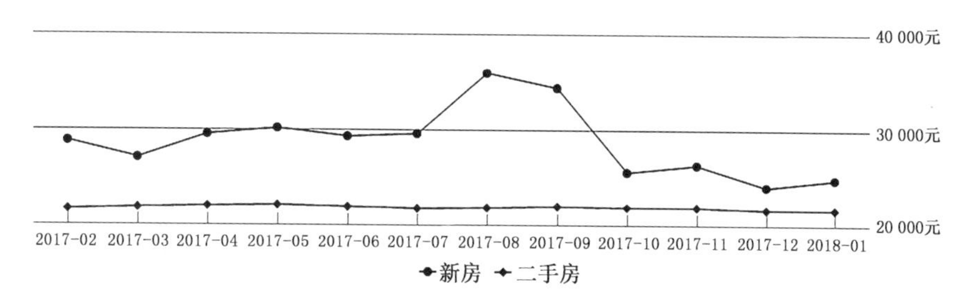

图7.63 2017年姑苏区新房二手房价格表现(网络截屏)

3) 近年苏州古城的古建筑的整体交易情况

早在2003年出台的《苏州市古建筑保护条例》中第十五条就指出:“鼓励国内外组织和个人购买或者租用古建筑。古建筑可以作为参观游览场所和经营活动场所。古建筑不得超负荷使用。作为民居使用的,可以参照房屋拆迁补偿的有关规定,逐步迁移居住人口,改善居住环境。”对于文保古建筑和控保古建筑之外的老式建筑,依据物权法,所有权人可以自由交易。后来,市政府又印发了《苏州市市区依靠社会力量抢修保护直管公房古民居实施意见》。这些规定逐步明确,允许和鼓励海内外组织和个人购买或租用直管公房古民居,实行产权多元化、抢修保护社会化、运作市场化。

据了解,社会人士购买古建筑主要用于开发投资、自己居住以及用于私人博物馆和书画院等公用事业。目前对于政府主导修缮完成的几处控保建筑拍卖时多处于流标状态。其中一方面的原因是面向市民居住的小型古建筑拍卖宣传和影响力不够,大部分市民对于其详细信息不够了解,不够放心;还有一方面原因是具备商业开发价值的古建筑的购买和后期的修缮投资成本高,资金利用率低,而且部分古建筑使用面积过大,用途不明显也导致了收购风险的提升。

虽然《苏州市古建筑保护条例》作为一个地方性法规已经出台,但其配套政策还不是很完备。目前对古建筑还没有一个规范的评估体系。古建筑里居民动迁的费用问题也不太明确。此外,条例中规定这些古建筑房屋的式样、构建都不得私自改动,一些价值比较高的构件不能拆下来拿去买卖,投资者对这些规定也需要一个逐渐了解的过程。因此,政府主导修缮的古建筑的买卖尚需时日。

2. 道前街区住宅市场分析

道前街区位于苏州市中心地段，古城内部配套成熟，交通便利。道前街区中部分保留最原始的苏州风貌，但年久失修，大部分民居是旧危房屋，而且私加乱建严重，未经过结构加固及整体修缮。政府已对部分建筑进行修缮，但由于街道资金有限，贴补的形式不能解决规划所带来的不足，大部分建筑仍残破不堪。

街区内部住宅多以居民自住和自用(出租)为主，少数住宅改造为求职公寓或特色民宿，居住者多为外来务工人员或游客。房屋产权复杂，居住区还掺杂一些单位用房及公建设施。复杂的划分、经年累月的加建以及多样的类型使得街区内房产多以"一房一价"形式出租和销售。经过走访调查，住房租赁均价每月 38 元/m^2。求职公寓均价 20 元/天，快捷宾馆及特色民宿均价 140 元/天，商铺租赁均价每月 100 元/m^2。私有产权住宅出售均价 1.1 万元/m^2，其中有院子的比没有院子的均价高约 51%。房卡房(公有产权)均价 1.5 万元/m^2，房型以 30～80 m^2 居多。

随机选取调查结果见表 7.6 所示：

表 7.6 道前街区住宅租售价格调查表

道前街区居住类房屋出租价格调查			
地点	面积/m^2	类型	月租金/元
养育巷	20	套间	600
庙堂巷	20	套间	800
庙堂巷	70	套房	2 200
庙堂巷	30	套间	1 500
瓣莲巷	55	套间	2 300
瓣莲巷	15	1F 一室	850
瓣莲巷	14	车库	500
剪金桥巷	30	套间	1 400
剪金桥巷	20	套间	600
地方弄	20	套间	800
富郎中巷	25	套间	1 100
富郎中巷		套间	800
西支家巷	35	套间	1 500
颜家巷	15	一室	550
余天灯巷	40	套间	1 500
余天灯巷	25	一室	1 200
盛家浜	20	单间带阁楼	800
盛家浜	30	套间带阁楼	1 400
盛家浜	40	套间	1 300
盛家浜	25	2F 一室	500
瓣莲巷	15	商用	1 200
剪金桥巷	10	商用	1 150

续表 7.6

居住用房出售价格调查			
地点	面积/m^2	类型	售价/万元
瓣莲巷	27	平房	36
瓣莲巷	30+15	一楼有院	60
瓣莲巷	50.5+6	一楼有院	60.5
	22+11	一楼有院	28
剪金桥巷	17+2	一楼有院	20.5
庙堂巷	293+200	独门独院	280
		8室2厅2卫	
盛家浜	258	1—2F	680

总结来看,街区内住宅市场看似繁荣,实际是租户的天下。这种方式已经成为道前街区的居住常态。调查显示,即使有人购置该街道内房产,也多是投资或出租,自己并不会参与修缮改造或入住。这种生态链形成后,直接导致街道内人员混杂,居住条件简陋,无人维护,房产缺少溢价可能,古城资源与地段价值未被有效开发,导致房产整体价值偏低。应该在改造街区,满足现代生活需求的同时,最大程度还原苏式传统生活的味道。

3. 道前街区商业市场分析

1) 道前街区商业市场分析

① 商业分布(图 7.64):除学士街以外,干将西路、养育巷、道前街沿路分布商业、写字楼;庙堂巷、瓣莲巷、东支家巷内已经形成小型商业圈,以线下家装体验馆为主要业态。

图 7.64 道前街区商住分布图

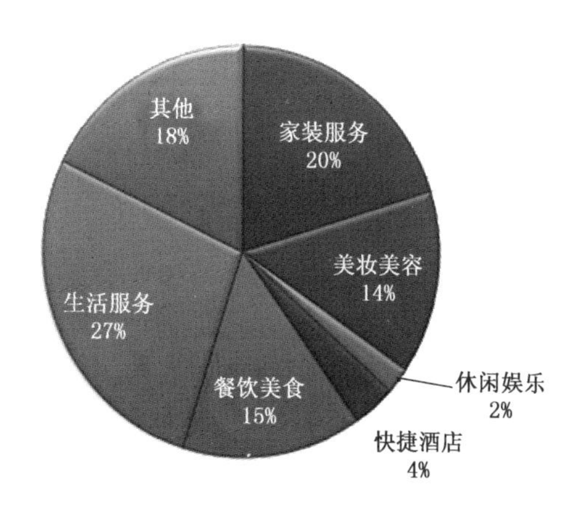

图 7.65 道前街区商业业态分析图

② 业态占比(图 7.65):道前街道商业以家装服务、生活服务为主,各占比 20%、

27%。其次为美妆美容、餐饮美食行业。休闲娱乐类仅占比 2%，区域内金碧辉煌、王牌东宫、万花大舞厅、丰乐宫等老牌俱乐部带动了美容美发、餐饮、酒店。街区中还散落有数家中介公司，满足了街区内出租信息的需求。

③ 总体评价：商业形态单一，未能形成游客导入型的特色街区。街道以住宅为主，商业发展空间有限。（表 7.7）

表 7.7 道前街道目前商住分布表

干将路	养育巷				道前街		
RICOH 理光专卖店	好人家装饰设计中心	安得装饰	化隆牛肉面	布丁酒店连锁	yataghan 军刀户外专卖	电动车维修	火星超市
苏州市政建设管理处	新岛咖啡	苏州科技学院就业创业基地	布之家窗帘	团快捷家装	观振兴面馆	万祥服饰	家常菜
九龙墙纸家居广场	朝晖美容	百分百金牌学科教育中心	腾羚电动车维修部	南山网吧游艺	雷允上	心月时装	按摩小店
美迪亚墙纸	聚新春面馆	贝朗装饰	永恩堂艾灸养生所	广澳食品公司	苏州视力保健中心	中国福利彩票	
沙洲优黄名酒专卖	家装 e 站苏州站线下体验中心	汇通电线电缆	苏州邮政报刊零售公司	好利来面包店	国窖 1573	道前烟杂店	
景德瓷	盛世和家装饰家居会所	林林美术培训	汇巢装饰		女人秀服装店	苏州市市政设施管理处	
苗医生专业治痘	景堂装饰	沃德装饰	德国威能		雅各服装	店连店养生酒店	
荣利大厦	龙发装饰	安家装饰	苏州市锅炉一条龙服务有限公司		闺房雅趣商店	舞台形象设计	
荷兰飞格舒家居	安家装饰	苏州法兰蒂壁纸软包	苏州市江南水处理技术有限公司		依价廉服装	外乡客零食店	
中旅国际旅行社公司	海王星辰	苏州千色湖壁纸	牵手好莳连锁品牌		烟花爆竹专卖	余文美妆美甲	
华鼎担保	克莉丝汀西饼	苏州市接插元件研究有限公司	老佟家凉皮		金上京服装店	慧姐水晶	
金碧辉煌俱乐部	得美眼镜	阳澄湖老王牌大闸蟹	沙县小吃		精品嘉兴粽子	王牌东宫俱乐部	
欧睿宇邦	锦江之星酒店	怡家乐超市	克丽缇娜美容会所		柯达冲印店	藏书羊肉	
Roca 乐家家居（乐家大厦）	咔咔汽车护理中心	中国建设银行	荣记凉皮		苏州青旅	小陈修理部	
优丽欧壁纸布衣	海美鲜冷冻食品批发经营部	A. O. 史密斯热水器	春明炒货蜜饯专卖		胖子没烦恼服装店	成都小吃	
名流国际美容会所	亨达干洗店	北大青鸟 IT 培训中心	可的超市		憶兴服装店	国勇房产	
苏州商务大厦	西雅电动车行	华润万家超市	二才美容院		啊伍杂品店	阿潘大排档	

2)道前街区商业市场总结

① 商业气候形成:现有的商业气候为街道的美容美妆行业、餐饮美食行业培育了土壤,为街道内租房提供了稳定需求。

② 居住需求旺盛:作为古城中心地段,10～15 分钟通达主城;居住需求被外来务工人员、短住游客占满。

③ 产业园区规模形成:家装服务已经形成市场气候,产业园便利了消费者,同时带动了街区人气。

④ 总结:现有的生态系统存在严重弊端,不能满足改造房源出售需求,也不能满足游客服务需求,业态辐射面较窄,不利于道前街区价值提升。

4. **道前街区旅游市场分析**

2012 年国家做出批复,将原有的平江区、沧浪区和金阊区合并为姑苏区(历史文化名城保护区),整体纳入保护区范围,进行统一规划管理。本项目所处范围位于姑苏区保护范围的重点区域,符合古城保护和历史街区保护的产业政策。街区距离山塘街、观前街、玄妙观、盘门景区、沧浪亭、网师园等著名景点都不足 2 km,位于古城旅游核心网络中,充分享受大旅游发展红利。

深度挖掘姑苏文华旅游资源,扩大传统民俗活动影响力,姑苏区政府整合梳理了12条古城微旅行线路。“微旅行”是苏州市旅游局与双塔街道共同研发的最新旅游产品,旨在把游客从来去匆匆的大巴上请下来,放慢脚步,静下心来走进苏州的街巷,去发现、体验这座古城的各个方面,从而推动从景区旅游到全域旅游的转型。“微旅行”的显著特征是去景区化,把苏州古城里碎片化、“散珠”式的历史遗存、人文故事、市井生活等旅游资源通过不同的主线串连成“小而深”的旅游体验产品。由苏州市旅游局提供的 2015—2017 年旅游总收入(图 7.66)可知近年苏州市旅游业稳定向好发展,保

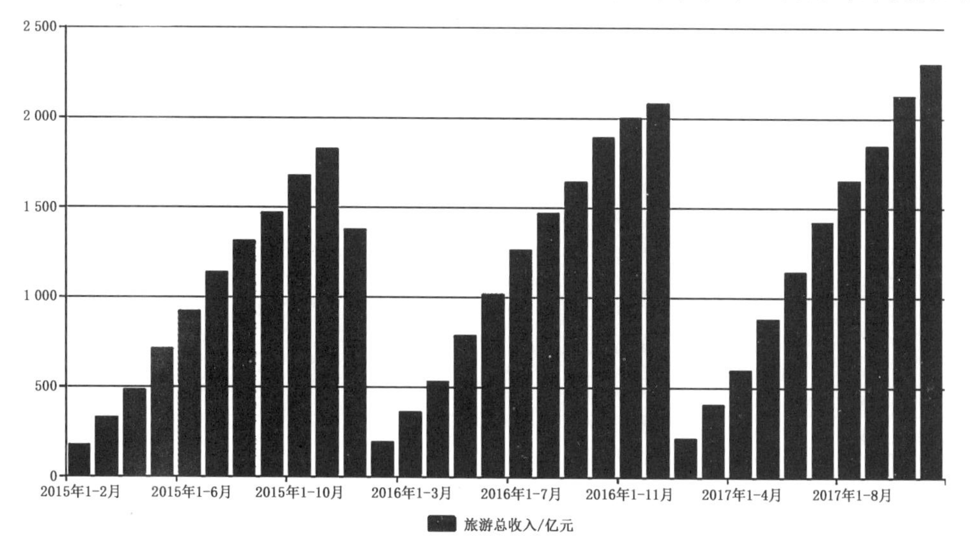

图 7.66 2015—2017 年苏州市旅游总收入

持年均10%以上高速增长。尤其2017年增长幅度再次加快,“微旅行”拉动古城服务业的效应已经初步体现。

苏州古城内西南侧自古就是官衙名医所在地,江苏巡抚衙门、江苏按察使署、吴县县衙、府学、文庙以及曹沧洲、富郎中、雷允上都在此留有遗产。

5. 道前街区的竞争项目优劣分析(同质化竞争分析)

1) 案例借鉴

进入21世纪以来,我国掀起了一轮振兴历史街区的高潮,很多城镇都对其历史文化街区进行了修复、整治与旅游商业化的探索,如成都宽窄巷子、北京南锣鼓巷、上海新天地等。此外,我国历史街区旅游的资源条件、客源市场以及整体国内旅游业的发展趋势和社会经济的大环境都具有自身特点,因此本报告根据道前街的特性、区位等因素,选择较为接近的同在苏州的历史街区进行解读借鉴。

2) 苏州同类案例借鉴

苏州是经国务院批准的首批24个国家历史文化名城之一。自1986年以来,随着保护意识的不断提高,苏州市先后制定了4个版本的历史文化名城整体保护规划。在苏州历史文化名城规划范围内,完好地保存着苏州水陆双棋盘格局和传统建筑整体风貌,拥有5个历史文化街区,37个历史地段,7个历史文化片区。此次项目选择山塘街、平江历史文化街区、葑门横街、桃花坞历史街区、十全街历史街区和斜塘老街6处历史街区进行定位、人群和发展的对比分析。(表7.8,图7.67)

表7.8 苏州同类案例比较分析表

项目	业态	定位	定位人群	现状及趋势
山塘街	大量特产购物,部分餐饮、休闲、住宿、景点及水乡体验	苏州典型水乡街巷,打造水上旅游精品项目	来苏旅游的观光游客,以团队游为主	被誉为“老苏州的缩影,吴文化的窗口”,游船项目火爆,近年主打水乡夜景
平江历史文化区	大量休闲、购物和特色餐饮,少量住宿	苏州风味的商业街,沿街为商业,里层保留民居,休闲购物同时可体验苏式生活	来苏旅游的游客;以散客、年轻人为主	早期定位为中高端,以人流量少,远离尘嚣安远宁静为路线。近年来业态有地摊、街头小吃增加的趋势,档次有所下滑
葑门横街	大量禽类等活体销售、菜市、部分熟食店、休闲、餐饮	服务于周边居民日常生活,最原汁原味的苏州集市	苏州本地消费者,周边居民	由于大量禽类等活体销售,菜市、街区内部环境杂乱,电线密如蛛网,虽生活气息浓厚,但较少游客参观旅游
桃花坞	大量五金、休闲娱乐,部分产业园,少量餐饮和购物	产业集聚区,创意产业园,特色文化苑	观光游客,本地中老年人	街道是典型的“小桥流水风景美,沿岸居民尽枕河”的街巷之一。两侧各种风格建筑,中西对比,吸引大量背包游客,但缺少服务于游客的业态
十全街	酒店、餐饮、娱乐休闲和购物	突出文化休闲功能的商业街,满足消费者的餐饮、购物、休闲需求	本地消费者,以及部分游客	之前主要业态包括酒店、餐饮、娱乐休闲和购物,是苏州一条较为知名的休闲文化街。2013年后相王弄玉石市场逐渐扩大,日益扩散到十全街吴衙场段,并形成了一定规模

续表 7.8

项目	业态	定位	定位人群	现状及趋势
斜塘老街	餐饮、购物、和休闲娱乐	工业园区的文化特色休闲街区	苏州本地消费者,周边地区的游客	斜塘老街的入驻商家必须是跨界经营,即类似于"白天餐饮,晚上酒吧,每个餐馆只能有一种菜系入场"的模式,无论是菜系还是其他业态,基本没有重复的,以满足不同消费群体的需求

图 7.67 苏州古城相关案例照片

根据现有资源,以苏州古城各历史街区和历史文化片区为对象,随机性选取游客和本地消费者进行了专项调查,以分析消费者对苏州各历史街区的普遍印象。苏州同类案例借鉴分析结论如下:

1) 单纯依靠园林和古镇等观光类旅游产品的旅游商业消费已经增长乏力。多种类型的新项目、新产品获得了良好的市场认可度,吸引了大量游客。如夜游网师园,既分散了人流,减轻了景区压力;同时丰富了文化旅游模式,满足市场多元化的需求,并产生许多文化衍生行业。

2) 历史文化型产品要与现代的生活方式和理念相结合,尽量能够注重游客的参与和体验。从而改变传统的旅游特产类的商业消费,增加将当地生活方式、文化体验与商品活动相结合的消费模式。纯观光类旅游产品不能经常保持足够的新鲜感,对游客吸引力逐渐减少。需要培养游客到古镇,不再看完就走,而是停留下来,融入江南水乡的氛围。

3) 虽然苏州以园林著称,但苏州古城区范围内,小型苏式独立院落式的精品较少,形成了一定的市场空白。道前街道内已经修缮和准备修缮的民居多为传统苏式院落,可以填补这一空白。

4) 上述竞争项目多以旅游、休闲商业为主,而道前街道现存部分研究院、设计院、企业等，为古城区内的街区改造与利用提供了新的可能的发展模式。

四、道前街区项目的SWOT分析

道前街区位于苏州古城区西部，曾是苏州的官衙中心，具有浓烈的人文气息。道前街区改造为景区加以利用具有显著的优势和机会，当然也存在着一些问题。具体来看：

1) S：优势

第一，地段优势突出，周边商业氛围浓厚。项目地块位于姑苏古城护城河内核心地段，在苏州市民心目中是较为理想的闹中取静的居住地。街区离市中心观前商圈较近，交通尤为便利，且通过地铁可快速连接苏州工业园区和高新区，便于本地居民出行和外地游客的导入。街区北临干将西路——姑苏区最繁华的主干道，商业气氛较浓，人气较旺。

第二，自然环境清幽，苏州味道浓郁。街区地处护城河内，外部展现了较好的苏州风貌，枕河而居，粉墙黛瓦，小河从区块内穿过，自然景观宜人。街道外绿树环绕，远离城市喧嚣。与观前商业圈相邻，融建筑、水、历史于一身，展现了人文资源与自然景观的完美结合。

第三，文化积淀深厚，历史文化要素遗留众多。道前街区每条街巷都有故事，众多名人故居串联其中，茶艺、苏绣、书画、评弹等苏州传统文化要素均在街区中有所体现，还遗留有众多的古井以及部分历史建筑、牌坊、古树等历史遗存。

2) W：劣势

第一，街区内交通不畅，不能满足消防与日常机动车通行要求。

第二，电线架空敷设，在木结构建筑遍布的街区内具有一定安全隐患。

第三，街区内多数传统建筑老旧，乱搭乱建现象严重，建筑质量较差，多处建筑被鉴定为危房，严重威胁区内居民安全。

第四，老城区“腾笼换鸟”有难度。本区块属于旧城区，建有大量私有住宅，居住人口众多，开发拆迁改造量较大。旧城改造需要大量资金投入，使拆迁成本大；同时拆迁户中的“钉子户”问题，会增加改造的不可测及不利因素。

3) O：机遇

第一，政策机遇。政府持续推进古城保护项目与历史建筑更新改造。2017年姑苏区完成顾延龙故居等6处古建老宅的协议搬迁，412口古井保护清淤工作。对于街区部分文保建筑政府已经有了修缮计划，并开始实施，对整个街区的策划有一定的政策引导。

第二，发展机遇。道前街区是非历史文化街区，操作具有较强灵活性。区域内已经有部分老宅经修缮后用于工作室、研究室等用途，为整个街区的老宅改造和利用起到了一定的市场引导作用。

第三,资源机遇。姑苏古城是苏州面向世界的一张名片。道前街区位于护城河内,是姑苏核心地段仅有的特色住宅产品,在街道环境得到改善,强化管理后,将吸引一批外来游客入场。

第四,市场机遇。土拍价格节节高升,提升消费者信心。2015 年 9 月 7 日,平安不动产获得苏地 2015-WG-19 号地,楼面价 13 712 元/m^2;另一宗地块苏高新地块苏地 2015-WG-20 号地,溢价率 83.63%,楼面价 15 141 元/m^2。此次土拍共捞金 79.6 亿,整体溢价率为 73.65%,整体楼面价为 14 381 元/m^2,再次体现姑苏区土地价值弥足珍贵,道前街区地块价值更加凸显。

4) T:威胁

第一,街道内部结构复杂。街区内建筑混杂,有较多大体量的多层居民楼与各种商业、办公、工厂建筑,由于产权复杂,大部分需要予以保留,对街区整体改造与利用存在一定的干扰。

第二,少量的开发资金,导致开发周期较长。本案为苏州市属旧城改造项目,开发周期长,为其他旧城改造街道提供改造样本,在其过程中可变因素较多。

第三,街区内存在大量的公租房。这部分公租房产权复杂,涉及居民众多,也给街区的整体改造带来相当大的难度。

第四,市场与竞争。苏州历史街区众多,已经实施的山塘街、平江路等都有不错的社会赞誉度,苏州周边的水乡古镇也发展成熟,竞争性产品较多。如何在这一片文化旅游产业中获得一席之地,具有一定的挑战性。

第五,保护与利用。街区内部分待修复老宅存在控制性保护建筑,居民文物保护意识的加强,将提高这部分老宅修复的成本和难度。同时在保护的前提下,如何实现对资源的优化利用,既保持原本的历史风貌,彰显文化内涵,又能获得一定的商业收益,实现保护与经济的双赢和平衡,具有较大的难度与挑战。

7.3.4 项目功能定位与布局

一、道前街区项目功能定位分析

1. 道前街区项目整体定位

道前街区作为历史文化片区的一部分,其保护与利用有着先天的优势和独特的价值。古城区内依靠园林和古镇等观光类旅游产品的商业消费过多,同质化严重,必须要有其他类型的新项目、新产品来满足市场多元化的需求。道前街区拥有浓郁的人文气息,且又毗邻城区主干道,商业氛围较好,未来走历史文化型产品与现代生活方式相结合的路线,有着较强的竞争力。

道前街区拥有自身的核心价值,体现在以下三个方面:第一,位于姑苏古城区,且在护城河内,拥有绝版地段;第二,拥有优美的环境,小桥流水,古树古巷,苏州风貌很好地保存下来；第三，苏式风格、粉墙黛瓦的独家院落，产品极具特色。

"苏式生活国际经典示范区"——老苏州们，闲暇里的生活理想。

地段优势：护城河内古城核心；

产品优势：苏式特色独家院落；

历史人文：悠悠古巷，名人故居，深藏典故；

产业集群：精品家装、创意产业、文化新经济。

苏式指纯粹姑苏古城护城河内潜藏珍贵院落。

生活国际指国际化苏州，世界瞩目，闲适居住氛围，崇尚生活本真，一站式配套规划。

经典指数量稀少，值得珍藏，老苏州的经典。

示范区指旧城改造示范区，"老苏州""生活博物馆"。

2. 产品具体定位分析

1）原有业态与问题

道前街区是以居住为主，沿街分布商业，辅之以部分产业与公共功能的街区，主要面向群体为居住人群。街区的居住、商业、产业园区功能划分相对分明。街区用地紧张，停车问题亟待解决。剪金河河水浑浊，需要生态治理。街区对外没有突出展示面或出入口，吸引人群导入。规划空缺，环境混乱，街区内居住人群混杂。

2）现有资源与优势

街区位于古城内核心地段，交通便利，区位优势明显。街区内文化遗产丰富：位于街区西侧的剪金桥横跨苏州第一直河，历史源远流长；街区的古街古巷里，坐落着众多古迹和名人故居；青石路与散落的古井也颇有趣味，见证着姑苏古城的变迁。另外，饮茶、听评弹、走街串巷、研究器具、闲话家常，这些闲逸的生活场景在道前街区总可以不经意偶遇。

3）具体功能定位

这里保留了老苏州人对于生活的理解与追求，也将成为永恒的经典，为现代人所津津乐道。因此利用规划中定位该街区为闲逸、舒适、文化与传统的风格，以苏式传统居住区为主，兼顾街区旅游与古建筑修缮改造家装的传统苏式生活示范区。

街区内主打修缮改造的院落产品（古城新生活，共享古城优势，私享一方天地）、古建筑交易与改造、装修服务（以公带私，结合家装服务，打造古建改造样板间），以及苏州传统街区"微旅行"深度游（深度参与体验，带动街区经济）。

3. 目标消费与使用人群分析

项目主要的两大核心人群分类：持有者与使用者。

持有者：关注项目的区域价值、投资价值、文化价值；

使用者：看重项目的商业价值与经济效益。

居住人群：对苏州历史文化名城的回忆与传承，对"小桥、流水、有人家"的生活方式的留念，他们骨子里有一种苏州人的傲气。

旅游消费人群：①最为度假之所——返璞归真，追根溯源；②驴友——粉墙黛瓦、小桥、流水、历史文人墨客的好奇之心。

商业人群：①经营者——对古老建筑、文化、丝绸、刺绣、评弹、名吃等苏州特色商业附加值的挖掘；在传统商业价值基础上的商业价值升级，如酒店、美食、客栈等。②使用者——区域人群。旅游人群。

短宿人群：①大隐于市——城市高端客群，包括企业白领、华侨、外籍人士等，喜欢居住在苏式风格的建筑，享受小桥流水自然环境，追求天然与人文之美；②旅游度假人群——追求一种世外桃源之境，精神上的放松与娱乐。

街区种类使用者利益诉求见表7.9所示：

表7.9 街区各类使用者利益诉求表

行为	产权人或公房租户	游客/消费者	购房者或长期租赁者	租户
希望	拆迁增加使用面积或提升生活水平	商业氛围； 有特色、有娱乐	配套齐全，拎包入住； 方便交易	提升居住环境舒适度
不希望	过多游客打扰生活； 修缮保护需要自己贴钱	公共场所被居民占据； 商业氛围过浓厚	过多游客打扰生活	增加房租支出

4. **总体功能定位的各项建议**

1）梳理街区交通，打造街区出入节点，适当引入人流；

2）学士街沿河部分打造特色景观商业；

3）保护街区整体风格，修复改造古建筑，允许交易；

4）整体打造“苏式生活国际经典示范区”；

5）提升居住品质，引入特色民宿；

6）打造传统家装产业园，创设样板间，双向互利。

5. **功能利用业态的总体目标定位**

特色商业街区：对西侧沿河的原有业态进行梳理，为南侧的旅游景区提供面向游客的服务配套设施，如具有苏州特色的小吃、传统手工艺老店、高端丝绸刺绣、文化古典收藏与展示等，并结合水边建筑形态统一改造，力求结合店面类型，做到同一主题不同特点。

中心广场：在沧浪区培智学校处设置街心小广场，作为旅客集散和逗留、休息的场所。同时也为街区居民提供难得的空地，重大节日时可在广场上举办传统活动，吸引人气的同时，可以带动古城生活新风尚，讲好苏州故事。

传统住宅：以富郎中巷与庙堂巷中间区域的大量文保类建筑为主要区域，结合周边部分保存较好住宅，通过家装公司进行古建筑改造样板房设计，带动私人房屋自下而上的保护改造，连点成片逐步恢复传统住宅区形态和氛围。在大片住宅区中设置一些有情调的景框，作为拍照的好去处，定格道前街特有的形象，丰富街区深度游节点。

产业园区：规划庙堂巷南侧区域为家装产业园，古建筑改造样板房进行展示的同时了解市场所需、搜集客户意见，及时反馈，产学研一体，借助街区内丰富资源创造产业活力。

院落式酒店与院落式居住区：沿剪金桥巷东侧，在对现有传统院落改造更新的基础上设置院落式酒店与院落式居住功能区，销售面向人群主要是投资或追求传统苏式生活的高端人士。

由于街区的实际居住密度在整体上并不高，因此规划不主张整体的拆迁改造，可以通过点式的更新改造引发示范效应。对于文、控保单位，坚决不能拆除。对周边商业也应遵循市场规律，少干涉多引导，通过市场调节街区业态发展，来逐步实现利用规划要求。

6. 住宅利用规划与手段分析

传统苏式社区的重塑首先要系统性地梳理街区内建筑的类型、风貌、质量、层数、产权以及使用情况，按照历史文化价值与可利用程度进行排序，对公房和成片的保存较好的建筑与建筑群优先进行修缮改造工作。在修缮改造过程中不进行大面积拆除和过多的产权变更，建筑与建筑群考虑使用面积大小穿插配合，以面向居住使用的小面积的住宅改造为主，对文、控保为主体的大面积建筑及建筑群的修缮改造则要考虑投入成本和营销难易，应考虑暂划归街区作公共环境展示，或作为小面积的配套服务场所，以形成街区品牌效应。

通过重点片区改造或节点工程逐步改善街区环境，充分借助古城资源与环境资源打响街区品牌。老房屋的修缮改造应分片开发，经分析宜先从西北角开始。政府在修缮改造时应注重形成良好示范效应，可选择改造特色民宿或主导建设样板间，展示老宅新生活。在这一过程中鼓励企业或个人作为保护主体，出资承租或购买老建筑。政府则着重培育传统民居的社会、市场认知度，指挥相关部门对修缮方案进行审批，或者是由专业公司修复后再上市交易，拓展市场化运作途径，制定奖励或优惠政策，以整体性改善街区内环境，逐步吸引原居民回归，形成良好生活氛围。

老建筑改造样板房的建设应结合养育巷两侧大量家装公司，通过优惠政策鼓励商户购置或租赁房屋，在相关部门的监督下进行改造，用作产品展示和生活体验。以老建筑改造样板房的方式改变居民对于老宅破旧难用的观念和思维定式，借此讲述街区中的老建筑新生活。

7. 商业与产业园的功能定位与手段分析

道前街区的商业以服务古城街区深度游为主。

第一阶段，街区出入口的建设以及借助街区西南侧现有古城旅游节点（游艇码头），可通过街区西南侧的业态延续引入街区人流。规划剪金桥巷西侧为餐饮水岸商业街，对原有建筑进行改造更新，为南侧的旅游景区提供餐饮配套。街区内商业只限定在剪金桥巷沿河开设，对于商业档次可以不进行较多限制。

第二阶段,住宅示范片的建设提升整个社区生活品质,周边商业租金提高,市场会倒逼沿街小商业向高端转型。

第三阶段,利用规划基本实现,形成稳定的苏式住宅社区,可以利用政策对商业业态进行限制,并鼓励配套商业的建设。

产业园规划集中在庙堂巷南侧区域。产业园定位与文化、展览相关,主营老建筑改造、家装、部分设计生产和展示。古建筑改造样板房展示的同时可以了解市场所需、搜集客户意见,及时反馈,产学研一体,借助街区内丰富资源创造产业活力。

8. **分阶段改造(时间计划)建议**

出于经济上的考量,本项目建议采用分阶段改造的方式,逐步投入资金。优先改造能够创造经济效益的部分,减少贷款、融资压力的同时,形成经济滚动开发,逐步盘活存量资产。同时为了节约成本,应该采用少拆迁、多修缮的改造方式。

在经营方式上,建议政府先行示范,形成一定的带动效应后,由政府引导市场自行运行。

计划整个道前街区改造盘活计划持续7年,分为四期进行。

2018年至2019年底第一阶段:整改交通环境,打通车行、人行环线,盘活交通,完善市政基础设施,寻找民间资本、专业团队介入,初步打造沿河商业,小学迁出,修建中心休闲区,初步构建起产业园,选取2～3个古宅打造成样板房。

2019年底至2020年底第二阶段:在沿河商业招商运营的基础上,打造小体量的宾馆和民宿。样板房及参观动线成型,文保建筑门票收益,产业园扩大规模,未完善建筑持续修造,着重打造苏式经典示范区,院落式酒店招商运营。

2020年底至2022年第三阶段:沿河商业盈利,进入成熟期,社区产业园成规模,收益稳定,文保建筑门票收益,院落酒店及住区运营收益,苏式生活经典示范区全面开放。进一步增加古宅民居的修复数量和规模,经营方式根据客户需要灵活调整,可租可售。建筑改造完成验收,进行出售。

2022年底至2024年第四阶段:社区进入运营维护阶段。已售住宅交房等后续工作,整个规划范围全面铺开,商业旅游、居住社区、产业园三位一体,成为古城区街区改造的代表模式。

二、项目用地布局

1. **用地基本情况分析**

1) 该项目所在地在苏州市姑苏区。根据苏州市姑苏区古城用地规划,该区域各地块均符合规划。土地利用现状为国有土地。

2) 该项目需使用的土地采取总体规划,委托有相应资质的咨询、设计部门出具“项目申请报告”及“初步设计”。

3) 征地拆迁及移民安置分析

本项目不涉及征地问题。按照项目改造利用方案,需要对规划范围内的原居民进行拆迁和移民安置。本项目所涉及的拆迁主要是由于老宅修建、道路拓宽等原因，以尽量减少拆迁，不影响原居民生活为基本原则。

其中，古宅修建涉及搬迁居民 264 户，其中公房 238 户，私房 26 户，共计 2.014 0 万 m^2。道路拓宽修整涉及拆迁民居 43 户，共计 2 800 m^2。合计搬迁费用约 2.3 亿元。

培智学校拆迁涉及面积 2 400 m^2，合计搬迁费用约 0.13 亿元。

需要注意的是，本项目的经济测算是基于项目工程期 19 个月的假设之上。实际上居民的搬迁以及安置时间对项目的经济效益有着直接影响，涉及的居民安置期越短，安置费用越少，对项目的经济效益越有利。

2. **保留建筑状况**

1）保留单位用房

保留单位用房为项目区内各单位使用用房，拆迁或搬迁难度较大，需要予以保留。需要保留的单位用房主要分布在区内沿东、北、南三面。

2）保留居民楼

保留居民楼为根据调查建筑年代较新、层数较高、涉及居民较多的多层居民楼。需要保留的居民楼如图 7.68 所示，基本为新建的多层建筑。

3）已修缮的文保单位

街区中部分文、控保单位已经进行了修缮，其分布如图 7.68 所示。这些已修缮的文保建筑包括按察使署旧址（道前街 170 号，现属市政府管理）、曹沧洲祠堂（道前社区用房，属南门街道管理）、上海外贸疗养院（原雷氏别墅，属该外贸单位管理）、畅园（属苏州市园林局管理）、桃园（属南门街道管理）、苏州市基础设施综合开发有限公司。

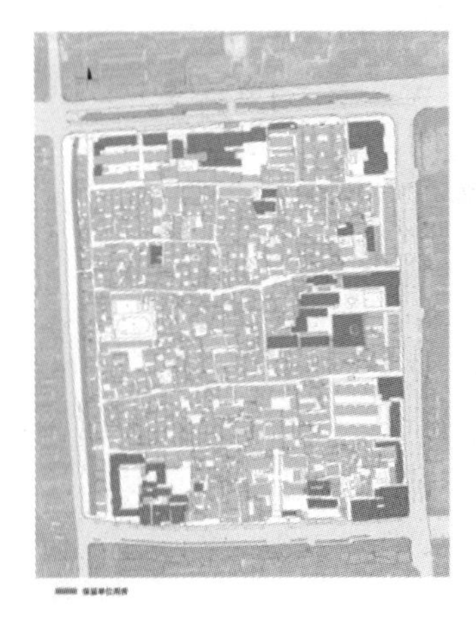

图 7.68 街区中保留建筑情况

3. 重点景观与节点，空间环境要求

道前街区西南侧剪金桥巷出入口由于临近古城游现有节点（胥门游艇码头），规划作为整个街区的旅游入口，整饬街口低端餐饮与环境情况，统一风格，结合地方历史文化典故与传统文化要素增设牌楼等街口构筑物，做好街区门面建设。

街区西北侧由于面向石路商圈、观前商圈，连接古城主要干道干将西路，规划作为街区的主要人流出入口。街巷口现有石牌楼一座，做工略微粗糙，不能体现街区的特点，可作为主要构筑物进行风格改造。东侧高楼与西侧民房不成比例，应通过立面改造弱化视觉感受。

街区东侧养育巷是家装商业集聚之处，庙堂巷是街区内东西沟通的主要巷道，养育巷入口作为街区东侧的主要入口，承接古城内散客旅游与家装产业园参观购物人流。结合养育巷较好的环境情况与主要面向的市民群体，入口设置应注重小尺度、亲切、醒目，不宜过大或影响风貌。

迁移培智学校，原址设置街心广场与休闲中心，作为旅客集散和逗留、休息的场所，同时也为街区居民提供难得的空地。在小广场中结合苏州传统文化设置游憩构筑物、地面铺装、壁画墙面等。重大节日时可在小广场上举办传统活动，吸引人气的同时，带动古城生活新风尚，讲好苏州故事。

4. 入口、停车、活动点与人流走向建议

1）如图 7.69 所示，道前街区北连观前商圈、石路商圈，南邻南门商圈。同时向南步行 370 m 就是胥门游艇码头，护城河观光游客会从码头上岸。

2）街区将设干将西路、养育巷、学士街三个主路口进行人流导入。

① 干将西路由剪金桥巷进入，由北向南，由西向东，进行观光。

② 养育巷由庙堂巷进入，可停车后向西左拐通过余天灯巷，进入瓣莲巷进入参观路线。

③ 道前街由沿河商业街进入，可由剪金桥进入剪金桥巷。

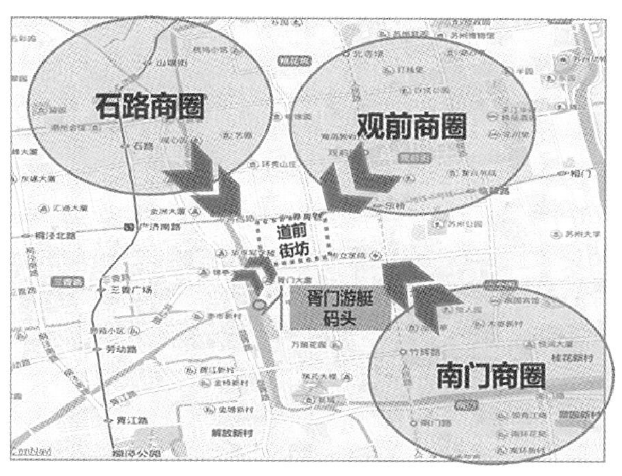

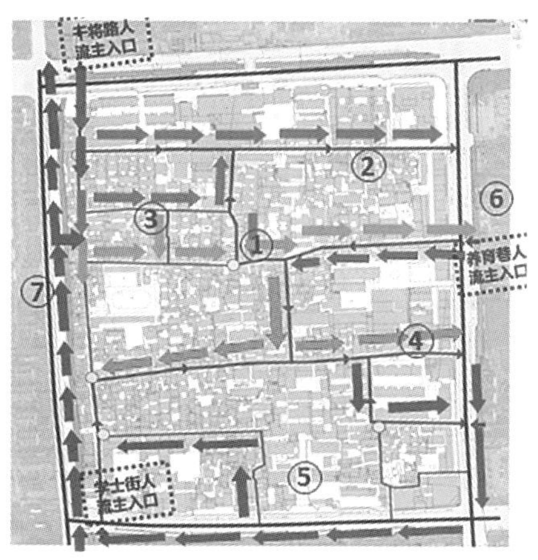

图 7.69 入口与人流走向分析图

注：出入节点：①畅园，②沈赜民故居，③桃园综艺馆，④曹沧洲祠堂，⑤江苏按察使署旧址，⑥苏州市基督教使徒堂，⑦桃园。

5. 交通规划

1）区内交通保持剪金桥北段、盛家浜西段、庙堂巷西段、小粉弄以及西支家巷、府东巷、织里弄等街巷为步行街巷，并在街巷端头设交通管制关卡。

2）其他街巷在原有基础上拓宽局部段落，满足 3.5 m 的单向机动车道。

3）区内设 3 个主入口，分别位于干将西路、养育巷与道前街。

4）区内停车主要在外解决，沿学士街沿路停车。考虑到学士街正对水岸商业街，设计为餐饮主题，不建议整条学士街延段设为停车区，可分段设车位，借此提高部分店铺租金。

5）街区内业主停车问题也需要解决，考虑到新出售房源车位问题，建议街区内部（图 7.70）设计两处停车场，新业主免费两年。

6）由于街区内部停车位有限，建议以公共交通工具为主。

7）建议增设旅游观光车停靠点。

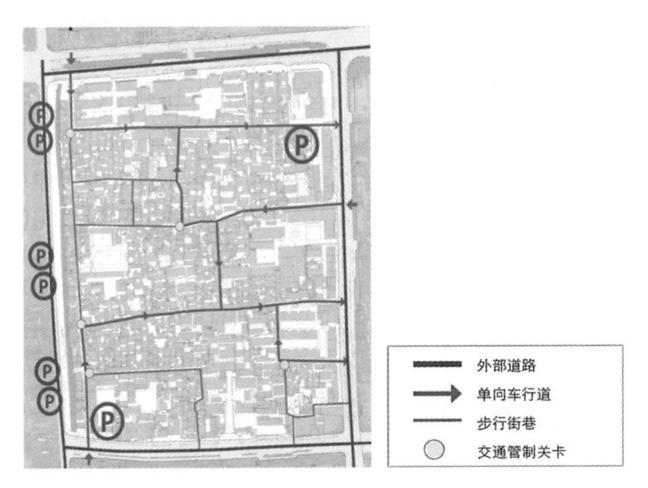

图 7.70　街区交通规划图

根据建筑现状和待改造老宅的规划安排，需要拆除的部分建筑如图 7.71，其中需要拆除民居 2 800 m^2，培智学校建筑 2 400 m^2，总计 5 200 m^2。

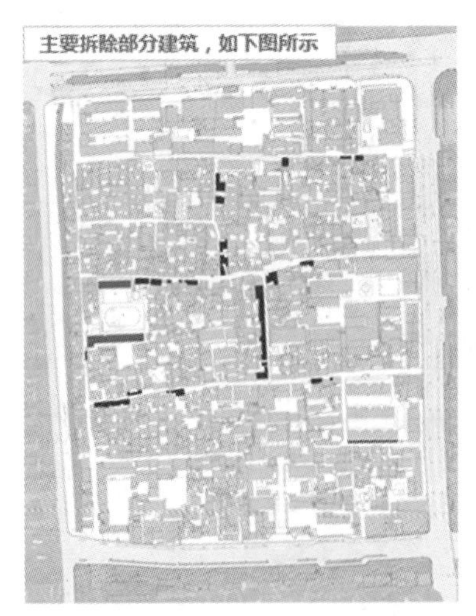

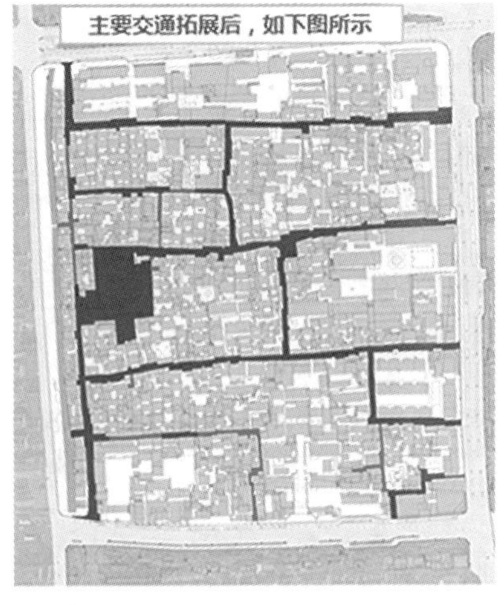

图 7.71　街区交通规划拓展图

6. **投资分期与管理推广**

① 第一阶段(2018—2019年)

投入：重要节点工程、基础市政设施与立面改造、老宅改造样板房。

盈利点：产业园收益、样板房租金。

② 第二阶段(2019—2020年)

投入：商业街商铺改造、老宅改造样板房、社区配套与小规模老宅修缮改造。

盈利点：产业园收益、水岸商业街商铺租金。

③ 第三阶段(2020—2022年)

投入：商业街与社区配套的更新换代，大规模老宅修缮改造。

盈利点：产业园收益、水岸商业街商铺租金、老宅出售或租金、酒店收益。

④ 第四阶段(2022—2024年)

投入：街区内普通民居的修缮补助。

盈利点：产业园收益、水岸商业街商铺租金、老宅出售或租金、酒店收益。

从街道整体推广的角度而言，街坊推广在不同阶段需要达到不同目的。建议根据资金投入分期的情况制定分阶段的推广建议。

道前街区功能定位分布见图7.72所示，街区四阶段安排与阶段目标见表7.10所示。

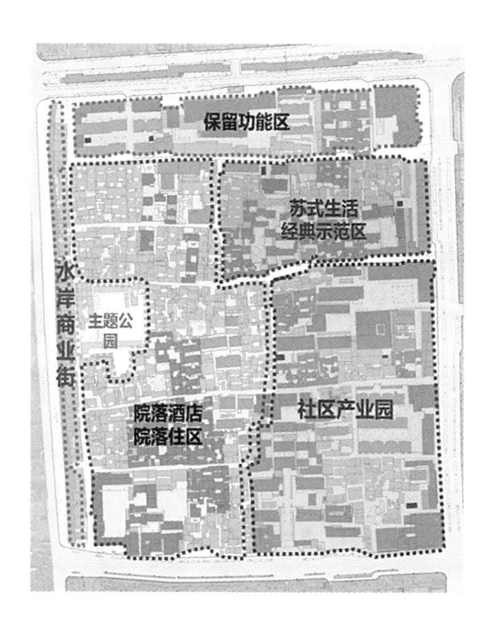

图7.72 道前街区功能定位分布图

表 7.10 街区四阶段安排与阶段目标表

阶段	时间	阶段推广目标
第一阶段	2018—2019 年	此阶段处于旧城更新初期，基本无推广动作
第二阶段	2019—2020 年	运营团队针对商业、酒店、产业园进行招商推广，目的在于展现街道规划前景。 引入旅游团及散客，打开文保建筑参观通道
第三阶段	2020—2022 年	对街道进行整体包装，以街道传奇故事作为切入点，导入苏式生活示范区概念，同时开通部分路线参观通道； 启动古建筑销售，针对商业、酒店进行客流导入
第四阶段	2022—2024 年	持续街坊推广动作，以保证古建筑持续销售； 树立道前街坊旧城更新示范街坊的概念

7.3.5 利用规划方案盈利模式分析

一、定位盈利模式分析

街区旅游开发与发展过程中，因前期开发与保护的成本较大而政府财政投入有限，本地居民更是无资金能力承担，需要引入不同性质的投资开发主体。

盈利模式的主要要素是利润点——带来利润的业务领域、利润源（带来利润的目标市场）。其核心要点包括：

1）明确利润点，要求能够合理地规划取得收入的项目或领域，且控制成本，从而形成最大化的利润。

2）保障利润的稳定性，不同特点的盈利项目或领域所产生的利润稳定性各异，比如旅游门票的盈利比旅游商品店稳定。因此各种不同的盈利业务组合起着显著作用。

盈利方式：景区、景点门票为主要盈利领域仍是目前街区的主导盈利方式，其他还有古村镇内住宿餐饮业、特色住宿（家庭旅馆、客栈）、街道内商铺等。

二、街区改造盈利模式分类

应因地制宜地根据自身各方面要素的特征选择适宜的盈利模式。分析影响街区旅游盈利模式的因素，分析街区旅游盈利模式的不同，主要体现在街区经营主体获取利润的主要途径。（表 7.11）

表 7.11 街区改造盈利模式分析

盈利模式	门票型	收费型	自营型
资源等级	高	一般	较高
区位条件	一般	好	较好
发展阶段	探查期、发展期	巩固期	发展期
客源市场	团队观光客	周边居民休闲购物，商务会议游客	休闲度假、商务会议游客为主，观光客为辅

续表 7.11

盈利模式	门票型	收费型	自营型
商业价值	低	高	较高
居民参与	较低	不高也不低	较高
经营团体	将资源整体租赁，本身经营管理能力有限	将商铺等商业项目租给外来商户经营	占有较多资源，自主经营，本身经营能力较强
游客	重游率较低，消费较少	重游率较高，消费较多	重游率较高，消费多
公司	游客依赖较高	商户依赖较高	对中高端消费群体依赖
外来商户	加入较少	加入多	加入不少
当地居民	参与多，但合作性差	参与较少，合作性好	参与不多，合作性较好

三、道前盈利模式重点简析

从盈利模式的利润点来看，街坊收费型盈利模式中，街坊政府下设企业或者招商引资组建股份制企业，通过与居民签订协议将街坊中公共资源及部分居民私有资源都揽入手中，再将所有休闲地产、商业地产项目出租给商户经营，以收取年租金和管理费用的形式获得盈利。该模式下经营的业态既有电影、戏曲、演绎、文化展示馆、会议中心等休闲、商业地产项目，更多的是小、散、弱的个体商铺经营，商业氛围较浓，商业带来人气，人气促进商业发展，街区土地也逐渐增值，商街租金收入、休闲住宅地产收入不断增加，商业地产租金收入和物业管理收入占主导地位。

从盈利模式的利润源来看，街坊收费型盈利模式中经营主体主要是收外来商户的钱，包括租用各种大小商铺的租金以及管理商业，其主要目标市场是以周边城市居民和外来休闲度假旅游者为主，满足他们的餐饮、住宿、休闲、度假、购物、娱乐、运动、学习、会展等综合需求。

从盈利模式的利润稳定性来看，街坊延伸发展的休闲商业地产业、现代服务业、泛旅游产业集聚了大量人气，进而吸引商户投资促进土地增值，为街坊经营主体带来了源源不断的利润，而在一定时期内商铺租金稳定不变，商户缴纳租金和管理费用的周期一般是以年为单位，保证了盈利的稳定，也摆脱了对门票收入的依赖。

7.3.6 经济效益分析

经济效益分析过程可详见本书第8章内容。

7.3.7 结论

(1) 道前街区改造利用方案范围为道前街区，位于人民路饮马桥北堍西侧，东出人民路，与十梓街相对。向西越内城河(第一直河，俗称学士河)上的歌薰桥(过军桥)，至外城河上的姑胥桥，与三香路相连。道前街区面积约 0.163 km^2。项目周边旅游资源丰富，商业氛围浓厚，因此该项目的建设背景与发展市场良好。

(2) 本项目的地理位置优越,交通便利,配套设施齐全。

(3) 本项目已进行了充分的市场研究,市场与产品定位明确。

(4) 从经济收益分析来看,本项目经营期内平均利润为××万元。从经营活动、投资活动和筹资活动全部净现金流量看,计算期内最后一年现金流入均大于现金流出,由于本项目是部分销售部分租赁项目,所以项目具备较好的财务生存能力。

(5) 本项目根据道前街区改造利用方案,可以保留道前街区原有的街巷肌理,恢复街区原貌,也激活了民间对控保建筑和老街老巷的保护、利用的动力。同时本项目可带动苏州市姑苏区第三产业以及居民就业和街区的发展,促进姑苏区经济的发展。本项目具有巨大的社会效益。

综上所述,可得出如下结论,本项目根据目前的市场情况和未来市场预测,开发条件成熟,具有较好的财务生存能力以及巨大的社会效益。建议实施该项目,严格管理过程,争取最大效益。

8 利用的衡量:建筑遗产经济测算

2018《若干意见》要求盘活用好文物资源。资产管理极为重要的环节就是核算资产价值。建筑遗产资源资产管理必然会涉及核定资产、产权转移、使用权分离、租赁、司法处理等行为。2018 年 7 月,国家文物局、最高人民法院、最高人民检察院、公安部、海关总署联合印发《涉案文物鉴定评估管理办法》第十三条规定:“涉案文物鉴定评估机构可以根据自身专业条件,并应办案机关的要求,对文物的经济价值进行评估。”第十八条规定:“对拟从事涉案文物鉴定评估工作的文物鉴定评估人员进行审核,审核合格的报国家文物局备案。”目前从事文物鉴定工作的很少有人懂得不可移动文物与建筑遗产经济价值评估、定损价值认定等。理由如下:其一,缺乏这方面的专业知识与条件;其二,目前国家也没有相关专业技术标准;其三,没有较为成熟的参考案例。

建筑遗产项目的经济测算工作具体包括下列内容:

① 建立文物与建筑遗产资源资产表

国有文物与建筑遗产按照国家财政会计管理要求均应建立资产表。需要财务人员与业务人员梳理判断,有些还需要通过专业评估确定资产价值量,纳入财务科目,实施财务报告资产核算。

② 建筑遗产经济价值的市场化评估

随着文物管理部门、住建管理部门对资产利用管理手段的跟进,建筑遗产的转让、核资、征收、收购、抵押等业务快速增加。建筑遗产经济价值评估将成为一个重要的市场业务领域,前景广阔。

③ 建筑遗产涉及司法鉴定与行政处罚评估

《涉案文物鉴定评估管理办法》第十二条:不可移动文物鉴定评估内容包括:评估有关行为对文物造成的损毁程度;评估有关行为对文物价值造成的影响;其他需要鉴定评估的文物专门性问题。这些内容都需要在经济价值上显化其影响程度。同时,类似于上海巨鹿路 888 号优秀历史建筑整体损毁重建,需要对损坏者实施行政处罚,这也会涉及定损评估。

④ 建筑遗产项目租金评估

许多历史文化遗产项目资产由国资平台或企业单位所持有,需要对年租金进行合理计算,适时调整,达到资产的保值增值。这也是财政管理部门的基本要求。

⑤ 建筑遗产项目利用策划、咨询与投资经济评价

项目投资者特别是国资平台,对于投资历史街区项目的整体改造与开发利用缺乏科

学的建设项目经济评价，目前没有这样的技术规范与成熟案例。大到一个街区项目投资（利用策划与经济评价），小到某处古建筑的民间投资利用（历史文化遗产利用投资顾问）。

其中，前四项要参照建筑遗产经济价值评估的技术思路，第五项要参照建设项目经济评价的技术思路。经济价值评估是静态与针对性的，反映建筑遗产在估价时点的经济价值，关注的是时点效应。项目经济评价是动态与整体性的，反映历史地段项目在投资期或收益期的财务资金情况，关注的是时段效应。经济价值评估行为是项目经济评价的重要组成部分，两者既有区别又有联系，都是反映建筑遗产利用经济效益的主要计算方法。

8.1 建筑遗产经济价值评估

笔者于 2015 年出版专著《历史性建筑估价》[①]专门讲述这一方面的内容，本书不再延展，但就最近研究的内容做一些说明。建筑遗产经济价值评估是指通过合理的评估程序与方法，显化确定建筑遗产经济价值，给决策层、社会民众直观地呈现，也为建筑遗产保护、修缮及再利用提供经济参考依据。

研究建筑遗产经济价值评估有两个关键事项：一是影响建筑遗产经济价值的特殊因素，二是用相对合理的评估方法来显化建筑遗产的经济价值。

8.1.1 建筑遗产经济价值的特殊影响因素

对于一般商品而言，经济价值具有绝对的固定性和相对的变动性，其绝对价值由创造商品的劳动所决定，其相对价值则随衡量商品的货币多少来决定。建筑遗产有所不同，经济价值具有显著的动态性，既会随着历史演进和社会变迁而产生价值增值，又会因其可利用性、保护限制条件或政策性保护而产生价值减值。建筑遗产经济价值的特殊影响因素包括综合价值因素（历史价值、艺术价值、科学价值、环境价值、社会价值、文化价值因素），可利用性（使用价值）的特殊因素和保护限制条件。这些特殊因素都会正向或负向影响其经济价值。

1）历史文化价值因素（综合价值）产生经济价值的特殊影响

建筑遗产所保存和凝结的这些历史、科学、艺术、环境、社会、文化等特殊价值因素，相较于普通房地产，存在经济价值的特殊增值影响。主要包括：

(1) 历史价值。主要影响因素包括始建年代、重要历史事件与历史人物的关联性、反映的建筑风格元素特征与地方历史发展背景程度。

(2) 艺术价值。主要影响因素包括建筑实体的艺术特征、建筑细部及装饰的艺术特征、园林及附属物的艺术特征。

(3) 科学价值。主要影响因素包括完好程度、建筑整体的科学合理性、建筑细部

① 徐进亮．历史性建筑估价[M]．南京：东南大学出版社，2015.

(结构、材料与装饰等)的科学合理性、施工工艺水平。

(4) 环境价值。主要影响因素包括历史保护建筑与周边环境的协调性。

(5) 社会价值。主要影响因素包括教育旅游功能、社会知名度。

(6) 文化价值。主要影响因素包括真实性、反映的文化传承与特色(代表作品)。

2) 影响建筑遗产使用价值的特殊因素

影响建筑遗产使用价值的因素包括普通因素与特殊因素。普通因素与普通房地产相似,包括土地性质、用途、地段、交通条件、停车状况、基础设施、公共配套、朝向通风、地质地貌、容积率等。特殊影响因素包括地理区位、建筑保存现状、历年修缮情况、建筑使用现状、规划使用功能等。

3) 保护限制条件的影响因素

人类社会为了保护、保存、展出和恢复建筑遗产而制定和采取各种适当措施,保护这些独特的人类历史文化遗产并能确保将之传承后代。这些保护限制条件在不同程度上制约或影响估价对象的利用与功能,主要包括区域保护规划、环境保护限制、建筑遗产保护等级、建筑本体的保护限制、建筑修缮修复的保护限制、产权和使用限制等。

8.1.2 建筑遗产经济价值评估方法

建筑遗产首先是一种特殊的房地产,具有房地产的基本特性;建筑遗产更是一种历史文化产品,拥有稀缺资源的典型特征,属于资源性的资产;建筑遗产也是影响其周边环境协调性的一种环境产品,具有环境效益。因此,建筑遗产评估理论上可以运用传统的房地产评估方法、资源与环境经济学的评估方法及目前较为先进的模型评估法。传统的房地产评估方法包括市场比较法、收益法、成本法、假设开发法等;资源与环境经济学的评估方法包括条件价值法、旅行费用法、机会成本法等;模型评估法主要有特征价值法、灰色聚类法等。许多学者对此有一定研究。这些评估方法具有各自的技术路线和适用范围,应根据评估对象建筑遗产的实际情况进行适用性分析。但无论采用什么评估技术思路,一定要充分体现上述主要特殊因素的影响情况,全面反映建筑遗产经济价值的特殊性,做到特征分析清晰,技术逻辑严谨。

本书简单介绍三种典型的建筑遗产经济价值评估方法。

1) 调整法

调整法是指依据比较、替代和均衡原理,在视为普通房地产的价格基础上,对建筑遗产的历史价值、艺术价值、科学价值、环境价值、社会价值、文化价值等历史文化因素、使用价值特殊因素和保护限制条件进行修正,计算得出建筑遗产经济价值的评估方法。调整法适用于特征信息不突出、特殊影响因素表现不明显的建筑遗产,以及适用于单纯的建筑遗产用地经济价值评估。

建筑遗产经济价值=普通房地产价格×(1+历史文化因素修正系数+使用价值特殊因素修正系数+保护限制修正系数)

(1) 测算普通房地产经济价值,即假设建筑遗产用地为普通房地产,测算现状利用条件下的普通房地产经济价值。

（2）测算历史文化增值修正系数、使用情况与保护限制的修正系数，即分析评估对象历史文化特征、特殊价值属性、使用情况特殊因素、保护限制等影响因素，编制因素修正体系，得出评估对象的历史文化增值修正系数、使用情况与保护限制的修正系数。

（3）计算建筑遗产经济价值，即将普通房地产经济价值与特殊因素修正系数进行修正，得出建筑遗产经济价值。

特殊因素的修正体系尽量表现出评估方法的实用性。建立系数修正区间范围多是采用德尔菲法（专家打分法）。

2）成本法

成本法是通过地价加上重建成本减去折旧，并进行特殊影响因素修正，计算得出建筑遗产经济价值的评估方法。成本法适用于近期修复过的建筑遗产。

建筑遗产经济价值＝[普通建设用地价值×（1＋历史价值、环境价值因素修正系数）＋（建筑遗产重建成本－折旧）×（1＋科学价值、艺术价值因素修正系数）]×（1＋社会价值、文化价值因素修正系数）＋使用价值特殊因素修正－保护限制条件修正

（1）测算历史文化增值修正系数、使用情况与保护限制的修正系数，即分析评估对象历史文化特征、特殊价值属性、使用情况特殊因素、保护限制等影响因素，编制因素修正体系，得出评估对象的历史文化增值修正系数、使用情况与保护限制的修正系数。修正体系建立可参照附表。

（2）测算建筑遗产用地成本，并考虑土地的历史文化增值修正。

（3）测算建筑物重建成本，并测算建筑物折旧，考虑建筑物的历史文化增值修正。

（4）计算建筑遗产成本价值，考虑社会、文化价值因素增值修正。

（5）考虑评估对象使用情况，保护限制修正。

建筑遗产重建成本是指采用与建筑遗产相同的建筑与装饰装修材料、建筑构配件及建筑技术与工艺，还原所有的建筑细节，在价值时点的国家财税制度和市场价格体系下，重新建造与建筑遗产完全相同的全新建筑的必要支出及应得利润。

建筑遗产折旧包括物质折旧、功能折旧和经济折旧。

3）条件价值法

条件价值法（CVM）适用于历史、科学、艺术价值特征信息突出，特殊影响因素表现较为明显，很难采用前两种评估方法的建筑遗产。

条件价值法灵活简单，数据较易获取，因此适用范围广泛，从目前实际应用范围来看，多适用于非市场物品价值评估，即在缺乏市场价格的情况下，条件价值法这种采用假想市场的方式为非市场物品（如环境资源）的价值评估提供了可能性，成为当前重要的衡量环境物品价值的基本方法之一。建筑遗产虽然不属于环境物品的范畴，但是具备不可再生资源的稀缺性和不可再生性的特征，同时凝结了难以衡量的历史、文化、艺术以及科学等无形价值，属于文化资源。因此可以借鉴条件价值法对建筑遗产经济价值进

行评估。

条件价值法亦称意愿评估法、调查评价法等，是在效用最大化理论基础上，利用假设市场的方式揭示公众对公共产品的支付意愿，从而评估公共物品价值的方法①。条件价值法从消费者的角度出发，在一系列的假设问题的前提下，通过调查、问卷和投标等方式来获得消费者的受访者意愿(WTP)，综合所有消费者的WTP即为经济价值。该方法直接评价调查对象的支付意愿或者受偿意愿，从理论上来说，所得结果应该最接近目标对象的货币经济价值。

条件价值法通过构建假想市场估计建筑遗产价值。其适用范围很广，可以用来评估建筑遗产的使用和非使用价值。条件价值法的程序主要分为四个步骤:设计调查表格、确定调查对象、实际调查、估算建筑遗产的价值。

(1) 设计调查表格

调查表格设计是条件价值评估的重要环节，是引导出最大支付意愿的重要手段。根据调查表格设计的不同，条件价值法(CVM)可分为连续条件价值评估(CCV)与离散价值评估(DCV)。建筑遗产价值评估的调查表格的主要内容应包括调查者的个人基本信息、被调查者对某一建筑遗产的支付意愿或受偿意愿和一直支付或受偿偏好。在调查问卷的设计原则与主要内容等方面，条件价值法运用于建筑遗产与该方法运用于环境资源没有本质区别。

(2) 确定调查对象

调查对象是影响条件价值法评估结果的重要因素，调查对象范围的确定直接影响着最终评估结果的准确性。理论上条件价值法的调查对象应该是建筑遗产的所有受益者，但这在现实操作中无法实现。确定建筑遗产的调查对象范围具有一定难度:如果范围过大，会将建筑遗产的非受益者包括在内，造成调查资源的浪费;同样如果调查范围过小，也会排除部分建筑遗产的受益者，最终评估结果偏低。所以应该综合分析建筑遗产价值的受益辐射效度，结合实际经验来确定条件价值法(CVM)调查对象的范围。但实际上，由于很难精确地界定建筑遗产的全部受益者，因此，不管如何反复考虑调查范围，最终估算结果与真正价值之间总是会存在一定的偏差，这是因为估算结果只是反映建筑遗产对于调查对象的价值指示。

(3) 实际调查

在设计调查表格和确定合理范围的调查对象之后，通常上采用电话访问、邮寄并回收问卷、当面调查等方式对建筑遗产的受益者进行调查，收集建筑遗产个人支付意愿数据。建筑遗产的调查方式可以根据该建筑的保护等级、社会知名度、影响范围等因素综合考虑确定合理的调查方式。

(4) 最终计算

根据下列公式计算某建筑遗产的最大支付意愿的平均值:

---

① 陈应发.条件价值法:国外最重要的森林游憩价值评估方法[J].生态经济,1996,12(5):35-37.

$$WACL = \frac{\sum PL \cdot ML}{GL}$$

式中：*WACL*—— 当地居民和游客最大支付意愿的平均值；

PL—— 每一类型最大支付意愿人数；

ML—— 每一类型最大支付意愿的金额；

GL—— 调查对象的有效问卷人数。

WACL 与该建筑遗产的游览人数或潜在访问人数即为该建筑遗产的经济价值。

8.1.3 建筑遗产经济价值评估案例

由于篇幅有限，本书选用了两处建筑遗产经济价值评估案例进行具体阐述。一处选用了美国的估价实践案例，另一处位于云南巍山古城。

1）美国的建筑遗产经济价值评估案例

本案例选自 Judith Reynolds 的 *Historic Properties：Preservation and the Valuation Process* 一书（第三版）[①]。特别声明：该书与该案例的著作权归属于美国估价学会（Appraisal Institute），本书仅作为推荐参考。

（1）估价对象描述

估价对象建筑是位于美国某小镇的一座酒店，拥有 25 个房间，建于 1889 年。该酒店由一种独特的石灰石建成，目前这种石材已经很少作为建筑材料。估价对象当年毗邻火车站的铁路线，但火车站早已被拆除。建筑物大部分的原有材质和形态得以保留，现位于一个历史文化区内，该区域拥有许多同一时代以及同样的石灰石材质所建成的建筑物。由于这些建筑物的共性，该镇大部分区域已被划定为历史街区，并被列入了《国家史迹名录》。估价对象经过认证，属于对该历史街区有贡献的建筑。

估价对象的购买方预计该区域将会迎来更多的旅游发展机会，因此决定大规模修复该酒店物业，并在酒店的一楼经营一家餐厅兼酒吧。估价对象拥有足够的停车位，用于酒店运营。买方已向联邦与州政府分别申请了修复税收抵免，该优惠政策适用于符合相关资质的历史建造业，用来资助抵销修复成本。估价对象的预算修复成本约 3 000 000 美元，计 120 000 美元/房间，包括家具设施及其他资产。92%的修复成本（2 755 000 美元）属于合格修复支出（这是核计税收抵免的基数值），不合理修复支出包括车位建设费、绿化景观及私人加建建筑的费用。上报的修复计划已获得国家公园管理局的批准许可，如果计划的执行情况良好，修复项目本身也将会获得官方批准。只有获得官方颁发的进驻许可证后，所有权人才能享有税收抵免。估价对象的基本特征总结如下：

物业类型：小型酒店。

---

① Judith Reynolds. Historic Properties: Preservation and the Valuation Process [M]. 3th ed. The Appraisal Institute, 2006.（本案例由笔者翻译）

土地面积：10 000 ft^2[①]。

建造年份：1889 年。

楼层：三层，加一层地下室。

建筑面积：3 000 ft^2 /层，共计 12 000 ft^2。

客房数：25 间。

餐厅：62 座位。

外墙面：石灰石。

屋顶：铜制。

层高：一层 15 ft，二层至三层 11 ft。

建筑现状：未修复。

保留的内部特征：木制内饰，木地板、檐口、墙体及窗户。

车位：地面车位 28 个。

购买价格：550 000 美元。

认证资格：已被列入《国家史迹名录》。

税收抵免：联邦政府 20%，州政府 25%。

修复成本预算：3 000 000 美元。

可获得税收抵免的成本：2 755 000 美元。

可能获得的减免额：1 240 000 美元。

土地价值：400 000 美元。

(2) 估价对象分析

① 估价对象的历史重要性

估价对象与美国历史发展进程相关联，是 19 世纪晚期该地区移民所建的具有代表性的建筑实例，拥有当时的建筑类型、历史时期和建造方法的典型特征。

② 历史重要性认证

估价对象所在历史街区已被列入《国家史迹名录》。由于待估酒店与区域内其他建筑的特征具有一致性，原始构造与建筑风格也基本保存良好，因此估价对象被认证为对历史街区具有贡献作用。待估酒店所在的历史街区内所有不动产都必须遵守当地的历史建筑委员会负责执行和管理的相关法规和条例。要对历史建筑进行拆除、改造、迁移或新建之前，必须获得历史建筑委员会的特别许可。

③ 其他著名的历史性认证景点

距离估价对象 35 mi 处有一处建于 1865 年的军事要塞，属于国家历史遗址，吸引大量游客到该区域观光游览。

④ 位于历史街区

估价对象所在区域最近被认证为历史街区，该街区由许多同时期同样石材的建筑组成。该街区被认证为历史街区之前，就以其文化氛围、节日庆典和独特的建筑吸引

① 该案例使用英制单位。换算关系为：1 ft＝0.304 8 m；1 in＝2.54 cm；1 mi＝1.609 3 km；1 ft^2＝0.092 9 m^2

了诸多游客。待修复酒店原本就是该街区吸引游客的一处焦点，修复后必将进一步提升该历史街区形象并且从中获益。

⑤ 税收抵免资格

本次估价对象既不能享受低收入住房税收抵免，亦不能享受新市场税收抵免。这是因为待估酒店不属于低收入住房，而且所处位置也不在低收益商业区内，但是估价对象正在申请联邦政府税收抵免。此外，也可以享受所在州的税收抵免政策，估价对象所在州对所有符合资格的历史建筑业给予25%的历史税收抵免。此项税收抵免政策不设上限，既适用于自用型物业，也适用于收益型物业，而且可以转让。本实例的酒店物业为收益型物业，一旦获批既可享受联邦政府税收抵免，也能获得所在州的税收抵免，因此该酒店物业极有可能获得相当于其"合格修复支出"数值的45%的历史修复税收抵免。如果估价对象不是收益型物业并且不具备联邦政府税收抵免资格的话，修复工程项目必须向其所在州的历史保护办公室申报，经审批同意后方可启动修复工程。美国各州的税收抵免政策各不相同。

⑥ 获得拨款、低息贷款或其他资金援助的资格

本次估价对象所在州设立了专项基金，用于历史保护的规划、调研以及《国家史迹名录》的推荐。还有一个针对砖及砂浆历史建筑的拨款项目，以一幢建筑为单位，提供上限为10万美元的资金。每年争取该基金的竞争都十分激烈。授予拨款的评判条件包括物业的历史重要性、物业现状、资金的需求程度、社区的支持度，以及州内分配的平衡性等。

⑦ 从遗产旅游中获益

估价对象所在的小镇每年能吸引数以千计的游客来参与当地的夏季民俗节，参观当地的石质建筑和东欧风格的遗迹。这种旅游方式日益普遍，越来越多的人计划利用周末出游或一两天的短途旅游来替代路途遥远的长期旅游。待估酒店距离州际公路不远。酒店15 mi外有一个休憩湖区，那里没有旅馆，但有一些当地居民置办的第二套房产。在该酒店所在的小镇，历史保护的概念逐步深入人心，遗产旅游业蓬勃发展。

⑧ 限制与地役权

待估酒店的所有权人或许可以考虑将地役权捐献给州级保护组织。这样的话，任何针对该历史建筑的拆除或者对外部及内部结构特征的改动都将被禁止。这些限制条件中，有一部分与历史街区内重大建筑所须遵守的限制性法规是相同的。但由于地役权永久不变，所以一些重要建筑法规可能需要更改或失去执行力度。

⑨ 适应性用途或重新利用

待估酒店最初的设计与建造定位就是酒店，而且从未派作他用，因此其规划用途并非适应性用途。所谓适应性用途，是指背离建筑最初的设计用途，经一定改动后符合现实需求的新用途。大多数符合标准可获得税收抵免的历史建筑，其现状用途多为适应性用途。

⑩ 修复及运营的特殊成本

待估酒店和小镇里的其他建筑物均是由一种形成于白垩纪(即1.37亿年到6 500万年前)的稀有石料建成。这片面积达300万英亩的地区在经历一系列的海洋运动时，曾被海水所淹没，因此产于这片土地的稀有石料中包含了许多海洋生物化石。19世纪70年代迁徙而来的人们注意到了这些裸露于地表的石头，因为找不到木材(当时

这里没有树木),于是他们挖出石头,在这里搭建起他们最初的家园。后来小镇通了铁路,预制木材也得以运输进来,人们就越来越少用这些石灰石建造房子了。1889 年这座酒店建成时,石灰石建筑已经成了当地社区的典型特征。附近地区同类石质的建筑多数都已颓败或被拆除,因此得以保留下来的显得更加稀少珍贵。

(3) 估价对象的经济用途分析

该酒店所在地块的面积、宽度、进深在当地商业街区内较为普遍和典型。倘若该地块不受历史街区或重大建筑规范的限制,这块空地上可能会开发一幢单层,以现代建筑材料建造的零售物业。但是,历史街区的分区规划严格要求所有新建建筑必须符合历史街区的整体形象,只有新建建筑的建材、比例、风格、标识符合该街区的一系列要求,才能被获准开发。因此只要满足其他标准,开发单层建筑是允许的。

分析已改良估价对象的经济用途时,应该考虑以下因素:面积、楼层、建筑特征、现存建筑最初的设计用途、已改良不动产的需求和购买力情况、竞争供应情况、规划用途或任何其他可能的用途。

目前待估酒店是一幢三层带地下室的建筑物。该历史街区内大多数多层建筑的底楼都用于零售商铺;楼上曾经作为办公空间,如今通常只作为贮藏空间使用。这些房屋都没有电梯,而且办公需求也十分有限。尽管可以改建成住宅,但是多层住宅在当地并不太受欢迎。待估酒店有 25 个房间,比当地常见的经济型旅馆的房间数要少。除了作为酒店或住宅(如配套住宿设施)外,这幢建筑并不能派做它用。但是,作为住宅使用却会受到其建筑格局的限制,因为目前每个房间都内设一个浴室,不过通过大规模改建可将其格局改成拥有 12 个两室一厨一卫的套间公寓房。

在规划修复前估价对象一直作为酒店用途,不过酒店的入住率低而且极不稳定。一般而言,夏天当地举行民俗节或者暴风雪导致州际公路关闭时,入住率会上升。酒店内有一个 62 座的餐厅兼酒吧,长久以来生意兴隆。该地区的景点包括附近的一个湖滨度假区、有历史建筑的几个周边小镇、夏季民俗节,以及 35 mi 外的一个获得"国家历史地标"称号的建筑。在很多地方,历史建筑酒店比现代经济型旅馆更受人们的喜爱和欢迎。综合这些因素,可以判断对现有物业而言,兼带餐厅和酒吧的酒店是一个经济合理的用途。

修复工作包括清洗处理和重镶外部石料,更换铜质屋顶,修理窗框,安装热感窗和新式窗帘,安装新的升降机械和所有新的电机设备、新的管线,修理并重新处理木地板、木制工艺以及墙面,重新装修客房,更换一部分家具,更新浴室使之更加现代化,重新装修底楼的大堂、接待处、餐厅和酒吧。

购买者期望可以提高酒店入住率,并吸引更多客人光顾餐厅酒吧。因此,他们对未来几年酒店、餐厅的净收益进行了预测,并期望获得历史建筑税收抵免以资助修复费用。

事实证明估价对象的最佳用途为酒店。由于在附近区域范围内这是唯一一家运营中的酒店,因此显得较为稀缺。业主和所有小镇居民努力保护着他们的古老建筑,为这些民族遗产而感到自豪,他们希望这些历史建筑能够提升整个社区形象。目前这个酒店的修复工程已经在进行中,其充分的资金来源也很好地说明了社区对保护工程的支持力度。

(4) 估价对象土地价值评估

待估酒店位于一条铁路旁边。虽然目前极少有火车经过,但邻近铁路还是为其平添了几分怀旧之情。该酒店占地 10 000 ft^2，足以容纳各类宾客，建筑后方和侧部配有宽敞的停车空间。酒店所在区域不久以前被认定为历史街区，酒店建筑的修复工作也于近期开始启动。

邻近的一个城镇拥有着相似的民族文化遗产，它们依靠城镇中心历史街区来吸引众多游客观光，充分利用其历史资源。例如，4 年前在历史酒店的遗址上开发的一座带有 19 个房间的风情旅馆，受到了广大游客的热情追捧；此外，该镇的 12 处小型工艺品商店和艺术画廊也颇受游客青睐。在这个小镇，游人还能光顾具有当地传统风味的餐厅、公园、礼品店和溪畔的老作坊。该镇上一些面积较大的房屋也被改造成了经济型旅馆。

由于估价对象将用作酒店，这也决定了该地块的经济用途。因此，通过对酒店进行大规模翻修、整修路面、复原户外灯饰、配备现代化设备，可以达到该地块的最高最佳使用。土地交易实例并不常见，但是位于历史街区外有一宗 40 000 ft^2 的地块，当时建有一座小学，平整后以 25 美元/ft^2 的单价在 3 年前成交。估价对象所在的历史街区有一宗 20 000 ft^2 的地块，去年以 35 美元/ft^2 成交，将修建一座新的文化/游客中心，这是该区域近期唯一成交的一宗商业地块。而前文所述邻镇拥有 19 间客房的风情旅馆地块，是于 5 年前以 22 美元/ft^2 的售价成交。该旅馆地块形状较不规则，另两处比较地块和估价对象地块的形状要规则许多。在通过对销售日期、面积、区位及地块形状等诸多因素进行调整后，估价对象地块假设为空地时的评估市场价值为 400 000 美元，即单价 40 美元/ft^2。在交易合同中购买者约定以 550 000 美元购买该旅馆物业，如果 400 000 美元的地块估价值能准确反映出土地市场价值，则建筑物与相关私人财产的总价值为 150 000 美元，即单价为 12.5 美元/ft^2，总建筑面积为12 000 ft^2。

（5）估价对象建筑物的修复成本

估价对象建筑所有权人签订了一份修复工程总承包合同。该工程总价为 3 000 000 美元，其中包括：

① 建筑师的设计费及监理费。

② 建造期间的财产税及保险费。

③ 建造期间及建造完工后占有率未达到稳定状态时占用资金产生的利息费用。

④ 建造完工后占有率未达到稳定状态时的市场推广费用。

⑤ 酒店的装潢费用，需重新购置的家具、设施和装备等费用。

⑥ 私人废弃物品的购买费及安装费同该物品废品回收所得的差额。

⑦ 经营过程中所需的相关费用。具体如下：

a. 办公费用；

b. 法律、保险费用；

c. 评估、审计及代理费用；

d. 伴随着经营过程中企业家培训和经验增长的经营时间激励以及相关合同的前期费用；

e. 施工风险（工程进度、暴风雪、罢工、分包管辖权争端及审查）；

f. 市场推广风险、税收抵免延迟及融资风险。

为了确保项目获得联邦和州的投资税额减免,购买合作方在购入历史建筑前,将咨询一些例如建筑设计、维护、法律和审计等方面的专家,这会产生一定的盘购前成本。酒店修复施工资格和酒店装潢、家具、设备、库存提供商的资格需要经过招投标方式来确定。估价师需要对相关成本的数据进行仔细核查并且对其必要的施工进程、市场推广进度和软成本进行适当调整。

此外,估价师需要聘请一位工程概预算师对估价对象建筑物的重建成本进行预估。上述提及的邻镇拥有 19 个房间的风情旅馆将被选取为成本法的一个可比实例,因为它真实地反映一个历史街区内小体量、非典型旅馆的新建成本。该可比实例在时间方面应向上修正,因为估价时点距离建成期已有一段时间;在区位上无须调整,因为其毗邻估价对象区域而且有着相似的建筑材料和人力成本。

估价师的职责是利用其所具备的各项数据(包括工程概预算师的意见、相似物业的成本比较数据、对所有权人持有项目数据的分析及任何有可能发生的附加成本),对估价对象建筑物的重建成本进行准确的预估。例如,假设上述工作已经完成,由相关数据得出的结论是估价对象建筑的重建成本是 2 800 000 美元,即每个房间 112 000 美元和 233.33 美元/ft^2。该数据与之前预测的修复成本 3 000 000 美元相差了 200 000 美元。这个差距缘于修复工程的额外成本不像新建项目成本那么简单而高效,从而也阐明了一个道理:成本通常并不完全等同于价值的增值部分。比如,一项修复工程需要大量拆毁和拆除破损石膏板和过时设备等物品;此外,在安装新的装置时还要避免对原有装置造成破坏,这难免会影响到施工的进度。

除了涉及历史建筑的原始设计方案和建筑材料外,估价师对成本的估算并未涉及建筑历史意义的增值价值。

(6) 估价对象建筑物的折旧

待估酒店修复后将有一个新的屋顶,重嵌和整洁的石制结构墙,新的双悬式隔热窗,新的设施、电器和管道系统,以及全新的电梯系统。酒店内部将重新粉刷,大部分家具也将焕然一新。这幢有着 100 余年悠久历史的古建筑,其物理折旧价值损失必须从重建成本估算值中扣除。酒店中有相当大比例的内部空间用于公共空间而非客房空间,这一特点在判断其功能折旧时必须予以考虑。该酒店没有明显的经济折旧迹象。该酒店邻近铁路的地理特征已被考虑到,但这也是该酒店的历史风貌之一。

物理折旧和功能折旧的估算值已从总重建成本(2 800 000 美元)中扣除。建筑物通过修复后重获的价值作为其物理折旧的基数值;而其他部分的成本,如设备系统、屋顶盖板、电梯系统、卫生间、大部分家具及所有的墙面都将被更新或修复,不视为物理折旧的基数值而被扣除。假设有着 117 年历史的建筑物直接和间接的重建成本为 900 000 美元,并且目前的物理折旧比例为 50%,即 450 000 美元的价值损失。从总重建成本 2 800 000 美元中扣除 450 000 美元后所得 2 350 000 美元,得到其他折旧的基数值。

在估价对象建筑物中,高挑的顶棚、宽敞的走廊和木制地板不属于功能折旧的考虑项目。然而,非客房空间高达建筑物内部空间的 50%,这样的公共空间未免有些过多。当然华丽的大堂、会客厅和其他的公共区域确实也能提高该酒店的客房价格,但是比该酒店公共区域小 10%，即 1 200 ft^2 的同类酒店也可达到同样的客房价格。这些多余的酒店公共区域大可改建为一些增量客房。然而，该酒店诸如大堂、餐厅、酒吧和会客厅的建造方式构成了其独特的建筑风格，从而否决了此方案的可能性，也造成了该酒店不可修复的功能折旧。这 10%的价值损失应计为重建成本的折旧额，即

$$2\ 350\ 000\ 美元 \times 10\% = 235\ 000\ 美元$$

上述物理折旧及功能折旧的损失总额为 685 000 美元。估价对象建筑物没有经济折旧的迹象，这是由于所处历史街区内有众多的相似建筑，并且没有受到环境或经济领域的负面影响。将 685 000 美元从总重建成本 2 800 000 美元中扣除，得出经折旧后建筑物的价值贡献为 2 115 000 美元，再与先前估算的土地价值 400 000 美元相加，则由成本法得出的价值估算额为 2 515 000 美元。

(7) 成本法估价结果

因此，成本法可总结为：

建筑物重建成本：12 000 ft^2 ×233.33 美元		
	ft^2 /(11 200 /房间)	=280 000 美元
折旧		
物理折旧：	900 000 美元(原始建筑×50%)	=450 000 美元
功能折旧：	2 350 000 美元×10%	=235 000 美元
经济折旧：		0
总计折旧：		685 000 美元
扣除折旧后的重建成本：		2 115 000 美元
+土地价值：		400 000 美元
通过成本法估算的价值：		2 515 000 美元

2）国内建筑遗产经济价值评估案例

2018 年，大理巍山古城内多处古建筑需要进行经济价值评估。评估目的是产权转移，这些古建筑原本分属不同的政府部门，现要求统一归属于巍山文化旅游投资公司(国企平台)，便于统一经营管理。由于国有资产转移不能出现资产空转，必须要明确资产经济价值，平衡账面价值。合理的统一运营对古建筑的保护修缮与利用具有重要促进作用。笔者参与了本次估价活动。本书选取了其中的一处采用调整法的古建筑经济价值评估作为案例。

适用调整法的程序如下：

(1) 测算普通房地产经济价值，即假设建筑遗产用地为普通房地产，测算现状利用条件下的普通房地产经济价值。

(2) 分析估价对象历史文化特征、特殊价值属性、使用价值特殊因素、保护限制等影响因素，编制因素修正体系，得出估价对象的历史文化因素修正系数、使用情况与保护限制的修正系数。

(3) 将普通房地产经济价值与特殊因素修正系数进行修正，得出建筑遗产经济价值。

具体计算过程见表 8.1。

表 8.1 云南大理巍山古城某古建筑经济价值评估

	经普通因素修正后的普通房地产的单位价值					5 017 元/m²
因素层	因子层	总修正系数区间范围	选项	修正系数区间范围	项目情况	确定的修正值
历史价值	始建年代	5%～28%	清代前期及以前	20%～28%	始建于 1946 年	10%
			清代中期	18%～22%		
			清末与民国前期	12%～16%		
			民国中后期	10%～15%		
			解放后	5%～10%		
	重要历史事件与历史人物的关联程度	3%～15%	全国知名人与事	10%～15%	未记载名人故居或重大事件，属于巍山县典型民国时期民居建筑	3%
			地方知名人与事	5%～10%		
			一般人与事	3%～5%		
	反映地方历史发展背景程度	0～3%		2%～3%	建筑风格属于传统白族民居，但未体现出突出的特征与社会发展背景	0
艺术价值	艺术史料代表性	0～6%	具有特殊代表性	4%～6%	艺术史料意义不明显	0
			具有重要代表性	2%～4%		
			代表性一般	0～2%		
	建筑实体的艺术特征	0～10%	艺术特征明显、具有较高的艺术美感	8%～10%	白族传统建筑风格，合院式布局建筑，结构紧凑，风格和装饰古朴，有一定艺术特征	5%
			具备一定的艺术特征	5%～8%		
			艺术特征一般	0～3%		
	建筑细部及装饰的艺术特征	0～8%	艺术特征明显、具有较高的艺术美感	5%～8%	“粉墙画壁”体现白族建筑装饰的艺术特色，书画保存良好，门窗木雕工艺保存完好	4%
			具备一定的艺术特征	3%～5%		
			艺术特征一般	0～2%		

续表 8.1

	经普通因素修正后的普通房地产的单位价值					5 017 元/m²
因素层	因子层	总修正系数区间范围	选项	修正系数区间范围	项目情况	确定的修正值
艺术价值	园林及附属物的艺术特征	0～8%	艺术特征明显、具有较高的艺术美感	5%～8%	估价对象内设天井，树木花草，附之照壁，园林要素搭配适当	3%
			具备一定的艺术特征	3%～5%		
			艺术特征一般	0～2%		
科学价值	完好程度	0～7%	完整	8%～10%	建筑布局与主体结构保存基本完整，为适应利用，略有改造	4%
			基本完整	4%～7%		
			仅余单体	1%～3%		
			基本无原有风貌	0～1%		
	建筑实体的科学合理性	0～7%	科学合理性较高	5%～7%	估价对象保留了传统白族建筑风格，梁架结构及门窗大部分沿用了原有建筑材料，尽量保留原有风格	3%
			有一定的科学合理性	3%～4%		
			科学合理性一般	0～2%		
	建筑细部与装饰的科学合理性	0～6%	科学合理性较高	5%～6%	保存部分木雕工艺，细部造型合理	3%
			有一定的科学合理性	3%～4%		
			科学合理性一般	0～2%		
	施工工艺水平	0～5%	工艺水平较为突出	4%～5%.	保留传统建筑施工工艺，未进行大规模改造	3%
			有一定的施工工艺水准	3%～4%		
			工艺水平一般	0～2%		
环境价值	地理区位	0～10%	历史地段核心地段	6%～10%	位于后所街中段，属于巍山古城的核心区域边缘	2%
			历史地段重点地段	4%～6%		
			历史地段一般地段	2%～4%		
			历史地段边缘地段	0～2%		

续表 8.1

	经普通因素修正后的普通房地产的单位价值					5 017 元/m²
因素层	因子层	总修正系数区间范围	选项	修正系数区间范围	项目情况	确定的修正值
环境价值	古建筑与周边环境的协调性	−3%～5%	较为协调	3%～5%	估价对象是传统地方民居风格,与古城环境相互协调	3%
			一般协调	2%～3%		
			略不协调	−1%～0		
			明显不协调	−3%～−2%		
社会价值	教育旅游功能	2%～3%		2%～3%	改造为地方餐饮场所,吸引旅游者	2%
	保护等级	−10%～10%	县区级文物保护单位	0～10%	历史建筑	0
			历史建筑	0		
			一般不可移动文物	−10%～0%		
	社会知名度	0～10%	全国知名	7%～10%	社会知名度不同	0
			区域知名	5%～8%		
			本地知名	2%～5%		
			一般知名	0～2%		
文化价值	真实性	3%～7%		3%～7%	基本保留了原有传统建筑的真实原貌,没有大面积改造与破坏	4%
	完整性	3%～6%		3%～6%	基本保留了原貌,入口处已经改造	1%
	反映文化传承(代表作品)	0～10%	属于当地民国后期的合院式建筑,但不作为代表作品	1%		
使用价值特殊因素	古建筑保存现状	−10%～10%	改造或修缮后保存完好,原貌基本保留	6%～10%	近期建筑未经过大规模修复,有一定损坏,但不明显	−3%
			近期有过修缮,整体基本保存完好	0～5%		
			近期建筑未经过修复,有一定损坏	−5%～0		

续表 8.1

	经普通因素修正后的普通房地产的单位价值					5 017 元/m^2
因素层	因子层	总修正系数区间范围	选项	修正系数区间范围	项目情况	确定的修正值
使用价值特殊因素	古建筑保存现状	−10%～10%	濒临坍塌或严重改造，原状改动较大	−10%～−6%	近期建筑未经过大规模修复，有一定损坏，但不明显	−3%
	古建筑使用现状	−2～5%	正常使用，现有功能合适	2%～5%	正常使用，现有功能不宜，适宜居住或办公	−3%
			正常使用，现有功能不宜	−4%～−2%		
			空置	−2%～0		
	停车状况	−10%～8%	多个停车位	4%～8%	至少有一个停车位	0
			一个停车位	0～5%		
			无停车位	−10%～−8%		
	规划使用功能	−3%～2%	调整使用功能	−3%～0	调整使用功能	−2%
			保留原有功能	1%～2%		
			改为展示功能	0～1%		
保护限制条件	古城保护规划限制	−7%～0%	基本无限制	0	估价对象位于巍山古城核心地段边缘，属于历史建筑，要符合古城保护相应限制条件要求	−3%
			有一定限制	−3%～0		
			有明显限制	−7%～−4%		
	保护等级	−6%～0	县区级文物保护单位	−6%～0%	历史建筑	0
			历史建筑	0		
			一般不可移动文物	0		
	产权与使用限制	−10%～0%	公产，无明显限制	−3%～0	公产，基本无明显限制	0
			私产，无明显限制	−6%～−3%		
			使用功能有明显限制要求	−10%～−7%		
					修正值小计	42%
	市场调整法比准价值	古建筑的单位价值（元/m^2 建筑面积）				7 124.14
		建筑面积/m^2				659.94
		总价/元				4 701 504.952

8.2 历史地段项目经济评价

8.2.1 建设项目经济评价基本概述

1844年,杜比特在《公共工程效用的评价》中提出了“消费者剩余”的思想,指出:“一个公共项目全社会所得的总效益是一个公共项目的净生产量乘以相应市场价格所得的社会效益的下限与消费者剩余之和,这个总效益是一个公共项目的评价标准”。英国经济学家马歇尔在著作《经济学原理》中正式全面阐述了“消费者剩余”的概念。后来,人们在杜比特和马歇尔研究成果的基础上,发展出了“费用—效益分析模型”,为现代投资项目可行性研究的出现揭开了序幕。随着市场经济体制的逐步建立,特别是投融资体制改革的不断深入,投资建设项目的前期工作和经济评价,在现代化建设中发挥着越来越重要的作用①。

国家发展改革委、建设部在2006年正式发布了《关于印发建设项目经济评价方法与参数的通知》,对建设项目经济评估的程序与技术要求进行了规范统一。通知认为,项目前期工作的重要内容,对于加强固定资产投资宏观调控,提高投资决策的科学化水平,引导和促进各类资源合理配置,优化投资结构,减少和规避投资风险,充分发挥投资效益,具有重要作用。

《建设项目经济评价方法与参数》(第三版)指出,建设项目经济评价包括财务评价(财务分析)和国民经济评价(经济分析)。财务评价是指在国家现行财税制度和价格体系的前提下,从项目的角度出发,计算项目范围内的财务效益和费用,分析项目的盈利能力和清偿能力,评价项目在财务上的可行性(图8.1,图8.2)。国民经济评价是在合理配置社会资源的前提下,从国家经济整体利益的角度出发,计算项目对国民经济

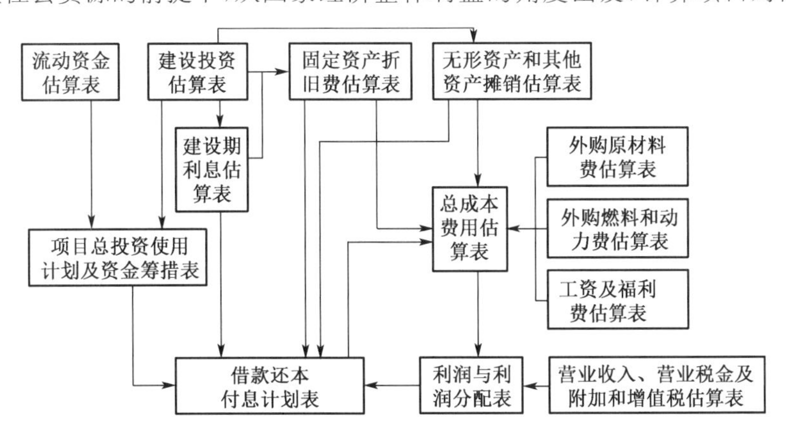

图8.1 财务基础数据测算关系表

① 马邦娟.做好项目前期工作和经济评价的几点认识[J].有色金属设计,2003,30(4):6-9.

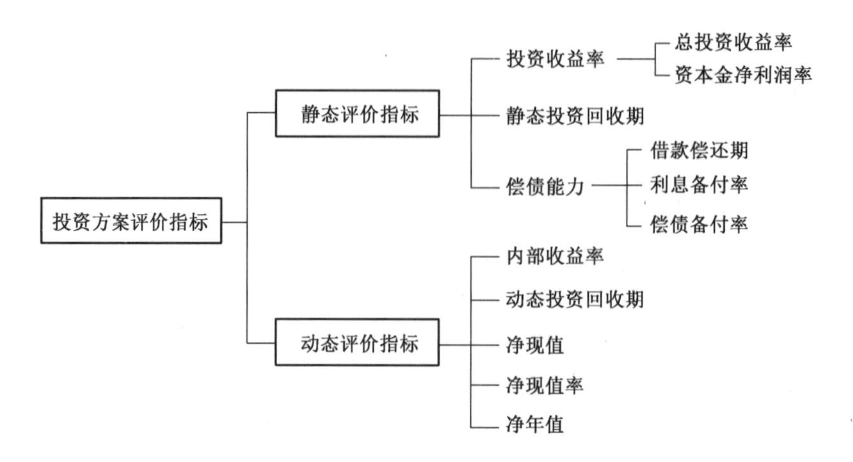

图 8.2 投资方案评价指标体系

的贡献，分析项目的经济效率、效果和社会的影响，评价项目在宏观经济上的合理性。《建设项目经济评价方法》与《建设项目经济评价参数》是建设项目经济评价的重要依据①。本书所指的建筑遗产经济评价更偏重于建设项目的财务评价。

8.2.2 建筑遗产项目经济评价工作内容

笔者在参与保护规划的实际编制工作中发现，目前国内的建筑遗产保护规划对项目经济测算的分析尚停留在成本初步预算，关于成本费用的参数选项不齐全，没有考虑评价计算期，以静态分析为主，未按照国家对建设项目经济评价的规范进行计算与表述。为此，作者经过研究分析，结合自身工作经验，按照《建设项目经济评价方法与参数》(第三版)的要求，整理了一套适用于历史地段项目(历史文化街区、历史名镇、名村等)保护规划的项目经济评价专题报告，希望能给建筑遗产项目保护规划的实践工作提供参考依据。

建筑遗产项目经济评价专题报告格式(历史地段)

1. 项目情况(项目概况，重点写出与经济有关的内容)

1.1 项目概况

项目名称、地理位置、项目范围、利用现状、建设内容等。

核心保护区范围北至________、南至________、东至________、西至________。土地面积________hm^2(m^2)，规划建筑总面积________m^2，建筑基底面积________m^2。

建设控制地带范围、土地面积、建筑面积等。

1.2 项目的保护目标与发展定位

1.3 项目投资主体、投资规模和资金筹措

---

① 国家发展改革委，建设部. 建设项目经济评价方法与参数[M]. 3版. 北京：中国计划出版社，2006.

1）项目产权主体（集中产权、分散产权）、投资主体、运营主体等（如不能确定，写“待确定”）

① 产权主体

公有产权、国企产权、混合产权、单位产权、私人产权。

② 投资主体

道路和市政基础、传统风貌、外部绿化小品与景观（构筑物）等：集中投资方或街道。

建筑：文保、不同产权的投资主体（引导投资）。其中，单位与私人产权可以通过整体长期租赁方式转至集中投资方。

③ 运营主体

一方面由商业招商运营公司、旅游运营公司和物业管理公司负责运营，可委托或自行组建；另一方面，通过规划限制、鼓励为导向，引导民间自行运营。

2）计划总投资规模、资金筹措计划

直接项目的投资（直接投资）、用于引导与鼓励的投资（引导投资）。如项目总投资约人民币________万元（投资估算详见附表1），拟由××公司自筹解决。

1.4　项目进度计划

由于多元产权的复杂性，建设改造与运营方案更需要分期实施，交叉性强。需要认真推导。

建设期（项目建设进度计划表）。（表1）

假设的运营期。

表1　项目建设进度计划表

阶段	________年1月至________年7月				
	______年1月至______年3月	______年4月至______年4月			______年5月至______年7月
前期工作	——				
基础施工		——			
主体施工			——	——	
竣工验收					——

2. **经济评价报告编制依据**

2.1　法律、法规与地方文件依据

2.2　规范、标准和其他依据

《建设项目经济评价方法与参数》（第三版）。

2.3　上位规划与相关规划

3. **利用方案的说明**

3.1　利用方案综合说明

正文与说明书的功能定位、利用与发展方案。

3.2 技术经济指标

常见的技术指标(空间);

建设期、运营期(时间)。

3.3 项目利用方案的经济基础数据

详细列出“利用方案”的技术经济基础数据,归属于不同产权主体、投资主体对应的基础数据要明确罗列。

4. 利用方案的分析

4.1 保护控制的影响分析

项目产业政策、行业准入(项目内的行业与产业限制);

对旅游运营、对建筑的使用、维修、微调、管理等限制;

对管理、成本、费用、收益和价值的影响。

4.2 征收拆迁及移民安置分析

维稳因素分析。

4.3 产权状况分析

1) 产权主体分析:对管理、成本、费用、收益和价值的影响,特别是对其他产权主体如何引导实施。

2) 投资主体分析:各种投资主体对管理、成本、费用、收益和价值的影响,重点在集中投资者,特别是对其他投资主体如何引导实施。

3) 运营主体分析:运营主体与运营引导方案对管理、成本、费用、收益和价值的影响,特别是对其他运营主体如何引导实施。

4.4 土地利用合理性分析

1) 用地符合性分析。

2) 投资强度。

5. 经济评价效益分析

(资料收集渠道、假设与特殊假设、方法依据、计算方法与公式、参数取值与依据)

项目特色以及建设期与运营期。如历史街区改造项目要经历建设期、运营期(培育期、发展期和成熟期),发展至项目成熟期通常为××年左右。结合××项目利用方案,本项目以××年为测算期,测算其经济效益。

5.1 建设项目投资估算

本项目投资包含前期费用、建安成本(改造成本)、建设工程其他费用、基本预备费、建设期贷款利息、运营产品的前期投资等,投资估算详见附表1。

1) 前期费用

主要包括规划范围内土地及房屋取得费及搬迁、拆迁成本,土地开发费用和税费等。(表2)

表 2　前期费用表

项目	金额/万元	说明	依据	资料收集渠道
土地、房屋取得费及搬迁成本		搬迁居民______户，涉及搬迁面积约______万 m^2，合计搬迁费用约______亿元。搬迁企业______个，涉及搬迁面积约______万 m^2，合计搬迁约______亿元。(可附表做进一步说明)	可以分表列明	土地取得费：国土管理部门；房屋取得费及搬迁成本：房屋动迁公司
土地前期开发费用		道路交通、河道、市政基础设施等，宗地红线外______元/m^2，宗地红线内______元/m^2。土地面积为______m^2(可附表做进一步说明)		政府配套费：政府文件；道路、河道、市政基础设施费用：政府有关部门、基础设施公司或城市投资公司等
税费		土地、房屋取得费的 15%		国家与当地的税费文件
前期取得费合计				

2) 建筑安装工程费(修缮、修复、改造等成本)

包括建设工程费、绿化景观道路等基础设施建设工程。(表 3)

表 3　建筑安装工程费用表

项目	金额/万元	面积	取值标准	依据	资料收集渠道
一、建设工程费					投资公司、建筑公司或工程造价咨询机构等
文物保护单位的修缮成本			元/m^2		
历史建筑的修缮或改造成本			元/m^2 (可附表做进一步说明)		
一般性建筑的修缮或改造成本					
增建或改建的地下车库/位					
其他产权建筑的修缮或改造支持费					
二、公共设施建设成本					
绿化景观					
重要节点					
其他公共服务设施					
三、其他成本					
合计					

3) 建设工程其他费用

包括建设单位管理费、监理费用、可行性研究费、研究试验费、勘察设计费、环境影响评价费、场地准备及临时设施费、工程保险费、市政公用设施建设及绿化费、检验试验费等建筑工程其他费用。(表 4)

表 4 建设工程其他费用表

项目	金额/万元	面积	标准	依据	资料收集渠道
设计费					相关建设单位
勘察费					
建设单位管理费			元/m^2(可附表做进一步说明)		
可行性研究费					
研究试验费					
环境影响评价费					
场地准备及临时设施费					
监理费用					
工程保险费					
市政公用设施建设及绿化费					
检验试验费					
其他费用					
合计					

4）基本预备费

根据“××文件”规定，基本预备费一般为建筑安装（改造）工程费用的________%。因此，本项目基本预备费为________万元。

资料收集渠道：为了保证建设工程正常进行，资料来源为工程建设单位。有些地方没有这项费用，则不计。

5）建设期利息

政策性贷款利息：政策性银行贷款一般期限较长，利率较低，是为配合国家产业政策等的实施，对有关的政策性项目提供的贷款。政策性银行贷款产生的利息为政策性贷款利息。

商业银行贷款利息：本项目预计申请________年期银行商业贷款________万元，________年期的年贷款利率为________%（中国人民银行________年________月________日贷款基本利率），建设期利息为________万元。

其他融资渠道资金利息：参照房地产市场各类资金的来源渠道，通常由私人权益融资、私人债务融资、公开权益融资和公开债务融资部分组成。（表 5）

表 5 其他融资渠道资金表

	私人市场(Private)	公众市场(Public)
权益融资(Equity)	私人投资者	房地产公司上市
	机构投资者(退休基金、人寿保险公司、私人财务机构、机会基金、私人股权投资基金等)	公募基金(非交易基金)、房地产投资信托计划
	国外投资者	房地产投资信托(权益型、混合型)

续表 5

	私人市场(Private)	公众市场(Public)
债务融资(Debt)	银行类金融机构	抵押贷款支持证券(CMBS、MBS)
	保险公司	政府信用机构
	退休基金	房地产投资信托(抵押型)

通过其他渠道融资的资金产生的利息为其他融资渠道资金利息(注意优惠贷款政策)。(表 6)

表 6　其他融资渠道资金利息表

项目	融资金额/万元	利息率	贷款期限	利息额	资料收集渠道
政策性贷款					
商业性贷款					
其他融资渠道					

6) 其他产权建筑的支持性政策投资

对于项目中其他产权(分散产权)的建筑,除支持建筑修缮或改造的成本以外的投资成本。

7) 政策性鼓励的奖励投资或补贴

如鼓励原居民回迁(鼓励迁出去)的奖励政策,吸引特殊行业入驻项目的奖励政策,或对原使用者的补贴等。(表 7)

表 7　政策性鼓励的奖励投资或补贴

项目					资料收集渠道
鼓励政策					根据文件或会议纪要
奖励政策					
补贴					

8) 其他投资

其他未尽投资额。

9) 项目总投资估算

综上所述,项目总投资估算合计________万元。详见“附表 1 总投资估算表”。

10) 资金筹措情况

项目总投资估算________万元,其中金融贷款________万元。其中:________年贷款________万元,________年贷款________万元,________年贷款________万元,其余建设资金自筹。建设投资资本金投入比率________%。资金筹措方案可靠,能保证本项目顺利实施。详见“附表 2 资金筹措计划表”。

自有资金额度、投入时间:资本金作为项目投资中由投资者提供的资金,是获得债务资金的基础。国家对房地产开发项目资本金比例的要求是 35%。对房地产置业投资而言,资本金比例通常为购置物业时所需支付的首付款比例。

融资贷款资金额度、年利息率、贷款期限等：目前中国人民银行公布的0～6个月(含6个月)贷款年利率是4.35%,6个月～1年(含1年)是4.35%,1～3年(含3年)是4.75%,3～5年(含5年)是4.75%,5～30年(含30年)是4.90%。

5.2 建设项目成本费用估算

采用分项详细估算法。主要包括建设期与运营期间的管理费用、宣传推广费用、销售租赁费用、建筑与设施维护维修费用、设施更新费(摊销费)、固定资产折旧、运营期财务费用、其他费用,合计________万元。

1) 对分散产权房屋的整体租赁支付的租金

如果本项目全部或部分的其他产权的物业可以被投资方集中租赁,每期需要支持的租金。

2) 管理费用

建设项目开发方为组织和管理物业开发经营活动的必要支出,包括人员工资及福利费、办公费、差旅费等,可总结为土地取得成本与建设成本之和的一定比例,如4%。因此,管理费用通常按照土地取得成本与建设成本之和的一定比例来测算。根据“××文件”规定,按管理费用占营业收入的2%进行测算。

3) 宣传推广费用

主要是指广告性支出,包括企业发放的印有企业标志的礼品、纪念品等。

4) 销售租赁费用

销售租赁费用是指销售或租赁开发完成后物业的必要支出,包括广告费、销售租赁资料制作费、售楼或招商处建设费、营销人员费用或者销售租赁代理费等。为便于投资利息测算,销售租赁费用应区分销售租赁之前发生的费用和与销售租赁同时发生的费用。广告费、资料制作费、售楼或招商处建设费一般是在销售之前发生的,销售租赁代理费一般是与销售租赁同时发生的。销售租赁费用通常按照开发完成后的物业价值的一定比例来测算,如为开发完成后物业价值的________%。

5) 维护维修费用(一般是建筑项目工程成本的一定比例)

维护费:维护设备所需耗用的费用标准。

维修费也称检修费,是高级技工或者有维修资质的单位在为客户提供维修服务时收取的费用。

其他产权建筑的维修维护支持费。

6) 设施更新费(摊销费)

工程或设备由于破损或技术落后而进行更换所需的费用。

建筑项目成本的比例。

其他产权建筑的设施更新支持费。

建筑投资的一定比例。

7) 固定资产折旧

建筑物折旧是指各种原因造成的建筑物价值减损,其金额为建筑物在价值时点的

重新购建价格与在价值时点的市场价值之差,即

建筑物折旧=建筑物重新购建价值−建筑物市场价值

在所考察的时期中,资本所消耗掉的价值的货币估计值,也称为资本消耗补偿(capital consumption allowance)。固定资产折旧是指在固定资产使用寿命内,按照确定的方法对应计折旧额进行系统分摊。使用寿命是指固定资产的预计寿命,或者该固定资产所能生产产品或提供劳务的数量。应计折旧额是指应计提折旧的固定资产的原价扣除其预计净残后的金额。已计提减值准备的固定资产,还应扣除已计提的固定资产减值准备累计金额。持有物业固定资产按照________年(依据________)进行折旧(残值率________%),持有商业物业总价值为________万元。

8) 其他费用

根据当地文件规定,其他费用按占营业收入________%进行测算。(保险费等)是指从工程筹建起到工程竣工验收交付使用止的整个建设期间,除建筑安装工程费用和设备及工、器具购置费用以外的,为保证工程建设顺利完成和交付使用后能够正常发挥效用而发生的各项费用。工程建设其他费用大体可分为三类:第一类指土地使用费,第二类指与工程建设有关的其他费用,第三类指与未来企业生产经营有关的其他费用。

9) 运营期财务费用(注意优惠贷款政策)

财务费用指企业在生产经营过程中为筹集资金而发生的筹资费用,包括企业生产经营期间发生的利息支出(减利息收入)、汇兑损益(有的企业如商品流通企业、保险企业进行单独核算,不包括在财务费用内)、金融机构手续费、企业发生的现金折扣或收到的现金折扣等。但在企业筹建期间发生的利息支出应计入开办费;为购建或生产满足资本化条件的资产发生的应予以资本化的借款费用,在“在建工程”“制造费用”等账户核算。

运营期财务效益与费用估算采用的价格,应符合下列要求:

(1) 效益与费用估算采用的价格体系应一致。

(2) 采用预测价格,有要求时可考虑价格变动因素。

(3) 对适用增值税的项目,运营期内投入和产出的估算表格可采用不含增值税价格;若采用含增值税价格,应予以说明,并调整相关表格。

详见“附表3成本费用表”。

5.3 建设项目收益测算

主要包括土地出让收益、销售物业的出售收益、持有物业的租赁收益、车位收益等。

1) 土地出让收益

根据市政府“××会议纪要”,本次土地使用权出让收益的________%将投资本项目。

本项目有________宗地共计________hm^2,采用公开招拍挂方式进行出让。特别邀请专业土地估价师对待拍地块在规划条件下进行出让底价评估,估价基准日设定为________年________月________日,具体详见表8。预计可获得土地出让收益________万元。(相关土地使用权出让估价报告的结果表可列入附件)

表 8　土地出让收益表

	占地面积/hm^2	容积率	用途	土地单价/(元·m^{-2})	总价/万元	备注
A01	1.05	1.2	商业用地			
B01	1.50	1.0	酒店用地			
⋮	⋮	⋮	⋮			
E04	0.05	0.8	住宅用地			
合计	5.00					
						收益比例

2）销售物业的出售收益

本项目有需要改造(修复、改建等)的销售型物业,建筑总面积为________m^2。根据“项目利用方案”,此类物业用途为________,预计改造建设期为________年,收益方式为销售。

经过预估,这类物业在________年________月________日销售单价与建筑面积详见表 9,销售价值估算约为________万元。

表 9　销售物业的出售收益表

名称	建筑面积/m^2	物业用途	销售单价/元	销售总价/万元	备注
商业地产					
度假地产					
住宅地产					

3）持有物业的租赁收益

本项目有需要改造(修复、改建等)的持有型物业,建筑总面积为________m^2。根据“项目利用方案”,此类建筑用途为________。预计改造建设期为________年,收益方式为出租。

预估这类物业在________年至________年(运营期)的租金、出租空置率、租金走势等,预估运营期各年收益状况等。(表 10)

表 10　持有物业的租赁收益表

名称	建筑面积/m^2	物业用途	租赁单价/(元·月$^{-1}$)	租赁总价/万元	备注
商业地产					
度假地产					
住宅地产					

4）车位收益

本项目共有车位________个,________个地面车位,________个地下车位。

其中有________个停车位临时占位停放,实行按小时收费,每小时计费________元,每天按停靠时间________小时计算。另外的________个按月长期出租,按

________元/月收费。运营期车位收益状况详见表11。

表11 车位收益表

名称	个数	临时占位停放/个	收费标准/(元·小时$^{-1}$)	长期出租/个	收费标准/(元·月$^{-1}$)
地面车位					
地下车位					
合计					

5) 其他收益

如政策性财政补贴。

6) 项目总收益计算

综上所述,项目总收益为________万元。净收入为________万元,收益期为________年。详见“附表4营业收入表”。

5.4 税费估算

主要包括房产税、土地使用税、增值税等。

1) 房产税(注意优惠税收政策)

根据当地文件规定,未租赁的房屋按房产原值一次减除30%后的余值计算。其计算公式为:

年应纳税额=房产账面原值×(1−30%)×1.2%

已租赁的房屋按租金收入计算,其计算公式为:

年应纳税额=年租金收入×适用税率(12%)

房产税是投资者拥有房地产时应缴纳的一种财产税,按房产原值扣减30%后的1.2%或出租收入的12%征收。

2) 土地使用税(注意优惠税收政策)

项目所在地区属于××市土地税征收四类地区,依据当地文件规定,土地使用税为每平方米每年________元。

城镇土地使用税是房地产开发投资企业在开发经营过程中占用国有土地应缴纳的一种税,视土地等级、用途按占用面积征收。

3) 增值税(注意优惠税收政策)

根据1994年1月1日生效的《中华人民共和国土地增值税暂行条例》以及1995年1月27日生效的《中华人民共和国土地增值税暂行条例实施细则》的规定,从1994年1月1日起,转让国有土地使用权、地上的建筑物及其附着物并取得收入的单位和个人,缴纳土地增值税。土地增值税按照纳税人转让房地产所取得的增值额,按30%~60%的累进税率计算征收。增值额为纳税人转让房地产所取得的收入减除允许扣除项目所得的金额,允许扣除项目包括取得土地使用权的费用、土地开发和新建房及配套设施的成本、土地开发和新建房及配套设施的费用、旧房及建筑物的评估项目、与转让房地产有关的税金和财政部规定的其他扣除项目。

根据2010年5月25日《国家税务总局关于加强土地增值税征管工作的通知》规定，土地增值税的征收执行预征的清算制度。依所处地区和房地产类型不同，预征时点与营业税相同，预征率为销售收入的1%～2%，待该项目全部竣工，办理结算后再进行清算，多退少补。采用核定税率征收土地增值税时，核定征收率不得低于5%。

4）其他税费

印花税、交易手续费等。（表12）

表12 其他税费表

税费	税率	备注
印花税	房地产印花税的税率有两种：第一种是比例税率，适用于房地产产权转移书据，税率为0.05%，同时适用于房屋租赁合同，税率为0.1%，房产购销合同，税率为0.03%；第二种是定额税率，适用于房地产权利证书，包括房屋产权证和土地使用证，税率为每件5元	
交易手续费	居住用房：2.5元/m^2×建筑面积。 非居住用房：合同价×0.5%（买方承担）	

5）税费计算

综上所述，项目总税费为________万元。详见“附表4营业收入表”。

5.5 旅游经营项目的经济效益估算

1）直接参与经营的模式

（1）投资

经营的直接投资（直接经营的资金）。

根据“利用方案”，达到满足旅游产品要求的直接投资额。

直接投资是指投资人直接将资金用于开办企业、购置设备、收购和兼并其他企业等，通过一定的经营组织形式进行运营、管理、销售活动以实现预期收益。（表13）

表13 经营的直接投资表

序号	投资项目名称	备注
1	固定资产投置	
1.1	景区管理处	
1.2	景区售票处	
⋮	⋮	
2	设备设施	
2.1	电瓶观光车	
2.2	游船	
2.3	小游园设施等	
2.4	其他	
⋮	⋮	
3	经营过程中对其他产权建筑的一次性投资或补贴	

列入附表1和附表2。

(2) 经营费用

直接经营费用(旅游经营投入费用):经营费用是指用于经营营业项目的成本费用支出等。列入附表3。

每期(年)对其他产权建筑的经营补贴,可列小表。

(3) 经营收益

① 项目经营收益。

② 直接经营收益,包括旅游门票、广告、产品经营、服务项目等,按分年计算(按旅游商业经营公司进行估算)。

③ 政策补贴。(表14)

表14 项目经营收益表

序号	直接经营收益	
1	门票	
2	广告	
3	纪念品	
4	游船出租	
5	电瓶观光车	
6	其他	
⋮	⋮	

列入附表4。

(4) 税费

增值税、企业所得税等。

2) 投资经营公司或经营外包的模式

(1) 投资额:列入附表1和附表2。

(2) 收益与税费:投资收益、投资或外包给经营公司的收益列入附表4。

(3) 每期(年)对其他产权建筑的经营补贴或分成。

(4) 其他收益。

5.6 项目运营期末持有资产的价值

1) 物业资产(通常用经济评价时点的物业估价值,不用账面价值,后者不能体现资产增值)

对这类物业在________年________月________日(运营期末)的未来租金收益、空置率、资本化率等进行预估,项目持有物业的转售价值为________万元。

物业资产是物业服务、设施、房地产资产、房地产组合投资的统称。可列小表。

2) 其他资产(账面计算)

设施设备、车船等资产,一般用账面原值与折旧的计算方式。可列小表。

3) 股权价值

如涉及的投资公司股权,运营期末的股权估值。

4）运营期末的项目总资产价值。

综上所述，在运营期末，项目总资产为________万元。详见“附表4营业收入表”。

6. 项目财务能力评价

6.1 投资利润率

经计算，项目运营期内平均利润为________万元，正常运营年份的投资利润率为________%。正常运营年份的投资利税率为________%，详见“附表5利润与利润分配表”。

6.2 项目投资现金流量分析

项目投资现金流量表是以假设本项目建设所需的全部资金均由投资者投入作为计算基础，计算项目本身的盈利能力。该表不考虑资金筹措问题，将项目置于同等的资金条件下，现金流出项中没有借款利息，经营成本中也不包括任何利息。项目投资财务现金流量分析结果见表15。详见“附表6项目投资现金流量表”。

表15 建设项目经济评价的主要指标

序号	指标名称	单位	所得税后	备注
1	财务内部收益率	%		
2	投资回收期	年		
3	正常年份净现金流量	万元		

6.3 偿债能力分析

本项目分析的假定前提为项目开始经营后以各年现金流量偿还借款本息为目标，由于本项目是部分销售部分租赁项目，所以各期偿债备付率比较低。

销售额、年收益、本息支付额。项目贷款偿还期（含建设期）为________年。结论是能够满足贷款偿还要求或在贷款期内不能满足偿还要求。

6.4 财务生存能力分析（盈亏平衡分析）

根据财务计划现金流量表可以看出，从经营活动、投资活动和筹资活动全部净现金流量看，计算期内最后一年现金流入均大于现金流出，由于本项目是部分销售部分租赁项目，所以项目具备较好的财务生存能力。

6.5 敏感性分析

敏感性分析是指从众多不确定性因素中找出对投资项目经济效益指标有重要影响的敏感性因素，并分析、测算其对项目经济效益指标的影响程度和敏感性程度，进而判断项目承受风险能力的一种不确定性分析能力。特别是对运营期、投资率等。

7. 社会影响分析

本项目作为××，有着正反两方面的社会效应。

积极方面主要有：一是完善旧城区基础设施建设，改善规划区内的投资条件；二是通过规划区建设聚集人气，促进区域周边土地升值。

消极方面主要有：在规划区的建设开发期间，施工产生的噪声和尘埃不同程度影响项目周边居民的正常生产和生活等。

社会影响分析从以人为本的原则出发,包括项目的社会影响分析、项目与地区的相互适应性分析。

7.1 项目的社会影响分析

1) 对历史街区、文保单位、历史建筑保护的影响。

2) 旧城改造,对破旧建筑、基础设施等的影响。

3) 保留传统风貌、空间肌理,促进环境改善等。

4) 分散产权建筑的整合与规范。

5) 坚持保护、合理利用、增加收益、可持续性发展等。

7.2 项目与地区相互适应性分析

1) 对项目所在地区居民生活水平和质量的影响。

2) 对项目所在地区居民就业的影响。

7.3 社会影响分析结论

8. 项目经济评价结论与建议

8.1 经济评价结论

根据经济评价的目标,通过盈亏平衡分析和敏感性分析,本项目正常运营期的投资利润率为________%。正常运营年份的投资利税率为________%,投资回收期为________年,财务内部收益率为________%,具备较强的抗风险能力和较好的财务生存能力。因此在经济上可行。

是否能在运营期内达到财务盈亏平衡。

如不能平衡,提出合理化建议(如资金缺口数额、来源建议、运营期调整等)。

8.2 项目投资建议

如果资金可以平衡,提请关注加强管理执行、注意费用节省。引导与鼓励。

如果资金不能平衡,列出资金缺口额度,提出解决建议。建议包括产权转移、运营期延长、分阶段滚动开发、直接增加投资预算、对外合作引入投资(合资的投资比例)等。

其他对外引入投资方式:国家专项资金、部门资金、投资合作模式(BOT、TOT)①、经营权转让等。

附表1 总投资估算表

序号	工程或费用名称	估算价值/万元				合计
		建筑工程	安装工程	设备、工器具购置	其他费用	/万元
一	建设项目投资					
1	前期费用					
1.1	土地、房地产取得费及搬迁、拆迁成本					

① BOT(Build-Operate-Transfer),即建设—经营—转让,是私营企业参与基础设施建设,向社会提供公共服务的一种方式。TOT是英文Transfer-Operate-Transfer的缩写,即移交—经营—移交。

续附表 1

序号	工程或费用名称	估算价值/万元				合计/万元
		建筑工程	安装工程	设备、工器具购置	其他费用	
1.2	土地开发费用					
1.3	税费					
	前期费用合计					
2	工程费用					
2.1	工程建设费					
2.1.1	各类保护建筑的修缮					
2.1.2	一般性建筑的改造与修缮					
2.1.3	其他产权建筑的修缮支持					
2.1.4	增建或改建的地下车库					
2.1.5	基础设施建设					
2.1.6	道路(含标志标线)					
2.2	公共设施建设成本					
2.2.1	绿化景观					
2.2.2	重要节点					
2.2.3	其他公共服务设施					
2.2.4	其他成本(完善)					
	工程费用合计					
3	其他费用					
3.1	设计费					
3.2	勘察费					
3.3	建设单位管理费					
3.4	可行性研究费					
3.5	研究试验费					
3.6	场地准备及临时设施费					
3.7	市政公用设施建设及绿化费					
3.8	政府规费					
3.9	外部配套费					
3.10	环境影响评价费					
3.11	造价咨询费					
3.12	监理费					
3.13	检验试验费					
3.14	工程保险费					
	其他费用合计					
4	基本预备费					
5	财务费用(建设期利息)					

续附表 1

序号	工程或费用名称	估算价值/万元				合计
		建筑工程	安装工程	设备、工器具购置	其他费用	/万元
5.1	政策性贷款利息					
5.2	商业银行贷款利息					
5.3	其他融资渠道资金利息					
5.3.1	私人权益融资					
5.3.2	私人债务融资					
5.3.3	公开权益融资					
5.3.4	公开债务融资					
6	其他产权建筑的支持性政策投资					
7	政策性鼓励的奖励投资或补贴					
8	其他投资					
二	经营项目投资					
1	直接投资项目经营					
2	投资经营公司的投资额					
3	给其他产权建筑的补贴					
三	投资估算总计					

附表 2　资金筹措与计划表

序号	项目	投资期			
一	项目总额投资来源合计				合计
1	固定资产投资来源				
2	企业自筹:自有资金				
3	融资贷款				
4	贷款利息				
4.1	政策性贷款利息				
4.2	商业银行贷款利息				
4.3	其他融资渠道资金利息				
4.3.1	私人权益融资				
4.3.2	私人债务融资				
4.3.3	公开权益融资				
4.3.4	公开债务融资				
二	项目总投资支出合计				
1	前期费用				
2	建筑安装工程费				
3	建设工程其他费用				
4	预备费用				
5	建设期利息				

附表 3 成本费用估算表

序号	项目名称	合计	投资期		项目运营期							
一	建设项目的费用											
1	对分散产权房屋的整体租赁支付的租金											
2	管理费用											
3	宣传推广费用											
4	销售租赁费用											
5	维护维修费用											
6	设施更新费(摊销费)											
7	固定资产折旧											
8	其他费用											
9	运营期财务费用											
二	经营的费用											
1	直接经营的费用											
2	间接经营的费用或对外的补贴											
	总成本费用合计											

附表 4 营业收入表

序号	项目名称	合计	建设期		项目运营期							
一	营业收入											
1	土地收益											
2	销售物业的出售收益											

续附表 4

序号	项目名称	合计	建设期		项目运营期							
3	持有物业的租赁收益											
4	车位收益											
5	其他收益											
6	直接旅游开发经营收益											
7	投资经营公司的收益回报											
二	税费											
1	房产税											
2	土地使用税											
3	增值税											
4	其他税费：企业所得税											
5	印花税、交易手续费											
三	项目运营期末持有资产的价值											
1	物业资产											
2	其他资产											
3	股权价值											
四	总收益											

附表5　利润与利润分配表

项目名称	合计	建设期		项目运营期							
主营业务收入											
营业税金及附加											
租售佣金											
总成本费用											
利润总额											
弥补年度亏损											
所得税(25%)											
净利润											
可供分配利润											
提取法定盈余公积金(10%)											
公益金(5%)											
未分配利润											
累计未分配利润											

附表 6 项目投资现金流量表

序号	项目	合计	建设期		项目运营期							
1	现金流入											
1.1	营业收入											
1.2	资产转售收入											
2	现金流出											
2.1	建设投资											
2.2	经营成本											
2.3	营业税金及附加											
3	所得税前净现金流量(1～2)											
4	累计所得税前净现金流量											

8.2.3 历史地段项目经济评价的实践案例

本书选用了历史文化街区——苏州山塘街四期工程项目(2015 年)作为本次建筑遗产项目经济评价的实例研究。

山塘街四期项目经济评价专题报告

1. 项目情况

1.1 项目基本概况

本项目为苏州山塘四期修建性工程项目。项目范围北至规划中的新蒲庵路,南至山塘河下塘沿河路,东至沪宁高铁北侧,西至斟酌桥。设计地块为西北—东南走向的狭长形地块,全长 1 100 m,宽约 200 m,占地面积 23.5 hm^2。(图 1)

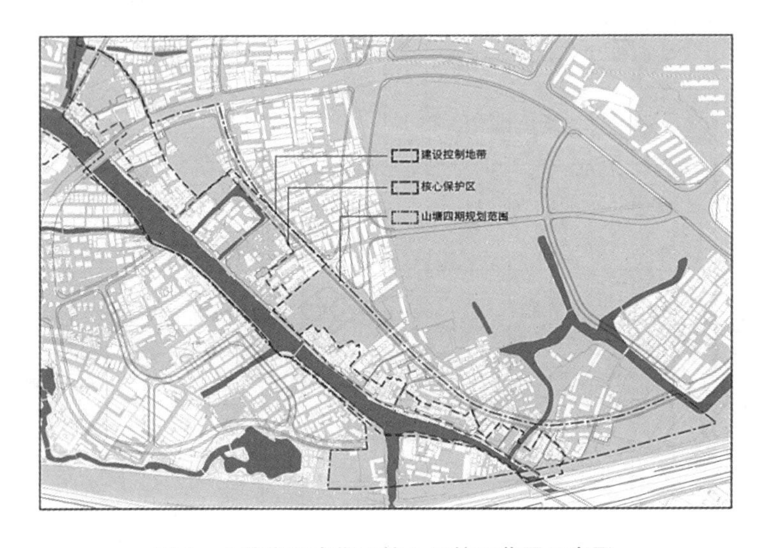

图 1 山塘街历史街区核心保护区范围示意图

根据《山塘街历史街区控制性详细规划》,山塘的核心保护区为山塘街与山塘河两侧,外扩 20～135 m 为建设控制地带。本次规划范围内的核心保护区为 7.58 hm^2,建设控制地带为 5.78 hm^2。核心保护区内总建筑面积 20 383 m^2,建筑基底面积 15 728 m^2。

1.2 项目投资主体、投资规模和资金筹措

1.2.1 项目投资主体

项目投资主体包括项目产权主体、投资主体、运营主体等方面。其中运营主体包括公有产权、国企产权、混合产权、单位产权及私人产权等方式。道路和市政基础、传统风貌、外部绿化小品与景观等的投资主体是国资平台或街道;而建筑里面文保单位及不同产权的投资主体,其中单位与私人产权可通过整体长期租赁方式转至集中投资方。运营主体一方面由商业招商运营公司、旅游运营公司和物业管理公司负责运营,可委托或自行组建;另一方面,以规划限制、鼓励为导向,引导民间自行运营。

本项目产权投资主体为苏州虎丘投资建设开发有限公司，位于苏州市姑苏区虎丘路 388 号虎丘创业大厦，是一所负责虎丘地区综合改造的国资公司，主要从事虎丘地区的综合改造（含建设）、旅游、文化历史保护项目的投资、开发、维护、管理。

1.2.2 项目投资规模和资金筹措

项目总投资约人民币 99 904.09 万元（投资估算详见附表 1），由苏州虎丘投资建设开发有限公司自筹解决。

1.2.3 项目进度计划

由于多元产权的复杂性，建设改造与运营方案更需要分期实施，交叉性强。经过认真细致的推导研究，预计本项目建设工期需要 19 个月，各阶段计划建设进度见表 1。

表 1 项目建设进度计划表

阶段	2016.1.—2017.7			
	2016.1—2016.3	2016.4—2017.4		2017.5—2017.7
前期工作				
基础施工				
主体施工				
竣工验收				

2. 经济评价报告编制依据

2.1 法律、法规与地方文件

①《中华人民共和国城乡规划法》(2008 年)

②《中华人民共和国文物保护法》(2007 年)

③《中华人民共和国非物质文化遗产法》(2007 年)

④《历史文化名城名镇名村保护条例》(2008 年)

⑤《江苏省历史文化名城名镇名村保护条例》(2002 年)

⑥《江苏省文物保护条例》(2004 年)

⑦《江苏省非物质文化遗产保护条例》(2006 年)

⑧《国务院关于加强文化遗产保护的通知》(国发〔2005〕42 号)

⑨《国务院办公厅关于加强我国非物质文化遗产保护工作的意见》(国办发〔2005〕17 号)

⑩《城市紫线管理办法》(2003 年)

2.2 规范、标准和其他依据

《建设项目经济评价方法与参数》(第三版)(2006 年)

2.3 上位规划与相关规划

①《历史文化名城名镇名村保护规划编制要求》(2012 年)

②《江苏省历史文化街区保护规划编制导则(试行)》(2008 年)

③《苏州历史文化名村保护规划(2013—2030)》

④《苏州山塘地区控制性详细规划》(2002 年)

⑤《苏州市虎丘周边地区控制性详细规划》(2014 年)

⑥《苏州山塘四期修建性设计框架》

3. 利用方案的说明

3.1 利用方案综合说明

苏州位于长三角城市圈的中心地带,地处苏浙交界处,是沪宁杭的辐射交叉点。山塘街位于苏州古城外西北角,阊门与虎丘之间,全长 3.5 km。山塘街历史文化街区是苏州 5 个历史文化街区之一,列入第二批中国历史文化名街。

本次修建性设计地块为山塘四期,位于山塘历史街区西北段,沪宁高铁北侧,与虎丘风景区相连。地块横跨虎阜路与桐泾北路延长段,紧邻规划中的新蒲庵路。地块经由山塘街西可直达虎丘,东可步行至山塘试验段,经由虎阜路可以快速连接至苏州老城区。(图 2)

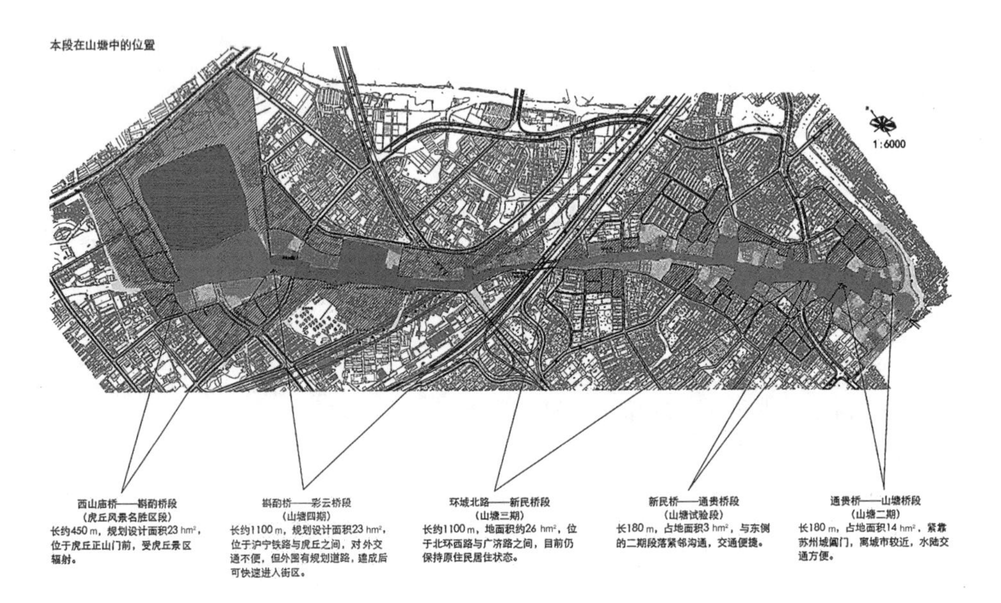

图 2 本段在山塘街的位置

根据现状调查,目前规划区内搬迁前建筑功能分为居住、工厂、学校、茶馆、商铺、景点、社区服务等,其中居住与工厂占建筑中的大多数。设计范围内有江苏省文物保护单位 2 处,苏州市文物保护单位 2 处,苏州市控制保护单位 4 处,苏州文物登录点 12 处。山塘沿线有李氏祗遹义庄、敕建报恩禅寺等清代建筑,并有部分民国建筑。

按照山塘街四期修建性详细规划,规划区内功能分区包括以下五个分区:

1) 主题酒店区

以花场与南社为主题,修缮沿街传统院落,将两块厂区更新为精品酒店与主题酒店,兼容南社纪念馆、文化研究中心、沿街商业等功能,与虎丘景区紧密衔接。

2) 公共景观区

以青山绿水桥间半岛为中心,以文化景点与景观绿化为主,作为山塘四期重要的文化展示区。

3）院落居住区

包括现金家酒坊、现福利院宿舍地块、原塑料一厂地块、原万顺楼地块、现虎丘村部分区域以及沿河传统院落。改善整治该区域现有的传统院落,保留居住功能。对非历史街区区域进行更新,按传统院落肌理组织建筑形态。规划这一区域以居住、体验客栈、文创工作室等功能为主,吸引苏州市民通过购买或租赁等方式入驻该区域,并承担一定的深度体验游功能。

4）半塘休闲配套区

包括半塘区域、原虎丘小学地块、野芳浜地块以及普济桥下塘地块。通过建筑整治、绿地置换等,将该区域规划为中段院落居住的配套区,涵盖文化展示、客栈、生活服务设施、景观公园、商业等功能,包括祠坊纪念园、观景阁、野芳胜迹等。为四期的居住功能提供扩展服务配套,也为游客提供展示休闲区域。

5）商业配套区

包括鸭脚浜与塔影河之间的区域。该区域位于沪宁城际北侧,地形狭长,建议在近期规划为地面停车场,远期规划为商业配套,根据山塘四期运营情况,确定具体发展方向。

目前项目地块正在对区域内的居民和企业进行拆迁和安置,项目建设不占用耕地,不会对周边环境造成不利影响。

3.2 技术经济指标

3.2.1 技术指标

受让人(建设单位)在宗地范围内新建建筑物,应符合下列要求。

1）规划用地性质见图3。

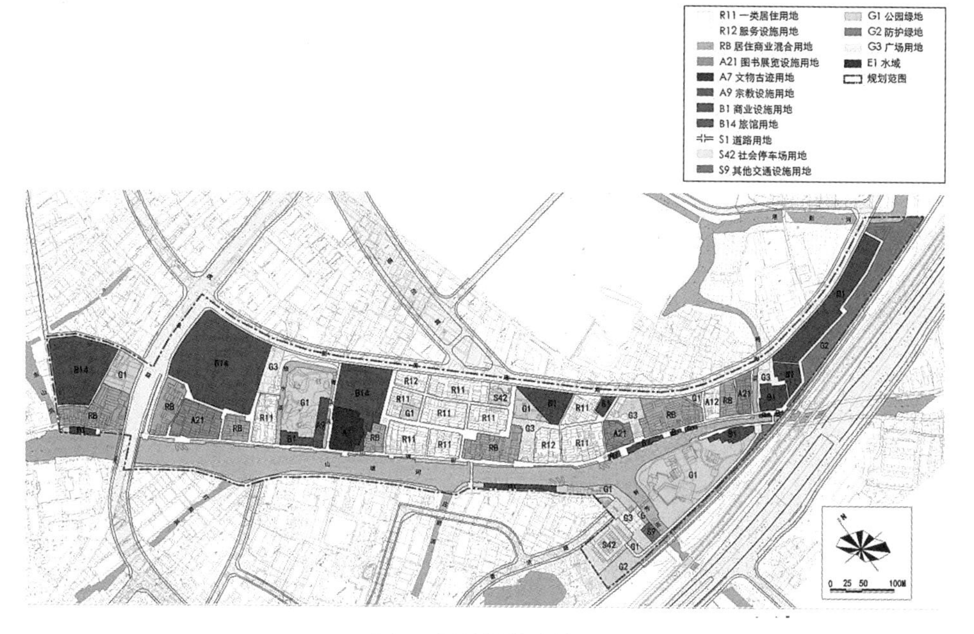

图3 用地调整建议图

2）绿地率、建筑密度及容积率控制见表2。

表2 规划范围建设控制条件

地块	占地面积/hm^2	用地代码	容积率	建筑密度	绿地率
A—01	1.06	B1	0.8	35%	40%
A—02	0.31	RB	保持原容积率	—	—
A—03	0.17	RB	保持原容积率	—	—
A—04	0.04	B1	保持原容积率	—	—
B—01	1.52	B1	0.9	50%	30%
B—02	0.20	RB	0.5	50%	30%
B—03	0.12	A21	保持原容积率	—	—
B—04	0.24	B1	0.9	50%	30%
B—05	0.15	RB	保持原容积率	—	—
B—06	0.26	R1	保持原容积率	—	—
B—07	0.20	G3	0.2	15%	15%
B—08	0.02	G1	—	—	—
B—09	0.04	G1	—	—	—
C—01	0.60	G1	0.1	10%	70%
C—02	0.08	B1	保持原容积率	—	—
C—03	0.11	A9	保持原容积率	—	—
C—04	0.02	G1	—	—	—
C—05	0.10	G1	—	—	—
D—01	0.62	B1	保持原容积率	—	—
D—02	0.28	A7	保持原容积率	—	—
D—03	0.12	RB	保持原容积率	—	—
D—04	0.07	G1	—	—	—
D—05	0.29	R1	保持原容积率	—	—
D—06	0.22	R1	0.9	50%	30%
D—07	1.15	R1	0.8	35%	30%
D—08	0.19	S42	0.1	10%	30%
D—09	0.35	RB	保持原容积率	—	—
D—10	0.02	G1	—	—	—
E—01	0.26	G3	0.1	—	—
E—02	0.14	B1	0.9	50%	30%
E—03	0.19	R1	0.9	50%	30%
E—04	0.05	B1	0.9	50%	30%
E—05	0.22	G3	0.2	15%	15%

续表 2

地块	占地面积/hm²	用地代码	容积率	建筑密度	绿地率
E—06	0.18	G3	—	—	—
E—07	0.20	R12	保持原容积率	—	—
E—08	0.35	R11	保持原容积率	—	—
E—09	0.17	A21	保持原容积率	—	—
E—10	0.02	G1	—	—	—
E—11	0.02	B1	保持原容积率	—	—
E—12	0.05	B1	保持原容积率	—	—
F—01	0.42	RB	保持原容积率	—	—
F—02	0.03	G1	—	—	—
F—03	0.25	RB	保持原容积率	—	—
F—04	0.14	A21	保持原容积率	—	—
F—05	0.01	B1	保持原容积率	—	—
F—06	0.01	B1	保持原容积率	—	—
F—07	0.04	G1	—	—	—
G—01	0.09	G3	—	—	—
G—02	0.35	B1	保持原容积率	—	—
G—03	1.63	B1	0.5	25%	50%
G—04	0.009	B1	保持原容积率	—	—
G—05	0.007	B1	保持原容积率	—	—
H—01	1.62	G1	0.2	15%	70%
I—01	0.32	G3	0.1	10%	15%
I—02	0.05	S9	0.5	50%	15%
I—03	0.56	S42	0.1	10%	15%
I—04	0.02	G1	0.1	10%	70%
I—05	0.13	G1	0.2	20%	50%
I—06	0.11	B1	保持原容积率	—	—
I—07	0.01	G1	—	—	—
I—08	0.09	G1	—	—	—
I—09	0.04	G1	—	—	—

注:地块示意图详见附件。

3.2.2 投资期限

本项目结合其他典型历史街区项目和山塘一期、二期的运营情况,预计项目建设期 2 年,市场培育期 3 年,项目运营期 16 年。

3.3 项目利用方案的经济基础数据

本项目旅游景点将免费开发,这方面涉及的成本和收益等经济指标暂不考虑,重点分析非旅游运营经济指标(表 3)。

表 3 项目利用方案经济基础指标

类别	名称	建筑面积/m^2 或租用面积/m^2	物业用途	销售单价/(元·m^{-2})或租赁单价/[元·(月·m^2)$^{-1}$]	销售总价/万元或年租赁收益
销售	商业地产	9 700	商业	25 000	24 250
	度假地产	10 000	住宅	25 000	25 000
	住宅地产	11 000	住宅	30 000	33 000
租赁	商铺	可租用面积 17 003.58 m^2,出租率由市场培育期的 50%增加到 100%	商业	91.67 元/(月·m^2),并大概以 10%的增长率增长	—

4. 利用方案的分析

4.1 保护控制的影响分析

目前我国正在经历工业化、城镇化、市场化、国际化并行快速发展的阶段,房地产既是重要的生产资料,也是重要的生活资料。经济的繁荣发展和生活水平的持续提高,都必然导致房地产业的发展。房地产业的产业链很长,与上下游的关联众多,由此决定了房地产业在国民经济中具有支柱产业地位。所以保持房地产业的健康持续发展,意义重大。本项目是对山塘四期开展修建性详细规划,符合房地产开发的产业政策。

按照《住房城乡建设部 国家文物局关于开展中国历史文化街区认定工作的通知》(建规〔2014〕28 号),住房城乡建设部、国家文物局公布认定苏州山塘街历史文化街区等 30 个街区为第一批中国历史文化街区。本项目规划范围在山塘街历史文化街区范围内,符合古城保护和历史街区保护的产业政策。

4.2 征收拆迁及移民安置分析

本项目不涉及征地问题。按照《苏州山塘四期修建性设计框架》,需要对规划范围内的原住民进行拆迁和移民安置。

其中,搬迁居民 756 户,共 2 268 人;涉及搬迁面积约 5.5 万 m^2,合计搬迁费用约 5.5 亿元。搬迁企业 13 个,涉及搬迁面积约 3.5 万 m^2,合计搬迁约 1.75 亿元。

需要注意的是,本项目的经济测算是基于项目工程期 19 个月的假设之上。实际上居民的搬迁以及安置时间对项目的经济效益有着直接影响,涉及的居民安置期越短,安置费用越少,对项目的经济效益越有利。

4.3 产权分析

历史建筑遗产属于不动产,其产权具有固定性,且历史建筑占有固定的空间不能移动,所以历史建筑产权只是作为一种使用价值在市场流通,不是确切的物质实体。从保护主体来说,历史建筑的产权也可理解为一种权利束,这种权利束同样包括所有权、使用权、收益权和处分权的问题,即占有、使用、收益、处分的权利,也是由市场和政府强制所形成的两方面相互统一的权利。

1) 产权主体分析

建筑遗产受一些历史遗留问题的影响,其所有权包括公有产权、私有产权、公私共有产权和私人间共有产权等四类。本项目公有产权占主体,但是也存在相关私有产权和公私共有产权等形式的建筑,以公有产权为主的建筑主要由政府来进行管理维护,而私有产权的建筑存在一些建筑毁损、私搭乱建等现象,由于仅存在使用权、投资回报率低等原因,对非国有的历史建筑缺乏保护的动力。未来需政府通过相关鼓励、补贴政策进行引导改进。

2) 投资主体分析

从大量国内外历史建筑保护与利用的案例可以看出,面临的较大的困难是资金的缺乏。在我国,历史建筑保护资金尚且无法完全满足文物建筑的保护需求,可用于综合价值相对较低的历史建筑的资金就更加匮乏了。

随着保护理念的不断创新和保护范围的不断扩大,传统上完全依靠政府投资的模式过于单一,需借助建立以历史建筑保护利用实体公司为主导的资金平台体系,并在资金运用方面进行探索。本项目以专门从事综合改造(含建设)、旅游、文化历史保护项目的苏州虎丘投资建设开发有限公司为投资主体,以保护为主,在保护中充分发挥建筑遗产项目的价值。政府最好在投资主体保护利用的方式上,用相应的鼓励、补贴政策进行引导实施。

3) 运营主体分析

运营主体主要是在旅游开发经营项目上的运营,既能够保护好历史建筑,又能将历史建筑的效用发挥到最大,在保存与生存之间实现最佳平衡。本项目旅游景点方面是免费开放,暂不需考虑运营主体。

4.4 土地利用合理性分析

4.4.1 用地符合性分析

1) 该项目所在地在苏州市姑苏区。根据苏州市姑苏区建设用地规划,该区域各地块均符合规划。土地利用现状为国有土地。

2) 该项目需使用的土地采取总体规划,委托有相应资质的咨询、设计部门出具"项目申请报告"及"初步设计"。

4.4.2 投资强度

本项目经济评价涉及总用地为15.44 hm^2(扣除水域、交通用地),总投资147 373.84万元,投资强度为每平方米9 544.94元。方案符合集约和节约利用土地资源的原则。

5. 经济效益分析

历史街区项目的开发要经历建设期、培育期、发展期和成熟期,发展至项目成熟期通常要10年左右的时间。结合山塘一期、二期的运营情况,本项目以20年为测算时间,测算其经济效益。

5.1 建设项目投资估算

本项目投资包含前期费用、建安成本(改造成本)、建设工程其他费用、基本预备费、建设期贷款利息、运营产品的前期投资等，投资估算详见附表1。

1）前期费用

前期费用包括规划区土地及房地产取得费及搬迁、拆迁成本，土地开发费用和税费。（表4）

表4 前期费用明细表

项目	金额/万元	备注
土地、房地产取得费及搬迁成本	72 500.00	搬迁居民756户，涉及搬迁面积约5.5万m^2，合计搬迁费用约5.5亿元。搬迁企业13个，涉及搬迁面积约3.5万m^2，合计搬迁约1.75亿元
土地开发费用	5 918.12	宗地红线外320元/m^2， 宗地红线内212元/m^2
税费	10 875.00	土地、房地产取得费用的15%
前期费用合计	89 293.12	

2）建筑安装工程费

建筑安装工程费包括建设工程费、绿化景观道路等基础设施建设工程费。

建设工程费共计35 466.60万元，绿化景观道路等公共设施建设成本共计6 365.10万元，建安成本共计41 831.70万元。（表5）

表5 建筑安装工程费用明细表

项目	金额/万元	面积/hm^2	取值标准/（元·m^{-2}）	依据	资料收集渠道
一、建设工程费	35 466.60	12.8			投资公司、建筑公司或工程造价咨询机构等
各类保护建筑的修缮	3 975.00	2.65	1 500		
一般性建筑的改造与修缮	16 203.00	4.91	3 300		
其他产权建筑的修缮支持	2 805.00	0.85	3 300		
增建或改建的地下车库	9 975.00	2.85	3 500		
基础设施建设	2 508.60	—			
二、公共设施建设成本	6 365.10	10.88			
绿化景观	1 891.62	5.58			
重要节点	2 128.0	0.56	3 800		
其他公共服务设施	1 309.38	3.14	417		
道路（含标志标线）	667.20	1.60	417		
其他成本（完善）	368.90	—	—		
工程费用合计	41 831.70				

3）建设工程其他费用

包括建设单位管理费、监理费用、可行性研究费、研究试验费、勘察设计费、环境影响评价费、场地准备及临时设施费、工程保险费、市政公用设施建设及绿化费、检验试

验费等。经资料收集，费用合计预计 9 294.41 万元。（表 6）

表 6 建设工程其他费用明细表

<table>
<tr><th>项目</th><th>金额/万元</th><th>面积/hm²</th><th>标准</th><th>依据</th><th>资料收集渠道</th></tr>
<tr><td>设计费</td><td>886.67</td><td>15.44</td><td>建安费的 2%～3%</td><td></td><td rowspan="15">相关建设单位</td></tr>
<tr><td>勘察费</td><td>158.94</td><td>15.44</td><td>估算</td><td></td></tr>
<tr><td>建设单位管理费</td><td>709.33</td><td>15.44</td><td>20 001～50 000 的，工程费用总值的 0.8%～0.9%</td><td></td></tr>
<tr><td>可行性研究费</td><td>200.00</td><td>15.44</td><td>—</td><td></td></tr>
<tr><td>研究试验费</td><td>258.00</td><td>15.44</td><td>—</td><td>计价格〔1999〕1283 号</td></tr>
<tr><td>环境影响评价费</td><td>89.50</td><td>15.44</td><td>—</td><td>计价格〔2002〕125 号</td></tr>
<tr><td>场地准备及临时设施费</td><td>354.67</td><td>15.44</td><td>一般约为建安费的 0.5%～1%</td><td>计标〔85〕352 号</td></tr>
<tr><td>监理费用</td><td>532.00</td><td>15.44</td><td>建安费的 1.5%</td><td>发改价格〔2007〕670 号</td></tr>
<tr><td>工程保险费</td><td>70.93</td><td>15.44</td><td>一般约为建安费的 0.2%～0.4%</td><td></td></tr>
<tr><td>市政公用设施建设及绿化费</td><td>942.00</td><td>10.88</td><td>100 元/m²</td><td></td></tr>
<tr><td>政府规费</td><td>2 350.51</td><td></td><td></td><td></td></tr>
<tr><td>外部配套费</td><td>2 600.00</td><td></td><td></td><td>估算</td></tr>
<tr><td>造价咨询费</td><td>70.93</td><td></td><td>建安费的 0.2%</td><td></td></tr>
<tr><td>检验试验费</td><td>70.93</td><td>15.44</td><td>建安费的 0.2%</td><td>—</td></tr>
<tr><td>合计</td><td>9 294.41</td><td>—</td><td>—</td><td>—</td></tr>
</table>

4）基本预备费

根据《市政工程投资估算编制办法》（建标〔2007〕164 号）规定，基本预备费一般为“建设安装工程费用”与“建设工程其他费用”之和乘以预备费费率 8%～10%计算，但预备费费率的取值应按工程具体情况在规定的幅度内确定。根据预估计算，本项目基本预备费为 2 556.22 万元。

5）建设期利息

建设期贷款可以通过政策性贷款、商业银行贷款和其他融资渠道方式获得。

（1）政策性贷款利息

政策性银行贷款一般期限较长，利率较低，是为配合国家产业政策等的实施，对有关的政策性项目提供的贷款。政策性银行贷款产生的利息为政策性贷款利息。

（2）商业银行贷款利息

商业银行贷款是目前筹资比较主流的方式，主要由商业银行发放贷款给借款人，借款人以还本付息为条件。

(3) 其他融资渠道资金利息

房地产市场资金筹措过程中可以采取的融资渠道方式通常由私人权益融资、私人债务融资、公开权益融资和公开债务融资四部分组成。通过其他渠道融资的资金产生的利息为其他融资渠道资金利息。

本项目资金筹措预计均采用商业银行贷款，申请五年期银行贷款 100 000 万元，三年至五年(含)利率为 5.50%(中国人民银行 2015 年 5 月 11 日贷款基本利率)，建设期利息预计为 8 800.00 万元(详见附表 2)。(表 7)

表 7　建设期利息明细表

项目	融资金额/万元	利息率	贷款期限	利息额/万元	资料收集渠道
政策性贷款	—	—	—	—	—
商业性贷款	100 000	5.50%	5 年	8 800	中国人民银行
其他融资渠道	—	—	—	—	—

6) 其他产权建筑的支持性政策投资

其他产权建筑的支持政策投资主要指对于项目中其他产权(分散产权)的建筑，除支持建筑修缮或改造的成本以外的投资成本。本项目暂无其他产权建筑的支持性政策投资。

7) 政策性鼓励的奖励投资或补贴

政策性鼓励的奖励投资或补贴包括鼓励原居民回迁(鼓励迁出去)的奖励政策，吸引特殊行业入驻项目的奖励政策或者对原使用者的补贴等。本项目暂无相关政策性鼓励的奖励投资或补贴。

8) 其他投资

本项目暂无其他投资。

9) 项目总投资估算

综上所述，项目总投资估算合计 151 773.84 万元。详见“附表 1 总投资估算表”。

10) 资金筹措情况

本项目总投资估算 151 773.84 万元，其中利用银行贷款 100 000 万元，贷款利率 5.50%，其中 2016 年贷款 50 000 万元，2017 年贷款 30 000 万元，2018 年贷款 20 000 万元，其余的建设资金自筹。建设投资资本金投入比率 65.89%(国家规定的自有资金资本化率为 35%)。资金筹措方案可靠，能保证本项目顺利实施。详见“附表 2 资金筹措计划表”。

项目建设期间从 2016 年拍卖地块开始出让后陆续偿还银行贷款，到 2019 年贷款全部还完。在此情况下，项目收入能满足偿还贷款的要求。

5.2　建设项目成本费用估算

建设项目成本费用一般采用分项详细估算法。主要包括建设期与运营期间的管理费用、宣传推广费用、销售租赁费用、建筑与设施维护维修费用、设施更新费(摊销费)、固定资产折旧、运营期财务费用、其他费用等,合计65 625.51万元。

1) 对分散产权房屋的整体租赁支付的租金

本项目中存在部分分散产权的房屋,投资方将采取集中租赁的方式,每期支付需要支持的租金,共计费用551.25万元。

2) 管理费用

管理费用主要是指建设项目开发方为组织和管理物业开发经营活动的必要支出,包括人员工资及福利费、办公费、差旅费等。根据过往的投资项目经验,管理费用通常按营业收入2%进行测算,预计本项目管理费用为6 826.93万元。

3) 宣传推广费用

宣传推广费用主要是指广告性支出,包括企业发放的印有企业标志的礼品、纪念品等,预计花费140.31万元。

4) 销售租赁费用

销售租赁费用是指销售或租赁开发完成后物业的必要支出,包括广告费、销售租赁资料制作费、售楼或招商处建设费、营销人员费用或者销售租赁代理费等。为便于投资利息的测算,销售租赁费用应区分为销售租赁之前发生的费用和与销售租赁同时发生的费用。广告费、资料制作费、售楼或招商处建设费一般是在销售之前发生的,销售租赁代理费一般是与销售租赁同时发生的。

销售租赁费用通常按照开发完成后的物业价值的0.8%～1.2%计算,预计本项目销售租赁费用为1 571.55万元。

5) 维护维修费用

维护维修费用中包括维护费、维修费及其他产权建筑的维修维护支持费。其中,维护费指维护设备所需耗用的费用标准。维修费也称检修费,是高级技工或者有维修资质的单位在为客户提供维修服务时收取的费用。维护维修费一般为建筑项目成本的1%～3%左右,经测算本项目维护维修费成本预计为5 120.20万元。

6) 设施更新费(摊销费)

设施更新费(摊销费)指工程或设备由于破损或技术落后而进行更换所需的费用,一般为建筑项目总成本的2%左右。本项目设施更新费(摊销费)预计3 072.12万元。

7) 固定资产折旧

建筑物折旧是指各种原因造成的建筑物价值减损,其金额为建筑物在价值时点的重新购建价格与价值时点的市场价值之差,即

建筑物折旧=建筑物重新购建价格－建筑物市场价值

在所考察的时期中,资本所消耗掉的价值的货币估计值在国民收入账户中也称为

资本消耗补偿(capital consumption allowance)。固定资产折旧是指在固定资产使用寿命内,按照确定的方法对应计折旧额进行系统分摊。使用寿命是指固定资产的预计寿命,或者该固定资产所能生产产品或提供劳务的数量。应计折旧额是指应计提折旧的固定资产的原价扣除其预计净残值后的金额。已计提减值准备的固定资产,还应扣除已计提的固定资产减值准备累计金额。

经营部分建筑物按照40年进行折旧(残值率10%),持有商业物业总价值为92 580.25万元,则每年折旧金额约2 083.06万元。

8) 其他费用

本项目其他费用预计为2 048.08万元。

9) 运营期财务费用

财务费用指企业在生产经营过程中为筹集资金而发生的筹资费用,包括企业生产经营期间发生的利息支出(减利息收入)、汇兑损益(有的企业如商品流通企业、保险企业进行单独核算,不包括在财务费用内)、金融机构手续费、企业发生的现金折扣或收到的现金折扣等。但在企业筹建期间发生的利息支出应计入开办费;为购建或生产满足资本化条件的资产发生的应予以资本化的借款费用,在“在建工程”“制造费用”等账户核算。

运营期财务效益与费用估算采用的价格,应符合下列要求:

(1) 效益与费用估算采用的价格体系应一致。

(2) 采用预测价格,有要求时可考虑价格变动因素。

(3) 对适用增值税的项目,运营期内投入和产出的估算表格可采用不含增值税价格;若采用含增值税价格,应予以说明,并调整相关表格。

本项目财务总费用为8 800万元,详见“附表3 成本费用表”。

5.3 建设项目收益测算

主要包括土地出让收益、销售物业的出售收益、持有物业的租赁收益、车位收益等。

1) 土地出让收益

根据市政府相关“××会议纪要”,本次土地出让收益全部用于投资本项目。

本项目有9宗地共计4.76 hm^2,采用公开招拍挂方式进行出让。特别邀请执业土地估价师对待拍地块在规划条件下进行出让底价评估,估价基准日设定为2015年×月×日,具体详见表8。预计可获得土地出让收益57 191万元。

表8 土地出让收益明细表

	占地面积 /hm^2	容积率	用途	土地单价 /(元·m^{-2})	总价 /万元	备注
A01	1.06	0.8	商业设施用地	12 000	12 720	
B01	1.52	0.9	商业设施用地	13 500	20 520	

续表 8

	占地面积/hm²	容积率	用途	土地单价/(元·m⁻²)	总价/万元	备注
B04	0.24	0.9	商业设施用地	16 200	3 888	
D06	0.22	0.9	一类居住用地	11 700	2 574	
D07	1.15	0.8	一类居住用地	10 400	11 960	与 D8 一起出让
D08	0.19	0.1	社会停车场用地	1 200	228	与 D7 一起出让
E02	0.14	0.9	商业设施用地	16 200	2 268	
E03	0.19	0.9	一类居住用地	11 700	2 223	
E04	0.05	0.9	商业设施用地	16 200	810	
合计	4.76				57 191	

2) 销售物业的出售收益

本项目有需要改造(修复、改建等)的销售型物业,建筑总面积为 30 700 m²。根据"项目利用方案",销售物业的用途为纯住宅和商住混合类产品,预计改造建设期为两年,收益方式为销售。

经过预估,这类物业在 2017 年 7 月的销售单价与建筑面积详见表 9,销售价值估算为 82 250 万元。

表 9 销售物业的出售收益明细表

名称	建筑面积/m²	物业用途	销售单价/(元·m⁻²)	销售总价/万元	备注
商业地产	9 700	商业	25 000	24 250	
度假地产	10 000	住宅	25 000	25 000	
住宅地产	11 000	住宅	30 000	33 000	
合计	30 700			82 250	

3) 持有物业的租赁收益

本项目有需要改造(修复、改建等)的持有型物业,建筑总面积为 29 360 m²。根据"项目利用方案",此类建筑用途为沿街商铺或工作室、手工作坊,预计改造建设期为 2 年,收益方式为出租。对这类物业在 2018—2036 年(运营期)的租金、出租空置率、租金走势等进行预估。(表 10)

表 10 商铺出租收益明细表

年份	租用面积/m²	出租率	物业用途	租赁单价/[元·(月·m²)⁻¹]	租赁总价/万元	备注
2018	8 501.79	50.00%	商业	91.67	930.95	市场培育期
2019	10 202.15	60.00%	商业	100.00	1 228.85	
2020	11 902.51	70.00%	商业	108.33	1 577.02	

续表 10

年份	租用面积/m²	出租率	物业用途	租赁单价/[元·(月·m²)⁻¹]	租赁总价/万元	备注
2021	15 303.22	90.00%	商业	125.00	2 230.36	运营期
2022	17 003.58	100.00%	商业	133.33	2 726.00	
2023	17 003.58	100.00%	商业	150.00	2 998.60	
2024	17 003.58	100.00%	商业	158.33	3 298.46	
2025	17 003.58	100.00%	商业	175.00	3 628.30	
2026	17 003.58	100.00%	商业	191.67	3 991.13	
2027	17 003.58	100.00%	商业	216.67	4 390.24	
2028	17 003.58	100.00%	商业	233.33	4 829.27	
2029	17 003.58	100.00%	商业	258.33	5 312.20	
2030	17 003.58	100.00%	商业	283.33	5 843.42	
2031	17 003.58	100.00%	商业	316.67	6 427.76	
2032	17 003.58	100.00%	商业	350.00	7 070.53	
2033	17 003.58	100.00%	商业	383.33	7 777.59	
2034	17 003.58	100.00%	商业	416.67	8 555.34	
2035	17 003.58	100.00%	商业	458.33	9 410.88	
2036	17 003.58	100.00%	商业	508.33	10 351.97	
合计					92 578.87	

4）停车位收益

本项目共有停车位 1 285 个:80 个地面车位,1 205 个地下车位。

其中,有 1 100 个停车位临时占位停放,实行按小时收费,每小时计费 8 元,每天按停靠时间 10 小时计算。另外 185 个按月长期出租,按 600 元/月收费。停车位年收入为 3 301.2 万元。(表 11)

表 11　停车位收益明细表

名称	个数	临时占位停放/个	收费标准/(元·小时⁻¹)	停靠时间/小时	长期出租/个	收费标准/(元·月⁻¹)	年收益/万元	备注
地面车位	80	80	8	10	0	—	230.4	
地下车位	1 205	1 020	8	10	185	600	3 070.8	
合计	1 285	1 100			185		3 301.2	

5）项目总收益计算

综上所述,项目总收益为 424 668.64 万元,净收入为 281 613.85 万元,收益期为 19 年。详见“附表 4 营业收入表”。

5.4　税费估算

主要包括房产税、土地使用税、增值税等。

1) 房产税

根据《中华人民共和国房产税暂行条例》规定,未租赁的房屋按房产原值一次减除30%后的余值计算。其计算公式为:

年应纳税额=房产账面原值×(1-30%)×1.2%

已租赁的房屋按租金收入计算,其计算公式为:

年应纳税额=年租金收入×适用税率(12%)

房产税是投资者拥有房地产时应缴纳的一种财产税,按房产原值扣减30%后的1.2%或出租收入的12%征收。

2) 土地使用税

该项目所在地区属于苏州市土地使用税征收四类地区,依据《关于苏州市调整城镇土地使用税税额标准的通知》(苏府〔2006〕166号)的规定,土地使用税为每平方米每年4元。城镇土地使用税是房地产开发投资企业在开发经营过程中占用国有土地应缴纳的种税,视土地等级、用途按占用面积征收。

3) 增值税

根据1994年1月1日生效的《中华人民共和国土地增值税暂行条例》以及1995年1月27日生效的《中华人民共和国土地增值税暂行条例实施细则》的规定,从1994年1月1日起,转让国有土地使用权、地上的建筑物及其附着物并取得收入的单位和个人,缴纳土地增值税。土地增值税按照纳税人转让房地产所取得的增值额,按30%~60%的累进税率计算征收。增值额为纳税人转让房地产所取得的收入减除允许扣除项目所得的金额,允许扣除项目包括取得土地使用权的费用、土地开发和新建房及配套设施的成本、土地开发和新建房及配套设施的费用、旧房及建筑物的评估项目、与转让房地产有关的税金和财政部规定的其他扣除项目。

根据2010年5月25日《国家税务总局关于加强土地增值税征管工作的通知》规定,土地增值税的征收执行预征的清算制度。依所处地区和房地产类型不同,预征时点与营业税相同,预征率为销售收入的1%~2%,待该项目全部竣工,办理结算后再进行清算,多退少补。采用核定税率征收土地增值税时,核定征收率不得低于5%。

4) 其他税费

包括印花税、交易手续费等。(表12)

表12　其他税费表

税费	税率	备注
印花税	房地产印花税的税率有两种:第一种是比例税率,适用于房地产产权转移书据,税率为0.05%,同时适用于房屋租赁合同,税率为0.1%,房产购销合同,税率为0.03%;第二种是定额税率,适用于房地产权利证书,包括房屋产权证和土地使用证,税率为每件5元	
交易手续费	居住用房:2.5元/m^2×建筑面积。 非居住用房:合同价×0.5%(买方承担)。 交易手续费一般由买方支付	

5）税费计算

综上所述，项目总税费为54 199.14万元。详见“附表4营业收入表”。

5.5 旅游经营项目的经济效益估算

5.5.1 直接参与经营的模式

1）投资

根据项目“利用方案”，山塘街四期项目主要利用古街作为旅游景点免费对外开发。开发经营者不直接参与经营，因此不需要进行固定资产投资、设备设施投资和其他产权建筑的一次性投资等，直接经营投资额为0。（表13）

表13 旅游投资明细表

序号	投资项目名称	费用
1	固定资产投资	无
1.1	景区管理处	无
1.2	景区售票处	无
2	设备设施	元
2.1	电瓶观光车	无
2.2	游船	0
2.3	小游园设施等	无
2.4	其他	无
3	经营过程中对其他产权建筑的一次性投资或补贴	0

2）经营费用

直接经营费用主要指旅游经营中经营项目的成本费用支出等，山塘街四期项目开发经营者不直接参与经营，经营费用为0。

3）经营收益

直接经营收益包括旅游门票、广告、产品经营、服务项目等，一般按年统计收入。山塘街四期项目全部对外免费开发，且暂无广告、纪念品等发布，景区内的游船出租等费用属于山塘街一期项目开发经营者所有。本项目直接经营收益为0。（表14）

表14 旅游经营收益明细表

序号	直接经营收益项目	收益
1	门票	0
2	广告	0
3	纪念品	0
4	游船出租	0
5	电瓶观光车等	0
6	其他	0

4) 税费

山塘四期项目未产生直接经营收益,因此增值税和企业所得税等相关税费为0。

5.5.2 经营模式

旅游景点管理一般采取投资经营公司自我经营或者经营外包的模式。山塘四期项目建成后全部对外开放,在旅游方面不需要专门的管理,也不产生直接收益,目前采用投资经营公司直接管理的模式。本项目收益来源主要来自间接经营收益,开发的纯住宅项目和商住混合产品直接出售,商铺出租给租户经营,在景点直接经营上不需要额外的投资,也不产生相关收益,每年也不需要对产权建筑的经营进行补贴或分成。

5.6 项目运营期末持有资产的价值

1) 物业资产

物业资产包括物业服务、设施、房地产资产和房地产组合投资等。山塘四期项目物业资产主要是出租的商铺,将在2036年12月31日结束运营。

根据估价师预估,商铺经营部分的固定资产价值为92 580.25万元人民币,在不考虑项目折旧的情况下,项目由于周边配套的完善、人气的聚集等原因会产生增值,增值率约为40%,则不考虑折旧的情况下20年后的实际价值为92 580.25×(1+40%)=129 612.35万元。

经营部分的固定资产假设20年后的折旧率为50%,则折旧损失为92 580.25×50%=46 290.12万元,则该项目商铺在运营20年后实际价值为129 612.35−46 290.12=83 322.23万元。即预测该项目持有物业的转售价值为83 322.23万元。

2) 其他资产(账面计算)

其他资产包括设施设备、车船等,本项目暂无这些资产,其他资产价值为0。

3) 股权价值

本项目不涉及投资公司的股权分配,因此运营期末不涉及股权估值问题。

4) 运营期末的项目总资产价值

综上所述,在运营期末,项目总资产为83 322.23万元。详见“附表4营业收入表”。

6. 项目财务能力评价

6.1 投资利润率

经计算,项目运营期内平均利润为2 913.83万元,正常运营年份的投资利润率为4.17%。正常运营年份的投资利税率为1.75%,详见“附表5利润与利润分配表”。

6.2 项目投资现金流量分析

项目投资现金流量表是以假设本项目建设所需的全部资金均为投资者投入作为计算基础,计算项目本身的盈利能力。该表不考虑资金筹措问题,将项目置于同等的资金条件下,现金流出项中没有借款利息,经营成本中也不包括任何利息。项目投资财务现金流量分析结果见表15。详见“附表6项目投资现金流量表”。

表 15 项目主要经济评价指标

序号	指标名称	单位	所得税后	备注
1	财务内部收益率	%	7.73	ic=5%
2	投资回收期	年	7	
3	正常年份净现金流量	万元	6 031.23	

6.3 偿债能力分析

本项目分析的假定前提为项目开始经营后以各年现金流量偿还借款本息为目标，由于本项目是部分销售部分租赁项目，所以各期偿债备付率比较低。但在2016年由于公司土地拍卖收入57 191.00万元，所以能够满足贷款偿还要求，项目贷款偿还期(含建设期)为5年，小于房屋建筑物品的有效经济寿命期35年。

6.4 财务生存能力分析(或盈亏平衡分析)

根据财务计划现金流量表可以看出，从经营活动、投资活动和筹资活动全部净现金流量看，计算期内最后一年现金流入均大于现金流出，由于本项目是部分销售部分租赁项目，所以项目具备较好的财务生存能力。

6.5 敏感性分析

敏感性分析是指从众多不确定性因素中找出对投资项目经济效益指标有重要影响的敏感性因素，并分析、测算其对项目经济效益指标的影响程度和敏感性程度，进而判断项目承受风险能力的一种不确定性分析能力。

7. 社会影响分析

本项目作为山塘街四期修建性详细规划，有着正反两方面的社会效应。

积极方面主要有：一是完善旧城区基础设施建设，改善规划区内的投资条件；二是通过规划区建设聚集人气，促进区域周边土地升值。

消极方面主要有：在规划区的建设开发期间，施工产生的噪声和尘埃不同程度影响项目周边居民的正常生产和生活等。

社会影响分析从以人为本的原则出发，包括项目的社会影响分析、项目与地区的相互适应性分析。

7.1 项目的社会影响分析

7.1.1 对历史街区、文保单位、历史建筑保护的影响

苏州古城是文化瑰宝，山塘街可谓是其中一颗璀璨的明珠。山塘街上散落着各级文物保护单位，还有数量可观的控制保护建筑，山塘四期项目中所涉及的五人墓、普济桥、敕建报恩禅寺等即为其中广为人知的著名历史遗迹。控保建筑是山塘街所蕴含的苏州风貌的重要元素，是苏州建筑文化传承的遗传基因，是解读苏州历史文化信息不可或缺的密码。之前不少地方文保单位修缮好之后，空置不用，在风吹雨打中再次残破不堪、亟须维修；还有不少历史建筑被过度使用，破坏了文化遗产的真实性和完整性。改革开放以来，苏州市政府对控保建筑的保护和利用相当重视，除了颁布制定相

关法律法规(如《苏州市古建筑保护条例》)外,每年都投入资金维修。经调查,山塘四期所涉及的省市文物保护单位和控制保护单位均已修缮完毕,并保存良好。但是大量的控保建筑和老宅的维修养护费用往往成为这些老建筑保护的瓶颈以及政府的沉重负担。山塘四期项目通过改造,在保护中利用,可以有效实现文保单位和控保建筑存在的价值,充分发挥历史街区的效用。

7.1.2 旧城改造、破旧建筑、基础设施等的影响

沿山塘街较近的部分居民保留了传统的民居特色,但纵深部分建筑改建严重,单体风貌较为一般。残存的工厂建筑、学校建筑以及多层居民楼对街区整体风貌有不良影响。区内现状建筑质量一般,建筑结构多为砖木混合和砖混结构,部分民居由于年代久远,疏于维护,一般比较破旧,且缺少卫生设备,通风采光条件差,安全隐患多,急需修缮。虎丘村宅基地住房因住户迁走,房屋多已破损。这些老旧、破损房屋年久失修,私搭乱建现象比较严重,给当地居民的生产和生活带来极大的安全隐患。山塘四期改造项目有助于旧城改造中基础设施等配套的改进,通过维修或搬迁,改善周围环境,提高居民生活水平。

7.1.3 保留传统风貌、空间肌理,促进环境改善

山塘沿线有李氏祇遹义庄、敕建报恩禅寺等清代建筑,并有部分民国建筑。区内约一半建筑为民居,沿山塘街较近的部分民居保留了传统民居的院落肌理、庭院式布局以及粉墙黛瓦的民居特色,沿街风貌较好。在保护的基础上充分利用,在赢得经济效益的同时也带来社会环境的改善。

7.1.4 分散产权建筑的整合与规范

山塘四期项目中众多建筑产权有的是国有产权,有的分散在私人手中,可对这些建筑进行分类管理。如对文保单位可由政府收购居民手中的所有权,进行维护;控保建筑可采用政府所有和产权人所有并存的方式,鼓励产权人自行维护并给予相应的奖励;其他传统建筑或权责利不明的,通过产权交易,对部分有所限制或有条件的允许市场价格转让,或者通过经济、税收等优惠政策鼓励产权人积极维护。对这些建筑产权的明确有助于分散产权建筑的整合与规范,促进传统建筑的保护和利用。

7.1.5 坚持保护,合理利用,促进经济、社会可持续性发展

山塘街四期改造工作坚持"保护为主、修旧如旧、合理利用"的基本原则,改造规划中整体设计和空间尺度上延续原有肌理,最大限度保留其原有历史风貌及空间布局形式。在遵循原有空间形态,保留原有的空间序列、脉络和空间模式的基础上,注重保护原有的居住氛围,反映传统的生活样式。在保护的基础上对一些区域进行开发利用,吸引商家和一些高收入人群进驻,充分发挥改造利用的价值,增加收益,促进经济、社会效益协调可持续发展。

总之,本项目立足自身特色,结合区域发展现状,选取适合其自身的经营与开发模式,为同类型历史建筑或历史文化街区的开发经营提供了可以借鉴的思路。

7.2 项目与地区相互适应性分析

7.2.1 对项目所在地区居民生活水平和质量的影响

由于本项目本来就存在,只是因为太过陈旧影响了居民的生产生活水平,加以翻修,重新规划后可以正常使用,并且引进酒店和商铺,所以本项目的实行有利于改善周边居民的居住环境。不利的影响是项目实施过程中会造成一定的环境问题。

7.2.2 对项目所在地区居民就业的影响

项目建设规模较大,在建设期间可为当地提供少许的劳务工作机会,可增加地方财政收入,对稳定社会秩序具有重大意义。项目的主要业态是住宅、酒店和商铺,建成后将增加物业管理等就业岗位。

7.3 社会影响分析结论

本项目符合《苏州市城市总体规划(2011—2020)》和《苏州历史文化名城保护规划(2013—2030)》,不仅能改善城市面貌,带动本市第三产业(旅游业和商业)的发展,而且能带动居民就业和历史文化街区的发展,促进本地区的经济发展。项目建设具有较好的社会效益,也会取得好的社会效果。

8. 项目经济评价结论与建议

8.1 经济评价结论

根据经济评价的目标,通过盈亏平衡分析和敏感性分析,本项目正常运营期的投资利润率为4.17%,正常运营年份的投资利税率为1.75%,投资回收期为7年,财务内部收益率为7.73%,具备较强的抗风险能力和较好的财务生存能力,因此此项目在经济上可行。

8.2 项目投资建议

通过经济评价,山塘四期项目资金基本实现了平衡,达到经济、社会效益的协调发展。未来为了更好地促进本项目的保护和利用,可以在管理执行、实际操作及效果等方面进行改进,政府也可以通过税收、补贴等政策促进项目传统建筑的保护,并在利用中保护项目的整体性。

8.2.1 管理执行层面

本项目在管理执行上以政府为主导,有相关的管理部门和专业的开发运作公司,以保护性规划作为指导,保护先行,保护中充分发挥利用的价值。开发过程中,所有的工程项目和业态组织均按照一定的申报程序,并制定合理规范的实施目标,进而避免乱搭私建造成实施中的再度破坏。

8.2.2 操作层面

本项目在改造利用中,注重项目推进的时序性和整体性。制订详细的执行计划,循序渐进地推进项目,避免出现盲目的政绩工程和赶时间工作,尽可能避免出现重复工作量。按计划进行项目改造,便于资金的良性循环。实施过程中注重居民的搬迁和回迁比例,实现建筑遗产的真实性和生活形态的真实性,确保街区风貌的整体性得以保留。

8.2.3 效果层面

本项目在改造利用中,需进一步注重民生的改善和产业的利用。保护改造工程实施后,区域内居住环境本身及其基础设施均会有相应的改善,可提升区域吸引力。另外,政府可通过相关鼓励政策促进历史建筑的维护和利用,大大激发街区的活力和自身的积极性,实现保护工作的良性发展。

附表 1　总投资估算表

序号	工程或费用名称	估算价值/万元				合计
		建筑工程	安装工程	设备、工器具购置	其他费用	/万元
一	建设项目投资					
1	前期费用					
1.1	土地、房地产取得费及搬迁、拆迁成本				72 500.00	72 500.00
1.2	土地开发费用				5 918.12	5 918.12
1.3	税费				10 875.00	10 875.00
	前期费用合计					89 293.12
2	工程费用					
2.1	工程建设费	35 466.60				35 466.60
2.1.1	各类保护建筑的修缮	3 975.00				3 975.00
2.1.2	一般性建筑的改造与修缮	16 203.00				16 203.00
2.1.3	其他产权建筑的修缮支持	2 805.00				2 805.00
2.1.4	增建或改建的地下车库	9 975.00				9 975.00
2.1.5	基础设施建设	2 508.60				2 508.60
2.2	公共设施建设成本	6 365.10				6 365.10
2.2.1	绿化景观	1 891.62				1 891.62
2.2.2	重要节点	2 128.00				2 128.00
2.2.3	其他公共服务设施	1 309.38				1 309.38
2.2.4	道路(含标志标线)	667.20				667.20
2.2.5	其他成本(完善)	368.90				368.90
	工程费用合计	41 831.70				41 831.70
3	其他费用					
3.1	设计费				886.67	886.67
3.2	勘察费				158.94	158.94
3.3	建设单位管理费				709.33	709.33

续附表 1

序号	工程或费用名称	估算价值/万元				合计
		建筑工程	安装工程	设备、工器具购置	其他费用	/万元
3.4	可行性研究费				200.00	200.00
3.5	研究试验费				258.00	258.00
3.6	场地准备及临时设施费				354.67	354.67
3.7	市政公用设施建设及绿化费				942.00	942.00
3.8	政府规费				2 350.51	2 350.51
3.9	外部配套费				2 600.00	2 600.00
3.1	环境影响评价费				89.50	89.50
3.11	造价咨询费				70.93	70.93
3.12	监理费				532.00	532.00
3.13	检验试验费				70.93	70.93
3.14	工程保险费				70.93	70.93
	其他费用合计					9 294.41
4	基本预备费					2 556.22
5	财务费用(建设期利息)					8 800.00
5.1	政策性贷款利息				0	0
5.2	商业银行贷款利息				8 800.00	8 800.00
5.3	其他融资渠道资金利息				0	0
5.3.1	私人权益融资				0	0
5.3.2	私人债务融资				0	0
5.3.3	公开权益融资				0	0
5.3.4	公开债务融资				0	0
6	其他产权建筑的支持性政策投资				0	0
7	政策性鼓励的奖励投资或补贴				0	0
8	其他投资				0	0
二	经营项目投资				0	0
	直接投资项目经营				0	0
	投资经营公司的投资额				0	0
	给其他产权建筑的补贴				0	0
三	投资估算总计					151 773.84

附表 2 资金筹措与计划表

序号	项目	投资期				
一	项目总额投资来源合计	2016	2017	2018	2019	合计
1	固定资产投资来源	59 297.28	33 552.9	46 162.57	12 761.09	151 773.84
2	企业自筹:自有资金	9 297.28	3 552.9	26 162.57	12 761.09	51 773.84
3	银行贷款	50 000.00	30 000.00	20 000.00		100 000.00
4	贷款利息	489.63	1 990.58	4 079.48	2 240.31	8 800.00
4.1	政策性贷款利息	0	0	0		0
4.2	商业银行贷款利息	489.63	1 990.58	4 079.48		6 559.69
4.3	其他融资渠道资金利息	0	0	0		0
4.3.1	私人权益融资	0	0	0		0
4.3.2	私人债务融资	0	0	0		0
4.3.3	公开权益融资	0	0	0		0
4.3.4	公开债务融资	0	0	0		0
二	项目总投资支出合计	59 297.28	33 552.90	46 162.57	12 761.09	151 773.84
1	前期费用	17 858.62	26 787.94	35 717.25	8 929.31	89 293.12
2	建筑安装工程费	31 144.43	4 007.51	5 343.36	1 335.85	41 831.15
3	建设工程其他费用	9 293.36	0	0	0	9 293.36
4	预备费用	511.24	766.87	1 022.49	255.62	2 556.22
5	建设期利息	489.63	1 990.58	4 079.48	2 240.31	8 800.00

附表 3　成本费用估算表

（单位：万元）

序号	项目名称	合计	投资期		市场培育期			项目运营期				
			2016	2017	2018	2019	2020	2021	2022	2023	2024	2025
一	建设项目的费用	65 625.430	3 349.180	2 015.580	6 159.950	7 185.270	4 440.710	2 427.660	2 457.890	2 477.390	2 498.730	2 522.090
1	对分散产权房屋的整体租赁支付的租金	551.250		15.000	15.000	15.000	15.000	16.200	17.500	18.900	20.410	22.040
2	管理费用	6 826.930	1 143.820	0	810.590	1 121.430	917.860	110.630	120.540	126.000	131.990	138.590
3	宣传推广费用	140.310		10.000	39.000	43.320	47.990	0.000	0.000	0.000	0.000	0.000
4	销售租赁费用	1 571.550		0.000	0.000	0.000	0.000	51.820	55.970	60.440	65.280	70.510
5	维护维修费用	5 120.195	857.865	0	607.940	841.075	688.400	82.975	90.410	94.495	98.995	103.945
6	设施更新费(摊销费)	3 072.117	514.719	0	364.764	504.645	413.040	49.785	54.246	56.697	59.397	62.367
7	固定资产折旧	37 495.000				2 083.060	2 083.060	2 083.060	2 083.060	2 083.060	2 083.060	2 083.060
8	其他费用	2 048.078	343.146	0	243.176	336.430	275.360	33.190	36.164	37.798	39.598	41.578
9	财务费用(长期借款利息)	8 800.000	489.630	1 990.580	4079.480	2 240.310						
二	经营的费用	0			0	0	0	0	0	0	0	0
1	直接经营的费用	0			0	0	0	0	0	0	0	0
2	间接经营的费用或对外的补贴	0			0	0	0	0	0	0	0	0
三	土地使用税	1 306.880		65.340	65.340	65.340	65.340	65.340	65.340	65.340	65.340	65.340
四	房产税	24 874.290	0.000	0.000	500.550	614.070	733.610	967.550	1 104.790	1 137.510	1 173.490	1 213.070
	总成本费用合计	91 806.60										

续附表 3

序号	项目名称	合计	项目运营期										
			2026	2027	2028	2029	2030	2031	2032	2033	2034	2035	2036
一	建设项目的费用	65 625.510	2 547.630	2 575.580	2 606.160	2 639.640	2 676.270	2 716.370	2 760.250	2 808.300	2 860.890	2 918.460	2 981.510
1	对分散产权房屋的整体租赁支付的租金	551.250	23.800	25.710	27.760	29.990	32.380	34.970	37.770	40.790	44.060	47.580	51.390
2	管理费用	6 826.930	145.850	153.830	162.610	172.270	182.890	194.580	207.430	221.580	237.130	254.240	273.060
3	宣传推广费用	140.310	0.000	0.000	0.000	0.000	0.000	0.000	0.000	0.000	0.000	0.000	0.000
4	销售租赁费用	1 571.550	76.150	82.240	88.820	95.920	103.600	111.890	120.840	130.510	140.940	152.220	164.400
5	维护维修费用	5 120.195	109.385	115.370	121.955	129.200	137.170	145.935	155.575	166.180	177.850	190.680	204.800
6	设施更新费(摊销费)	3 072.117	65.631	69.222	73.173	77.520	82.302	87.561	93.345	99.708	106.710	114.408	122.880
7	固定资产折旧	37 495.000	2 083.060	2 083.060	2 083.060	2 083.060	2 083.060	2 083.060	2 083.060	2 083.060	2 083.060	2 083.060	2 083.060
8	其他费用	2 048.078	43.754	46.148	48.782	51.68	54.868	58.374	62.230	66.472	71.140	76.272	81.920
9	财务费用(长期借款利息)	8 800.000											
二	经营的费用	0	0	0	0	0	0	0	0	0	0	0	0
1	直接经营的费用	0	0	0	0	0	0	0	0	0	0	0	0
2	间接经营的费用或对外的补贴	0	0	0	0	0	0	0	0	0	0	0	0
三	土地使用税	1 306.880	65.340	65.340	65.340	65.340	65.340	65.340	65.340	65.340	65.340	65.340	65.340
四	房产税	24 874.290	1 256.610	1 304.500	1 357.190	1 415.140	1 478.880	1 549.000	1 626.140	1 710.980	1 804.320	1 906.980	2 019.910
	总成本费用合计	91 806.680											

附表 4　营业收入表

（单位：万元）

序号	项目名称	合计	建设期		市场培育期			项目运营期				
			2016	2017	2018	2019	2020	2021	2022	2023	2024	2025
一	营业收入	341 346.41	57 191.00		40 529.39	56 071.55	45 893.22	5 531.56	6 027.20	6 299.80	6 599.66	6 929.50
1	土地收益	57 191.00	57 191.00									
2	销售物业的出售收益	128 853.74			36 297.24	51 541.50	41 015.00					
3	持有物业的租赁收益	92 578.87			930.95	1 228.85	1 577.02	2 230.36	2 726.00	2 998.60	3 298.46	3 628.30
4	车位收益	62 722.80			3 301.20	3 301.20	3 301.20	3 301.20	3 301.20	3 301.20	3 301.20	3 301.20
5	其他收益	0										
6	直接旅游开发经营收益	0										
7	投资经营公司收益回报	0										
二	税费	54 199.14	65.34		6 468.40	9 055.01	7 501.72	1 213.95	1 385.92	1 440.22	1 499.94	1 565.62
1	房产税	24 874.29			500.55	614.07	733.61	967.55	1 104.79	1 137.51	1 173.49	1 213.07
2	土地使用税	1 306.88	65.34		65.34	65.34	65.34	65.34	65.34	65.34	65.34	65.34
3	增值税	13 507.39			2 270.92	3 218.99	2 598.11	136.05	166.29	182.91	201.21	221.33
4	印花税、交易手续费	1 451.06			363.16	515.66	410.47	4.50	4.95	5.45	5.99	6.59
5	其他税费	13 059.53			3 268.43	4 640.95	3 694.19	40.50	44.55	49.01	53.91	59.30
三	租售佣金	5 533.42	1 271.10	0	607.94	841.07	688.40	82.97	90.41	94.50	98.99	103.94
四	项目运营期末持有资产的价值	83 322.23										
1	物业资产	83 322.23										
2	其他资产											
3	股权价值											
五	总收益	424 668.64	57 191.00	0	40 529.39	56 071.55	45 893.22	5 531.56	6 027.20	6 299.80	6 599.66	6 929.50
六	净收入	281 613.85	55 854.56	0.00	33 453.05	46 175.47	37 703.10	4 234.64	4 550.87	4 765.08	5 000.73	5 259.94

续附表 4

序号	项目名称	合计	项目运营期										
			2026	2027	2028	2029	2030	2031	2032	2033	2034	2035	2036
一	营业收入	341 346.41	7 292.33	7 691.44	8 130.47	8 613.40	9 144.62	9 728.96	10 371.73	11 078.79	11 856.54	12 712.08	13 653.17
1	土地收益	57 191.00											
2	销售物业的出售收益	128 853.74											
3	持有物业的租赁收益	92 578.87	3 991.13	4 390.24	4 829.27	5 312.20	5 843.42	6 427.76	7 070.53	7 777.59	8 555.34	9 410.88	10 351.97
4	车位收益	62 722.80	3 301.20	3 301.20	3 301.20	3 301.20	3 301.20	3 301.20	3 301.20	3 301.20	3 301.20	3 301.20	3 301.20
5	其他收益	0											
6	直接开发经营收益	0											
7	投资公司收益回报	0											
二	税费	54 199.14	1 637.89	1 717.37	1 804.81	1 900.99	2 006.78	2 123.16	2 251.18	2 391.99	2 546.89	2 717.28	2 904.70
1	房产税	24 874.29	1 256.61	1 304.50	1 357.19	1 415.14	1 478.88	1 549.00	1 626.14	1 710.98	1 804.32	1 906.98	2 019.91
2	土地使用税	1 306.88	65.34	65.34	65.34	65.34	65.34	65.34	65.34	65.34	65.34	65.34	65.34
3	增值税	13 507.39	243.46	267.80	294.59	324.04	356.45	392.09	431.30	474.43	521.88	574.06	631.47
4	印花税、交易手续费	1 451.06	7.25	7.97	8.77	9.65	10.61	11.67	12.84	14.12	15.54	17.09	18.80
5	其他税费	13 059.53	65.23	71.75	78.92	86.82	95.50	105.05	115.55	127.11	139.82	153.80	169.18
三	租售佣金	5 533.42	109.38	115.37	121.96	129.20	137.17	145.93	155.58	166.18	177.85	190.68	204.80
四	项目运营期末持有资产的价值	83 322.23											83 322.23
1	物业资产	83 322.23											83 322.23
2	其他资产												
3	股权价值												
五	总收益	424 668.64	7 292.33	7 691.44	8 130.47	8 613.4	9 144.62	9 728.96	10 371.73	11 078.79	11 856.54	12 712.08	96 975.4
六	净收入	281 613.85	5 545.06	5 858.70	6 203.70	6 583.21	7 000.67	7 459.87	7 964.97	8 520.62	9 131.80	9 804.12	10 543.67

附表 5　利润与利润分配表

（单位:万元）

项目名称	合计	建设期		市场培育期			项目运营期				
		2016	2017	2018	2019	2020	2021	2022	2023	2024	2025
主营业务收入	341 346.40	57 191.00	0	40 529.39	56 071.54	45 893.22	5 531.56	6 027.2	6 299.80	6 599.66	6 929.50
营业税金及附加	54 202.20	8 737.33	0	6 484.70	8 971.45	7 342.92	885.05	964.35	1 007.97	1 055.94	1 108.72
租售佣金	5 533.42	1 271.10	0	607.94	841.07	688.40	82.97	90.41	94.50	98.99	103.94
总成本费用	91 806.61	3 349.18	2 080.93	6 725.84	7 864.68	5 239.67	3 460.55	3 628.02	3 680.24	3 737.56	3 800.50
利润总额	189 804.17	43 833.40	−2 080.93	26 710.91	38 394.35	32 622.24	1 102.99	1 344.41	1 517.10	1 707.15	1 916.34
弥补年度亏损			−2 080.93	2 080.93							
所得税(25%)	48 491.50	10 958.35	0	7 197.96	9 598.59	8 155.56	275.75	336.10	379.27	426.79	479.09
净利润	141 312.66	32 875.05	−2 080.93	19 512.95	28 795.76	24 466.68	827.24	1 008.31	1 137.82	1 280.37	1 437.26
可供分配利润	141 312.66	32 875.05	−2 080.93	19 512.95	28 795.76	24 466.68	827.24	1 008.31	1 137.82	1 280.37	1 437.26
提取法定盈余公积金(10%)	14 131.27	3 287.50	−208.09	1 951.29	2 879.58	2 446.67	82.72	100.83	113.78	128.04	143.73
公益金(5%)	7 065.63	1 643.75	−104.05	975.65	1 439.79	1 223.33	41.36	50.42	56.89	64.02	71.86
未分配利润	120 115.76	27 943.79	−1 768.79	16 586.01	24 476.40	20 796.68	703.16	857.06	967.15	1 088.31	1 221.67
累计未分配利润		27 943.79	26 175.00	42 761.01	67 237.41	88 034.09	88 737.24	89 594.31	90 561.45	91 649.77	92 871.44

主营业务收入	341 346.40	7 292.33	7 691.44	8 130.47	8 613.40	9 144.62	9 728.96	10 371.73	11 078.79	11 856.54	12 712.08	13 653.17
营业税金及附加	54 202.2	1 166.77	1 230.63	1 300.88	1 378.14	1 463.14	1 556.63	1 659.48	1 772.61	1 897.05	2 033.93	2 184.51
租售佣金	5 533.42	109.38	115.37	121.96	129.20	137.17	145.93	155.58	166.18	177.85	190.68	204.80
总成本费用	91 806.61	3 869.58	3 945.43	4 028.69	4 120.12	4 220.49	4 330.71	4 451.73	4 584.62	4 730.54	4 890.78	5 066.76
利润总额	189 804.17	2 146.60	2 400.02	2 678.95	2 985.93	3 323.81	3 695.68	4 104.95	4 555.38	5 051.11	5 596.68	6 197.10

续附表 5

项目名称	合计	项目运营期										
		2026	2027	2028	2029	2030	2031	2032	2033	2034	2035	2036
弥补年度亏损												
所得税(25%)	48 491.50	536.65	600.00	669.74	746.48	830.95	923.92	1 026.24	1 138.84	1 262.78	1 399.17	1 549.28
净利润	141 312.66	1 609.95	1 800.01	2 009.21	2 239.45	2 492.86	2 771.76	3 078.71	3 416.53	3 788.33	4 197.51	4 647.83
可供分配利润	141 312.66	1 609.95	1 800.01	2 009.21	2 239.45	2 492.86	2 771.76	3 078.71	3 416.53	3 788.33	4 197.51	4 647.83
提取法定盈余公积金(10%)	14 131.27	160.99	180.00	200.92	223.95	249.29	277.18	307.87	341.65	378.83	419.75	464.78
公益金(5%)	7 065.63	80.50	90.00	100.46	111.97	124.64	138.59	153.94	170.83	189.42	209.88	232.39
未分配利润	120 115.76	1 368.46	1 530.01	1 707.83	1 903.53	2 118.93	2 355.99	2 616.90	2 904.05	3 220.08	3 567.88	3 950.65
累计未分配利润		94 239.89	95 769.9	97 477.73	99 381.26	101 500.19	103 856.19	106 473.09	109 377.14	112 597.22	116 165.11	120 115.76

附表 6　项目投资现金流量表

（单位：万元）

序号	项目	合计	建设期		市场培育期			项目运营期				
			2016	2017	2018	2019	2020	2021	2022	2023	2024	2025
1	现金流入	424 668.62	57 191.00	0	40 529.39	56 071.54	45 893.22	5 531.56	6 027.20	6 299.80	6 599.66	6 929.50
1.1	营业收入	341 347.39	57 191.00	0	40 529.39	56 071.54	45 893.22	5 531.56	6 027.20	6 299.80	6 599.66	6 929.50
1.2	资产转售收入	83 322.23										
2	现金流出	259 818.71	71 552.20	34 573.19	56 767.48	27 797.64	11 783.62	3 312.70	3 422.24	3 485.35	3 554.67	3 630.80
2.1	建设投资	151 980.46	59 503.90	33 552.90	46 162.57	12 761.09						
2.2	经营成本	59 083.91	3 310.98	1 020.29	4 120.20	6 065.11	4 440.71	2 427.65	2 457.89	2 477.39	2 498.73	2 522.08
2.3	营业税金及附加	48 754.35	8 737.33	0	6 484.70	8 971.45	7 342.92	885.05	964.35	1 007.97	1 055.94	1 108.72
3	所得税前净现金流量(1～2)	164 849.90	−14 361.20	−34 573.19	−16 238.09	28 273.90	34 109.60	2 218.86	2 604.96	2 814.44	3 044.98	3 298.70
4	累计所得税前净现金流量		−14 361.20	−48 934.39	−65 172.48	−36 898.58	−2 788.98	−570.12	2 034.84	4 849.28	7 894.26	11 192.96

序号	项目	合计	项目运营期										
			2026	2027	2028	2029	2030	2031	2032	2033	2034	2035	2036
1	现金流入	424 668.62	7 292.33	7 691.44	8 130.47	8 613.40	9 144.62	9 728.96	10 371.73	11 078.79	11 856.54	12 712.08	96 975.39
1.1	营业收入	341 347.39	7 292.33	7 691.44	8 130.47	8 613.40	9 144.62	9 728.96	10 371.73	11 078.79	11 856.54	12 712.08	13 653.17
1.2	资产转售收入	83 322.23											83 322.23
2	现金流出	259 818.71	3 630.80	3 630.80	3 630.80	3 630.80	3 630.80	3 630.80	3 630.80	3 630.80	3 630.80	3 630.80	3 630.80
2.1	建设投资	151 980.46											
2.2	经营成本	59 083.91	2 522.08	2 522.08	2 522.08	2 522.08	2 522.08	2 522.08	2 522.08	2 522.08	2 522.08	2 522.08	2 522.08
2.3	营业税金及附加	48 754.35	1 108.72	1 108.72	1 108.72	1 108.72	1 108.72	1 108.72	1 108.72	1 108.72	1 108.72	1 108.72	1 108.72
3	所得税前净现金流量(1～2)	164 849.90	3 661.53	4 060.64	4 499.67	4 982.60	5 513.81	6 098.16	6 740.93	7 447.99	8 225.74	9 081.28	93 344.59
4	累计所得税前净现金流量		14 854.49	18 915.14	23 414.80	28 397.40	33 911.21	40 009.37	46 750.3	54 198.29	62 424.03	71 505.31	164 849.90

附件彩图

山塘四期项目附件

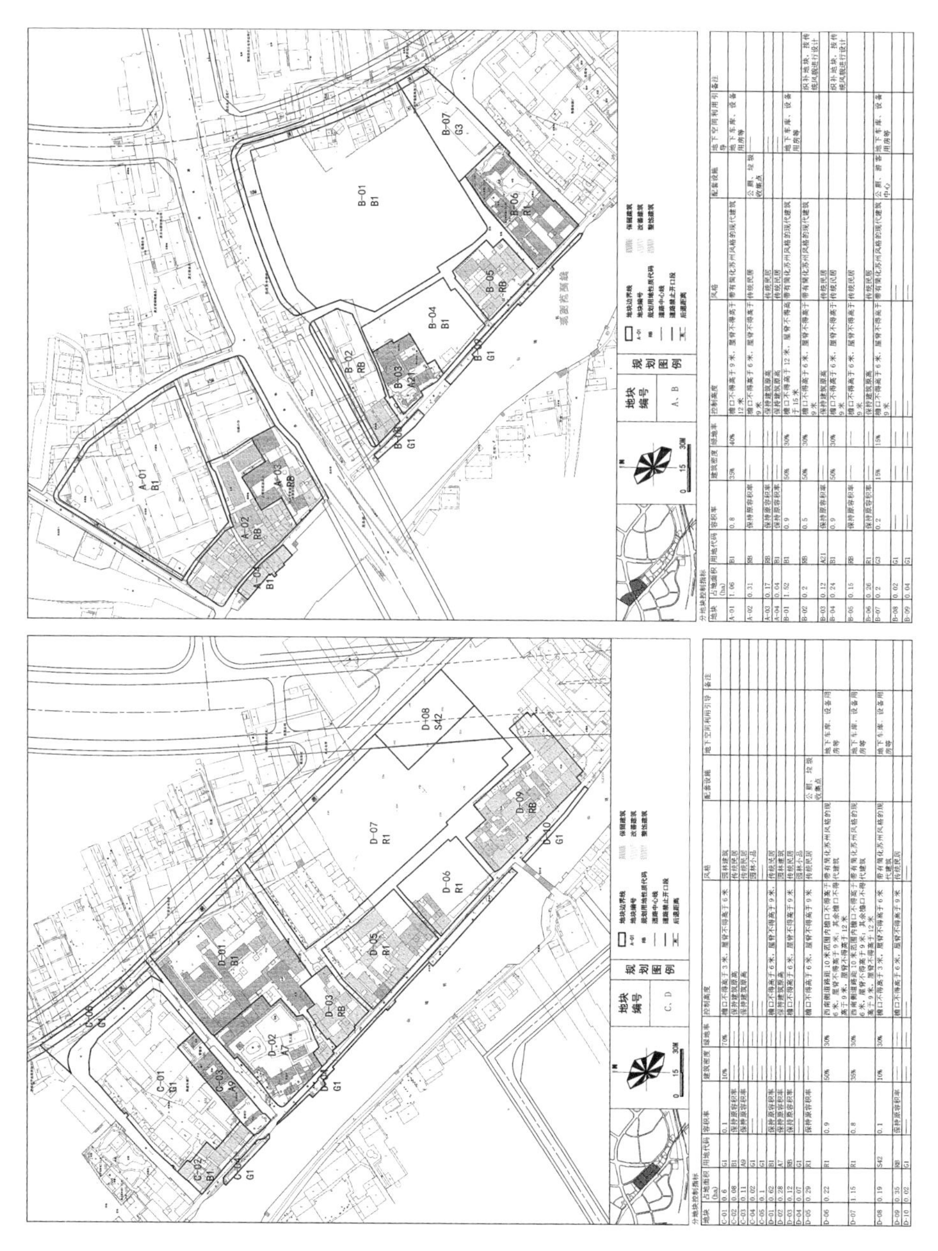

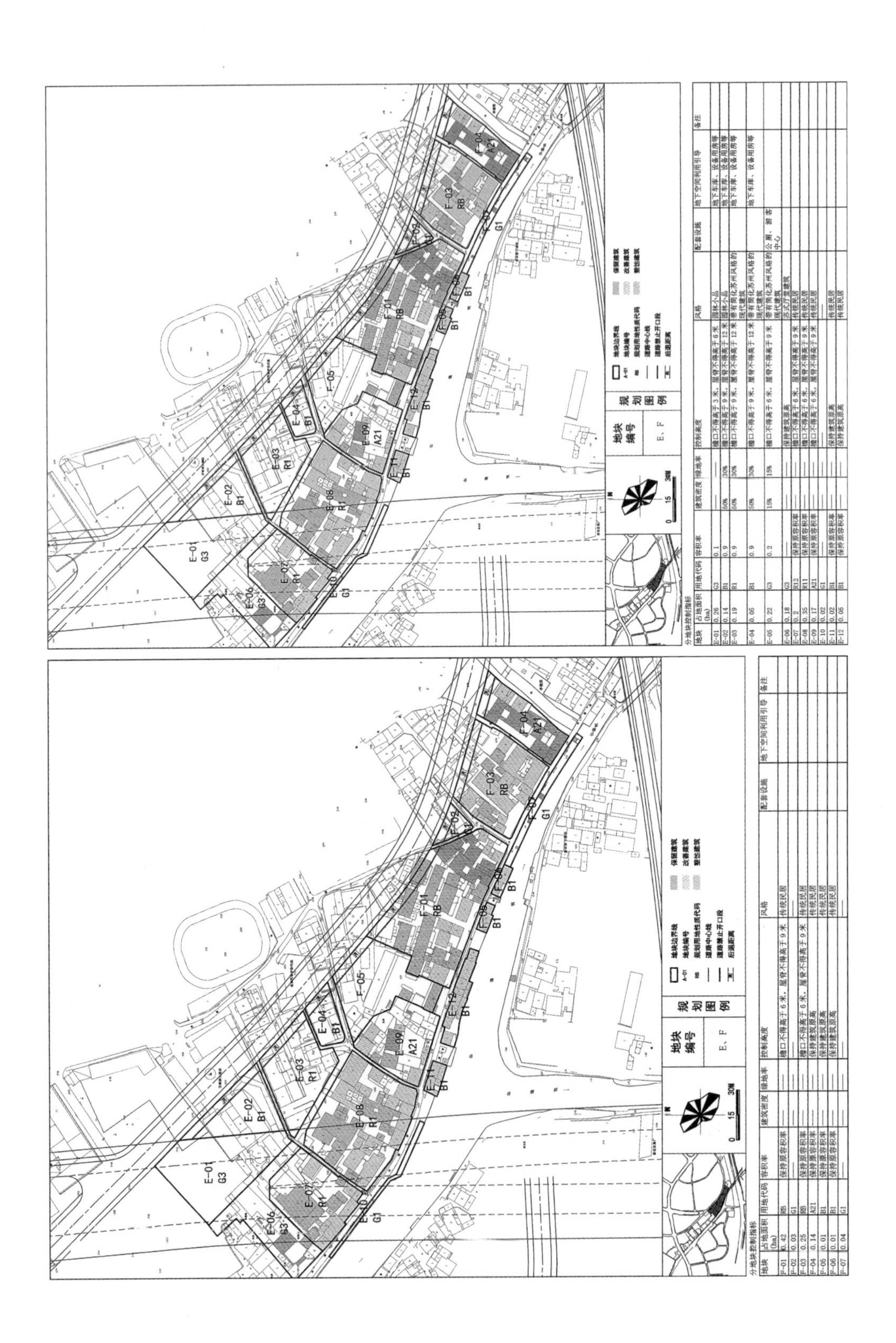
地块编号
E、F
规划图例
分地块控制指标
E-01
G3
E-02
B1
E-03
R1
E-04
B1
E-05
E-06
G3
E-07
R1
E-08
R1
E-09
A21
E-10
G1
E-11
B1
E-12
B1
F-01
RB
F-02
G1
F-03
RB
F-04
A21
F-05
B1
F-06
B1
F-07
G1

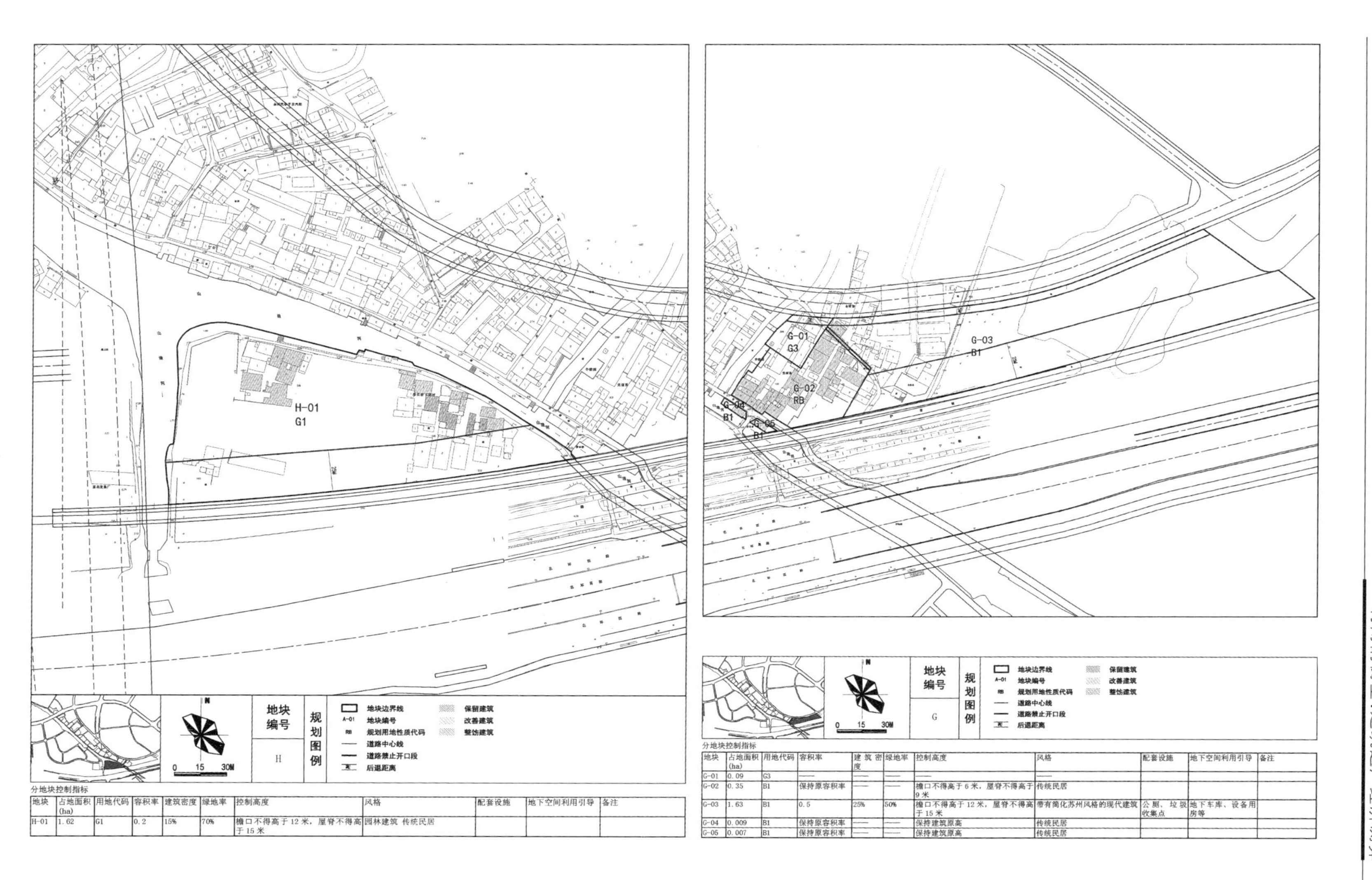

分地块控制指标

地块	占地面积(ha)	用地代码	容积率	建筑密度	绿地率	控制高度	风格	配套设施	地下空间利用引导	备注
H-01	1.62	G1	0.2	15%	70%	檐口不得高于12米，屋脊不得高于15米	园林建筑 传统民居			

分地块控制指标

地块	占地面积(ha)	用地代码	容积率	建筑密度	绿地率	控制高度	风格	配套设施	地下空间利用引导	备注
G-01	0.09	G3	——	——	——	——	——			
G-02	0.35	B1	保持原容积率	——	——	檐口不得高于6米，屋脊不得高于9米	传统民居			
G-03	1.63	B1	0.5	25%	50%	檐口不得高于12米，屋脊不得高于15米	带有简化苏州风格的现代建筑	公厕、垃圾收集点	地下车库、设备用房等	
G-04	0.009	B1	保持原容积率	——	——	保持建筑原高	传统民居			
G-05	0.007	B1	保持原容积率	——	——	保持建筑原高	传统民居			

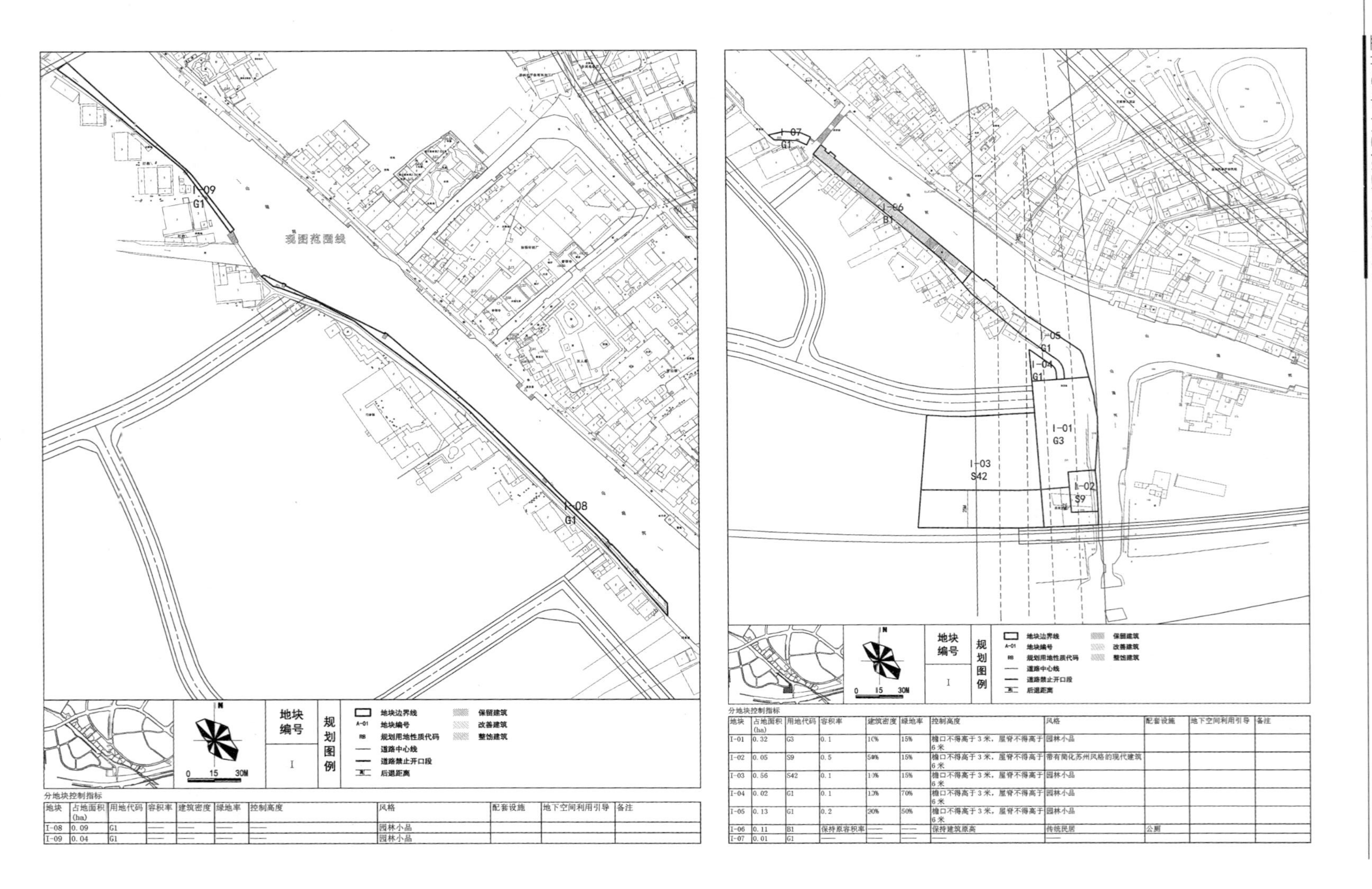

分地块控制指标

地块	占地面积(ha)	用地代码	容积率	建筑密度	绿地率	控制高度	风格	配套设施	地下空间利用引导	备注
I-01	0.32	G3	0.1	10%	15%	檐口不得高于3米，屋脊不得高于6米	园林小品			
I-02	0.05	S9	0.5	50%	15%	檐口不得高于3米，屋脊不得高于6米	带有简化苏州风格的现代建筑			
I-03	0.56	S42	0.1	10%	15%	檐口不得高于3米，屋脊不得高于6米	园林小品			
I-04	0.02	G1	0.1	10%	70%	檐口不得高于3米，屋脊不得高于6米	园林小品			
I-05	0.13	G1	0.2	20%	50%	檐口不得高于3米，屋脊不得高于6米	园林小品			
I-06	0.11	B1	保持原容积率	——	——	保持建筑原高	传统民居	公厕		
I-07	0.01	G1	——	——	——	——	——			

分地块控制指标

地块	占地面积(ha)	用地代码	容积率	建筑密度	绿地率	控制高度	风格	配套设施	地下空间利用引导	备注
I-08	0.09	G1	——	——	——	——	园林小品			
I-09	0.04	G1	——	——	——	——	园林小品			

9 利用的保障:建筑遗产利用管理与创新

国际古迹遗址理事会(ICOMOS)大会于1999年10月在墨西哥通过的《国际文化旅游宪章》指出:“在古迹场所被推广或发展来满足日益增长的旅游需要之前,管理计划应该评估古迹资源的自然和文化价值。它们应该为可接受的变化确立恰当的限度,特别是和访问人数对其有形特征、完整性、生态多样性、当地交通系统和社区的社会、经济和文化稳定发展的影响有关的方面。如果变化的可能程度是不可接受的,发展计划应该予以改进。”[①]至少可以看出,管理用于保障与促进建筑遗产保护与利用工作的推广和发展,管理要求设定限度与计划,也是需要不断发展与改进的。根据本书第3章的分析,建筑遗产保护利用的管理内容包括建筑遗产保护、法律法规、优惠政策、规划编制与实施、利用实施、使用者引导传播宣传、交流学习、平台搭建、科技创新、数据化管理、机构人员管理、财务管理、多元化社会参与、管理监督等基本内容。有些内容偏重于保护,有些偏重于宣传推广交流,有些偏重于内容管理,与利用工作的管理有所区别。本书主要针对建筑遗产利用的管理机制,重点阐述法律政策、规划编制与实施、定期评估、利用人员管理,以及资源资产管理机制、多元化社会参与机制、数据化管理等。

9.1 当前建筑遗产利用管理概述

建筑遗产的保护利用是维护、实现以及增加建筑遗产价值的路径。科学高效的管理正是实现这一路径的必要保障。正如2015《中国准则》指出:“管理是为文物古迹保护、实现文物古迹的价值进行的协调和组织工作。”“管理是文物古迹保护的基本工作。”[②]然而,建筑遗产利用的“管理”是一个指涉及内容纷繁复杂,却有些空泛而抽象的概念。将这些抽象性内容转化为切实的规定性路径的过程中,具体的管理体制或管理模式必不可少。2017《操作指南》也有相似规定:“世界遗产的相关立法、政策和策略措施都应确保其突出普遍价值的保护,支持对更大范围的自然和文化遗产的保护、促进和鼓励所在社区公众和所有利益相关方的积极参与,作为遗产可持续保护、保存、管

① 国际古迹遗址理事会.国际文化旅游宪章,1999.

② 国际古迹遗址理事会中国国家委员会.2015中国文物古迹保护准则[M].2015年修订.北京:文物出版社,2015.

理、展示的必要条件。”[①]2018《若干意见》也指出：“按照优化协同高效的原则，加强国务院文物部门职能，充实力量，提升革命文物、社会文物、文物资源资产、文物国际合作与传播等方面的管理能力。”作为管理过程中相关立法、政策和策略措施的集成性和具体化体现，系统、科学的管理体制或管理模式，对建筑遗产合理利用具有必要而基础性的作用。

当前我国已建立较为系统的建筑遗产利用管理体制与模式，在合理开发利用建筑遗产的过程中发挥了较好的引导与支撑作用。不容忽视的是，由于计划经济时代管理理念的阻滞、行政化管治模式的束缚以及对传统管理模式的依赖等原因，在管理理念、管理机制、管理结构以及管理过程等方面存在着困境与不足。具体体现在法律体系设置、规划设计以及规划实施等不同阶段上，进而制约了建筑遗产更高层面和更高效率的保护利用与价值实现。本节将对这些问题进行梳理和剖析。

9.1.1 当前建筑遗产利用管理的法律政策体系设置

作为管理体制的核心内容、极端体现与常见表现形式，法律政策体系的关键性与决定性作用在理论与实践中都得到了充分论证。正如韦伯在其对法律发展阶段的论述中认为理性的法律不可或缺[②]，诺斯认为导致发展中国家历史上停滞不前，现今困顿落后的主要原因是这些国家没有一套高效率、低成本的合同强制履行机制，即法律体系[③]。因此对于建筑遗产利用管理而言，通过一系列的法律、规定、条例以及公约，限定管理体制的内容与方向，规范管理模式的表现与原则，具有全局性、根本性和长远性的价值意义。

事实上，无论是世界范围的建筑遗产保护组织，还是国家层面的建筑遗产保护机构，或是地方层级的建筑遗产管理组织，都会制定一些相关的规定、条例或规范性文件，以引导、规范乃至约束建筑遗产的开发利用。例如，联合国教科文组织制定了用来规范世界各国保护与利用建筑遗产的《世界遗产公约》，并在《实施指南》中明确规定了管理体制的构成因素。各利益方均应透彻理解遗产价值（包括采用参与式规划和利益相关方咨询程序）；建立规划、实施、监测、评估和反馈的循环机制；评估遗产可能受到的来自社会、经济及其他方面的压力，监测时下各种趋势和建议干预活动对遗产的影响；建立相应机制，以有效吸纳并协调各类合作伙伴与利益相关方的活动；必要资源的配置；能力建设；对管理体制运作的描述可信且透明[④]。2015《中国准则》对各地方政府、机构以及组织的建筑遗产管理体制进行了内容的限定和明确。具体包括：通过制定具有前瞻性的规划，认识、宣传和保护文物古迹的价值；建立相应的规章制度；建立各部门间的合作机制；及时消除文物古迹存在的隐患；控制文物古迹建设控制地带内

① 联合国教科文组织世界遗产中心. 实施《世界遗产公约》操作指南（2017 中文版）[DB/OL]. [2017-07-12]. http://www.icomoschina.org.cn/download_list.php? class=33.

② Max Weber. Economy and Society[M]. California: University of California Press, 1978: 882.

③ Douglass North. Institutions, Institutional Change and Economic Performance[M] New York: Cambridge University Press, 1990: 54.

④ 同①.

的建设活动;联络相关各方和当地社区;培养高素质管理人员;对文物古迹定期维护;提供高水平的展陈和价值阐释;收集、整理档案资料;管理旅游活动;保障文物古迹安全;保证必要的保护经费来源。2018《若干意见》要求健全文物保护利用法律制度和标准规范,划定文物保护利用的红线和底线,落实文物保护属地管理要求和地方各级政府主体责任,提升全社会文物保护法治意识。

以上海市为例,上海先后制定了一系列的政策法规,特别是1991年市政府颁布的《上海市优秀近代建筑保护管理办法》与2002年通过的《上海市历史文化风貌和优秀历史建筑保护条例》(以下简称《保护条例》)。两个文件是上海全面开展保护管理的重要标志,对优秀历史建筑的批准公布、保护修缮、使用管理等都做出了严格规定。2004年,上海市政府又下发了《关于进一步加强本市历史文化风貌区和优秀历史建筑保护的通知》。通过市县深入调研,提出"建立最严格的保护制度"工作要求。作为《保护条例》的细化,市住建与规划管理部门近几年又相继出台了关于风貌区保护、详规控制、市区分级管理、房屋交易管理、房屋征收基地严格建筑保护和风貌保护道路管理等方面的规范性文件。

需要指出的是,当前的建筑遗产利用管理的法律体系设置还存在以下两方面的问题或不足。一方面,建筑遗产包括文物建筑、历史建筑以及尚未公布为文物建筑和历史建筑,但具有一定保护价值的其他风貌建筑。在法律适用上,文物建筑的执法依据是《文物保护法》,属于国家法律,历史建筑的执法依据为国务院《历史文化名城名镇名村保护条例》及各种省级和地方性条例、办法、意见等,法理的强度要远远弱于前者①。这必然在管理过程中会因适用法律权威和法理强度的问题而出现难以协调或统一的问题。另一方面,即使是在统一的法律约束下,政府在制定配套的保护法规、政策上也缺乏灵活性,往往不能根据实际需要及时出台相应的措施,致使大部分建筑遗产的保护和利用没有相对应的实施办法。各地还另有出台支持建筑遗产保护利用的配套性政策文件,包括当地税费优惠、专项资金、创新支持、知识产权、奖励以及财政配套经费等。在此不再阐述。(表9.1)

表9.1 国家以及部分省市关于保护与利用的主要政策文件

相关法律法规	颁布时间
《历史文化名城保护规划编制要求》	1994年9月
《浙江省历史文化名城保护条例》(浙江省)	1999年7月
《西安历史文化名城保护条例》(陕西省西安市)	2002年8月
《中华人民共和国文物保护法》(2002年修正)	2002年10月
《中华人民共和国文物保护法实施条例》	2003年7月
《江苏省文物保护条例》(江苏省)	2004年1月

① 朱光亚,杨丽霞.历史建筑保护管理的困惑与思考[J].建筑学报,2010(2):18-22.

续表 9.1

相关法律法规	颁布时间
《城市紫线管理办法》	2004 年 2 月
《无锡市历史街区保护办法》(江苏省无锡市)(全国首部历史街区保护法规)	2004 年 3 月
《南京市地下文物保护管理规定》(江苏省南京市)	2004 年 7 月
《长沙市历史文化名城保护条例》(湖南省长沙市)	2004 年 7 月
《南京城墙保护管理办法》(江苏省南京市)	2004 年 9 月
《山西省历史文化名镇名村保护规划编制和实施办法》(山西省)	2005 年 8 月
《天津市历史风貌建筑保护条例》(天津市)	2005 年 9 月
《城市规划编制办法》	2006 年 4 月
《南京市重要近现代建筑和近现代建筑风貌区保护条例》(江苏省南京市)	2006 年 12 月
《关于进一步加强历史文化名城保护工作的意见》(黑龙江哈尔滨市)	2007 年 8 月
《中华人民共和国文物保护法》(2007 年修正)	2007 年 12 月
《中华人民共和国城乡规划法》	2008 年 1 月
《江苏省历史文化名城名镇保护条例》(江苏省)	2008 年 5 月
《历史文化名城名镇名村保护条例》	2008 年 7 月
《太原历史文化名城保护办法》(山西省太原市)	2009 年 12 月
《哈尔滨市历史文化名城保护条例》(黑龙江省哈尔滨市)	2010 年 1 月
《南京市夫子庙秦淮风光带条例》(江苏省南京市)(立法保护历史风光带)	2010 年 2 月
《无锡市历史文化遗产保护条例》(江苏省无锡市)	2010 年 3 月
《南京历史文化名城保护条例》(江苏省南京市)	2010 年 12 月
《合肥市三河历史文化名镇保护条例》(安徽省合肥市)	2011 年 1 月
《中华人民共和国非物质文化遗产法》	2011 年 6 月
《历史文化名城名镇名村街区保护规划编制审批办法》	2014 年 10 月
《2015 中国文物古迹保护准则》	2015 年 4 月
《中华人民共和国文物保护法实施条例》修改	2016 年 1 月
《2017—2020 年文物保护行业标准制修订项目计划》	2017 年 10 月
《国务院关于进一步加强文物工作的指导意见》	2016 年 3 月
《关于推动文化文物单位文化创意产品开发若干意见的通知》	2016 年 5 月
《国务院关于促进文物合理利用的若干意见》	2016 年 10 月
《中华人民共和国文物保护法》(2017 年修正)	2017 年 11 月
《涉案文物鉴定评估管理办法》	2018 年 7 月
《关于加强文物保护利用改革的若干意见》	2018 年 10 月
国家文物局关于《关于加强文物保护利用改革的若干意见》解读	2018 年 10 月
《历史文化名城保护规划标准》	2018 年 11 月
《国家文物保护专项资金管理办法》	2018 年 12 月
《大运河文化保护传承利用规划纲要》	2019 年 5 月

9.1.2 当前建筑遗产利用管理规划编制机制

建筑遗产利用管理体制中编制保护规划与利用规划具有前瞻性和指导性的价值意义，决定着建筑遗产价值实现的全面性和可持续性。2018《若干意见》指出："国土空间规划编制和实施应充分考虑不可移动文物保护管理需要。"从其时间、主体和地域性质来看，建筑遗产利用管理的规划机制可以根据不同类别划分为中长期规划和短期规划、整体规划和部门规划、全域规划和局域规划等。

从时间性质的划分来看，建筑遗产利用管理的规划可以分为中长期规划和短期规划。中长期规划是将建筑遗产利用规划纳入区域整体发展规划之中，明确为实现利用的长期目标应采取的一些主要行动步骤、分期目标和重大措施，以及各级管理主体在较长时期内所应达到的目标和要求。就其本身来看，中长期规划往往是战略性规划，规定了建筑遗产在较长时期的目标及实现目标的战略性计划。短期利用规划则更加具有技术性、低层级性、操作性特征，在中长期规划的引导和规范下，由不同管理主体逐级制定短期内利用的目标、措施和具体实施方案，是对短期建筑遗产利用进行有目标的事先协调与控制的形式。

从主体性质的划分来看，建筑遗产利用管理的规划可以划分为整体规划和部门规划。整体规划是对建筑遗产所有的利益相关者而言的。在主管部门或机构的牵头领导下，制定统括所有的利益相关者、规范全部责任主体的利用规划设计。通常表现为项目规划和系统规划两种形式。其中项目规划是针对某一特定建筑遗产的规划布置，而系统规划则是普适性、一般性的规划。部门规划则是整体规划的具体化和主体化，是由各利益相关者组成的管理参与主体，根据自身的管理权责划分，分别制定各自的建筑遗产管理规划细则。需要指出的是，整体规划要高度重视部门规划之间的协调和统一，避免权责交叉乃至相互掣肘的问题发生。

从地域性质的划分来看，建筑遗产利用管理的规划可以划分为全域规划和局域规划（城市设计）。全域规划是指建筑遗产的利用管理规划不局限于建筑遗产本身，而是包括所有缓冲区乃至更为广泛的外在情境。这些外在情境可以指该遗产的地形、自然环境与建造环境，以及其他元素（例如基础设施建设、土地利用模式、空间组织、视觉关系等）。也可以是相关的社会与文化实践、经济发展进程，以及遗产的其他非物质层面，例如感知观念与关联因素。对更广泛的背景环境的管理关乎其发挥支持突出普遍价值的重要作用①。局域规划是针对建筑遗产所在的局部区域而言的。作为建筑遗产利用的核心区域，局域规划或城市设计往往决定了建筑遗产利用的核心竞争力，是价值实现与增值的根源性因素。局域规划还要根据当前发展的形势，不断增加新的内容与需求，包括如何鼓励规划空间化、注重生活设施规划等。当然，尽管如此，建筑遗产

---

① 联合国教科文组织世界遗产中心. 实施《世界遗产公约》操作指南（2017 中文版）[DB/OL]. [2017-07-12]. http://www.icomoschina.org.cn/download_list.php? class=33.

利用的全域规划依然是必要而关键的，往往在建筑遗产利用管理中是必要的保障条件并提供着关键的催生要素。

应该说，当前的建筑遗产利用管理过程中以不同程度、不同形式制定了具体的保护与利用规划，为建筑遗产利用及其价值实现提供了必要的指导和规范。不可否认的是，现行保护规划机制仍然不同程度地存在着不足与掣肘之处。例如，文物建筑和历史建筑都是建筑遗产的具体类别形式，管理主体却不同。前者的管理主体为各级文物（文化）部门，属于文物管理系统；后者的管理主体则通常为地方房管部门和规划部门，属于住房和城乡建设管理系统与自然资源管理系统。换言之，文物建筑与历史建筑都属于建筑遗产，却由分立明确的三个行政部门负责主管。可以预见，三个管理部门在建筑遗产利用过程中必然存在着不同程度的协调、沟通、合作等方面的困难，制约全域规划的贯彻落实。再如，在当前诸多地方历史建筑的保护条例中明确规定由规划管理部门负责历史建筑的规划管理，住建行政管理部门负责历史建筑保护利用的组织、协调、监督及日常管理工作。另设有由规划、房屋、土地、建筑、文物、历史、文化、社会和经济等方面人士组成的历史文化风貌区和优秀历史建筑委员会，负责优秀历史建筑认定、调整及撤销等有关事项的评审，对规划管理部门和房产行政主管部门发挥一定的协调功能。但这样会不可避免地出现工作重心错位的问题，导致规划管理部门的保护与利用规划难以具体落实。

9.1.3 当前建筑遗产利用管理的规划实施机制

建筑遗产利用管理的规划实施是指在保护规划与规划体系制定之后，应由哪些管理责任主体负责实施，应采取怎样的实施措施，遵守何种实施方案等。从根本上来说，建筑遗产利用规划实施过程直观体现并决定着建筑遗产价值实现与增值的形式与程度。在当前的建筑遗产保护与利用管理体制中的规划实施往往呈现出显著的政府主导、以保为主、静态管理的特征。

建筑遗产利用管理体制中规划实施的“政府主导”，主要是指当地政府在建筑遗产利用及其管理体制中，除发挥必要的引导性和规范性作用之外，过多干涉了具体的操作过程以及专业的技术性业务的开展。事实上，当地政府在建筑遗产利用中具有不可替代的必要性作用。这不仅是因为当地政府往往掌握其他主体难以比拟的社会优势资源，还在于地方政府能够通过制定普适、强制的规章制度从而规范行为秩序，降低不必要成本。为此，2015《保护准则》中明确规定“文物古迹所在地政府是文物保护规划的实施主体[①]”；《世界遗产公约》也是以主权国家（作为政府的实体性代表）作为缔约主体和规约对象的。不容忽视的是，由于当地政府往往过多干预建筑遗产利用的过程，导致了一系列问题的衍生。究其原因，可以从以下两方面进行考虑。一方面，建筑遗产利用及其管理对相关权责主体具有极高的专业性要求，需要包括区域发展规划、土

① 国际古迹遗址理事会中国国家委员会.2015中国文物古迹保护准则[M].2015年修订.北京：文物出版社，2015.

地、建筑、文物、历史、文化领域等专家,还应加入社会、经济与评估等方面的专家进行对话、协商与通力合作。利用规划实施也应符合各类工程规范,由具有相应资质的专业机构承担,由相关专业的专家组成的委员会评审。然而在具体实施过程中,政府往往主导着这一类专家委员会的决策导向,对具体的实施过程进行干预。不仅导致建筑遗产利用规划无法得到落实和推行,而且使现行管理体制名存实亡,陷入低效。另一方面,由于建筑遗产利用往往涉及经办单位、承运商、遗产实际管理人员、管理机关和其他合作者及遗产管理的利益相关方,对于政府来说,在高度复杂、充满不确定性的现代社会中,偏狭的信息获取能力和有限的信息认知能力使其对于任何利益关系的干预和调控都不可避免地会损害其他相关主体的利益,使得建筑遗产开发利用陷入"零和博弈"的不良运作状态之中。

建筑遗产利用管理体制中规划实施的"以保为主",是文物管理系统思维长期以保护作为中心思想的结果,这本身无可非议。但目前"重编制,轻实施;重修编,轻反思"较为严重。规划编制过于理想化,缺少可操作性的实施细则,缺少对各期规划实施内容的资金投入计算。保护规划主要篇幅集中在重点建筑,对一般建筑的保护与利用提及不多。规划编制与实施偏重于建筑的保存与修缮,对于利用功能、道路交通、绿化景观、基础设施和公共设施建设与完善方面的阐述说明过于笼统。事实上,改善居住环境往往才是当地民众的关注点。保护规划重点除了关注建筑本身,还需要运用不同形式对文化景观知识进行有效宣传,提高居民的保护意识,发扬和传承当地传统特色文化。将利用与保护进行有效联系,在保护当地独特的文化景观的基础之上,科学定位功能利用方式,提高利用规划篇幅与作用。因此,将保护思想列于城市发展的重要位置,同时也应依据现状与社会发展状况不断调整与优化保护规划,使之更加适应古城保护与发展的要求,才能保证保护规划得以顺利实施①。

建筑遗产利用管理体制中规划实施的"静态管理",是指建筑遗产利用的规划设计在制定出来之后,往往缺乏必要的动态调整机制,而且规划实施过程中也缺乏必要的监督评估与反馈改进环节。这些都将导致建筑遗产利用规划无法与区域发展规划相适应,甚至滞后于现实发展的需求。一方面,纵然有些地方编制了保护与利用规划,却未能将建筑遗产的构成要素、固有属性、演化规律、文脉传承之间的内在联系理清楚。缺乏严格的科学论证,致使利用规划内容深度不够。往往只注重"点"的保护利用,而忽视了对"线"和"面"的保护利用,以及对文化内涵的传承与发扬。在规划实施过程中管理不到位、保护措施不落实、缺乏有效监管,规划保护工作仍处于粗放式、经验式的较低层次。另一方面,很多地方政府在经济利用的驱使下,追求本地区经济增长点,将建筑遗产资源作为其经济发展的利用对象。不合理的开发利用导致开发商大规模入驻具有观赏性价值的遗产资源古城景区,遗产资源文化特征丧失。并且类似只顾局部利益、短期利益的行为缺乏有效的监督管理机制,遗产管理部门缺乏有效的行政约束

① 梁帅.历史文化名城保护规划与实施情况研究[J].建材与装饰,2019(26):100-101.

力。一些历史文化名镇、名村未按规划方案进行保护利用，保护规划只是写在纸上、挂在墙上，规划实施缺乏严肃性。一些村民没有认识到建筑遗产的重要价值，把历史建筑当成破烂拆毁。有的地方重申报、轻管理，重建设、轻保护，没有处理好保护与发展的关系。利用文物古迹的人文景观特色和黄金地价，周边大搞房地产开发和商业开发，盲目破坏文化历史环境，带来一系列严重的环境与社会文化问题。究其原因，归根结底在于监督管理的缺失。政府、公众、媒体未能发挥有效的动态监管作用，已有的制度亦未能严格地执行。

9.1.4 当前建筑遗产利用管理的人员管理机制

2018《若干意见》提出："要加强文物保护管理队伍建设。按照优化协同高效的原则，加强国务院文物部门职能，充实力量，提升革命文物、社会文物、文物资源资产、文物国际合作与传播等方面的管理能力。"还要建立"创新人才机制。制定文物博物馆事业单位人事管理指导意见，健全人才培养、使用、评价和激励机制。实施新时代文物人才建设工程，加大对文物领域领军人才、中青年骨干创新人才培养力度。出台文物保护工程从业资格管理制度"。

文化遗产管理人员的队伍建设任重道远，存在的突出问题主要有以下几点：①人才总量明显不足，素质相对偏低。②高、中级专业技术岗位的设置比例明显偏低。③人才结构不尽合理，复合型人才匮乏，领军人才凤毛麟角，应用型、技能型人才严重不足，特别是文物保护规划设计、文物保护与修复、文物鉴定、展览策划、社会教育、文化传播、信息技术等方面人才更为急缺。④专业教育与实际需求不相适应，职业技术人才成长渠道不畅。针对这些问题，采取的解决方式主要包括以下几点。①提升管理人员思维能力、学习能力、信息意识能力、创新能力等，还应重点建设自身专业技术能力，包括信息技术能力、历史知识能力、物理和化学知识能力、保护实践能力和法律知识能力等，不断适应保护与利用工作的需要。②鼓励管理人员主动学习知识、更新知识；实施培训和继续教育、搭建业务能力交流平台，实现交流和互助共享，使得管理人员多途径、多层次地获取工作新方法、新知识、新经验，在不断学习与交流中，实现自身业务能力的升华，使其学术研究向广度和深度延伸。③加强文物保护人才队伍建设，包括建立文物保护人才管理制度，推进其人才队伍职业化建设；开发文物保护岗位，促进文物保护人才队伍专业化建设；促进文物保护研究，扩大其人才队伍规模；加强文物保护机构建设，形成人才队伍建设平台；完善文物保护人才运行机制，营造人才队伍建设环境[①]。

9.1.5 建筑遗产利用管理的监督：定期评估机制

2015《中国准则》第22条指出："定期评估，管理者应定期对文物保护规划及其实施进行评估。文物行政管理部门应对文物保护规划实施情况予以监督，并鼓励公众通

---

① 徐娟.论文物保护业务能力培养和人才队伍建设[J].学理论，2014(13)：169-170.

过质询、向文物行政管理部门反映情况等方式对文物保护规划的实施进行监督。当文物古迹及其环境与文物保护规划的价值评估或现状评估相比出现重大变化时，经评估、论证，文物古迹所在地政府应委托有相应资质的专业机构对文物保护规划进行调整，并按原程序报批。"ICOMOS—IUCN 也陆续公布了三个主要评估性文献，分别是 ICOMOS《世界文化遗产影响评估指南》、IUCN《世界遗产建议书：环境评估》、实施《针对投资项目融资的环境和社会政策》的"环境和社会标准 8：文化遗产"。

经过多年的理论研究和实践探索，中国的世界文化遗产监测评估工作取得了显著成绩，已经建立起世界文化遗产监测巡视体系，确定了国家、省、遗产地三级监测体系和国家、省两级巡视制度，建立了国家—遗产地两级监测预警信息系统，建立了遗产地监测年度报告和定期评估制度。年度报告制度以年份为周期，由遗产所在地政府组织，对口管理部门负责，多部门协助填报，并设置了解当地农业文化遗产及其保护与发展基本情况的专职填报人，通过实地调查、部门咨询、农户调研等多种途径获取报告所需资料数据。定期评估制度以 5 年为一个评估周期，由专家委员会对保护与发展成效进行综合评估，向农业部提交评估报告，然后由农业部根据评估报告向遗产地管理部门提供评估结果并针对存在的问题提出改进建议等[①]。

对于建筑遗产合理利用及其管理而言，定期评估一方面能够通过对建筑遗产及其相关历史文化因素的调查，对建筑遗产价值、保存状况、使用价值以及管理条件做出及时评估，并根据评估成果有效调整建筑遗产的保护等级与利用类型，为建筑遗产的分级管理提供依据和标准；另一方面，作为保证落实利用规划、验证规划实施效果的重要措施，定期评估是建筑遗产行政管理部门监督、推动遗产合理利用规划实施、提高建筑遗产利用管理水平的基本方法。将定期评估进行规范化、流程化，对建筑遗产的利用状况进行监督、纠正以及根据市场变化及时进行调整管理，避免空置与过度利用。

9.1.6 建筑遗产保护利用的风险管理机制

在定期评估的基础上，及时关注与消除建筑遗产保护利用存在的隐患与风险。因此建立完善的建筑遗产利用的风险管理与监督机制极为重要。风险管理机制应用于很多行业，特别是金融投资领域已经建立起成熟的风险管理体系。

风险一般指客观存在的，在特定时间、条件下，由于某事件导致最终损失的不确定性。风险管理体系建立的最终目的是识别、评估风险，并通过采取相应措施减缓、延缓或降低风险发生的概率，或使损失最小化。风险管理的基本目标是以最小成本获得最大的安全保障。

文化遗产领域风险管理起源于 20 世纪 50 年代。20 世纪 90 年代国际文物保存与修复研究中心（ICCROM）和国际蓝盾委员会制定了文化遗产风险防范指南，对文化遗

① 闵庆文，赵贵根，焦雯珺. 世界遗产监测评估进展及对农业文化遗产管理的启示[J]. 世界农业，2015(11)：97-100.

产的风险管理提供了前期的理论指导和支持。2006 年,世界遗产委员会第三十届会议提出加强对世界文化遗产减灾的支持,并建立防灾体系;2012 年,UNESCO 针对世界文化遗产地佩特拉编写了风险管理研究报告等。在国际、国内行业专家的不断推动下,文化遗产实现了相对完善的风险管理及防控理论体系的建立。

李晓武认为不可移动文物的风险管理体系主要包括三个环节:风险识别、风险评估、风险防控。三个环节密切相关:风险识别的目的是为了做评估,评估的最终目的是为了防控[①],其中风险识别是最为核心的。闫金强认为建筑遗产风险包括:①代表文化遗产真实性和整体性的价值载体的状况及变化;②造成或影响这些变化的外界因素,即各类风险因素。它们是做出风险评估、风险防范和控制决策的依据[②]。

通常情况下,建筑遗产风险内容主要包括以下几点。

1) 自然风险

自然灾害是不可控制的风险因素,其危害极大,经常对建筑遗产造成毁灭性的破坏,对自然灾害的监测与预防主要在于编制建筑遗产区域性防灾规划以及保护规划中的防灾专项规划,并确保其中具体预防措施的有力实施。

自然风险可分为以下几种:①灾害风险,包括地质灾害、气象灾害、水文灾害以及火灾等。地质灾害对文物的破坏可能是毁灭性的,这种风险的识别需根据所处地段及地质环境进行重点评估。地震常伴随有次生灾害,如泥石流、山体滑坡,这种破坏也是致命的,如九寨沟泥石流灾害。②生物风险,主要是指植物、微生物、动物等可能对文物安全产生的影响,如植物根系对文物造成直接破坏,这些是造成文物建筑结构损毁及构件破坏的重要原因。③环境风险,指文物所处的大环境和小环境可能对文物安全产生的风险。主要反映在外界的风力、雨雪、温度、湿度、有害气体、光照、重力及冻融等对文物的劣化产生的影响。

2) 本体风险

本体风险指建筑遗产本体带来的风险,是最直接、最主要的风险,很容易导致文物的倾覆、倒塌、损毁,或者文物的劣化。主要包括以下几点。①建筑构件材料的老化。需要基于历史修缮经验总结出关于结构和材料老化的一定规律,通过现代技术深入探讨结构和材料的损毁变化规律,研究并采取可行的预防措施。②建造维护的技术风险。如保护过程中的技术使用不当、过度维修、保护措施不当等原因,造成的建筑本体损毁、破坏及风貌改变等状况。③原建筑结构和材料构造的缺陷。分为结构错误、用材不当、材料互斥不相容等。④附属文物,如雕刻、彩塑、壁画等的损毁。

3) 人为风险

人为风险强调的是人类活动(如生产、生活、旅游等)可能对文物与建筑遗产安全

---

① 李晓武,杨恒山,向南.不可移动文物风险管理体系构建探讨[J].自然与文化遗产研究,2019,4(7):74-85.

② 闫金强.我国建筑遗产监测中问题与对策初探[D].天津:天津大学,2011.

产生的影响。从大的方面讲,包括社会失控灾害和政治灾害。社会失控灾害如人口膨胀、城市膨胀、经济失控、治安失控等,政治灾害如政治动乱、战争等。从小的方面讲,周边城市开发过程中的重大工程,如地铁、高架、隧道、桥梁、高楼等建设,在其开发过程中及开发完成后都可能会对周边文物产生不利影响,影响文物安全。还有诸如日常管理疏忽、保护措施不当、管理方法不当等,如清洁方法不合理、振动、碰撞、沉淀污垢等,以及维护工程的错误实施、周边施工的不利影响、当代管理使用不当等。

4)违规风险

文物与建筑遗产保护与利用管理的法律法规在执行过程中存在普遍的违规现象,存在很大的管理风险,包括以下主要内容:①产权人、国资平台或政府部门的非法建设、非法拆除、城市建设以及其他人类活动造成的破坏。②产权人或使用人在利用中存在的不当行为。如古建筑民居的肆意拆建、改造等;更换不该替换的建筑构件,改变遗产原材料、原工艺做法等;私自改变功能用途,随意改变产权关系结构;墙和柱、门和窗上无数游客的题字,游客与文物过多的"亲密接触"等。③产权人、投资人或使用人的违规行为。主要是指经济行为,如文物保护法明确规定禁止将不可移动文物转让与抵押。然而现实中,由于经济市场资本化潮流的冲击,国资平台变向以债权、信托和基金等金融方式将名下的建筑遗产作为担保主体进行融资;同样,以股权转移模式避开文物不得转让的法律红线。这种违规行为导致产权、利用限制、使用方式的不确定,对建筑遗产的保护利用同样产生重大风险。这一点在传统的建筑遗产风险防范管理中考虑得比较少。

因此在中国传统政府主导模式中,政府则要集中于政策制定、明确规划和风险监管。其核心目标是提高资源配置和使用效率,及时关注、发现、控制与协调建筑遗产保护开发利用中市场主体行为的不确定性,防控、降低甚至避免风险损失的产生①。

9.2 建筑遗产利用管理体制的创新

当前中国建筑遗产利用管理体制因法律体系设置、规划设计机制以及规划实施过程中存在的问题,制约了其在规范与引导建筑遗产利用中的应有效能。无论是法律体系中的设置僵化、规划设计上的机制失调问题,还是规划实施中的静态管理困境,都可以从管理主体与管理过程两个方面进行原因分析,进而探索相应的解困之策。本书认为,创新建筑遗产利用管理体制要着力于建立管理结构上的多元治理体制和管理过程中的动态调整机制。

9.2.1 建筑遗产利用管理的结构创新:多元治理模式

建立建筑遗产利用管理中的多元主体治理模式,一方面要寻求管理的多元化参与,即实现从管理到治理的转变;另一方面则要建立多元主体间的协调与合作机制,实

---

① 陈曦.中国不可移动文物资产化研究[D].北京:中国财政科学研究院,2018.

现多元主体间 1+1>2 的协同治理功能。

近年来伴随社会力量的崛起,政府开始认同其他治理力量,逐步将社会个体、社会组织以及市场主体纳入社会资源资产的治理过程中,治理理念逐渐取代管理理念而成为现代治理的核心逻辑和依循路径。从两者的区别来看,传统的社会管理理念是以国家或政府作为唯一主体的,政府执行的是从上至下的单向、线性行政式管理;而治理的主体则是多元化的,体现的是政府、市场、个人、社会组织等多种力量的共同平等参与。强调党委领导、政府负责、社会协同、公众参与的双向、多元沟通和互动社会治理过程。建筑遗产利用管理同样应遵循多元主体的治理体制或模式,将当地政府(包括规划部门和行政管理部门)、投资主体、使用单位、社会组织以及社会个体作为必要的治理主体纳入统一的治理体制之中。当然,要实现建筑遗产利用管理的多元化,首先,应严格限定规划部门和行政管理部门的权责界限和职责清单,制定清晰的多元评估与考核标准。发挥规划部门高瞻远瞩制定利用战略的优势,激发行政管理部门创新措施与形式,提升实践管理效能的积极性和能动性。其次,应破除建筑遗产使用单位的短期利益思维,因为对于单位而言,短期的过度开发利用必然会造成长期的建筑遗产价值减损,甚至对建筑遗产造成无法修复的毁灭性破坏,更不用提及价值实现与增值。再次,要充分发挥社会组织在提供专业性开发利用知识与策略上的必要作用。对于一些有资质资格的专业机构与人员,要创设足够的生长空间并配给必要的发展资源,通过政府购买、国资平台支持等形式实现社会组织的功能释放。最后,建筑遗产中的社会个体同样应树立主体观念和责任意识,以主人翁的态度守护建筑遗产的历史蕴含与内在价值,自觉监督或参与到建筑遗产利用管理体制建设中来。

德国在建筑遗产保护利用中就充分体现了“多元治理、社会参与”原则。例如,柏林州政府规定,对于一些国有产权建筑遗产可以低价或象征性价格“协议出让”给私人拥有。购买者必须根据协议负责文物的修缮和保护,适度向社会公众开放并定期接受政府的监督和评估。在提升社会公众的建筑遗产保护利用意识上,德国各级政府还经常组织相关机构和社会团体开展科普和参访活动,使公众在参与中获得学习体验。同时为了提升公众的建筑遗产保护利用能力,政府还积极培育诸如“青年工匠协会”等专业性社会组织,并鼓励后者广泛吸收公众,向其传授建筑遗产保护利用的相关知识和技能①。此外,为了充分实现建筑遗产的利用价值,德国还将诸多建筑遗产更新修复作为博物馆、展览馆乃至政府机构办公大楼。不仅明确了建筑遗产的保护责任归属,也在保护中得到了合理的活化利用。以二战中受损的柏林断头教堂为例,政府在修复利用这一建筑遗产的过程中充分听取了民众的反对意见,没有进行简单复原,而是采用建筑师埃尔曼的设计方案:在损毁的旧建筑上加建一座现代风格的新教堂和一座六角形的新塔楼,并在教堂旁边砌成的矮墙上嵌满当年被炸碎的教堂窗子上的彩色玻璃。于是,今天走在柏林街头的人们,能够从这鲜明的对比和“断头”的残缺美中感受到浓

① 罗伯特·帕卡德.欧洲文化遗产政策以及实施评论[Z].欧洲委员会,2002.

厚的历史气息，这种设计也警示后人反思战争，珍惜和平①。

当然，如果说管理主体的多元化为建筑遗产的合理利用提供了必要的治理主体准备，那么主体之间协调与合作机制的建立，就决定了这些主体能否自愿且尽可能地发挥出其潜在的治理力量。唯有如此，才能实现建筑遗产合理利用的协同管理与可持续发展。应该说，多元的治理主体的协调与合作机制贯穿于建筑遗产利用整个过程，建立形式与最终实现也以不同形式表现出来。例如，对于承担不同职能的政府部门而言，可针对某一单个建筑遗产组成包括多个部门成员的项目小组，共同制定合理利用的规划设计并监督其具体实施；也可成立专门的建筑遗产利用管理办公室以提供多主体对话协商的平台。对于社会个体而言，可培育发展具有整合性、代表性的社会组织，以使社会个体在沟通、交流中表达自身的利益，并达成利益共识。社会组织也可以代表这些零散的个体与企业或政府进行对话，将这些共识性利益传达给决策系统，或对政府决策进行合理解读和有序引导，以防公共政策在传播与施行过程中扭曲异化。

以上海市为例，有效的协调合作机制确保了建筑遗产合理利用的有序开展。一是搭建保护管理协调平台。2004 年上海市委、市政府批准成立上海市历史文化风貌区和优秀历史建筑保护委员会。保护委员会办公室原设在市房管局，委局合并后，现设在市住建委，由市住建委、市规划局和市文管委派员组成，加强了对全市保护管理工作的统一领导和统筹协调，具体落实保护委员会决定的各项工作。管理难题提交到平台讨论，解决措施在平台提出，长效管理制度在平台不断深化，形成了资源共享的保护管理格局。二是组建保护专家委员会。尊重专家、依靠专家是充分发挥专家作用的前提。经上海市政府批准，组建了以郑时龄院士领衔，规划大师、建筑大师、结构大师、施工专家和历史、文物等各专业领域学科带头人参与的专家委员会。在推荐保护建筑认定、规划评审、项目会审、抢救性保护论证等方面借力于专家委员会的智慧和经验，出主意、找对策、把好关。不仅作用明显，还解决了许多技术和管理难题，培养了一大批青年人才。三是细化日常保护管理网络。市住建系统在不断完善市、区、房管办事处三级管理体制的同时，进一步细化工作责任和要求。市住建委增设历史建筑保护处，与房屋修缮改造处合署办公。一些区房管局也建立了历史建筑保护科，与修缮科或物业管理科合署办公，并配备专业管理人员。各办事处层面负责巡查、抽查，发现问题进行劝阻、教育、报告，处置解决一般的日常使用违规行为，促进了属地管理和执法。②

9.2.2 建筑遗产利用管理的机制创新：系统的制度体系

在建筑遗产利用管理过程中，制度体系将提供最为根本的管理依据和标准。这是因为人们的行为选择是其对不同制度所做的情境性和权宜性诠释与援引的过程，制度与人们日常生活的互动，以及这种互动过程中产生的制度之间的碰撞与行为选择的调

① 赵雨亭，李仙娥.德国历史建筑保护的制度安排、模式选择与经验启示[J].中国名城，2016(10)：78-82.

② 曾浙一.上海历史建筑保护管理的实践与探索[J].住宅科技，2016，36(11)：20-26.

整与塑造，都将对建筑遗产合理利用的行为选择提供最根本的主体要素和行为结构。正是从这个角度，本书认为，建筑遗产利用管理的机制创新最为根本的是形塑一套科学而高效的系统性制度体系。

为此，就需要实现如下两个方面的要求。一方面，需要一套体系化、系统性的正式制度与配套体系。需要指出的是，正式制度与配套体系显著不同于各种惯例、习惯或风俗民情，也绝非用以规范利用管理行为的准则或指南，而是针对建筑遗产利用管理的强制性地方法规与法律体系。具有一定的普适性，必然统一应用于区域内所有建筑遗产利用主体，以及相应的规划与管理部门。同时这种制度体系必须要以人民的利益为根本落脚点。政府应克服自身的自利性取向，并警惕企业为利益最大化而做出的侵损行为，将区域内人民群众的利益诉求和利益标的作为制定规范的准则。切实建立一套涵盖规划、管理、实施、监督、评估等整体过程的系统性制度体系，使得建筑遗产合理利用的每一环节都有既定的制度可以遵循和评估参考。另一方面，正式制度要有非正式规范作为支撑，或者说正式制度要与非正式规范保持内在的一致性和协调性。这是因为正式制度作为地方风俗民情、惯例规则的外在表现和固化形式，得以在社会中被广泛认可并切实施行，是依赖于非正式规范的支撑和浸润的。非正式规范是一种非正式性的约束力量，具有自我执行能力，在共享规范性观念的群体中，可以产生“不言而喻的默契”①。建筑遗产利用的正式管理制度体系既要与当地的风俗民情保持一致，又要注重传承建筑遗产本身的历史文化价值。

以苏州平江历史街区为例，作为苏州城内迄今保存最为完整、规模最大的历史街区，在其合理利用的过程中，首先，以“真实性”作为保护与整治的基本原则，对历史信息进行系统梳理，尽力保留了原有的历史细节，使历史文脉得以很好地传承。修缮的建筑努力做到“修旧如旧”，只有非拆不可的危房才尽量按照原有样式重造。其次，从生活形态的真实性和空间的舒适性出发，疏散部分人口，提升原居民的生活质量。具体做法是通过拆迁补偿，迁出部分居民，改善了“迁与留”者的居住条件。政府集中进行上水、污水管道改造，分批为街区的居民建造家庭简易卫生间，居民只需自行购买一只抽水马桶即可。卫浴设备可由社区的志愿者上门免费安装。再次，从全局的角度梳理历史街区的商业形态，宁缺毋滥，合理安排商铺的位置和功能。目前平江路的沿街商铺是休闲、茶室、客栈、手工艺品店等，往里走仍保留着原有的传统居住形态。正是由于这些原因，平江路成为苏州古城体验旧时江南街巷的最佳去处。联合国教科文组织亚太文化事务主任理查德·恩格哈德先生认为：“平江历史街区之所以能获奖，原因在于其展现出来的成功的合作关系和强有力的规划方案，政府、居民以及技术专家通力合作，保证了项目的成功和可持续性，苏州市政府所做的投入改善了历史街区的基础设施与环境条件。平江历史街区的成功在很多方面可以为其他城市的历史建筑提

---

① 托马斯·谢林.冲突的战略[M].赵华，等译.北京：华夏出版社，2006：73.

供借鉴。”①

9.2.3 建筑遗产利用管理的过程创新:社会参与模式

尽管在国内外关于建筑遗产合理利用的管理文件或通行惯例中,当地政府部门被视为理所当然的管理核心,但是广大公众与社会组织同样是建筑遗产合理利用的重要的管理主体,具有政府不具备的独特的社会资源和优势,应当参与到建筑遗产合理利用与管理过程中。对于社会公众而言,正如2015《中国准则》所指出:“文物古迹是全社会的共同财富,公众应了解文物古迹的保护情况,有责任和义务对文物古迹的保护、管理提出建议,实施监督。应让公众了解规划的主要内容,并征求公众的意见。”②当然,散沙状、碎片化的社会个体必然难以形成一定的参与力量。何况个体往往根据利益需要而权宜性地调整其参与策略,从而影响合理利用中的有序参与。同时社会个体往往难以掌握建筑遗产合理利用的专业性知识或业务技能,这也影响了公众参与的有效性和能动性。专业机构或行业协会扎根社会、凝聚公众利益诉求,汇聚了专业技术人员因而具有突出的专业能力,愈发凸显出其参与建立建筑遗产利用的动态管理模式的重要性。日本的民间非营利组织在建筑遗产的保护与利用过程中发挥了重要作用。例如,1975年日本各地的参与街区保存的民间组织成立了“全国街区保存联盟”,有64个民间组织加盟,作为特定非营利法人组织,对全国各地的街区进行调查,做出保存计划,筹集资金为街区再开发设立各种基金,向政府提出各种建议和意见,组织义演等宣传活动。这些行为促进了许多地区的再开发活动的发展,成为沟通行政机构和居民之间的桥梁③。

2018《若干意见》明确指出:“健全社会参与机制。坚持政府主导、多元投入,调动社会力量参与文物保护利用的积极性。在坚持国有不可移动文物所有权不变、坚守文物保护底线的前提下,探索社会力量参与国有不可移动文物使用和运营管理。鼓励依法通过流转、征收等方式取得属于文物建筑的农民房屋及其宅基地使用权。加大文物资源基础信息开放力度,支持文物博物馆单位逐步开放共享文物资源信息。促进文物旅游融合发展,推介文物领域研学旅行、体验旅游、休闲旅游项目和精品旅游线路。”

当然,参与管理模式的实现有赖于政府主动公开建筑遗产开发利用的规划设计以及相关公共政策议程,着力提供一个让各种利益诉求得到表达的平台,让公众、社会组织以及企业等管理主体的意见参与到政策议程中来。比如,政府应改变过去文化、财政、教育、旅游等行政管理部门分立设置、各自管理的做法,建立相对统一的、整合性的行政协调组织或半官方团体,统一负责本地建筑遗产(文物建筑、历史建筑以及历史地段等)的规划设计、实施监督、评价反馈乃至城市规划等治理职能,为社会公众、社会组

---

① 李浈.政府主导下的乡土建筑遗产保护管理运作模式比较:以江南水乡的苏州平江历史街区与西塘古镇为例[J].南方建筑,2011(6):33-37.

② 国际古迹遗址理事会中国国家委员会.2015中国文物古迹保护准则[M].2015年修订.北京:文物出版社,2015.

③ 佐藤礼华,过伟敏.日本城市建筑遗产的保护与利用[J].日本问题研究,2015,29(5):47-55.

织、相关企业以及政府职员提供集中、对话、协商、共治的组织平台。以柔和的、积极的姿态和开放的、动态的机制开展建筑遗产保护、利用与管理活动，“积极引导鼓励社会力量投入文物保护利用”。值得一提的是，在信息化、网络化高度发达的时代，政府信息公开和政策开放不再受限于时空限制而难以实现，如何合理、规范使用互联网平台，是未来决定建筑遗产利用管理过程创新的重要因素。

以贵州西江千户苗寨的开发利用为例，可见社会公众的动态参与机制足以成为影响建筑遗产合理利用的决定性因素。西江地区是中国最大的苗族人口集聚地，当地不仅有美丽的苗岭风光，而且当地独特的生活习惯、宗教文化、木质建筑群、苗绣蜡染和银饰以及美食总是带给人强烈的愉悦感。余秋雨先生曾经评价：“用美丽回答一切，看西江知天下苗寨”。然而，西江苗寨在开发利用过程中也曾因公众参与不足而导致群体性抗议事件，扰乱当地的旅游秩序，甚至对品牌价值带来损害。在当地苗族的传统治理模式中，“老人会”是延续至今的重要治理力量。“老人会”由村子里一些德高望重的老人自发组成，并没有严格的组织形式，有公选的会长，专门议事断事，传达村民意愿，评议乡村决策。在苗寨开发初期到利益分配阶段，“老人会”在代表村民与政府和运营单位进行交涉过程中，始终处于村寨利益与政府利益博弈关系的焦点位置。例如，其代表村民与政府就同村道路修建而产生的房屋土地征用补偿进行沟通，然而当地政府将“老人会”定性为民间非法组织而将其解散。于是在村民和基层政府之间的缓冲地带被瓦解了，普通村民被排除在游戏规则之外，面对强势的镇政府和旅游公司也丧失了沟通对话的渠道。对政府而言，虽少了“老人会”这个“绊脚石”后短期获得了顺畅的办事渠道，却造成了长期性的公信力减损。在门票收入分配、耕地占用补偿、管制村民车辆、景区学校医院搬迁等问题相继爆发的持续高压下，最终引发了“8・10”群体性示威事件，导致旅游管理近乎瘫痪，苗寨声誉受到极大损害。当地政府以及苗寨管委会从这一事件中吸取了教训，在创新苗寨开发利用管理模式时，主动恢复“老人会”，以增进政府与公众的互动联系，先后推出“荣誉村民”征选活动，设置村民民族文化保护奖励资金等。让村民参与到苗寨保护、利用过程中来，主动参与动态管理，实现了西江千户苗寨旅游业和文化价值的繁荣发展。

9.2.4 建筑遗产利用管理的思维创新：资源资产管理机制

2018《若干意见》指出：“建立文物资源资产管理机制。健全国有文物资源资产管理体系，制定国有文物资源资产管理办法，建立文物资源资产动态管理机制。实行文物资源资产报告制度，地方各级政府定期向本级人大常委会报告文物资源资产管理情况。完善常态化的国家文物登录制度，建设国家文物资源大数据库。”

资产管理在市场经济中属于常见现象。但在文物管理领域，文物资源资产管理尚是新课题。研究文献自2000年以来有65篇，其中在2018年之前每年不足5篇，2018年猛增至23篇。对于将文物资源纳入国有资产管理的现实需求，从向全国人大报告的相关要求内容可总结为“国有文物资产总量（家底），管理制度的建立和实施情况，安全状况和提供公共服务情况(保护与利用)等三个方面”。

从原本的保护性资源的管理思维向资源资产管理思维转变,这不是简单的管理方式更新,而是要进行全方位的思维转型与制度性改变。如何适应这种机制的重大调整,需要各方面的摸索与创新。文物资源反映的是物质存在,体现其稀缺性和效用性;文物资产反映其权益,体现了排他性和约束性。利用就是在权益约束的前提下,实现效用性的手段与方法。文物保护利用引入市场机制,需建立产权明晰的文物资产管理体制,特别是国有文物资产管理体制。针对文物利用中擅自改变文物管理体制、任意转让国有文物(及其附着土地)使用权的乱象,应当加强国有文物资产确权、登记、评估、转让、收益分配等全过程的监管,确保国有文物使用权经营权转让和行使过程符合文物保护特殊要求①。

当然充分运用互联网、大数据、云计算、人工智能等信息技术,推动文物与建筑遗产的利用与管理融合创新也是重要创新领域。

9.3 建筑遗产利用管理中大数据应用的创新

2014 年起,在朱光亚先生的指导下,笔者会同东南大学李新建老师等一起构建了一个建筑遗产利用领域的互联网数据平台——建筑遗产保护利用平台。建立数据平台的意义在于建筑遗产的利用管理、策划定位和功能分区需要大量信息数据支持才更具有说服力。最典型的数据内容就是国家公布的历史名镇 252 个、历史名村 276 个、历史街区 30 个、中国历史文化名街 50 个,共 608 个历史地段项目②实际的利用情况。包括利用定位、功能分区、重点建筑使用情况、经济相关数据等,而这些数据大部分可以在互联网上公开查询收集。但由于工作量大,利用前景不明,目前还没有人专门从事这项基础性工作。为了统一称谓,本书将历史名镇、名村、历史街区、历史文化名街项目合称为“历史地段项目”。

系统性地将这些与利用相关的数据信息进行归纳整理,最终形成利用数据库,配上相应的 web 端和微信移动端查询工具,对利用管理工作有重大意义。

(1) 目前,历史地段项目保护规划中的利用规划、功能定位和用途分区越来越得到重视。而且随着市场的认可,类似项目会越来越多。建立利用数据库(目前有 608 个项目,文字信息约 3 万条,图片信息达到 39 000 张)作为研究的信息基础,采用相对符合的市场案例来论证工作结果的准确性,具有显著的现实工作意义。

(2) 建立数据库的时候,有意识地将各种因素分别列明,特别是可以量化的数据,这样便于分析各种因素数据间的相关关系。如 GDP、旅游人数、旅游收入、业态比例、住宿标准等彼此之间都可以用来分析。通过建立利用管理数据库,给日常工作管理提供了丰

① 于冰.国有文物资源资产管理的几个关键问题[J].中国文化遗产,2019(4):73-80.

② 历史文化名城与省级的名镇、名村、名街的数据信息量太大,暂未考虑上线。

富的案例，对于课题研究、经济学研究、保护与利用研究等具有重要的学术意义。

9.3.1 历史地段项目的特性分析

新中国成立初期，梁思成和陈占祥两位前辈针对北京城古建筑利用的设想是国内最早的建筑遗产改造再利用的理论之一。改革开放之后，社会对传统历史建筑的功能价值和文化价值有了深层次的认识，建筑遗产的再利用发展步入正轨。例如，越来越多的历史建筑被改造更新，实现了功能更改，或成为私人独立别墅，或成为商业、办公、游览的载体。

随着国家级历史文化名镇、名村、名街和历史街区的陆续公布，人们的关注视角从单一的建筑转移到建筑群与历史地段的整体聚落环境和历史综合信息上。发挥其社会与文化价值作用，重视整体性保护与开发相结合的改造再利用方式。当前，发展旅游是历史地段项目再利用最直接的方式。尤其是那些保存得比较好、历史价值高、景观特征突出、文化底蕴深厚的乡镇、村落、街区，如浙江的乌镇、江西的婺源、湖南的张谷英村和太平老街、天津五大道等。随着城市化进程的加快以及城市旅游开发活动的开展，基于旅游、休闲为主要功能导向的旅游开发活动也不断提升，促进着地方经济发展。（表 9.2）

表 9.2 历史地段项目利用方式一览表

历史地段类型	主要利用方式	其他利用方式
历史名镇	旅游	餐饮、购物、酒吧、银行、办公居住
历史名村	旅游	酒店旅馆、餐饮小吃、纪念品、地方特产
历史名街	旅游、购物	餐饮、服饰精品、传统文化工艺品
历史文化街区	旅游、购物	餐饮、服饰精品、传统文化工艺品

1）历史地段项目的多样性

我国建筑遗产形式多样、形象多类、遗存数量庞大，是我国旅游发展的重要物质基础。我国建筑遗产内涵丰富，意境深远。不同建筑遗产映射出不尽相同的意境，能唤起旅游者对历史的记忆，获得不同的情思激发和理念联想，或激昂慷慨、雄伟悲壮，或幽静恬淡、闲适飘逸，或寥廓远大、气势磅礴，或小巧玲珑、纤细娟秀。建筑遗产意境涵蕴如此深广，其表述方式必然丰富多样，这就赋予了建筑遗产异样的灵魂。这是我国建筑遗产不同于西方的显著特点，也体现出我国建筑遗产异质性的一面。此外，建筑遗产在其等级制度、地域特点、历史文化、细部处理等诸多方面存在或多或少的差异性，使不同建筑具有不同的特色，这种特色是发展旅游业的灵魂。如果失去差异性变得千篇一律，也就失去了历史文化遗产旅游引力和开发动力。作为特色的旅游资源，以建筑遗产为主体的历史地段项目已是众多旅游地的标志，成为当地的"旅游名片"。

2）历史地段项目的多元价值

建筑遗产是历史遗留下来的宝贵财富，是各种物质与非物质信息、历史印痕等的重要载体。我国建筑遗产在历史、艺术、科学、社会、文化等方面以及派生出的旅游品牌、精神、经济方面蕴藏着突出的普遍价值，包括历史价值、艺术价值、科学价值、社会价值、文化价值、精神价值、旅游与品牌价值、经济价值等。各类价值又有其突出的建筑遗产代表，见表 9.3 所示：

表 9.3 不同价值类型对应的典型项目代表

价值类型	典型项目代表	主要特点
历史价值	拉萨市八廓街	距今约有 1300 年历史，建筑遗产保存完好，具有深厚的历史价值
艺术价值	山东省青岛市八大关	素有“万国建筑博览会”之称，有 20 多个国家的建筑，对后人研究建筑艺术风格有很大的影响
科学价值	北京皇城历史文化街区	皇城的规划布局、建造技术、色彩运用具有很高的科学性，当代许多建筑都借鉴于此
社会价值	福建省漳州古街	现存老字号招牌 20 余处，街区内人文气息丰富，当地民风民俗保留较好
文化价值	北京市国子监街	在古代是中国官方的最高学府，至今仍保存许多文化遗产，具有极大的文化价值
精神价值	江西婺源县汪口村	山清水秀，风景宜人，历史名村淳朴的风格保留完好，给人极大的精神享受
旅游与品牌价值	江苏省昆山市周庄镇	全镇以旅游业为主，旅游品牌十分著名，每年旅游人数在全国名列前茅
经济价值	浙江省桐乡市乌镇	当地旅游业、工商业、服务业等产业发达，经济发展迅速，许多国际会议在此召开

3）国家级历史地段项目分布的不平衡性

从图 9.1 可看出，我国国家级历史地段项目主要分布于中东部地区。按照历史地段项目所在城市在中国东、中、西三大经济地带的分布状况进行统计，东部地区的数目占全国总数的 50.54％，中部占 26.92％，西部占 22.53％。由此可见，中东部地区是我国历史地段项目的凝聚区。东北地区与西部地区数量较少，表现出分布的明显不平衡性。

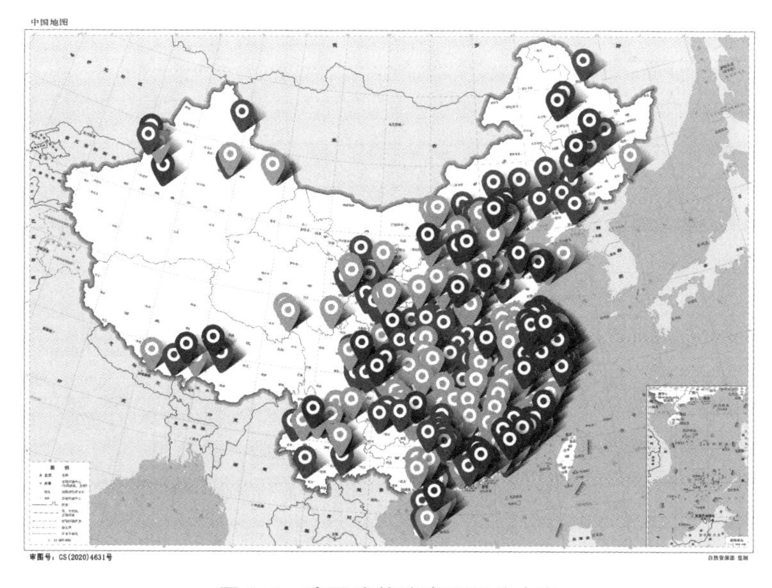

图 9.1 我国建筑遗产项目分布图

9.3.2 历史地段项目的空间分析

1) 历史地段项目的分布状况

(1) 省域特征

从省域角度分析,历史地段项目的分布极不平衡(表 9.4)。31 个省(区、市)平均为 19.61 个。浙江省以 54 个居全国首位,占 8.88%。山西、广东、江苏和福建均超过 40 个,其总个数达到 186 个,占全国的 30.59%。与此形成鲜明对比的是天津、内蒙古、新疆、西藏、宁夏、黑龙江、吉林、辽宁、海南、青海和甘肃等 11 个省份均未超过 10 个,合计为 64 个历史地段项目,仅占总数的 10.53%。在省际层面上,历史地段项目这一分布态势与中国历史名村落的集中分布存在一定的关联性。太湖流域的水乡历史名镇群、皖南历史名村落群、川黔渝交界历史名村镇群、晋中南历史名村镇群、粤中历史名村镇群这五大历史名村、名镇群落为主分布区域,总数几乎占到了全国的一半。

表 9.4 国家级历史地段项目的省际分布

省(区、市)	历史名镇	历史名村	历史名街	历史街区	合计	所占比例
北京市	1	5	2	3	11	1.81%
上海市	10	2	3	1	16	2.63%
天津市	1	1	1	1	4	0.66%
重庆市	18	1	1	1	21	3.45%
内蒙古自治区	4	2			6	0.99%
新疆维吾尔自治区	3	4		2	9	1.48%
宁夏回族自治区		1			1	0.16%
广西壮族自治区	7	9		1	17	2.80%
西藏自治区	2	3	2		7	1.15%
黑龙江省	2		2	1	5	0.82%
吉林省	2	1	1	1	5	0.82%
辽宁省	4				4	0.66%
河北省	8	12			20	3.29%
河南省	10	2	2		14	2.30%
山东省	2	5	3		10	1.64%
山西省	8	32	2		42	6.91%
湖南省	7	15		1	23	3.78%
湖北省	12	7		1	20	3.29%
安徽省	8	19	4	1	32	5.26%
江苏省	27	10	7	5	49	8.06%
浙江省	20	28	2	4	54	8.88%
福建省	13	29	6	4	52	8.55%

续表 9.4

省份	历史名镇	历史名村	历史名街	历史街区	合计	所占比例
江西省	10	23	1		34	5.59%
广东省	15	22	5	1	43	7.07%
海南省	4	3	1		8	1.32%
贵州省	8	15	1		24	3.95%
云南省	7	9	1	1	18	2.96%
四川省	24	6	2	1	33	5.43%
陕西省	7	3	1		11	1.81%
青海省	1	5			6	0.99%
甘肃省	7	2			9	1.48%
总计	252	276	50	30	608	100%

国家级历史名镇、历史名村、历史街区和历史名街在省际分布上也不平衡(表 9.4)。历史名镇分布于 30 个省(区、市),历史名村分布于 29 个省(区、市),历史名街分布于 21 个省(区、市),历史街区分布于 17 个省(区、市)内。通过图 9.2 可以发现,历史名镇数量前三位的是江苏、浙江、四川,占全国名镇的 28.17%,充分说明了太湖区流域江南名镇和川渝名镇的影响力,这与古代交通格局和商品集聚散动力密切关联。例如以江苏周庄、甪直、同里,浙江乌镇、西塘、南浔,上海朱家角等为代表的江南水乡历史名镇,是江南"水"文化和"丝"文化的结晶。素有"天府之国"以及"南方丝绸之路"之称的四川拥有上里、罗泉、磨西、龙华、铁佛、西坝等名镇。通过表 9.4 可以看出,名村数量前三位的则是山西、福建、浙江,占全国名村的 32.25%。这些地方历史名村聚集区的形成与当时经济的发展有直接的联系,其中最具典型的为山西晋中历史名村落聚集区,拥有 32 个历史名村。民间故有"皇家看故宫,民居看山西"的说法,表明晋中南历史名村镇群的影响力。其历史名街和历史街区则分布数量不多,均在 3 个以下,见图 9.2 至图 9.5。

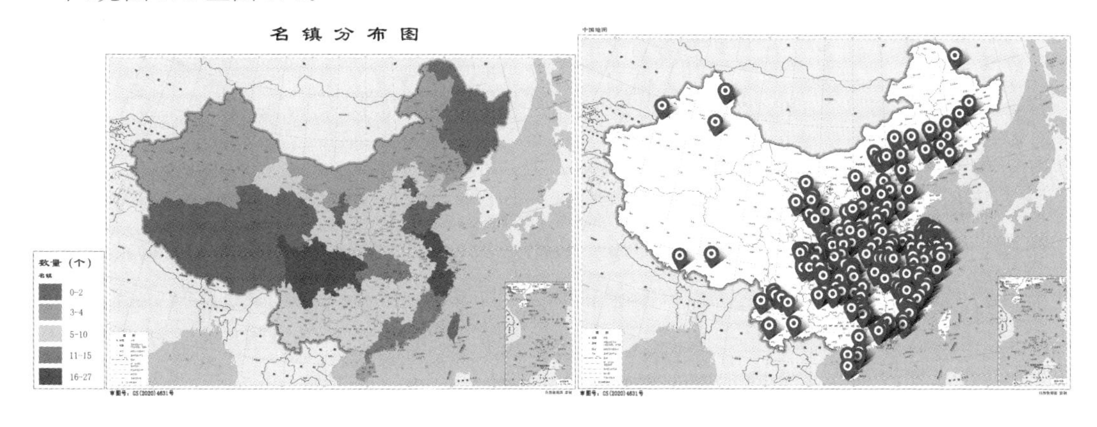

图 9.2 国家级历史名镇省际分布图

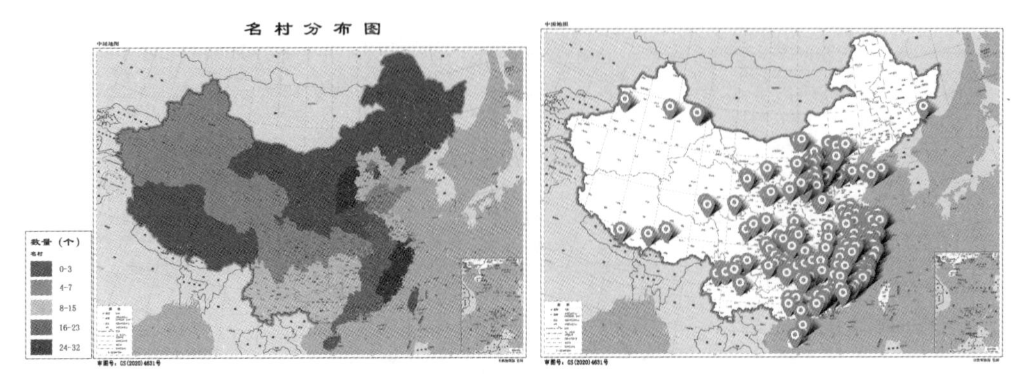

图 9.3 国家级历史名村省际分布图

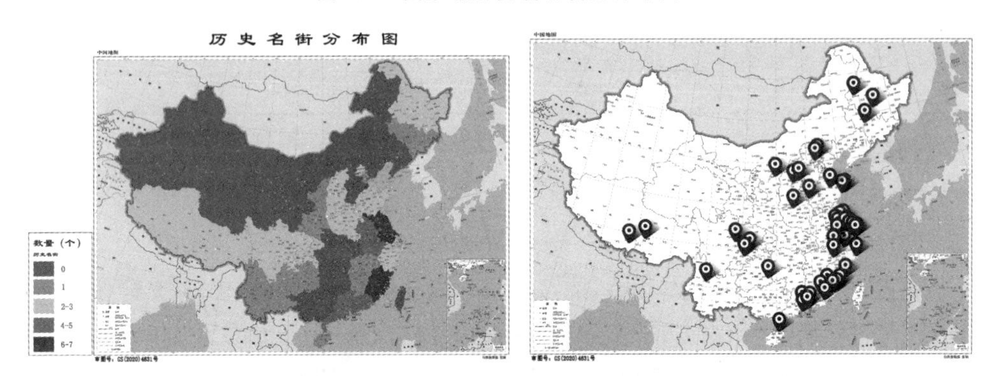

图 9.4 国家级历史名街省际分布图

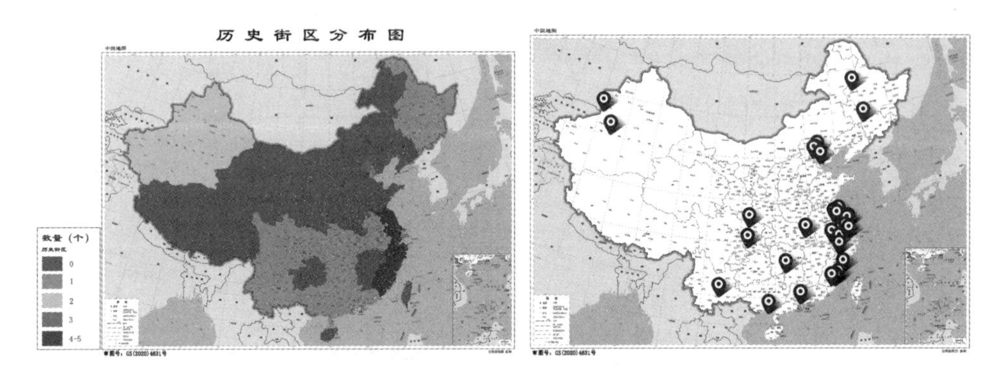

图 9.5 中国历史文化街区省际分布图

(2) 区域特征

将全国 31 省(区、市)分为七大区域：华东地区(包括山东、江苏、安徽、浙江、福建、上海)、华南地区(包括广东、广西、海南)、华中地区(包括湖北、湖南、河南、江西)、华北地区(包括北京、天津、河北、山西、内蒙古)、西北地区(包括宁夏、新疆、青海、陕西、甘肃)、西南地区(包括四川、云南、贵州、西藏、重庆)、东北地区(包括辽宁、吉林、黑龙江)。从中可以看出历史地段项目的区域不平衡状况也非常突出(表 9.5，图 9.6 至图 9.8)。历史地段项目在各区域都有分布，其中华东区最为集中，总数比例占到 35.03%，其次为西南区，总数比例占到 16.94%。如果单独考虑名镇、名村、历史名街和历史街区，各区域的排序存在一定的变动，华中区虽然名镇名村数量较多，但历史名街和历史街区的数量仅有5个。由此可见，中国历史地段项目在区域分布上极不平衡，呈聚落型空间分布状态。

表9.5 历史地段项目的区域分布

区域	历史名镇		历史名村		历史名街		历史街区		小计	所占比例
	数量	比例	数量	比例	数量	比例	数量	比例		
华东	80	31.75%	93	33.70%	25	50.00%	15	50.00%	213	35.03%
华南	26	10.32%	34	12.32%	6	12.00%	2	6.67%	68	11.18%
华中	39	15.48%	47	17.03%	3	6.00%	2	6.67%	91	14.97%
华北	22	8.73%	52	18.84%	5	10.00%	4	13.33%	83	13.65%
西北	18	7.14%	15	5.43%	1	2.00%	2	6.67%	36	5.92%
西南	59	23.41%	34	12.32%	7	14.00%	3	10.00%	103	16.94%
东北	8	3.17%	1	0.36%	3	6.00%	2	6.67%	14	2.30%
合计	252	100.00%	276	100.00%	50	100.00%	30	100.00%	608	100.00%

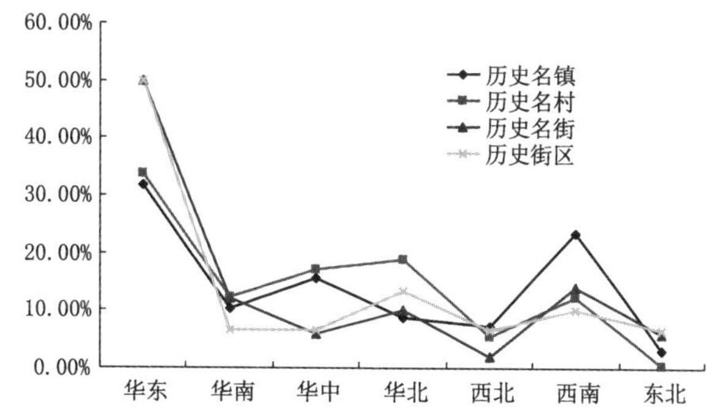

图9.6 历史地段项目的区域分布折线图

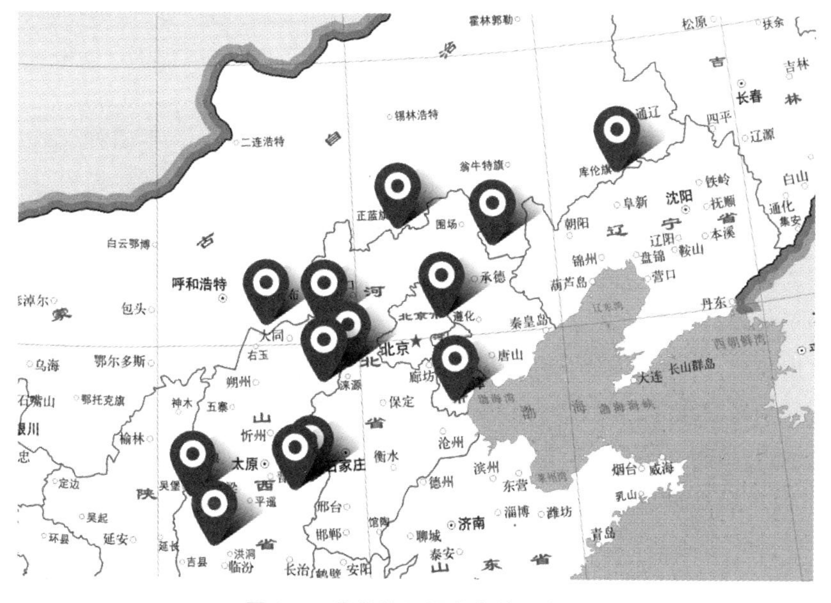

图9.7 华北地区历史名镇分布图

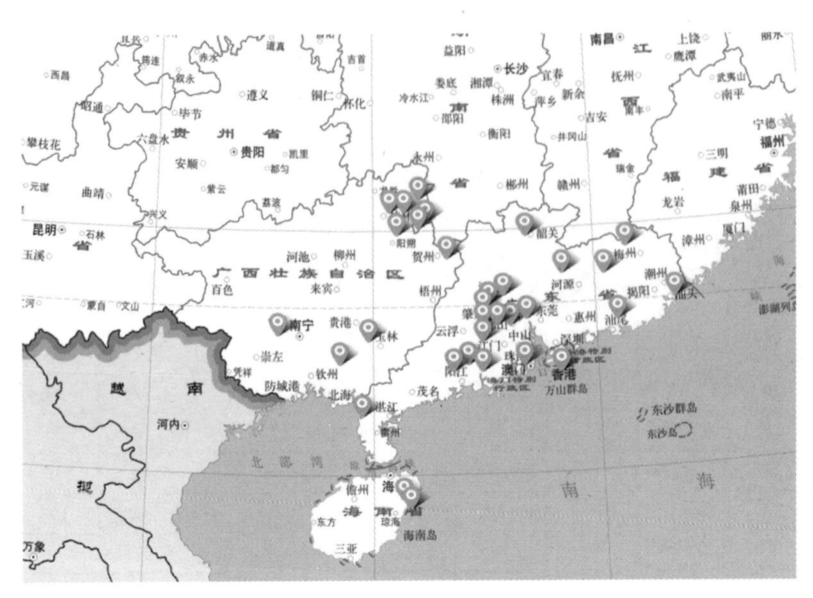

图 9.8　华南地区历史名村分布图

2）历史地段项目空间分布分析

（1）历史地段项目空间分布均衡程度

不平衡指数反映了研究对象在不同层级或不同区域内分布的齐全程度或均衡程度，其计算公式为：

$$S = \frac{\sum_{i=1}^{n} Y_i - 50(n+1)}{100n - 50(n+1)} \tag{9.1}$$

式中：S—— 不平衡指数；

n—— 所研究的省（区、市）数量；

Y_i—— 各省（区、市）历史地段项目数量比重从大到小排序后，第 i 位的累积百分比。

不平衡指数 S 取值在 0 到 1 之间，当 $S = 0$ 时，表明分布绝对平衡；反之，表明完全集中在一个省（区、市）内。根据公式，计算出 $S = 0.436$，表明历史地段项目分布存在一定的不平衡性。

历史地段项目分布之所以存在一定的不平衡性，有如下几个原因。首先，历史地段项目的形成受自然和历史文化双重因素的影响，根据历史地段项目的区域和省际分布结果就能看出，并不是中国的每个地区都有历史地段项目。其次，历史地段项目的评选也会受到诸多因素的约束，如历史地段项目价值、区位条件、区域经济发展水平、交通可达性、市场等。

（2）历史地段项目的空间分布集中程度

地理集中指数主要用来衡量地理现象在空间分布上的集中程度，计算公式为：

$$G = 100 \times \sqrt{\sum_{i=1}^{n} \left(\frac{x_i}{T}\right)^2} \tag{9.2}$$

式中:G—— 历史地段项目的集中指数;

x_i—— 第 i 个省(区、市)历史地段项目数量;

T—— 历史地段项目总数;

n—— 省(区、市)总数。

G 取值在 0 ~ 100 之间,G 值越大,表明历史地段项目分布越集中;G 值越小,则景区分布越分散。

根据公式(9.2),计算出历史地段项目的地理集中指数,如表 9.6 所示:

表 9.6 历史地段项目分类型的地理集中指数

	历史名镇	历史名村	历史名街	历史街区
实际集中指数	23.29	25.88	26.83	30.18
平均分布的集中指数值	7.44	8.15	1.48	0.89

假设历史地段项目各类型平均分布于各省(区、市),则得出平均分布的地理集中指数值。从表 9.6 中可以看出,历史地段项目各类型分布较为集中。

区位条件、区域经济发展水平、交通可达性是影响历史地段项目空间分布的关键因素。旅游资源禀赋决定历史地段项目开发和利用的可能性,为历史地段项目空间分布奠定基础;区位条件决定了历史地段项目的潜在客源区;区域经济条件决定历史地段项目所在区域的基础设施建设;交通可达性决定了到达历史地段项目当地的便利性,从而决定了游客访问量。例如华东地区的浙江与江苏两省经济发达、交通便利,有独特的资源禀赋和深厚的文化传承,这些优势集中了全国接近 1/5 的历史名镇数量。

9.3.3 历史地段项目的经济分析

1)区域经济发展水平

历史地段项目的空间不均衡分布也取决于所依托省、市的经济水平差异。当前数量排名前 5 名的省份城市化率均达到 40%以上。其中浙江、江苏、福建和广东作为中国华东和华南区域强省,城市化水平较高,经济发达,具有雄厚的经济基础和旅游意识。投入大量资金修复当地历史地段项目(包括历史名镇、历史名村、历史街区和历史名街等),再以旅游业作为带动历史地段项目利用和发展的新经济增长点。安徽和山西当前经济发展程度虽然不如东部沿海省份,但这两个省自明清时期便是全国经济重地。伴随朝代更替,有充足财力维护历史地段项目的完整和繁荣,因此保存也比较齐全,评选出来的历史文化名镇、名村数量也较多。(表 9.7)

表 9.7 第一批国家级历史名镇市级 GDP(2018 年)

项目号	项目编号	项目名称	统计年份	市	年度 GDP /亿元	与中心城市距离 /km
1	Z01001	山西省灵石县静升镇	2018	晋中市	1 447.60	144.50
2	Z01002	江苏省昆山市周庄镇	2018	苏州市	18 500.00	46.00
3	Z01003	江苏省吴江市同里镇	2018	苏州市	18 500.00	27.10
4	Z01004	江苏省苏州市吴中区甪直镇	2018	苏州市	18 500.00	31.50
5	Z01005	浙江省嘉善县西塘镇	2018	嘉兴市	4 872.00	32.50
6	Z01006	浙江省桐乡市乌镇	2018	嘉兴市	4 872.00	33.50
7	Z01007	福建省上杭县古田镇	2018	龙岩市	2 393.30	48.40
8	Z01008	重庆市合川区涞滩镇	2018	重庆市	20 363.19	94.40
9	Z01009	重庆市石柱区西沱镇	2018	重庆市	20 363.19	228.50
10	Z01010	重庆市潼南区双江镇	2018	重庆市	20 363.19	120.30
11	Z02001	河北省蔚县暖泉镇	2018	张家口市	1 536.60	19.10
12	Z02002	山西省临县碛口镇	2018	吕梁市	1 420.30	62.80
13	Z02003	辽宁省新宾满族自治县永陵镇	2018	抚顺市	1 048.80	96.80
14	Z02004	上海市金山区枫泾镇	2018	上海市	32 679.87	66.30
15	Z02005	江苏省苏州市吴中区木渎镇	2018	苏州市	18 500.00	12.80
16	Z02006	江苏省太仓市沙溪镇	2018	苏州市	18 500.00	70.90
17	Z02007	江苏省泰州市姜堰区溱潼镇	2018	泰州市	5 107.63	18.00
18	Z02008	江苏省泰兴市黄桥镇	2018	泰州市	5 107.63	21.00
19	Z02009	浙江省湖州市南浔区南浔镇	2018	湖州市	2 719.00	40.30
20	Z02010	浙江省绍兴市安昌镇	2018	绍兴市	5 417.00	21.50
21	Z02011	浙江省宁波市江北区慈城镇	2018	宁波市	10 746.00	18.80
22	Z02012	浙江省象山县石浦镇	2018	宁波市	10 746.00	104.30
23	Z02013	福建省邵武市和平镇	2018	南平市	1 792.51	175.70
24	Z02014	江西省浮梁县瑶里镇	2018	景德镇市	846.6	57.80
25	Z02015	河南省禹州市神垕镇	2018	许昌市	2 830.60	70.10
26	Z02016	河南省淅川县荆紫关镇	2018	南阳市	3 566.77	203.30
27	Z02017	湖北省监利县周老嘴镇	2018	荆州市	2 082.18	105.90
28	Z02018	湖北省红安县七里坪镇	2018	黄冈市	2 035.20	147.20

2）交通可达性分析

交通可达性也影响着历史地段项目的空间分布。在历史地段项目中被评选为中国历史文化名镇、名村、名街的地区在历史上多位于交通要道，并依托优越的交通区位得到长足发展。在古代，水运是最主要的交通方式。根据已有的统计数据可知在长江、黄河和珠江三大河流流域历史地段项目分布广泛，并呈现自西向东随流向递增的趋势。城镇在多条河流交汇处分布更为集中，尤其是长江流域。长江自上游至入海沿岸均有分布，并且与长江文化带相交叉。如川渝区域、鄱阳湖区域和太湖流域等。（表 9.8）

表 9.8 第一批国家级历史名镇(部分)与中心城市的距离

序号	项目编号	项目名称	与中心城市距离/km
1	Z01001	山西省灵石县静升镇	144.50
2	Z01002	江苏省昆山市周庄镇	46.00
3	Z01003	江苏省吴江市同里镇	27.10
4	Z01004	江苏省苏州市吴中区甪直镇	31.50
5	Z01005	浙江省嘉善县西塘镇	32.50
6	Z01006	浙江省桐乡市乌镇	33.50
7	Z01007	福建省上杭县古田镇	48.40
8	Z01008	重庆市合川区涞滩镇	94.40
9	Z01009	重庆市石柱县西沱镇	228.50
10	Z01010	重庆市潼南区双江镇	120.30
11	Z02001	河北省蔚县暖泉镇	19.10
12	Z02002	山西省临县碛口镇	62.80
13	Z02003	辽宁省新宾满族自治县永陵镇	96.80
14	Z02004	上海市金山区枫泾镇	66.30
15	Z02005	江苏省苏州市吴中区木渎镇	12.80
16	Z02006	江苏省太仓市沙溪镇	70.90
17	Z02007	江苏省泰州市姜堰区溱潼镇	18.00
18	Z02008	江苏省泰兴市黄桥镇	21.00
19	Z02009	浙江省湖州市南浔区南浔镇	40.30

3)历史地段项目利用程度分析

历史地段项目作为一种稀缺的自然、文化与经济资源,建立在单纯保护、维持现状基础上的历史地段项目资源并不能充分彰显其应有价值。随着时代的发展和旅游开发的深入,遗产旅游已经成为历史地段项目利用的重要手段。依托历史地段项目的自然、文化资源进行旅游开发,成为遗产所在地保护与良性发展的有效途径,同时也给地方带来了巨大的经济效益,促进了地方经济的发展。以历史名镇为例,从 20 世纪 80 年代历史名镇旅游兴起以来,江苏周庄、同里为代表的历史名镇旅游成功开创了江南水乡历史名镇的品牌。在严格遵循保护的原则下,更新历史地段项目的功能,适度开展旅游项目,不仅可创造经济效益,使得遗产价值得到充分体现,同时也为遗产保护提供更多的资金支持,实现历史地段项目的可持续保护与发展目标。但是必须注意避免过度旅游利用,如凤凰古镇人满为患、私搭乱建。

本书尝试以国家级历史文化名镇为例,通过对旅游收入的数据与当地 GDP 的比例计算,对利用实际状况进行分析。

通过对国家级历史名镇相关旅游收入的数据分析可以看出(表 9.9),东部地区由于经济发展水平高,交通等基础设施比较完善,形成了一个较为完善的旅游发展链和经济圈,旅游收入较高;中西部地区由于地理自然环境、基础设施不完备等原因,旅游收入相对比较低。从2018年历史名镇旅游收入数据中可以发现，在旅游收入前20名的历史名镇中，江苏、浙江、广东等沿海一带的历史名镇有11个，占到了55%；在旅游收入最后20名中，中西部地区的历史名镇有14个，占到了70%。（图9.9，图9.10）

表9.9 部分国家级历史名镇旅游收入情况表（2018年）

旅游收入前20名		旅游收入最后20名	
项目名称	旅游收入/亿元	项目名称	旅游收入/亿元
重庆市酉阳土家族苗族自治县	80.00	四川省古蔺县太平镇	0.24
江苏省苏州市吴中区东山镇	56.94	甘肃省古浪县大靖镇	0.24
贵州省雷山县西江镇	53.90	西藏自治区日喀则市萨迦镇	0.21
上海市青浦区朱家角镇	53.59	浙江省江山市廿八都镇	0.20
广西壮族自治区恭城瑶族自治县恭城镇	51.68	安徽省六安市金安区毛坦厂镇	0.19
浙江省象山县石浦镇	51.50	云南省禄丰县黑井镇	0.18
广东省佛山市南海区西樵镇	47.30	河南省遂平县嵖岈山镇	0.18
福建省上杭县古田镇	37.12	江西省鹰潭市龙虎山风景区上清镇	0.16
江苏省南京市高淳区淳溪镇	37.00	四川省隆昌市云顶镇	0.13
重庆市九龙坡区走马镇	34.00	江西省吉安县永和镇	0.13
广东省珠海市唐家湾镇	33.30	江苏省常熟市古里镇	0.13
浙江省嘉善县西塘镇	32.05	广西壮族自治区贺州市八步区贺街镇	0.12
福建省武夷山市五夫镇	30.82	浙江省永嘉县岩头镇	0.10
江苏省无锡市锡山区荡口镇	28.80	河北省井陉县天长镇	0.10
贵州省安顺市平坝区天龙镇	28.43	重庆市开州区温泉镇	0.08
江苏省昆山市周庄镇	28.35	浙江省绍兴市安昌镇	0.02
四川省巴中市巴州区恩阳镇	25.16	江西省广昌县驿前镇	0.02
安徽省黄山市徽州区西溪南镇	23.90	内蒙古自治区喀喇沁旗王爷府镇	0.01
河北省蔚县暖泉镇	23.87	西藏自治区山南市乃东区昌珠镇	0.01
重庆市铜梁区安居镇	23.60	江苏省东台市富安镇	0.01

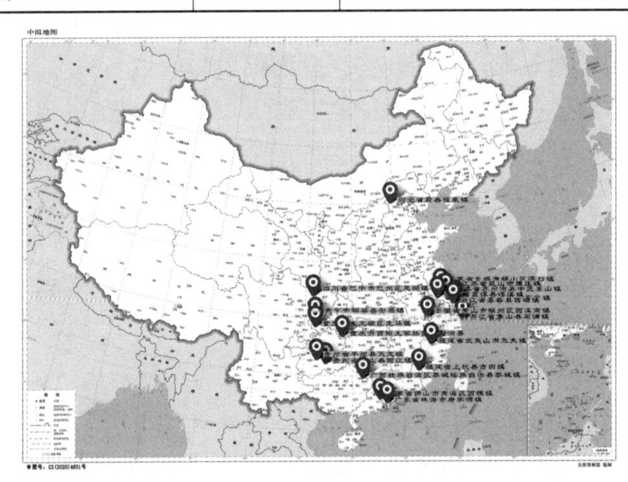

图9.9 旅游收入前20名历史名镇空间分布图

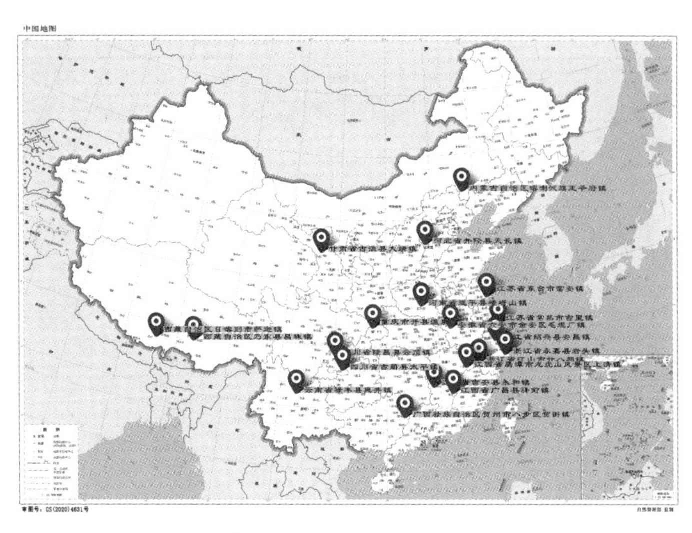

图 9.10　旅游收入最后 20 名历史名镇空间分布图

前文已经列出历史名镇所在城市 GDP，后面又罗列了城市旅游收入数据。经过进一步细化与数据验证，两者的比值也可以作为一种反映当前利用状况的参考指标，但不是绝对的。（表 9.10 至表 9.12）

表 9.10　第一批国家级历史名镇旅游收入与市级 GDP 对比表（2018 年）

序号	项目编号	项目名称	统计年份	旅游收入/亿元	市	年度 GDP/亿元	与中心城市距离/km
1	Z01001	山西省灵石县静升镇	2018	9.29	晋中市	1 447.60	144.50
2	Z01002	江苏省昆山市周庄镇	2018	28.35	苏州市	18 500.00	46.00
3	Z01003	江苏省吴江区同里镇	2018	10.00	苏州市	18 500.00	27.10
4	Z01004	江苏省苏州市吴中区甪直镇	2018	0.11	苏州市	18 500.00	31.50
5	Z01005	浙江省嘉善县西塘镇	2018	32.05	嘉兴市	4 872.00	32.50
6	Z01006	浙江省桐乡市乌镇	2018	19.76	嘉兴市	4 872.00	33.50
7	Z01007	福建省上杭县古田镇	2018	37.12	龙岩市	2 393.30	48.40
8	Z01008	重庆市合川区涞滩镇	2018	8.00	重庆市	20 363.19	94.40
9	Z01009	重庆市石柱县西沱镇	2018	1.30	重庆市	20 363.19	228.50
10	Z01010	重庆市潼南区双江镇	2018	10.00	重庆市	20 363.19	120.30
11	Z02001	河北省蔚县暖泉镇	2018	23.87	张家口市	1 536.60	19.10
12	Z02002	山西省临县碛口镇	2018	3.00	吕梁市	1 420.30	62.80
13	Z02003	辽宁省新宾满族自治县永陵镇	2018	1.20	抚顺市	1 048.80	96.80
14	Z02004	上海市金山区枫泾镇	2018	3.40	上海市	32 679.87	66.30
15	Z02005	江苏省苏州市吴中区木渎镇	2018	5.00	苏州市	18 500.00	12.80
16	Z02006	江苏省太仓市沙溪镇	2018	2.62	苏州市	18 500.00	70.90

续表 9.10

序号	项目编号	项目名称	统计年份	旅游收入/亿元	市	年度 GDP/亿元	与中心城市距离/km
17	Z02007	江苏省泰州市姜堰区溱潼镇	2018	2.57	泰州市	5 107.63	18.00
18	Z02008	江苏省泰兴市黄桥镇	2018	9.00	泰州市	5 107.63	21.00
19	Z02009	浙江省湖州市南浔区南浔镇	2018	17.43	湖州市	2 719.00	40.30
20	Z02010	浙江省绍兴市安昌镇	2018	0.02	绍兴市	5 417.00	21.50
21	Z02011	浙江省宁波市江北区慈城镇	2018	2.80	宁波市	10 746.00	18.80
22	Z02012	浙江省象山县石浦镇	2018	51.50	宁波市	10 746.00	104.30
23	Z02013	福建省邵武市和平镇	2018	10.74	南平市	1 792.51	175.70
24	Z02014	江西省浮梁县瑶里镇	2018	0.25	景德镇市	846.60	57.80
25	Z02015	河南省禹州市神垕镇	2018	2.00	许昌市	2 830.60	70.10
26	Z02016	河南省淅川县荆紫关镇	2018	3.25	南阳市	3 566.77	203.30
27	Z02017	湖北省监利县周老嘴镇	2018	1.31	荆州市	2 082.18	105.90
28	Z02018	湖北省红安县七里坪镇	2018	6.36	黄冈市	2 035.20	147.20

表 9.11 国家级历史名镇 2018 年旅游收入占 GDP 比例的前 20 名

项目号	项目编号	项目名称	旅游业收入/GDP
79	Z03034	贵州省雷山县西江镇	0.051 995 909 78
132	Z04046	四川省巴中市巴州区恩阳镇	0.038 954 604 57
205	Z06023	安徽省黄山市徽州区西溪南镇	0.035 255 937 45
139	Z04053	贵州省安顺市平坝区天龙镇	0.033 470 685 19
121	Z04035	湖南省永顺县芙蓉镇	0.033 055 119 41
234	Z06052	广西壮族自治区恭城瑶族自治县恭城镇	0.024 918 032 79
162	Z05018	福建省武夷山市五夫镇	0.017 193 767 40
70	Z03025	海南省三亚市崖城镇	0.016 254 974 73
45	Z02034	新疆维吾尔自治区鄯善县鲁克沁镇	0.016 098 393 38
230	Z06048	广东省梅县松口镇	0.015 834 842 06
12	Z02001	河北省蔚县暖泉镇	0.015 534 296 50
8	Z01007	福建省上杭县古田镇	0.015 509 965 32
67	Z03022	广东省陆丰市碣石镇	0.015 429 415 86
142	Z04056	陕西省铜川市印台区陈炉镇	0.014 938 702 61
188	Z06006	辽宁省东港市孤山镇	0.013 872 903 15
180	Z05036	陕西省宁强县青木川镇	0.013 506 535 86
80	Z03035	云南省剑川县沙溪镇	0.012 651 010 30
135	Z04049	四川省广元市元坝区昭化镇	0.012 595 872 05
66	Z03021	广东省珠海市唐家湾镇	0.011 424 689 68
211	Z06029	福建省屏南县双溪镇	0.010 268 684 37

表 9.12　历史名镇旅游收入占 GDP 比例的最后 20 名

项目号	项目编号	项目名称	旅游业收入/GDP
5	Z01004	江苏省苏州市吴中区甪直镇	0.000 064 864 86
10	Z01009	重庆市石柱县西沱镇	0.000 063 840 69
238	Z06056	重庆市黔江区濯水镇	0.000 063 349 60
103	Z04017	江苏省常熟市沙家浜镇	0.000 058 378 38
82	Z03037	西藏自治区山南市乃东区昌珠镇	0.000 054 771 18
219	Z06037	山东省微山县南阳镇	0.000 050 703 97
102	Z04016	江苏省海门市余东镇	0.000 036 786 52
173	Z05029	重庆市巫溪县宁厂镇	0.000 024 554 11
31	Z02020	广东省广州市番禺区沙湾镇	0.000 020 997 97
105	Z04019	浙江省永嘉县岩头镇	0.000 016 649 46
90	Z04004	河北省井陉县天长镇	0.000 016 440 34
215	Z06033	江西省广昌县驿前镇	0.000 014 467 59
72	Z03027	重庆市江津区塘河镇	0.000 012 277 05
172	Z05028	重庆市江津区白沙镇	0.000 012 277 05
92	Z04006	内蒙古自治区喀喇沁旗王爷府镇	0.000 008 717 75
113	Z04027	山东省桓台县新城镇	0.000 008 483 94
199	Z06017	江苏省常熟市古里镇	0.000 007 027 03
21	Z02010	浙江省绍兴市安昌镇	0.000 004 393 58
237	Z06055	重庆市开州区温泉镇	0.000 003 928 66
194	Z06012	江苏省东台市富安镇	0.000 001 093 47

从表 9.11、表 9.12 的排名可以看出，大数据分析有一定的量化指标可以用于研究(虽然结果取决于原始数据的准确性与及时性)。本书认为，历史地段项目数据研究方向至少还可以包括下列几个方面，这些对历史地段的管理起到参考作用。

① 当前历史名村、历史名镇、历史街区、历史名街建设和使用状况、区域分布状态及其对比；

② 当前历史名村、历史名镇、历史街区、历史名街的保护与利用、地方社会经济发展、行政管理等关联关系及其内在规律分析；

③ 基于基础数据和数据分析结论，当前历史名村、历史名镇、历史街区、历史名街保护利用的潜力预期及可行性分析(可供研究或相关决策参考的结论获取)。这些数据研究将在以后的工作中将进一步细化研究。

本章部分彩图

10 结论

朱光亚先生说过:"二十多年间,建筑遗产保护已经成为显学,中国文化遗产的申遗活动在各地的开展都使得遗产保护进入和国际接轨的道路,也进入地方社会和经济发展的计划中。丰富的实践既显示着探求也在理论和实践之间、国情和接轨之间、技术与文化之间揭示着新的矛盾,发人深省。"

历史文化与现代生活、精神体验与物质享受、传统继承与推陈出新,这些人类社会不可或缺的矛盾体,此起彼伏,相辅相成,形成了建筑遗产保护与利用成为平衡的两翼。保护是利用的实现基础与目标,利用是保护的重要手段与途径,因此,建筑遗产保护与利用是一个动态的研究课题。本书基于整体思维方式,以实现可持续利用为目标,尝试探索研究建筑遗产利用问题这个领域。本书不是教科书,对于当前建筑遗产保护利用领域中的一些较为成熟的基本概念、原则与内容不再多加阐述。本书更偏重于建立建筑遗产合理利用工作体系,利用的实践操作以及一些容易被忽略的细节事项。

10.1 主要结论

本书通过对前面各章的阐述作简要总结和归纳,形成以下主要结论:

(1) 首先采用文献研究明确了建筑遗产保护和利用的概念。认为建筑遗产的稀缺性是产生保护与利用矛盾的根源。对于建筑遗产保护与利用相互关系而言,保护是利用的实现基础和目标,利用是保护的重要手段和途径,文化价值传承与可持续发展是建筑遗产保护利用的最终目标。实现建筑遗产利用的可持续性一定要以社会效益为根本,在保证社会效益、环境效益的前提下,实现经济效益的可持续性;然后由经济效益反哺于社会效益、环境效益的提升,达到相互依存、相互促进的辩证统一。

(2) 合理利用是保持建筑遗产在当代社会生活中的活力,促进建筑遗产保护与价值传承的重要手段。本书阐述了整体思维方式的概念与运行机理,以及其对建立建筑遗产利用体系的导向作用,分析了合理利用的各个工作环节内容以及彼此对整体利用的影响。本书基于整体思维方式,提出建筑遗产合理利用的工作体系,即"在保护的基本原则下,科学评估是建筑遗产合理利用的依据与前提,产权明晰是实现合理利用的基础,利用方式是实现合理利用的手段,规范管理是实现合理利用的保障,经济可行是衡量合理利用的指标。彼此相互配合、协调促进,规范引导利用主体,最终实现建筑遗产保护与利用的可持续发展”。

(3) 通过全面梳理各种政策文件、文献资料中出现的建筑遗产价值类型及其关系，本书认为历史价值、艺术价值、科学价值、环境价值、社会价值和文化价值“五加一”基本价值类型是研究与构建建筑遗产价值体系的基础。建筑遗产的使用价值(可利用性)在逻辑上与六大价值类型没有直接重合与交叉关系。当前学术界对价值类型的定义过于混淆与随意，应当逐步统一规范。

(4) 阐述了部分学者所构建或认知的建筑遗产价值体系，再从哲学价值论的价值二元性分析了内在价值、外在价值的实质，提出目前学术界对内在价值存在的误解。建筑遗产的客观事实存在是特征信息与空间属性。基于客观事实的实践感受、事实认知和价值认识都是人类主观行为，内在价值带有一定的客观属性。价值认识是多角度、多维度与多层次的，形成了历史价值、艺术价值、科学价值、环境价值、社会价值和文化价值等内含价值。内含价值相互关联、相互作用，共同形成的整体性价值，称为综合价值。建筑遗产的可利用性(使用价值)与建筑遗产综合价值共同形成建筑遗产的效用价值，也反映了人类的劳动价值，进而在经济市场中表现为建筑遗产的经济价值。完整的建筑遗产价值体系应通过以建筑遗产特征信息为基础的综合价值、以空间为基础的使用价值(可利用性)两条价值线进行构建，体现出建筑遗产基本价值认识、人的感知(社会认知)、延伸的功能性需求价值的三个层次。

(5) 对于建筑遗产评估体系，本书说明了当前评估工作中一些容易被忽略的细节事项。认为目前建筑遗产评估至少包括价值评估、保存现状评估和管理条件评估三个方面。其中建筑遗产综合价值评估的研究相当成熟，本书只是以实例形式简单论述。本书分析重点是可利用性(使用价值)评估体系、管理条件评估体系两个方面，提出了各自的评估体系框架。虽然总结分析还不够完善，但是也算一种探索尝试。

(6) 建筑遗产合理利用必须基于完善的产权机制。强调产权明晰是实现合理利用的重要前提。产权限制不仅要针对产权人，对管理者的权力与职责进行界定与限制也是建筑遗产产权机制的一部分。将与之相关联的非物质文化遗产的产权纳入建筑遗产产权机制中来。与利用功能相关的产权调查是可利用性评估的基础，本书简述了建筑遗产产权调查的方法、内容和实例成果。重点研究建筑遗产项目经营权模式、古城老宅产权置换新模式、非移置产权前提下的建筑遗产长租模式，并且通过案例进行说明。

(7) 展示性利用是对历史文化遗产的诠释和展现，是对建筑遗产的特征、价值及相关的历史、文化、社会、事件、人物关系及其背景进行解释，是对遗产和相关研究成果的表述，应尽可能向社会群体对遗产的价值做出完整、准确地阐释。本书阐述了展示性利用的主要内容、主要方式，并就非物质文化遗产与建筑遗产的结合展示进行了案例说明与分析。针对建筑遗产信息的展示宣传推广方式提出引入区块链思维，阐述如何充分利用互联网手段进行宣传推广与展示。对建筑遗产展示性利用进行经济分析。本书重点以英国考文垂主教堂战争遗产、上海世博会园区工业遗产作为案例分析了独立建筑遗产项目的展示性利用的模式；以苏州子城文化遗产点作为案例分析了历史地段建筑遗产群的展示性利用的模式，提出了专题线路展示的设计思路。

(8) 功能性利用是指延续原功能或调整新功能。在实际工作中，建筑遗产项目功能性利用方式包括规划研究、市场调查与分析、项目定位、使用者分析、功能分区和用地布局等方面。首先进行文献研究，分析其功能性分析的研究成果。保护规划是指导合理利用的基础资料，但对利用的可行性处置对策研究不足。笔者经过研究分析，结合自身工作经验，综合整理出一个适用于历史地段项目(历史文化街区、历史名镇、名村等)保护规划的利用规划专题报告格式说明，希望能为建筑遗产项目保护规划的实践工作提供参考依据。本书还重点分析了建筑遗产功能性利用的具体方式，以及如何在保护规划与评估的基础上，做好市场调查与现状分析、项目定位、功能分区和用地布局等工作。并进一步提出要对建筑遗产项目功能性利用进行合理性评价。采用了典型案例抽样方法与对比法，选择四组八个典型案例进行对比分析。分别涉及历史名村、历史名镇、历史名街、历史街区。从项目简介、交通状况、规划条件、利用方式、经济发展和文化底蕴六个方面对八个案例进行对比与分析。利用线性规划模型思维对建筑遗产项目利用优化配置进行预想模拟。最后对建筑遗产功能性利用进行经济分析。

(9) 本书专门以一章的篇幅，重点阐述了三个功能性利用的实践案例：苏州平江路礼耕堂(全国文物保护单位)、苏州葑门横街以及苏州道前历史街区。分别体现建筑遗产项目的三个层级：独立建筑遗产项目(点)、历史街道(线)与历史街区(面)。涵盖了功能定位、SWOT 分析、使用者分析、用地布局、更新调整、业态清单、管理宣传等具体工作事项。本书以实际操作为主，还有很多不足之处，毕竟是不同类型的建筑遗产项目利用的实践案例探索，以供参考。

(10) 2018《若干意见》要求建立健全资源资产管理机制，全面“盘活用好文物资源”。资产管理极为重要的环节就是核算资产价值。建筑遗产资源资产管理必然会涉及核定资产、产权转移、使用权分离、租赁、司法处理等行为。目前从事文物鉴定的很少有人懂得不可移动文物与建筑遗产经济价值评估、定损价值认定等。其一，缺乏这方面的专业知识与条件；其二，目前国家也没有相关专业技术标准；其三，没有成熟的参考案例。本书笔者结合自身经验，提出了建筑遗产经济价值的评估思路以及选用了美国小镇与云南地区的两个估价案例。按照《建设项目经济评价方法与参数》的要求，整理了一个适用于历史地段(历史文化街区、历史名镇、名村等)保护规划中的经济评价专题报告格式，并以苏州山塘街四期项目作为实例分析，希望能给建筑遗产项目保护利用与经济测算的实践工作提供参考依据。

(11) 管理监督机制贯穿于建筑遗产利用的全过程，是实现合理利用的基本保障。本书分析了当前建筑遗产利用管理的情况，包括法律政策制度建设、保护规划编制、保护规划实施管理、人员管理与监督、定期评估机制、风险控制管理机制等方面。建议建筑遗产利用管理可以在管理结构、制度设计、社会参与、科技创新、数据应用通信资源资产管理等方面进行大胆创新，使得利用管理制度建设更为完善，更加满足现实工作需要。本书还结合自行建立的“建筑遗产保护利用平台数据库”的基本数据资料，从项目特性、项目空间和经济利用等方面对历史名镇、名村、名街等进行整体性分析，希望能通过大数据思维对建筑遗产项目利用进行研究、监督与规范管理。

10.2 研究展望

建筑遗产利用研究所涉及的学科较为广泛，因此需要综合多学科、多领域的知识，本书尝试从可持续发展理论出发，对建筑遗产价值体系、评估相关知识、产权制度、利用理论与实践以及经济测算等方面进行分析，但限于自身知识水平及研究精力的限制，尚有许多方面可以进一步深入研究。

(1) 建筑遗产保护与利用的矛盾与共生、根源与可持续发展等问题涉及的领域极广、内容繁多，本书的分析仍是粗浅，今后还要深入进行这一领域的研究。

(2) 价值的研究本身是哲学争论的命题，建筑遗产价值体系的构建更是一个持续认识与完善的过程，本书构建的价值体系是笔者目前认知水平的体现，仍然需要不断学习、理解与调整。

(3) 本书尝试对建筑遗产使用价值(可利用性)评估体系、管理条件评估体系两个方面进行分析，提出了各自的评估体系框架，还不够完善，需要进一步探索。

(4) 产权机制涉及的理论深奥、专业跨度大。本书遗憾未能在法学、资产学与新制度经济学领域对其进行深层次的研究，以后将会逐步弥补。

(5) 建筑遗产展示性利用与功能性利用针对具体项目有不同的处理方式，面对的人群千差万别，遇到的问题各式各样，与之适用的理论与应对模式也是灵活多变。同样，经济测算也是如此，需要有深厚的理论功底与丰富的实践经验，将在今后的工作中不断进步与探索。

(6) 建筑遗产利用管理机制分为宏观与微观层面。本书只在管理的宏观层面做一些探索，对管理的微观领域涉及不够。希望今后多通过调查、交流和分析，提出更细化的管理措施建议。

2015《中国准则》指出：“当今社会，文化遗产保护与社会发展结合得更加紧密。文化遗产作为促进经济社会可持续发展的积极的力量，正在努力、更好地造福人类的当代生活，使得这个世界更加丰富多彩，更加和谐美好。文化遗产在社会发展中的影响不断凸显，对文化遗产保护提出了更高的要求。如何从单纯对文物的保护，逐渐发展成展示、利用与保护并重，综合考虑文化遗产保护的社会效益，更加强调保护对社会发展的促进作用，是当今文化遗产保护要重点解决的问题。”

我想，这就是我们甘愿究其一生去追寻的方向与责任所在。

附件　建筑遗产保护利用平台数据库说明

2014 年起，东南大学建筑历史与理论实验室构建了一个建筑遗产保护与利用领域的互联网系统平台——建筑遗产保护利用平台。[①]

网址：www. jianzhuyichan. com；微信公众号：遗产保护。

建立数据平台的意义在于建筑遗产的策划定位和功能分区需要大量信息数据支持才具有说服力。目前平台内典型的数据就是国家公布的历史名镇 252 个、名村 276 个、历史街区 30 个、中国历史文化名街 50 个，共 608 个历史地段项目[②]实际的利用情况，包括利用定位、功能分区、重点建筑使用情况、经济相关数据等，这些数据大部分可以在网站上查询收集。目前，平台数据库已经开始有计划地收集与整理 5 058 个全国重点文物保护单位（含 2019 年第八批名录）的保护与利用资料，力求为中国的文物与建筑遗产资源资产管理的建设与完善提供相应的技术支持。

1　数据标准设计

1.1　数据分类的依据与方法

1）主要依据

①《中华人民共和国城乡规划法》；

②《中华人民共和国文物保护法》；

③《中华人民共和国统计法》。

2）分类方法

主要采用二级分类模式，一级分类中包含 7 个模块，二级分类中包含 24 个子项，按照一定的数据结构形成建筑遗产数据库。

1.2　数据库结构

采集的数据内容包括 7 大模块：项目概况、市场定位、功能分区、景点介绍、项目经济分析、地区经济状况、规划资料。每个模块下又分列了不同数量的子项，称为二级分类，共有 24 个子项，详细分类见图 1：

① 软件著作权登记号 2016SR021376。

② 历史文化名城的数据量太大，暂未考虑上线。

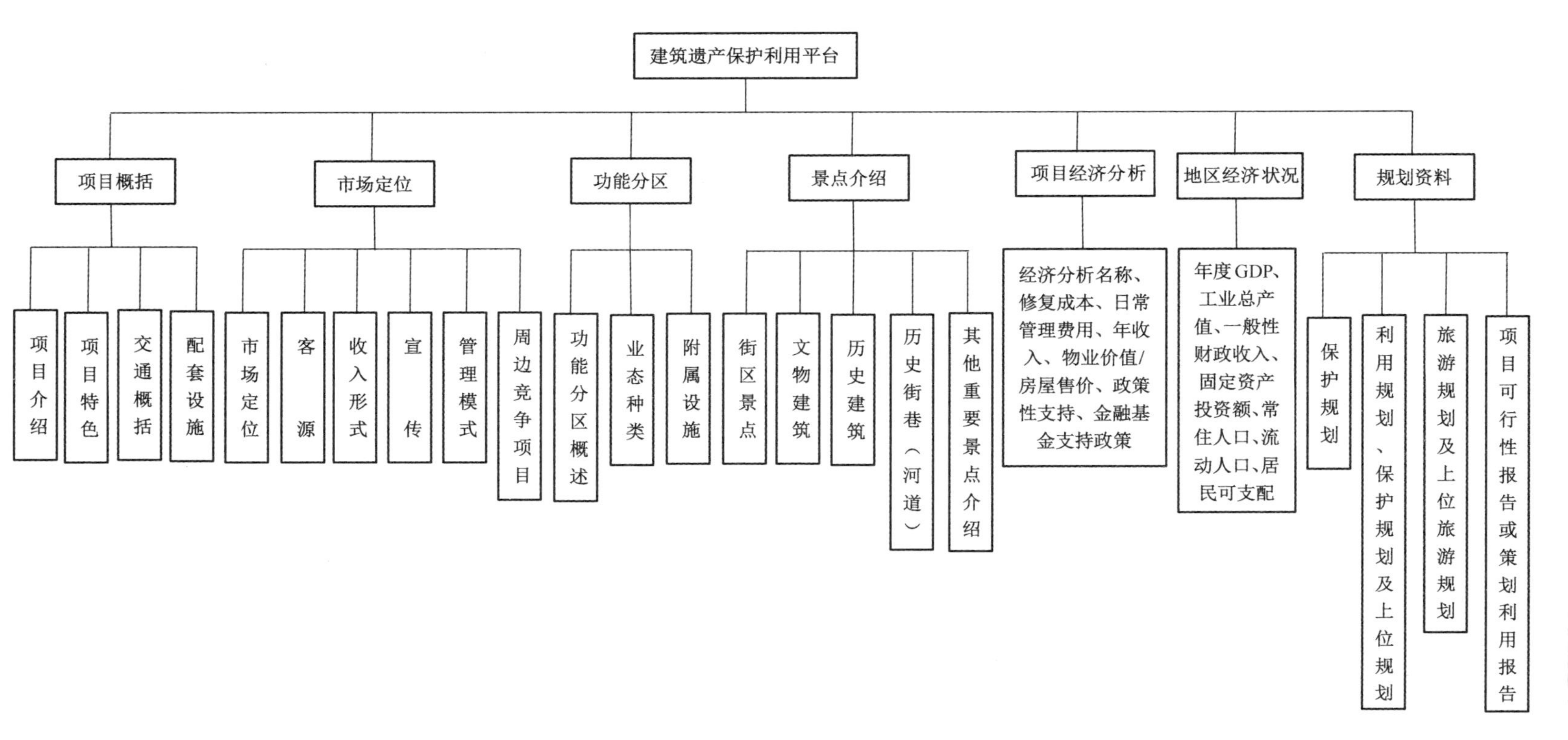

图1　建筑遗产保护利用平台图

建筑遗产是珍贵的不可再生资源，它们是散布于我国各地的明珠，凝聚了真实的历史信息和文化记忆，反映了不同时期、不同地域、不同民族、不同经济社会发展阶段建筑文化形成和演变的历史过程，是民族与地区历史的坐标，真实记录了传统建筑风貌、优秀建筑艺术、传统民俗民风和原始空间形态。1964年5月，《国际古迹保护与修复宪章》明确指出："历史文物建筑的概念，不仅包含个别的建筑作品，而且包含能够见证某种文明、某种有意义的发展或某种历史事件的城市或乡村环境，这不仅适用于伟大的艺术品，也适用于由于时光流逝而获得文化意义的在过去比较不重要的作品。"

在物质形态上，建筑遗产主要是人类在历史上创造的或人类活动遗留的以建筑为其内容或表现形式的物质文化遗产，大致包括有一定价值的建筑物、构筑物以及与其密切相关的附属设施、建筑群组、建筑遗迹等。本次数据库具体的表现形式有古镇、古村、历史名街和历史文化街区四大类别，没有包括历史文化名城与全国重点文物保护单位。(表1)

表1 中国建筑遗产项目(部分)的主要特征

名称	地点	类型	批准年份	地貌环境	文化区系	年代特征	主要特色
周庄镇	江苏苏州	古镇	第一批/2003年	太湖平原	吴越文化	明、清	有典型的江南水乡风貌，古镇保持着"水陆平行、河街相邻"的"井"字形水乡格局
静升镇	山西晋中	古镇	第一批/2003年	黄土高原	三晋文化	明、清	古镇呈封闭城堡式格局，黄土高坡窑洞合院式民居的典范，素有"晋中第一镇"、灵石"小江南"的美称
乌镇	浙江嘉兴	古镇	第一批/2003年	太湖平原	吴越文化	清、中华民国	乌镇具典型江南水乡特征，完整地保存着原有晚清和民国时期水乡古镇的风貌和格局
西沱镇	重庆石柱	古镇	第一批/2003年	四川盆地	巴蜀文化	明、清	两旁保存着明清遗留下来层层叠叠的土家民居吊脚楼，云梯街吊脚楼群沿山脊垂直长江布局，巨大高差呈特色景观
西递村	安徽黄山	古村	第一批/2003年	皖南山区	徽文化	明、清	徽文化和徽州古村落典范，较完整保持着明清时期风貌格局，村中至今尚保存完好明清民居近二百幢
西湾村	山西吕梁	古村	第一批/2003年	黄土高原	三晋文化	明、清	西湾民居是典型的吕梁风格的四合院，历史文化气氛浓厚，有浓郁的黄土文化特色，保存较为完整的窑洞城堡式明清古建筑群
流坑村	江西抚州	古村	第一批/2003年	赣中山区	楚文化	明、清	七横一纵街巷布局，江西民居"天井居其中、马头墙高耸"，被誉为"千古第一村"
张谷英村	湖南岳阳	古村	第一批/2003年	湘北山区	楚文化	明、清	古村落以"干枝式布局、百步三桥"为特色，为湘楚民居代表，是汉族聚居群落
山塘街	江苏苏州	历史名街	第二批/2010年	太湖平原	吴越文化	清、中华民国	一街一河、水陆并行的"双棋盘"格局，被称誉为"姑苏第一名街"；亦是吴文化的展示窗口和苏式生活的体验地

续表 1

名称	地点	类型	批准年份	地貌环境	文化区系	年代特征	主要特色
国子监街	北京东城区	历史名街	第一批/2009年	华北平原	燕赵文化	清	有着700多年悠久历史，保存着较好的旧京街巷的风貌，因孔庙和国子监在此而得名。街内有4座彩绘牌楼，街口6种文字镌刻"官员人等，至此下马"的下马石、隐于街内举世无双的古建筑群
多伦路文化名人街	上海虹口区	历史名街	第二批/2010年	长江三角洲平原	吴越文化	中华民国	"现代文学重镇"、海派建筑的"露天博物馆"，拥有深厚的文化底蕴和丰富的近代历史遗址群落，如孔公馆、藏筷馆、左联纪念馆、十大文化名人展馆、夕拾钟楼、鸿德堂等
米脂古城老街	陕西榆林	历史名街	第四批/2012年	黄土高原	黄土高原文化	明、清	米脂古城老街形似凤凰单展翅，是整个古城聚落的主要街巷景观，店铺林立；米脂古城老街两侧以"明五、暗四、六厢窑"式窑洞四合院为主格局，在全国最具典型性
平江历史文化街区	江苏苏州	历史文化街区	2015年	太湖平原	吴越文化	宋、明、清、中华民国	苏州迄今保存最完整、规模最大的历史街区，堪称苏州古城的缩影。今天的平江历史街区仍然基本保持着"水陆并行、河街相邻"双棋盘格局以及"小桥流水、粉墙黛瓦"独特风貌，并积淀了极为丰富的历史遗存和人文景观
鼓浪屿历史文化街区	福建厦门	历史文化街区	2015年	闽南山区	岭南文化	明、清、中华民国	鼓浪屿街道短小，纵横交错，是厦门最大的一个卫星岛之一，岛上有许多幽谷和峭崖，沙滩、礁石、峭壁、岩峰
孙文西历史文化街区	广东中山	历史文化街区	2015年	珠江平原	岭南文化	明、清、中华民国	现有建筑主体为清末和民国建筑，且中国传统建筑、折中主义色彩的华侨建筑、古典复兴主义建筑并存。建筑空间格局采用岭南地区流行的骑楼方式，具有普遍性
华光楼历史文化街区	四川南充	历史文化街区	2015年	四川盆地	巴蜀文化	明、清	华光楼是位于古城区的一座古楼建筑，在阆中现存楼阁中，建造最早又最宏伟壮观，因此被称作"阆苑第一楼"

1.2.1　建筑遗产项目概况

建筑遗产项目概况分为项目介绍、项目特色、交通概况和配套设施。(图2至图5)

(1) 项目介绍：项目概述、项目地图两个方面。

项目概况：辖区面积、核心保护范围面积、建设控制地带面积、核心保护范围内建筑面积、建筑遗产资源类型、审批批次/年份、始建年代、目前遗存的年代特征和主要价值特色。

项目地图：常规地图与地形图。

图 2 项目介绍

(2) 项目特色：历史特色、文化特色、建筑特色、其他特色四个方面。

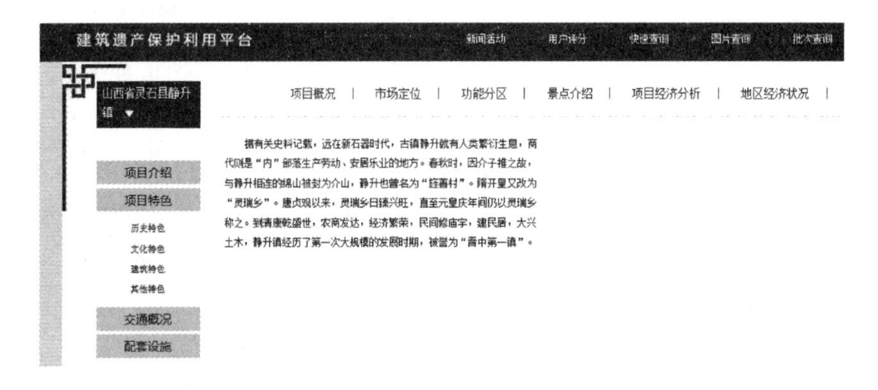

图 3 项目特色

(3) 交通概况：外部交通、内部交通两个方面。

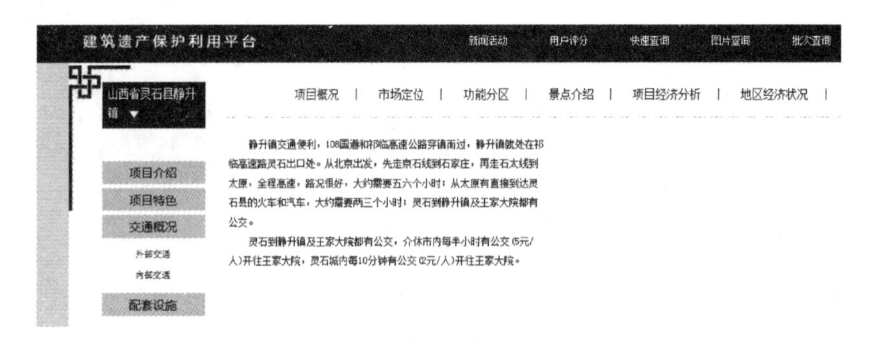

图 4 交通概况

(4) 配套设施:市政基础设施、公共设施两个方面。

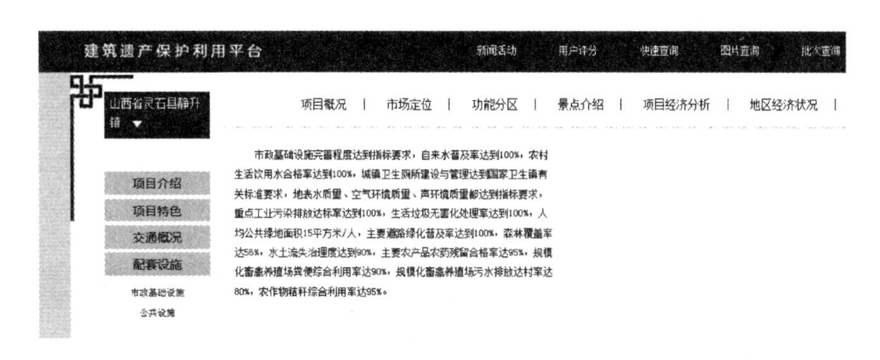

图 5　配套设施

1.2.2　建筑遗产项目市场定位

建筑遗产项目市场定位分为市场定位、客源、收入形式、宣传、管理模式和周围竞争项目。

(1) 市场定位:市场定位为行业及其说明,主要是项目的经营模式和盈利方式(或收入方式)两个方面。(图 6)

(2) 客源:主要介绍近年来旅游人数、旅游业收入、客源群体(旅游团、单位组织或散客等)、旅游目的、游玩持续时间等。

(3) 收入形式:包括是否需要门票、门票说明(全票、半票或免票对应的群体)、是否需要小门票(景点内景点的门票)、小门票说明(若有,可以介绍一下小景点或项目的门票)、商业经营收入(主要是商铺的出租情况)、景区内交通收入(主要是内部交通的收入情况)。

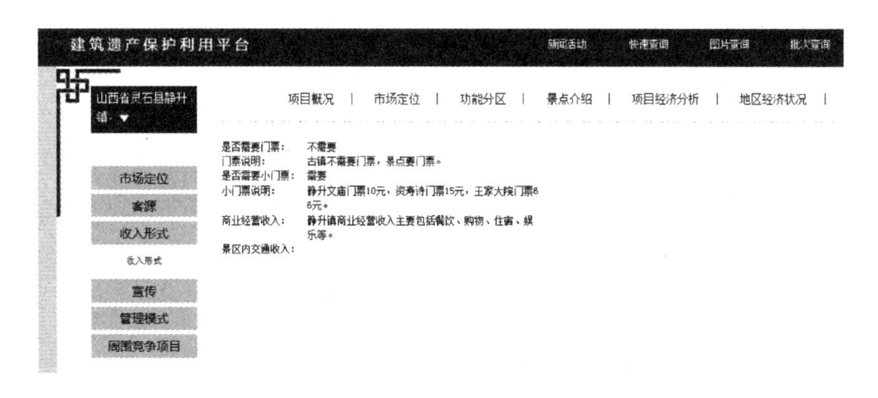

图 6　市场定位

(4) 宣传:景区等级、宣传口号及方式、大型活动、形象代言人、影视作品、重要书画、总体评价七个方面进行。

(5) 管理模式:包含投资主体及其具体说明。

(6) 周围竞争项目:包括周边景点简介和周边景点详情两部分。

1.2.3 建筑遗产项目功能分区

功能分区:主要介绍项目的业态分布及相关附属设施,分为功能分区概述、业态种类和附属设施三部分。

(1) 功能分区概述:包括功能分区概述和相应的照片,主要对项目的业态进行整体介绍和展示。(图 7)

图 7 功能分区概述

(2) 业态种类:从住宿、餐饮、购物、其他四个层面分别介绍各业态的具体情况。(图 8)

图 8 功能分区业态种类

(3) 附属设施:为项目各个角度的照片。如景点导视、主街辅路、正门装饰及牌坊、墙面装饰及外挂、雕塑、碑、匾额、对联、古城门城楼、古井、栏杆、陆上台阶、古河流、古树、古桥、码头、驳岸、水上台阶、灯光系统、其他。

1.2.4 建筑遗产项目景点布局

景点介绍:分为街区景点、文物建筑、历史建筑、历史街巷(河道)和其他重要景点介绍五个方面。(图 9)

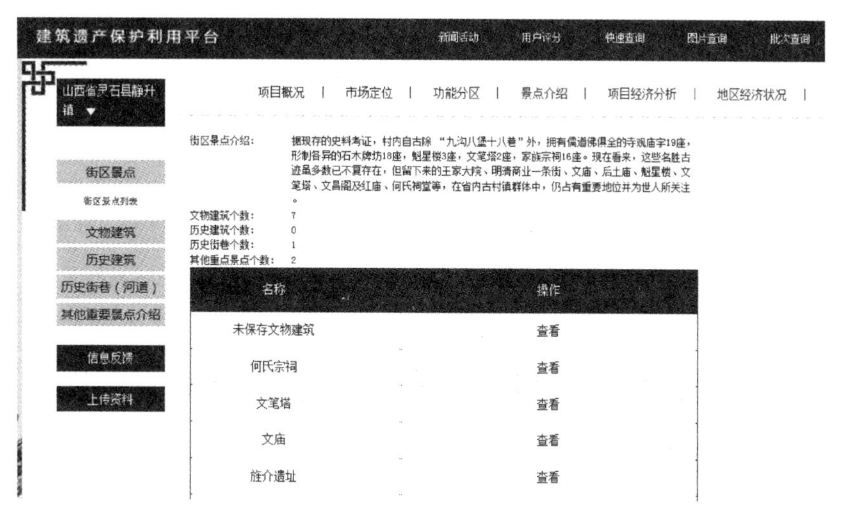

图 9　景点介绍

(1) 街区景点：主要从整体角度介绍街区所包含的景点(或者说列举该项目包含的小景点名称)。街区景点列表、街区景点介绍、文物建筑个数、历史建筑个数、历史街巷个数、其他重要景点个数。

(2) 文物建筑：通过文物建筑列表的形式展示，主要是项目所包含的文物建筑及具体情况(文字说明和图片)。

(3) 历史建筑：通过历史建筑列表的形式展示，主要是项目所包含的历史建筑及具体情况(文字说明和图片)。

(4) 历史街巷(河道)：通过历史街巷(河道)列表的形式展示，主要是项目所包含的历史街巷及具体情况(文字说明和图片)。

(5) 其他重要景点介绍：主要指项目的其他重要建筑或景点，每个小景点通过文字说明和图片的方式展示。

1.2.5　建筑遗产项目经济分析

建筑遗产项目经济分析(图 10)包括经济分析名称、修复成本、日常管理费用、年收

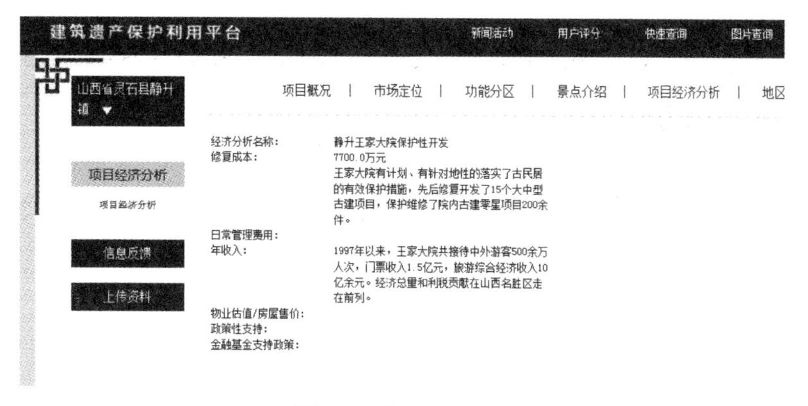

图 10　项目经济分析

入、物业估值/房屋售价、政策性支持(如税收减免,土地房产相关减免,政府补贴、土地优惠等)、金融基金支持政策等六个方面。经济分析名称主要写明项目修复或重建的第几期及具体情况。

1.2.6 建筑遗产项目所在地区经济状况

建筑遗产项目所在地区经济状况:主要包括项目所在区域的年度 GDP、工业总产值、一般性财政收入、固定资产投资额、常住人口、流动人口、居民可支配收入、消费价格指数和经济结构等九个方面。(图 11)

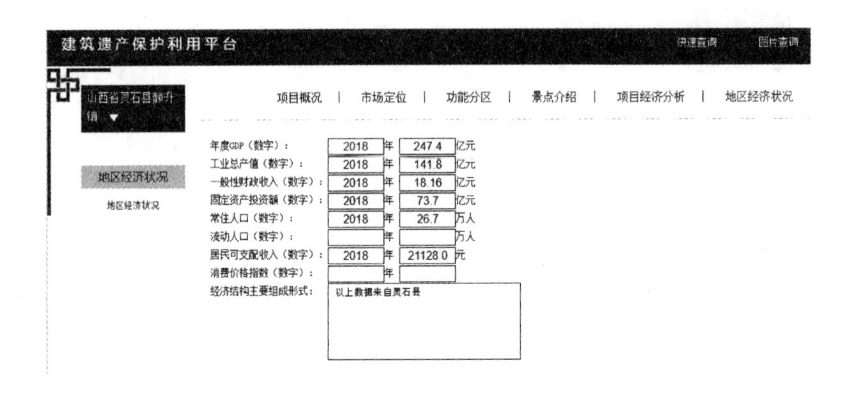

图 11 地区经济状况

1.2.7 建筑遗产项目规划

建筑项目规划资料:分为保护措施、利用规划、保护规划及上位规划、旅游规划及上位旅游规划、项目可行性报告或策划利用报告等。

保护措施由项目所在区域的最近期的保护规划、保护修复措施、保障机制组成;利用规划、保护规划及上位规划是由上位保护规划或城市规划、土地规划、本项目的保护规划组成;旅游规划及上位旅游规划是由上位旅游规划、本项目的旅游规划组成;项目可行性报告或策划利用报告是由本项目的可行性研究、市场策划、定位、利用等相关报告组成。(图 12)

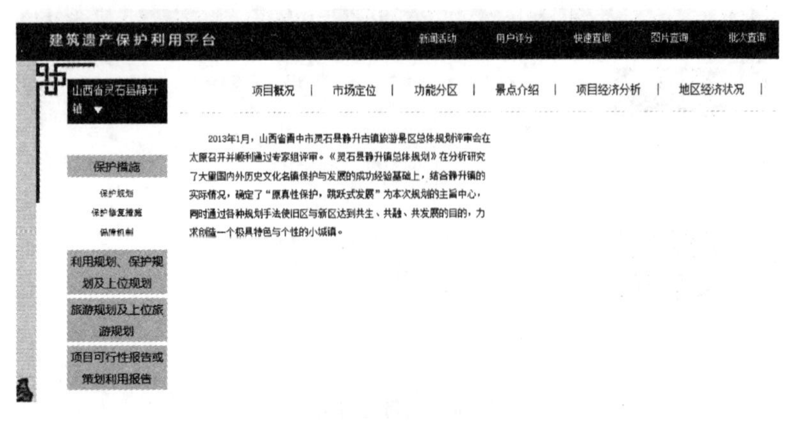

图 12 规划情况

1.3　数据结构及设计

1.3.1　数据结构

各类数据的数据结构采用以下六个要素描述：

① 字段名称：数据项的名称或含义。

② 字段代码：唯一标识该数据项的代码，对应于数据库中表的字段名。一般采用英文单词、字母、数字及其组合表示，本标准主要采用汉语拼音缩写。

③ 字段类型：数据项的数据类型。（表 2）

④ 字段长度：数据项包含的字节数。对于 varchar、text 和 decimal 类型，可以予以指定，其他类型的长度为固定值，可以忽略。

⑤ 值域：该数据项的取值范围，包括上限、下限以及枚举字典表等。

⑥ 备注：该数据项的附加描述信息，如单位。

表 2　字段类型：数据项的数据类型

数据类型	对应中文注解	相关使用说明
bit	布尔型值	0 或 1 的整型数字
varchar	字符串	可以保存可变长度的字符串
int	整数	有符号的范围是－2147483648 到 2147483647，无符号的范围是 0 到 4294967295
bigint	大整数	有符号的范围是－9223372036854775808 到 9223372036854775807，无符号的范围是 0 到 18446744073709551615
double	正常大小（双精密）浮点数字	不能无符号。允许的值是－1.7976931348623157E＋308 到－2.2250738585072014E－308、0 和 2.2250738585072014E－308 到 1.7976931348623157E＋308
datetime	一个日期和时间组合	支持的范围是 1000－01－01 00:00:00 到 9999－12－31 23:59:59。以 YYYY－MM－DD HH:MM:SS 格式来显示 DATETIME 值，但是允许使用字符串或数字把值赋给 DATETIME 的列
text	文本	用来存储大量的非统一编码型字符数据。这种数据类型最多可以有 2^31-1 或 20 亿个字符

1.3.2　建筑遗产保护利用平台数据库结构设计（部分）（表 3 至表 13）

表 3　projectdescription 项目介绍（表 projectdescription 的栏的清单）

名称	代码	注释	数据类型	长度	是键
project	project	项目主键	int(11)	11	TRUE
projectName	projectName	项目名称	varchar(255)	255	FALSE
areaRegion	areaRegion	所属区域	bigint(20)	20	TRUE
jurisdictionalAcreage	jurisdictionalAcreage	辖区面积	double		FALSE

续表 3

名称	代码	注释	数据类型	长度	是键
coreProtectionAcreage	coreProtectionAcreage	核心保护范围面积	double		FALSE
controlAcreage	controlAcreage	建设控制地带面积	double		FALSE
constructionAcreage	constructionAcreage	核心保护范围内建筑面积	double		FALSE
heritageType	heritageType	建筑遗产资源类型	varchar(255)	255	FALSE
approveYear	approveYear	审批年份	int(11)	11	FALSE
approveNumber	approveNumber	审批批次	varchar(255)	255	FALSE
buildDynasty	buildDynasty	始建年代	int(11)	11	FALSE
leftDynasty	leftDynasty	目前遗存的年代特征	varchar(255)	255	FALSE
mainValue	mainValue	主要价值特色	text		FALSE
coverImagePath	coverImagePath	项目封面	varchar(255)	255	FALSE
extendInfo	extendInfo	说明文本信息	text		FALSE
latitude	latitude	纬度	double		FALSE
longitude	longitude	经度	double		FALSE

表 4　propagandaspotlevel 级别(表 propagandaspotlevel 的栏的清单)

名称	代码	注释	数据类型	长度	是键
project	project	项目主键	int(11)	11	TRUE
extendInfo	extendInfo	说明文本信息	text		FALSE
theLevel	theLevel	景区等级	int(11)	11	FALSE
honor	honor	荣誉	text		FALSE

表 5　customersource 客户来源(表 customersource 的栏的清单)

名称	代码	注释	数据类型	长度	是键
project	project	项目主键	int(11)	11	TRUE
extendInfo	extendInfo	说明文本信息	text		FALSE
yearTouristCount	yearTouristCount	旅游人数年份	int(11)	11	FALSE
touristCount	touristCount	旅游人数(数字,万人)	double		FALSE
yearTourismIncome	yearTourismIncome	旅游业收入年份	int(11)	11	FALSE
tourismIncome	tourismIncome	旅游业收入(数字,亿元)	double		FALSE
theType	theType	客源类型,多选,用“,”分割	varchar(255)	255	FALSE
purpose	purpose	目的,多选,用“,”分割	varchar(255)	255	FALSE
travelTime	travelTime	旅游时间,单选	varchar(255)	255	FALSE

表 6　economy 经济状况（表 economy 的栏的清单）

名称	代码	注释	数据类型	长度	是键
project	project	项目主键	int(11)	11	TRUE
extendInfo	extendInfo	说明文本信息	text		FALSE
yearGDP	yearGDP	GDP 年份	int(11)	11	FALSE
GDP	GDP	年度 GDP	double		FALSE
yearTotalIndustrialOutputValue	yearTotalIndustrialOutputValue	工业总产值年份	int(11)	11	FALSE
totalIndustrialOutputValue	totalIndustrialOutputValue	工业总产值	double		FALSE
yearFiscalRevenue	yearFiscalRevenue	一般性财政收入年份	int(11)	11	FALSE
fiscalRevenue	fiscalRevenue	一般性财政收入	double		FALSE
yearFixedInvestment	yearFixedInvestment	固定资产投资额年份	int(11)	11	FALSE
fixedInvestment	fixedInvestment	固定资产投资额	double		FALSE
yearResidentPopulation	yearResidentPopulation	常住人口年份	int(11)	11	FALSE
residentPopulation	residentPopulation	常住人口	double		FALSE
yearFloatingPopulation	yearFloatingPopulation	流动人口年份	int(11)	11	FALSE
floatingPopulation	floatingPopulation	流动人口	double		FALSE
yearResidentDisposableIncome	yearResidentDisposableIncome	居民可支配收入年份	int(11)	11	FALSE
residentDisposableIncome	residentDisposableIncome	居民可支配收入	double		FALSE
yearCPI	yearCPI	消费价格指数年份	int(11)	11	FALSE
CPI	CPI	消费价格指数	double		FALSE
theStruct	theStruct	经济结构主要组成形式	text		FALSE

表 7　income 收入（表 income 的栏的清单）

名称	代码	注释	数据类型	长度	是键
project	project	项目主键	int(11)	11	TRUE
extendInfo	extendInfo	其他收入	text		FALSE
isNeedBigTicket	isNeedBigTicket	是否需要大门票	bit(1)	1	FALSE
bigTicketInfo	bigTicketInfo	大门票说明信息	varchar(255)	255	FALSE
isNeedSmallTicket	isNeedSmallTicket	是否需要小门票	bit(1)	1	FALSE
smallTicketInfo	smallTicketInfo	小门票说明信息	varchar(255)	255	FALSE
businessIncome	businessIncome	商业经营收入	varchar(255)	255	FALSE
trafficIncome	trafficIncome	景区内交通收入	varchar(255)	255	FALSE

表 8　economyanalize 经济分析（表 economyanalize 的栏的清单）

名称	代码	注释	数据类型	长度	是键
tableId	tableId	表主键	int(11)	11	TRUE
project	project	项目主键	int(11)	11	TRUE

续表 8

名称	代码	注释	数据类型	长度	是键
theName	theName	经济分析名称	text		FALSE
extendInfo	extendInfo	说明文本信息	text		FALSE
repairCostFee	repairCostFee	修复成本-万元	double		FALSE
repairCost	repairCost	修复成本	varchar(255)	255	FALSE
dailyManagementCostFee	dailyManagementCostFee	日常管理费用-万元	double		FALSE
dailyManagementCost	dailyManagementCost	日常管理费用	varchar(255)	255	FALSE
annualIncomeFee	annualIncomeFee	年收入-万元	double		FALSE
annualIncome	annualIncome	年收入	varchar(255)	255	FALSE
propertyValueFee	propertyValueFee	物业估值/房屋售价-万元	double		FALSE
propertyValue	propertyValue	物业估值/房屋售价	varchar(255)	255	FALSE
policySupport	policySupport	政策性支持	varchar(255)	255	FALSE
financialSupport	financialSupport	金融基金支持政策	varchar(255)	255	FALSE
isDelete	isDelete	是否已被删除 1 是 0 否	int(11)	11	FALSE
isSaved	isSaved	是否已保存 1 是 0 否	int(11)	11	FALSE

表 9 protectbuilding 保护建筑物（表 protectbuilding 的栏的清单）

名称	代码	注释	数据类型	长度	是键
tableId	tableId	表主键	int(11)	11	TRUE
type	type	类型	varchar(255)	255	FALSE
project	project	项目主键	int(11)	11	TRUE
theName	theName	建筑名称	varchar(255)	255	FALSE
extendInfo	extendInfo	说明文本信息	text		FALSE
isDelete	isDelete	是否已被删除 1 是 0 否	int(11)	11	FALSE
isSaved	isSaved	是否已保存 1 是 0 否	int(11)	11	FALSE
theLevel	theLevel	保护等级	varchar(255)	255	FALSE

表 10 spotbase 周边景点（表 spotbase 的栏的清单）

名称	代码	注释	数据类型	长度	是键
project	project	项目主键	int(11)	11	TRUE
type	type	类型	varchar(255)	255	TRUE
extendInfo	extendInfo	说明文本信息	text		FALSE

表 11 supportingfacility 配套设施（表 supportingfacility 的栏的清单）

名称	代码	注释	数据类型	长度	是键
project	project	项目主键	int(11)	11	TRUE
type	type	类型	varchar(255)	255	TRUE
extendInfo	extendInfo	说明文本信息-设施	text		FALSE

表 12 trafficcondition 交通条件(表 trafficcondition 的栏的清单)

名称	代码	注释	数据类型	长度	是键
project	project	项目主键	int(11)	11	TRUE
type	type	类型	varchar(255)	255	TRUE
extendInfo	extendInfo	说明文本信息-交通状况	text		FALSE
innerTraffic	innerTraffic	内部交通,多选:电瓶车、黄包车、观光船、有轨小火车、自行车	varchar(255)	255	FALSE
innerTrafficElse	innerTrafficElse	其他内部交通	varchar(255)	255	FALSE
innerTrafficFee	innerTrafficFee	内部交通收费标准	varchar(255)	255	FALSE
isAllowCarPark	isAllowCarPark	是否有专门停车场	varchar(255)	255	FALSE
carParkFee	carParkFee	专门停车场收费标准	varchar(255)	255	FALSE
isAllowOutCarIn	isAllowOutCarIn	外来机动车可否入内	varchar(255)	255	FALSE
outCarInFee	outCarInFee	外来机动车收费标准	varchar(255)	255	FALSE

表 13 affiliatedfacility 附属设施(表 affiliatedfacility 的栏的清单)

名称	代码	注释	数据类型	长度	是键
project	project	项目	int(11)	11	TRUE
type	type	类型	varchar(255)	255	TRUE
extendInfo	extendInfo	说明文本信息	text		FALSE

2 数据采集与提取

2.1 数据采集

2.1.1 数据采集原则与方法

1)原则

① 科学性原则。调研工作要有事实依据和理论依据,要符合科学原理和客观现实,要符合事物发展的基本规律。

② 可行性原则。调研工作要在人力、物力、财力和时间等方面做出充分考虑,完成课题研究工作。

③ 规范化原则。研究技术工作必须严格遵循相关国家技术标准,保证数据采集、计算模型的逻辑严密性和科学性。

④ 灵活调整原则。在遵循总体方案的基础上,根据调研反馈意见以及实际工作的要求做出对工作安排的调整和完善。

⑤ 实用性原则。课题研究成果应紧密结合实务操作要求,在数据应用方向上需有实用性。

2）数据采集方法

建筑遗产保护利用平台于 2014 年开始筹建，对平台要求的相关数据资料进行初步采集。前期聘请了各地相关院校在校学生进行初步调查，如湖南农业大学、东南大学、苏州大学、苏州科技大学等，并从各个院校精心挑选了优秀学生参与此项工作。首先通过视频进行培训，或集结到南京与苏州进行分批培训，根据项目地点，秉承就近原则，由当地院校或原学籍的学生对自己活动范围之内的重点项目进行现场调查，或网上搜索等。通过对参与该项工作的学生进行整体培训，使学生对该项目的重要性有了一定的认识，并加深对该平台的了解程度。我们为学生详细讲解了平台系统每一点的关键性，并就信息进行了系统划分，使搜索的资料能够更符合平台的要求，力求保证信息的准确性。（表 14）

表 14 建筑遗产数据类信息查勘表

调查日期	项目名称	辖区面积	核心保护范围面积	建设控制地带面积	核心保护范围内建筑面积	一般性财政收入	固定资产投资额	居民可支配收入	年度GDP	流动人口	常住人口	消费价格指数	工业产值	目前遗存的年代特征	始建年代

2.1.2 数据采集内容

1）项目概况模块

① 项目概述

“辖区面积”“核心保护范围面积”“建设控制地带面积”“核心保护范围内建筑面积”四个独立字段均只能填写数字，同时注意后面的单位。

“建筑遗产资源类型”和“审批批次 /年份”参照“608 个古镇古村历史名街”excel 文件单选。

“始建年代”单选，可能的搜索渠道：项目官网、百度百科等。

“目前的遗存年代特征”可多选。

“主要的价值特色”为一段文字介绍，例如磁器口历史文化底蕴丰厚，是重庆历史文化名城极其重要的组成部分，古朴的巴渝遗风特色明显。有佛、道、儒三教并存的九宫十八庙，有川剧清唱、铁水火龙和古风犹存的茶馆，有传统手工作坊，有独特的码头文化，有享誉四方的毛血旺、千张皮、椒盐花生等饮食三宝。“千年磁器口，万载巴渝情；要看老重庆，请到磁器口”。其鲜明的民族和地域特色显示出旺盛的生命力和强大的吸引力。

简介：主要包括历史沿革、利用情况、主要景点、建筑特色、文化特色等。可能的搜索渠道：项目官网、百度百科、旅游网站等。

② 项目地图

“项目地图”上传图片，包括百度地图、交通地图、影像地图、旅游地图、历史地图、项目景区示意图等。可能的搜索渠道：官方网站的宣传地图或图片，如无再通过百度或高德地图，以及百度图片。

③ 历史特色

“历史特色”着重阐述历史变迁，内容包括历史、文化、习俗、名人等方面，主要是历史上曾经存在，现在已经不再保留的。可能的搜索渠道：以项目官网、百度百科、著名旅游博客为主。若不全再以“项目＋关键词”查询。

④ 文化特色

“文化特色”着重阐述目前仍然保留的、具有当地历史文化特色的特产、活动和节庆，包括当地的生活方式、特产、娱乐方式等。可能的搜索渠道：以项目官网、百度百科、著名旅游博客为主。若不全再以“项目＋关键词”查询。

⑤ 建筑特色

“建筑特色”着重阐述本项目在城市布局、建筑方面的特色，包括有关街区布局、建筑结构、风格特色等方面的表述。可能的搜索渠道：以项目官网、百度百科、著名旅游博客为主。若不全再以“项目＋关键词”查询。

⑥ 其他特色

“其他特色”指除历史特色、文化特色、建筑特色等方面的其他特色。可能的搜索渠道：以项目官网、百度百科、著名旅游博客为主。

⑦ 外部交通

“外部交通”主要指景点距机场、火车站、中心汽车站(县级以上)、码头、高速公路出入口等的距离及交通时间。通过百度地图查找。或指景区范围内至周边 300～500 m有无公交车站，若有，离最近公交车站、地铁口的距离；有无配套停车场。通过项目官网、百度地图、著名旅游网站等查找。

⑧ 内部交通

内部交通指景区内的交通方式，通过选择填空等形式实现。通过项目官网、著名旅游网站等查找。(图 13)

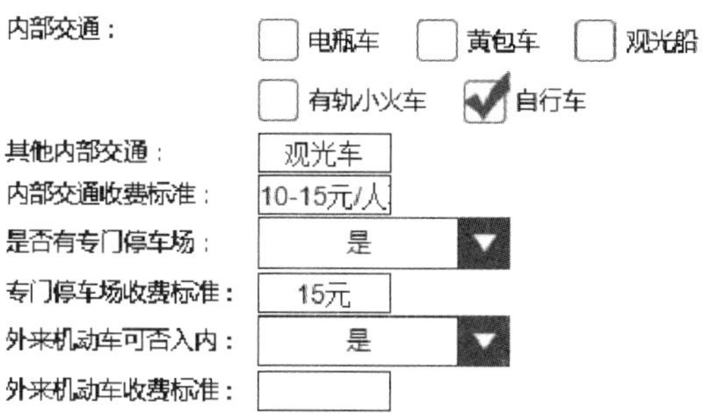

内部交通：　☐电瓶车　☐黄包车　☐观光船　☐有轨小火车　☑自行车

其他内部交通：观光车

内部交通收费标准：10-15元/人

是否有专门停车场：是

专门停车场收费标准：15元

外来机动车可否入内：是

外来机动车收费标准：

图 13　内部交通

⑨ 市政基础设施

“市政基础设施”主要指给排水、供电、卫生设施的情况，可以通过优良中差进行评价。例如磁器口的市政基础设施：由于受经济发展状况的制约，基础设施较差；区内还设有居委会、市场、工商所、邮电所、电影院等公共设施，设备均落后陈旧，场所经营不善；排水设施极其缺乏，居民生活污水就近排入溪沟；区内居宅大多无卫生间，公厕数量明显不足；街区无专门垃圾站，只能沿溪岸指定地点堆放，环境污染状况严重。搜索渠道：通过项目官网、著名旅游网站、著名旅游博客等查找。

⑩ 公共设施

“公共设施”主要指购物设施（有无大型超市，或优良中差）、餐饮设施、住宿设施、停车设施、娱乐设施等，并总体评价优良中差。搜索渠道：通过项目官网、著名旅游网站、著名旅游博客等查找。

2）市场定位模块

① 市场定位

“市场定位”比如勾选旅游业，下面文本框的内容包括：项目经营模式、收入方式等。如项目以旅游商业为主的经营模式，收入方式为景点门票和租金收入，门票和租金收入多少。搜索渠道：通过项目官网、著名旅游网站、著名旅游博客、相关论文等查找。

② 客源

“客源”与“目的”均为多选。

“旅游时间”下的文本框主要填写内容为客源区域的占比、省市县区、国外等。例如重庆磁器口客源分布较广，来源于全国各地，但重庆周边及四川省内游客居多；宏村游客以苏浙沪为主，占比达到 45.4%；本省游客占比为 28.2%。搜索渠道：通过项目官网、著名旅游网站、著名旅游博客、政府工作报告、学术论文等查找。（图 14）

③ 收入形式

“商业经营收入”主要包括门票收入、房屋、场地租金、交通、其他收入等形式，景点内是出租还是自营，有无流动摊位。例如重庆磁器口商业以出租为主，允许流动摊位。主要以白天休闲购物为主要运营模式，晚间有部分休闲。宏村商业经营收入主要是店铺出租的方式，经营餐饮、购物、住宿等。也有多数农户以农家乐的方式参与经营，提供吃饭、住宿等。搜索渠道：通过项目官网、著名旅游网站、著名旅游博客、学术论文等查找。

图 14　客源情况

“景区内交通收入”主要是指景区内的车和船的交通收入、收费标准多少、有无优惠。如包含在景区门票中，注明。例如周庄景区内交通收入主要是游船的费用，160 元（1～6 人）。搜索渠道：通过项目官网、著名旅游网站、著名旅游博客、学术论文等查找。

“景区内交通收入”下面文本框主要为景区内的其他收入形式。搜索渠道：通过项

目官网、著名旅游网站、著名旅游博客、学术论文等查找。(图 15)

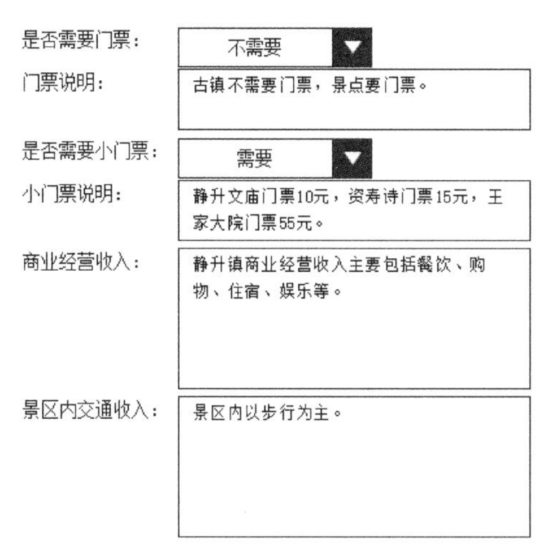

图 15　景点直接收入

④ 宣传

“景区等级”页面右侧上传图片为所获荣誉的相关图片，标明图片名称。搜索渠道：通过项目官网、百度百科、著名旅游网站、著名旅游博客等查找。

“宣传口号及方式”页面右侧上传图片为宣传方式的图片，标明图片名称。搜索渠道：通过项目官网、百度百科、著名旅游网站、著名旅游博客等查找。

“大型活动”“形象代言人”“影视作品”“重要书画”等页面同上。

⑤ 管理模式

“投资主体”是指政府、国有企业、外来民营企业等，如周庄的投资主体是国有企业。搜索渠道：通过项目官网、百度百科、著名旅游网站、著名旅游博客等查找。

“投资主体”下侧文本框主要为项目的经营管理模式、管理机构、有无负面事件、总体评价等。经营管理模式可按照统一管理、分散管理、没有管理；或者自管、委托管理；或者国有管理、民营管理、混合管理、原居民是否入股等填写。例如重庆磁器口的管理模式为商铺以出租为主，商户自行经营，镇区通过古镇管委会统一管理，产权不详。磁器口管理委员会的职责主要包括：a. 对核心区业态的管理与控制与升级，管理商铺种类；b. 修建与管理美食街；c. 维护治安，做好各种消防设施建设与预防，在人流高峰期注意安全等各种问题；d. 宣传磁器口，举办各种活动增加人气；e. 保护古镇文物古迹，修缮景点，规划磁器口的未来建设，招商引资。综合而言，磁器口的管理模式是比较好的。搜索渠道：项目官网、著名旅游网站、著名旅游博客、相关论文等查找。

⑥ 周边竞争项目

“周边景点简介”简单说一下周边重要景点，用地图标示位置。如在大景点范围内，则地图用大景区分布图即可。右侧上传图片则为所截地图或大景区分布图。搜索渠道：项目官网、著名旅游网站、百度地图等。

“周边景点详情”具体介绍重要景点，尤其是具有竞争关系的景点详情，右侧上传周边景点的照片。搜索渠道：通过项目官网、著名旅游网站、百度百科等。

3）功能分区模块

① 功能分区概述

“功能分区概述”页面总体介绍业态如何分布，如商业、餐饮、休闲、静态展览等业态分布情况。右侧上传图片主要是功能分区图，如果没有则选取景区示意图、地图版和卫星版各一张。搜索渠道：项目官网、著名旅游网站、相关论文等。

“照片”包括面和线，白天、晚上不同角度等的照片。其中线包括路和水，面包括屋顶鸟瞰图等，6～10张之间。搜索渠道：百度图片、昵图网、著名旅游网站、著名旅游博客等。

② 业态种类

“业态种类”页面从餐饮、购物、典型住宿等几类中进行划分，并对一些有名的、颇具代表性的业态进行介绍，包括经营种类、档次、人均消费、特色之处等。每一类上传照片6张，分不同档次来介绍并上传照片。

③ 附属设施

“附属设施”包括景点导视系统、路、街面、正门装饰及牌坊、墙面装饰及外挂装饰、雕塑、碑、匾额、对联、城门、城楼、井、栏杆、陆上台阶、水系、桥、码头、驳岸、水上台阶、绿化、灯光系统、其他代表景观等。该模块只需上传图片，每个模块上传1～5张。

4）景点介绍模块

① 街区景点

“街区景点”文本框是对景区的景点简介，包括景点个数、名称、聚落与自然环境完整度等。搜索渠道：项目官网、著名旅游网站、著名旅游博客、省级文物局名单等。

② 文保建筑列表

“文保建筑列表”通过动态添加的方式，编辑文保建筑物名称及级别，并在文本框里进行文保建筑物的具体介绍，右侧上传图片6张。搜索渠道：文物局、项目官网、著名旅游网站等。

③ 控保建筑、历史街巷、其他重要景点介绍

“控保建筑”“历史街巷”“其他重要景点”页面与“文保建筑”类似，通过动态添加的方式，右侧上传图片6张。搜索渠道：项目官网、著名旅游网站、著名旅游博客等。

5）项目经济分析模块

“修复成本”“日常管理费用”“年收入”“物业估值/房屋售价”“政策性支持”（如：税收减免、土地房产相关减免、政府补贴、土地优惠等）、“金融基金支持政策”等。经济分析名称主要写明是项目修复或重建的第几期。搜索渠道：项目的相关研究、著名旅游博客、政府工作报告等。

6）地区经济状况模块

通过地区政府工作报告、百度百科、项目官网等方式查找，若古村、街区等较小的区域无经济数据统计，可到上一级层面查找数据，比如山塘街的经济数据无统计，可以填写姑苏区的数据。

7）规划资料模块

① 保护措施

“保护规划”文本框的内容主要是保护规划的编制与实施，包括编制单位、批准部

门、时间等，此规划偏重保护，并在最后标明上传文件的链接。

“保护修复措施”主要包括历史建筑、环境要素登记建档并挂牌保护的比例，在最后标明上传文件的链接。

“保障机制”包括保护管理办法的制定（包括管理办法、时间、批准单位）、保护机构及人员（包括名称）、每年用于保护的维修资金占全年村镇建设资金的比例，在最后标明上传文件的链接。

② 利用规划、保护规划及上位规划

“上位保护规划或城市规划、土地规划”包括编制单位、批准部门、时间等，此规划偏重于利用，并在最后标明上传文件的链接。

“本项目的保护规划”包括编制单位、批准部门、时间等，在最后标明上传文件的链接。

③ 旅游规划及上位旅游规划

同“利用规划、保护规划及上位规划”。

④ 项目可行性报告或策划利用报告

“本项目的可行性研究、市场策划、定位、利用等相关报告”包括编制单位、时间等，在最后标明上传文件的链接。

2.2　数据提取

网站上可进行项目数据查询，可分为直接查询、批次查询、精确查询、图片查询。

(1) 直接查询：可直接输入项目名进行查找。（图 16）

图 16　直接查询方式

(2) 地图查询：可从古镇、古村、历史街区、历史名街的框中勾选后在列表中选择查找。（图 17）

图 17　地图查询

（3）批次查询：可对项目批次进行查证或成片查找（如古镇第一批/2003）。（图18）

图 18　批次查询

（4）精确查询：可根据辖区面积、核心保护范围面积、建设控制地带面积、核心保护范围内建筑面积、一般性财政收入、固定资产投资额、居民可支配收入、年度GDP、流动人口、常住人口、消费价格指数、工业产值、目前遗存的年代特征、始建年代、建筑类型等进行查找。（图19）

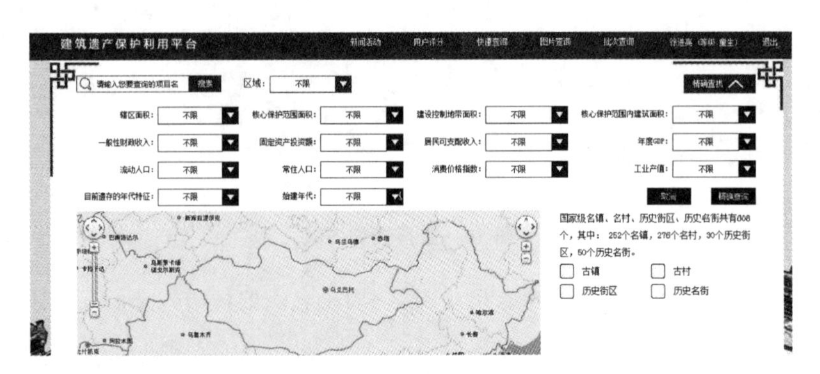

图 19　精确查询

（5）图片查询：可按项目具体类型的图片进行查找（如古镇、景点导视图）。（图20）

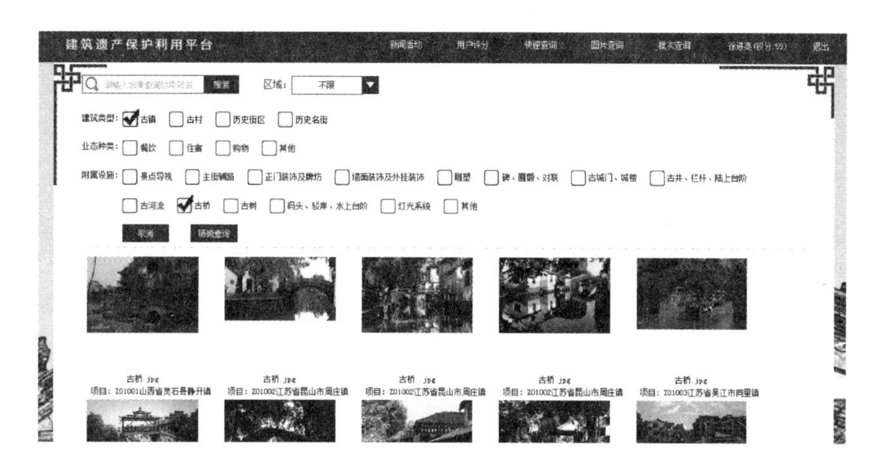

图20 图片查询

3 数据库内容的展示

3.1 数据库图片的分类展示

3.1.1 建筑遗产项目的地域差异展示

随着历史的积累和沉淀，建筑遗产项目在很大程度上反映了地区建筑的特色，尤其是与之息息相关的文化特色。它们不仅具有较高的历史、科学及艺术价值，更是地域风貌及人文面貌的体现。中国地大物博，建筑遗产项目类型也非常丰富，多样的建筑类型形成了其独有的地区特色和文化，从某种角度来看，这种建筑特色能够作为地区政治经济发展的见证。下面介绍主要的建筑类型。

1）苏派建筑

苏派民居是指江浙一带建筑风格，是南北方建筑风格的集大成者，园林式布局是其显著特征之一。苏派民居以南向为主，这样可以冬季背风朝阳，夏季迎风纳凉，充满了江南 水乡古老文化的韵味。脊角高翘的屋顶，加上走马楼、砖雕门楼、明瓦窗、过街楼等，粉墙黛瓦，鳞次栉比、轻巧简洁、古朴典雅，体现出清、淡、雅、素的艺术特色。其典型的代表有江苏省昆山市周庄镇、江苏省苏州市吴中区东山镇杨湾村、江苏省苏州市平江历史文化街区、江苏省苏州市山塘街等。（图21至图23）

图 21 周庄镇风貌图

图 22 杨湾村风貌图

图 23 周庄镇风貌图

2）闽派建筑

闽，即福建，闽派民居即流行于闽南地区的一种建筑风格，其中“土楼”是其最为鲜明的代表。福建土楼遍布全省大部分地区，尤以福建西南部的漳州、龙岩地区为众，其中位处西部的龙岩市永定区和南部的南靖、平和、华安等县最为集中，是一种供聚族而居、且具有防御性能的民居建筑。它源于古代中原生土版筑建筑工艺技术，宋元时期即已出现，明清时期趋于鼎盛，延续至今。常见的土楼类型有圆楼、方楼、五凤楼（府第式）、宫殿式楼等，楼内生产、生活、防卫设施齐全，是中国传统民居建筑的独特类型，为建筑学、人类学等学科的研究提供了宝贵的实物资料。其中最著名的有华安的二宜楼，永定的承启楼、振成楼、奎聚楼、福裕楼，南靖的和贵楼与田螺坑土楼群，平和的绳武楼等，这些都是福建土楼的典型代表。（图 24，图 25）

图 24　福建龙岩新罗区适中镇中心村鸟瞰图

图 25　福建省龙岩市永定区湖坑镇鸟瞰图

3）京派建筑

中国北方院落民居以京派建筑最为典型，京派建筑里以四合院最为典型。四合院是北京地区乃至华北地区的传统住宅。北京四合院之所以有名，还因为它虽为居住建筑，却蕴含着深刻的文化内涵，是中华传统文化的载体。四合院的装修、雕饰、彩绘也处处体现着民俗民风和传统文化，表现一定历史条件下人们对幸福、美好、富裕、吉祥的追求。如以蝙蝠、寿字组成的图案，寓意“福寿双全”，以花瓶内安插月季花的图案寓意“四季平安”，而嵌于门管、门头上的吉辞祥语，附在檐柱上的抱柱楹联，以及悬挂在室内的书画佳作，更是集贤哲之古训，采古今之名句，或颂山川之美，或铭处世之学，或咏鸿鹄之志，风雅备至，充满浓郁的文化气息。登斯庭院，犹如步入一座中国传统文化的殿堂。

此外，除四合院外，宫殿建筑也是京派建筑的代表作，其中故宫是宫殿建筑的问鼎之作。中国宫殿是中国古代帝王所居的大型建筑组群，是中国古代最重要的建筑类型。其典型代表有北京市门头沟区斋堂镇爨底下村、北京市皇城历史文化街区。（图26，图27）

图 26　爨底下村风貌图

图 27　故宫远景

4）晋派建筑

晋派只是一个泛称，不仅指山西一带，还包括陕西、甘肃、宁夏及青海部分地区，只是在这些地区当中山西一带的建筑风格较为成熟。晋派建筑大体分为两类：一类是山西的城市建筑，这是狭义上的晋派建筑；另一类是陕北及周边地区的窑洞建筑，这也是西北地区分布最广的一种建筑风格。其典型代表有山西省灵石县静升镇、山西省介休市龙凤镇张壁村、山西省晋中市祁县晋商老街。（图 28，图 29）

图 28 静升镇风貌图

图 29 张壁村风貌图

5）徽派建筑

徽派建筑是中国传统建筑最重要的流派之一，徽派建筑作为徽文化的重要组成部分，历来为中外建筑大师所推崇，流行于徽州（今黄山市、绩溪县、婺源县）及严州、金华、衢州等浙西地区。以砖、木、石为原料，以木构架为主。梁架多用料硕大，且注重装饰。还广泛采用砖、木、石雕，表现出高超的装饰艺术水平。徽派建筑在总体布局上依山就势，构思精巧，自然得体；在平面布局上规模灵活，变幻无穷；在空间结构和利用上，造型丰富，讲究韵律美，以马头墙、小青瓦最有特色；在建筑雕刻艺术的综合运用上，融石雕、木雕、砖雕为一体，显得富丽堂皇。其中典型代表有安徽省黟县宏村、安徽省宣城市宣州区水东镇、安徽省黄山市屯溪区屯溪老街历史文化街区。（图 30，图 31）

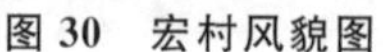

图 30 宏村风貌图

图 31 屯溪老街风貌图

6）广府民居

广府民居，通常指大珠三角地区、粤西地区的建筑。广府民居通常符合通风与阴凉的要求，是岭南建筑的共同特点。典型的广府民居还有一个很大的“镬耳”特点，以其屋两边墙上筑起两个象镬耳一样的挡风墙而得名。此外，广府居民依据自然条件包括地理条件、气候特点而建，体现出的防潮、防晒的特点；还有就是大量吸取西方建筑精髓，体现了兼容并蓄的风格。典型建筑有广州西关大屋、广东清代四大名园（顺德清晖园、番禺余荫山房、东莞可园、佛山梁园）、开平碉楼、三水大旗头村、从化钱岗村、深圳大鹏所城、广东省东莞市茶山镇南社村等。（图 32）

图 32 南社村风貌图

7）川派建筑

川派建筑，即流行于四川、云南、贵州等地的一种建筑风格，是当地少数民族特有的建筑风格。其中以川西民居里的吊脚楼最为典型。南方气候潮湿、昼夜温差大、地面蛇虫等比较多，所以当地人在居住过程中逐渐演化出独特的建筑风格——吊脚楼。吊脚楼以木桩或石块为支撑，上架以楼板，四壁或用木板，或用竹排涂灰泥，屋顶铺瓦或茅草。吊脚楼窗子多向江，所以也叫望江楼。吊脚楼是远古巢居的发展，其典型代表有贵州省黎平县肇兴乡肇兴寨村、重庆市石柱县西沱镇。（图 33，图 34）

图 33 肇兴寨村风貌图

图 34 西沱镇一隅

通过以上 7 种不同类型的建筑派系可以看出，各具特色的建筑风格蕴含了当地的历史和文化，彰显了遗产的魅力和价值，极大地提升了当地的知名度，也吸引了众多的游客，正所谓“酒香不怕巷子深”。这样既传承和保护了历史文化遗产，也带来了巨大的经济效益，促进了当地居民生活水平的改善。

3.1.2 建筑遗产项目特色构筑物的图片展示：以名村古桥为例

中国是桥文化的故乡，自古就有“桥的国度”之称。中国古代桥梁尤其受儒家“天人合一”，和道家“道法自然”观念的影响，一座桥便是一种地方文化的呈现，桥将建筑、艺术与科技和谐相融，成为中国传统文化的重要载体。数据库专门收集了各地的古桥图片，可以归类集中展示。（表 15，图 35 至图 38）

表 15 历史名村古桥一览表

1	安徽省黄山市徽州区潜口镇唐模村高阳桥	石质、双拱形	高阳桥为水街的入口，石质，双孔券，桥上建屋为廊，为廊桥建筑模式，是古徽州地区仅存的几座廊桥之一，由唐模许氏建于清朝雍正年间。唐模十桥九貌，且各有其名。它们分别是蜈蚣桥、五福桥、灵官桥、义合桥、高阳桥、四季桥、垂胜桥、戏坦桥、三石桥、石头桥。高阳桥为唐模水街十座石桥之主桥，位居村中。因唐模许氏来自高阳郡，所以造高阳桥，意思为不忘祖先
2	湖南省永兴县高亭乡板梁村接龙石桥	石板	接龙石桥跨溪进村，是一座三孔九板跨度 20 m 的石板桥，传说是将已走失的龙气接回来。全桥是由九块 5 m 多长、60 cm 宽的天然整块大青石铺就，从青石板上的凹痕可见历史的久远
3	浙江省绍兴市稽东镇冢斜村永济桥	五跨石梁桥（桥墩：条石，桥面：石梁）	“永济桥”在村庄南侧，位于村南舜江上，系清代五跨石梁桥。全长 60 m，桥面宽 1.65 m，中孔跨径 4.9 m，桥面距水面高 2.4 m。桥墩用条石错缝叠砌，迎水呈梭形，用以减少水流阻力。桥面用三块石梁并列铺筑而成，中孔石梁侧面镌有桥名“永济桥”。永济桥是古代的交通要道，途经大小西岭的人流和物流都必须经过这里
4	江苏省常州市武进区郑陆镇焦溪村中市桥	桥面和栏杆：金山石（单拱形）	建于 1755 年，咸丰年间重新整修，桥面和栏杆由金山石砌成。从桥下潺潺流淌而过的是龙溪河。据《越绝书·吴地》记载，龙溪河为江南运河原始段落之一。以前的焦溪人就在这条河里淘米、洗菜、洗衣服，龙溪河养育了一代又一代的焦溪人。龙溪河是 4200 年前，舜帝带领当地人开凿的老舜河的一段，北通长江，南接太湖。河上现存青龙、咸安、中市、三元四座古桥，河两岸的人家前门通街，后门通船，户户相望，家家隔河，交织成小桥流水人家的画面

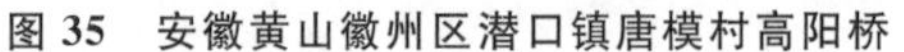

图 35 安徽黄山徽州区潜口镇唐模村高阳桥

图 36 湖南省永兴县高亭乡板梁村接龙石桥

图 37　浙江省绍兴市稽东镇冢斜村永济桥

图 38　江苏常州武进区郑陆镇焦溪村中市桥

3.1.3　建筑遗产项目各地特色餐饮的图片展示

人们的饮食消费能力不断提高，建筑遗产项目旅游中地方特色的餐饮较大地影响着旅行体验。各地美食佳肴不仅给人们带来了味觉上的享受，还糅合了当地的饮食文化、历史风俗，这也会扩大建筑遗产项目的社会文化效益。数据库专门收集了各地的特色餐饮图片，可以归类集中展示。（图 39）

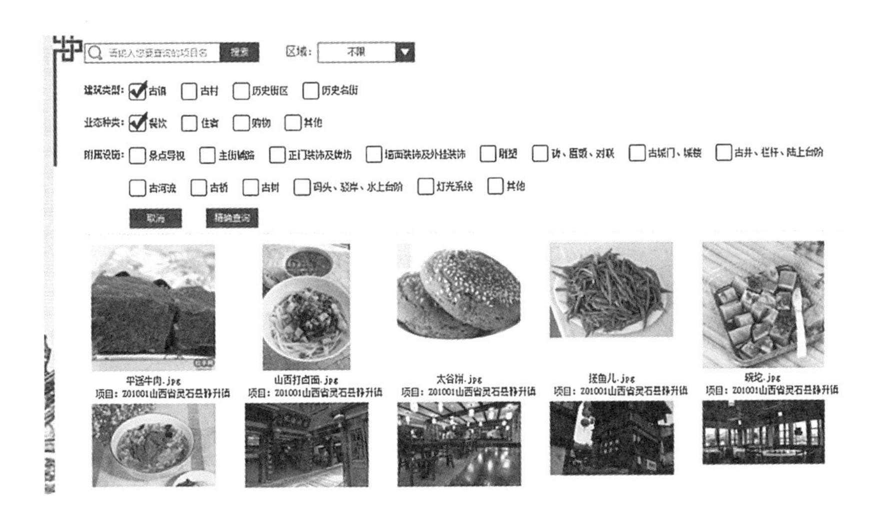

图 39　建筑遗产项目各地特色餐饮的图片展示

3.2　建筑遗产项目基本构成要素展示

3.2.1　项目核心保护区面积

核心保护区是保护历史建筑、传统街区和景观的有效工具。近年来对建筑遗产项目急功近利，竭泽而渔的发展建设方式，虽然提升了经济效益，普遍提高了人民群众的生活水平，增强了当地的基础设施建设力度，但同时也使这些遗产受到了相当严重的破坏。因此通过规划设立核心保护区，使得建筑遗产项目能够较为完整地保存和恢复历史格局和历史风貌，继承和发扬当地特有的传统文化，完整体现当地的文化历史、人文风俗、古代民居建筑等，从而实现遗产的可持续发展。（表16）

表16 各类型建筑遗产项目核心保护区面积前10位排名表

（单位：km^2）

历史名镇		历史名村		历史名街		历史街区	
地名	核心保护区面积	地名	核心保护区面积	地名	核心保护区面积	地名	核心保护区面积
辽宁省新宾满族自治县永陵镇	515.8	山西省临县碛口镇西湾村	30	江苏省苏州市山塘街	1.37	北京市皇城历史文化街区	6.80
贵州省黄平县旧州镇	223	福建省清流县赖坊乡赖坊村	25	重庆市沙坪坝区磁器口历史名镇传统历史文化街区	1.18	福建省厦门市鼓浪屿历史文化街区	1.91
福建省屏南县双溪镇	183.3	广东省蕉岭县南礤镇石寨村	10.39	四川省大邑县新场历史名镇上下正街	0.50	吉林省长春市第一汽车制造厂历史文化街区	1.76
广西壮族自治区鹿寨县中渡镇	139	广东省深圳市龙岗区大鹏镇鹏城村	10	江苏省苏州市平江路	0.48	重庆市沙坪坝区磁器口历史文化街区	1.50
四川省成都市双流区黄龙溪镇	110	山西省沁水县郑村镇湘峪村	7.6	广东省广州市沙面街	0.30	江苏省苏州市山塘街历史文化街区	1.37
河南省遂平县嵖岈山镇	96	湖北省利川市谋道镇鱼木村	6	江苏省无锡市清名桥历史文化街区	0.19	天津市五大道历史文化街区	1.20
黑龙江省黑河市爱辉镇	89	海南省文昌市会文镇十八行村	4.29	江苏省无锡市惠山老街	0.15	江苏省苏州市平江历史文化街区	1.17
海南省三亚市崖城镇	46.3	甘肃省天水市麦积区麦积镇街亭村	3.2	江苏省泰兴市黄桥老街	0.11	黑龙江省齐齐哈尔市昂昂溪区罗西亚大街历史文化街区	1.01
广西壮族自治区昭平县黄姚镇	36	贵州省安顺市西秀区大西桥镇鲍屯村	2.62	广东省梅州市梅县区松口镇松口古街	0.10	上海市外滩历史文化街区	1.01
江苏省苏州市吴中区东山镇	35.4	江西省宁都县田埠乡东龙村	2.5	四川泸州尧坝古街	0.06	浙江省绍兴市蕺山（书圣故里）历史文化街区	0.80

从表16中可以看出，历史名镇和名村的核心保护区面积普遍大于历史名街和历史街区。究其原因，对于历史名街和历史街区，其社会文化环境的影响可能要大于自

然环境；而对于历史村镇，自然环境和社会文化环境的作用显得同样关键。这样通过扩大核心保护区面积，来有效保存其完好的建筑，并与所在的自然环境和谐发展。

3.2.2　基础配套设施

基础配套设施建设在一定程度上是保证建筑遗产项目保护和发展的基础，同时也是当地居民现代化的生活需求和发展建筑遗产项目旅游的诉求。在与建筑遗产项目相协调的前提下，完备的基础配套设施能有效改善居民生活条件，发展旅游，促进经济的可持续发展。

建筑遗产项目有其特殊性，尤其是历史文化村镇，不能简单地视为普通文保单位或古建筑群来对待。这些地方仍有人居住生活，是一个完整的人类聚落，不仅需要保护，同时还需要寻求发展，因此改善基础设施和环境质量也是建筑遗产项目保护和发展的关键。然而，通过对国内建筑遗产项目基础配套设施的调查发现，基础配套设施的齐全度普遍不高(表 17)，其中齐全度好的遗产项目只有 21.62%，而齐全度一般和差的项目分别占到了 60.17%和 18.22%，这些遗产地的基础配套设施不足，不能满足遗产开发和发展的要求，因此其提升空间巨大，也意味着遗产经济圈的基础还能大幅度夯实。

表 17　建筑遗产项目基础配套设施齐全度情况表

	差	一般	好
历史名镇	29.76%	50.79%	19.44%
历史名村	13.77%	81.88%	4.35%
历史名街	26.00%	48.00%	26.00%
历史街区	3.33%	60.00%	36.67%
平均值	18.22%	60.17%	21.62%

不过，由于建筑遗产项目承载着丰富的历史文化信息，其历史价值、文化价值、艺术价值具有唯一性和不可再生性，在建筑设施的改造和建设中，不能照搬普通村镇的建设标准，更不能参照城市市政基础设施的建设标准，要从遗产保护的角度出发，进行有序合理的开发，做好充足的保护规划和设计，并采用合适的技术方法，让基础配套设施建设为建筑遗产项目的保护和发展添砖加瓦，保驾护航。

3.2.3　交通条件

历史名镇通常位于城市近郊城乡结合部或远郊农村等不发达地区，这些地区可进入性差但大多区位资源丰富。随着旅游发展的不断深入，对建筑遗产项目的利用与保护投入资金也越来越多，其交通条件得到了长足的改善。通过对全国四大类建筑遗产项目的交通条件进行分析，可以看出，目前遗产的交通条件都较为便捷，火车和高速公路都能便捷到达，同时有一半以上的遗产地还邻近机场，为建筑遗产项目的利用奠定了便捷的基础。在人们生活水平日益增高的前提下，这些便捷的交通条件也给当地建筑遗产项目带来了不断增长的游客数量，旅游收入也逐年增长，有效地促进了遗产的

利用效率和效益。（表 18）

表 18 交通便利条件表

项目名称	区域、省、市、县区	机场	火车	高速公路	省级以上道路（G 或 S）	其余	分值
北京市皇城历史文化街区	华北 北京市 东城区和西城区	√	√	√			5
北京市大栅栏历史文化街区	华北 北京市 西城区	√	√	√			5
北京市东四三条至八条历史文化街区	华北 北京市 东城区	√	√	√			5
天津市五大道历史文化街区	华北 天津市 和平区	√	√	√			5
吉林省长春市第一汽车制造厂历史文化街区	东北 吉林省 长春市 绿园区	√	√	√			5
黑龙江省齐齐哈尔市昂昂溪区罗西亚大街历史文化街区	东北 黑龙江省 齐齐哈尔市 昂昂溪区	√	√	√			5
上海市外滩历史文化街区	华东 上海市 黄浦区	√	√	√			5
江苏省南京市梅园新村历史文化街区	华东 江苏省 南京市 玄武区	√	√	√			5
江苏省南京市颐和路历史文化街区	华东 江苏省 南京市 鼓楼区	√	√	√			5
江苏省苏州市平江历史文化街区	华东 江苏省 苏州市 姑苏区		√	√			4
江苏省苏州市山塘街历史文化街区	华东 江苏省 苏州市 姑苏区		√	√			4
江苏省扬州市南河下历史文化街区	华东 江苏省 扬州市 广陵区	√	√	√			5
浙江省杭州市中山中路历史文化街区	华东 浙江省 杭州市 上城区	√	√	√			5
浙江省龙泉市西街历史文化街区	华东 浙江省 丽水市 龙泉市		√	√			4
浙江省兰溪市天福山历史文化街区	华东 浙江省 金华市 兰溪市	√	√	√			5
浙江省绍兴市蕺山（书圣故里）历史文化街区	华东 浙江省 绍兴市 越城区		√	√			4
安徽省黄山市屯溪区屯溪老街历史文化街区	华东 安徽省 黄山市 屯溪区	√	√	√			5
福建省福州市三坊七巷历史文化街区	华东 福建省 福州市 鼓楼区	√	√	√			5
福建省泉州市中山路历史文化街区	华东 福建省 泉州市 鲤城区	√	√	√			5
福建省厦门市鼓浪屿历史文化街区	华东 福建省 厦门市 思明区	√	√	√			5

3.2.4 文物古迹

文物古迹不仅是个体的建筑遗产，且能够见证当地文明、社会发展的价值。在某种意义上，它们都是一件伟大的艺术品，在历史的变迁和社会发展中，凝聚传统文化而变得底蕴浓厚，富有长久的生命力。遗存的文物古迹对于挖掘建筑遗产项目的遗产文化、突出遗产特色、保护传统风貌、发展旅游都有着重要的作用。现代旅游追求参与性，强调经历，尤其是文化体验。所以在遗产的保护和利用中，通过保护建筑遗产项目的文物古迹和历史环境，参观文物、古建筑、历史环境，观赏当地风光，了解风土人情、风俗习惯，借此开发旅游资源，推动地方经济发展。(表19，表20)

表19 遗存文物古迹数量前10名统计表

历史名镇		历史名村		历史名街		历史街区	
江苏省苏州市吴中区东山镇	58	广东省深圳市龙岗区大鹏镇鹏城村	20	江苏省苏州市平江路	59	天津市五大道历史文化街区	38
江苏省吴江市同里镇	30	浙江省永康市前仓镇厚吴村	18	江苏省苏州市山塘街	19	江苏省苏州市平江历史文化街区	21
江苏省苏州市吴江区震泽镇	25	浙江省缙云县新建镇河阳村	16	江苏省无锡市惠山老街	18	江苏省苏州市山塘街历史文化街区	18
江苏省兴化市沙沟镇	23	云南省弥渡县密祉乡文盛街村	15	江苏省泰兴市黄桥老街	14	浙江省龙泉市西街历史文化街区	17
福建省邵武市和平镇	21	安徽省黟县西递镇西递村	12	上海市徐汇区武康路历史文化名街	10	浙江省杭州市中山中路历史文化街区	12
江苏省苏州市吴中区木渎镇	18	广东省梅县水车镇茶山村	11	浙江省杭州市清河坊	9	四川省阆中市华光楼历史文化街区	12
浙江省湖州市南浔区南浔镇	17	福建省连城县宣和乡培田村	10	重庆市沙坪坝区磁器口历史名镇传统历史文化街区	8	北京市东四三条至八条历史文化街区	11
江苏省泰兴市黄桥镇	16	江苏省苏州市吴中区东山镇杨湾村	10	黑龙江省哈尔滨市中央大街	7	福建省厦门市鼓浪屿历史文化街区	11
江苏省昆山市锦溪镇	15	江苏省苏州市吴中区金庭镇东村	10	山西省晋中市祁县晋商老街	7	福建省漳州市台湾路—香港路历史文化街区	11
江苏省常州市新北区孟河镇	15	广东省佛山市顺德区北滘镇碧江村	9	福建省龙岩市长汀县店头街	7	浙江省绍兴市蕺山(书圣故里)历史文化街区	9

表20 遗存文物古迹数量后10名统计表

历史名镇		历史名村		历史名街		历史街区	
贵州省赤水市大同镇	1	青海省班玛县灯塔乡班前村	1	陕西省榆林市米脂古城老街	2	广西壮族自治区北海市珠海路—沙脊街—中山路历史文化街区	4
贵州省松桃苗族自治县寨英镇	1	山西省介休市龙凤镇张壁村	0	广东省广州市沙面街	2	北京市大栅栏历史文化街区	3
陕西省神木县高家堡镇	1	四川省攀枝花市仁和区平地镇迤沙拉村	0	海南省海口市骑楼街(区)(海口骑楼老街)	1	江苏省南京市梅园新村历史文化街区	3
新疆维吾尔自治区富蕴县可可托海镇	1	山西省临县碛口镇李家山村	0	河南省洛阳市涧西工业遗产街	1	江苏省扬州市南河下历史文化街区	3

续表 20

历史名镇		历史名村		历史名街		历史街区	
内蒙古自治区多伦县多伦淖尔镇	0	宁夏回族自治区中卫市香山乡南长滩村	0	江西省上饶市铅山县河口明清古街	1	福建省福州市三坊七巷历史文化街区	3
安徽省宣城市宣州区水东镇	0	贵州省雷山县郎德镇上郎德村	0	安徽省宣城市绩溪县龙川水街	1	新疆维吾尔自治区库车县热斯坦历史文化街区	3
辽宁省东港市孤山镇	0	山西省阳城县润城镇屯城村	0	广东省珠海市斗门镇斗门旧街	1	福建省泉州市中山路历史文化街区	2
广东省梅县松口镇	0	西藏自治区工布江达县错高乡错高村	0	福建省石狮市永宁镇永宁老街	1	广东省中山市孙文西历史文化街区	2
广西壮族自治区鹿寨县中渡镇	0	陕西省三原县新兴镇柏社村	0	福建省福州市三坊七巷	0	新疆维吾尔自治区伊宁市前进街历史文化街区	2
重庆市黔江区濯水镇	0	青海省玉树市安冲乡拉则村	0	西藏自治区江孜县加日郊老街	0	湖南省永州市柳子街历史文化街区	1

通过上述表格，我们可以看出，文物古迹遗存数量最多的建筑遗产项目大多数分布在东部的江浙和福建沿海地区，文物古迹遗存数量最少的主要分布在中西部地区。分析其原因，主要分为以下两个方面：一是人类历史越悠久，与自然相互作用力度越大，此类区域遗存的文物古迹越集中，数量也比较多；二是遗产建筑的保护需要大量的资金投入，当地经济越发达，就有更多的资金投入建筑遗产保护和改善民生中。沿海区域是中国人口最密集，经济、社会和文化最发达的区域。文化历史悠久，经济实力雄厚。基于此就不难分析出此区域遗传的文物古迹数量比较多，而中西部区域分布较少。同时，遗存的文物古迹越多，越能吸引游客前往，进一步加快地方经济发展，与遗产的保护形成一种相辅相成、多头共赢的和谐发展关系。

3.2.5 历史街巷

历史街巷在历史名镇的组成要素中不可或缺，很大程度上也成就了历史名镇的魅力。历史名镇中的街道，尤其是商业活动比较频繁的集镇，街道相对比较完整，空间的限定比较明确。一般情况下，比较寒冷的地区如华北、西北地区为争取日照，街道比较宽；而炎热多雨的地区如华南、东南沿海地区为求荫凉，街道则比较窄。同时一般的街道由于建造过程的自发性，不可能做到整齐一律。街道两侧的建筑往往参差不齐，从而使得街道的空间犹如层峦叠嶂般变化，造就了街道两侧建筑立面和轮廓线的变化，赋予街景以乡土特色和多样性的变化，使得历史名镇景观效果极富特色。

与街道相比，巷道是一种封闭、狭长的带状空间。对于人的感受来说，从街到巷的转换实际包含着从公共到私密、从热闹到幽静的变化。在巷道中，最引人注目的便是两侧的墙面，随着屋顶坡度的变化时起时伏，常具有优美的轮廓线，构成了极富韵律变化的两条天际线。巷道中各住宅的入口空间也是巷道空间的重要组成部分，由于使用方便和风水观念等因素影响，住宅的入口通常不完全与巷道平行，也不相互面对，使得

本身就曲折多变的巷道空间层次更加丰富。(图40至图43)

图40　甘肃省秦安县陇城镇街道

图41　江苏省南京市高淳区淳溪镇街道

图42　重庆市巴南区丰盛镇街道

图43　福建省邵武市和平镇巷道

3.2.6 山水环境

外部空间环境是指原始村落所处地区的地域条件，包括周边的丘陵山地、大小河流流经情况。古村落的选址往往选在海拔较低，相对高差均匀，避开陡峭山地，山间谷地和盆地较少的区域，更趋向于青山环抱，绿水萦回的地区，这也形成了很多隐僻的村落特色①。古代村落多置身于山水间，更是体现出古人的耕读生活特征，成为钟情山水的源头。

历史村落与山水的关系也是研究建筑遗产规划与环境的重要因素。（图 44，图 45）

图 44 不同山水格局的村落统计图

山西省沁水县嘉峰镇窦庄村(1)

山西省沁水县嘉峰镇窦庄村(2)

山西省沁水县嘉峰镇窦庄村(3)

云南省巍山县永建镇东莲花村(1)

云南省巍山县永建镇东莲花村(2)

云南省巍山县永建镇东莲花村(3)

图 45 典型环水村落图

① 陈建兴，叶晓春．古村落空间环境规划浅析[J]．房地产导刊，2015(10)：9.

参考文献

[1] 保罗·海恩,彼得·勃特克,大卫·普雷契特科. 经济学的思维方式[M]. 英文版. 史晨,译. 北京:机械工业出版社,2017.

[2] 卜琳. 中国文化遗产展示体系研究[M]. 北京:科学出版社,2013.

[3] 曹兵武. 落实文物保用的主体责任 做好让文物活起来的大文章[N]. 中国文物报,2019-11-01(4).

[4] 常青. 对建筑遗产基本问题的认知[J]. 建筑遗产, 2016(1):44-61.

[5] 陈畅,周威. 多方利益诉求下工业遗产保护更新的规划管理探索:以天津为例[C]//2014(第九届)城市发展与规划大会论文集. 天津,2014:45-49.

[6] 陈芳. 农业遗产的概念挖掘与价值评估体系构建[D]. 武汉:湖北大学,2013.

[7] 陈建兴,叶晓春. 古村落空间环境规划浅析[J]. 房地产导刊,2015(10):9.

[8] 陈金华,秦耀辰,孟华. 国外遗产保护与利用研究进展与启示[J]. 河南大学学报(社会科学版), 2007,47(6):104-108.

[9] 陈克元. 浅谈历史建筑保护[J]. 科协论坛(下半月),2007(1):126-127.

[10] 陈曦. 中国不可移动文物资产化研究[D]. 北京:中国财政科学研究院,2018.

[11] 陈燮君. 世博、文博及城市文化与记忆:上海世博会的成功践行[J]. 中国博物馆, 2011,28(1):59-67.

[12] 陈雅彬. 论巴泽尔产权理论的基本特点[J]. 商场现代化, 2013(3):153.

[13] 陈耀华,刘强. 中国自然文化遗产的价值体系及保护利用[J]. 地理研究,2012,31(6):1111-1120.

[14] 陈应发. 条件价值法:国外最重要的森林游憩价值评估方法[J]. 生态经济,1996,12(5):35-37.

[15] 成辂. 历史街区保护利用项目策划的系统研究与应用[D]. 武汉:华中科技大学,2008.

[16] 程良,李连瑞. 创意产业对旧建筑的更新利用[J]. 山西建筑, 2010,36(9):36-37.

[17] 从桂芹. 价值建构与阐释[D]. 北京:清华大学,2013.

[18] 戴岩. 北京天文馆:"天文科普进校园"系列活动课[J]. 中国科技教育,2016(7),13-15.

[19] 邓宏. 试论劳动价值与效用价值的数量关系[J]. 广州大学学报(社会科学版),2007,6(4):52-56.

[20] 邸利平,袁祖社."相对主义"与"绝对价值"之争:价值相对主义与现代性精神存在根基的缺失[J].人文杂志,2010(1):7-12.

[21] 第二届历史古迹建筑师及技师国际会议.保护文物建筑及历史地段的国际宪章[A].第二届历史古迹建筑师及技师国际会议,1964.

[22] 丁华.浅析工业遗产改造的功能置换与定位[J].中外建筑,2013(5):51-54.

[23] 顿明明,赵民.论城乡文化遗产保护的权利关系及制度建设[J].城市规划学刊,2012(6):14-22.

[24] 方遒.我国非文物建筑遗产的评估[D].南京:东南大学,1998.

[25] 方世南.以整体性思维推进生态治理现代化[J].山东社会科学,2016(6):12-16.

[26] 冯平.评价论[M].北京:东方出版社,1995.

[27] 符全胜,盛昭瀚.中国文化自然遗产管理评价的指标体系初探[J].人文地理,2004,19(5):50-54.

[28] 高海,富中华,吕仕儒.大同市工业遗产的保护与利用模式[J].山西大同大学学报(自然科学版),2014,30(6):92-96.

[29] 高洪显,郑思海,秦亚飞.PPP 模式介入古村落保护的可行性研究:以河北省为例[J].经营与管理,2016(11):13-15.

[30] 戈登·塔洛克.寻租:对寻租活动的经济学分析[M].李政军,译.成都:西南财经大学出版社,1999.

[31] 耿娜娜,杨璐.太原市发展工业遗产旅游的 SWOT 分析[J].江苏商论,2016(2):61-64.

[32] 谷增辉.战场遗址的保护与利用研究[D].杭州:浙江大学,2009.

[33] 顾江.文化遗产经济学[M].南京:南京大学出版社,2009.

[34] 郭新,姚力,李震,等.战争遗产展示的演变与发展趋势[J].西部人居环境学刊,2017,32(2):57-62.

[35] 国际古迹遗址理事会中国国家委员会.2015 中国文物古迹保护准则[M].2015 年修订.北京:文物出版社,2015.

[36] 国家发展改革委,建设部.建设项目经济评价方法与参数[M].3 版.北京:中国计划出版社,2006.

[37] 国家文物局.海峡两岸及港澳地区建筑遗产再利用研讨会论文集及案例汇编[C].北京:文物出版社,2013.

[38] 何军.辽宁沿海经济带工业遗产保护与旅游利用模式[J].城市发展研究,2011,18(3):99-104.

[39] 何祚榕.关于"价值一般"双重含义的几点辩护[J].哲学动态,1995(7):21-22.

[40] 何祚榕.什么是作为哲学范畴的价值?[J].人文杂志,1993(9):17-18.

[41] 胡高伟.博物馆管理经济学分析初探[J].中国博物馆,2016,33(1):88-92.

[42] 胡敏.风景名胜资源产权辨析及使用权分割[J].旅游学刊,2003,18(4):38-42.

[43] 胡仪元. 生态补偿理论基础新探:劳动价值论的视角[J]. 开发研究,2009(4):42-45.
[44] 胡英娜,张玉坤. 张壁古堡之里坊模式探析[J]. 华中建筑, 2006,24(11):98-101.
[45] 化蕾. 从明十三陵的发展浅谈世界遗产的合理利用及可持续开发模式[C]//世界遗产论坛暨全球化背景下的中国世界遗产事业学术研讨会论文集. 南京,2008.
[46] 黄明玉. 文化遗产的价值评估及记录建档[D]. 上海:复旦大学,2009.
[47] 黄庭晚. 建国以来我国建筑遗产展示模式的发展研究[D]. 北京:北京建筑大学,2015.
[48] 黄晓燕. 历史地段综合价值评价初探[D]. 成都:西南交通大学,2006.
[49] 季国良. 城市建筑遗产利用中的公共性创设:以济南为例[J]. 东南文化, 2015(4):23-27.
[50] 江凯达,杨毅栋. 实践中的历史遗存保护与再利用策略:以杭州市上城区为例[C]//中国城市规划学会. 多元与包容:2012 中国城市规划年会论文集. 昆明:云南科技出版社,2012.
[51] 姜振寰. 东北老工业基地改造中的工业遗产保护与利用问题[J]. 哈尔滨工业大学学报(社会科学版), 2009, 11(3):62-67.
[52] 蒋小玉. 北京延庆遗产资源的保护与可持续发展研究[D]. 北京:中国地质大学(北京),2010.
[53] 金磊. 用建筑遗产昭示使命:感受英国考文垂新主教堂的创作[J]. 城市与减灾,2012(4):31-34.
[54] 金一,严国泰. 基于社区参与的文化景观遗产可持续发展思考[J]. 中国园林,2015,31(3):106-109.
[55] 雷冬霞. 我国历史地段的评估[D]. 南京:东南大学,1998.
[56] 李纪. 世界遗产利用与保护中的不公平问题[J]. 中国地名,2006(6):88-89.
[57] 李莉莉. 广州历史文化遗产的传承与价值评估[D]. 广州:广州大学,2006.
[58] 李敏. 产权理论下的建筑遗产保护[C]//第四届中国建筑史学国际研讨会. 上海,2007.
[59] 李平. 工业遗产保护利用模式和方法研究[D]. 西安:长安大学,2008.
[60] 李先逵. 中国建筑文化遗产保护利用问题与对策[C]//2008 年华南地区古村古镇保护与发展研讨会. 广州,2008.
[61] 李晓武,杨恒山,向南. 不可移动文物风险管理体系构建探讨[J]. 自然与文化遗产研究,2019,4(7):74-85.
[62] 李浈,雷冬霞. 历史建筑价值认识的发展及其保护的经济学因素[J]. 同济大学学报(社会科学版),2009,20(5):44-51.
[63] 李浈. 政府主导下的乡土建筑遗产保护管理运作模式比较:以江南水乡的苏州平

江历史街区与西塘古镇为例[J]. 南方建筑,2011(6):33-37.
[64] 梁凡,萧晓达. 明轩:纽约大都会博物馆是中国庭院[J]. 世界建筑,1982(1):52-53.
[65] 梁敏,龚亮. 近代工业建筑保护与再利用策略研究:以汉口租界区为例[C]//2015 中国城市规划年会论文集. 贵阳,2015:289-299.
[66] 梁乔. 历史街区保护的双系统模式的建构[J]. 建筑学报,2005(12):36-38.
[67] 梁帅. 历史文化名城保护规划与实施情况研究[J]. 建材与装饰,2019(26):100-101.
[68] 梁思成. 中国建筑史[M]. 天津:百花文艺出版社,1998.
[69] 梁薇. 物质文化遗产的性质及其管理模式研究[J]. 生产力研究,2007(7):63-64.
[70] 林卿颖. 遗产保护,机不可失、时不再来:访国家文物局古建筑专家组组长罗哲文[J]. 建筑与文化,2006(11):22-23.
[71] 林源. 什么是建筑遗产的展示:关于中国建筑遗产展示的基本概念与内容的探讨[J]. 华中建筑,2008,26(6):125-127.
[72] 林源. 中国建筑遗产保护基础理论[M]. 北京:中国建筑工业出版社,2012.
[73] 刘翠云,吴静雯,白学民,等. 工业遗产价值评价体系研究:以天津市工业遗产保护为例[C]//中国城市规划学会. 多元与包容:2012 中国城市规划年会论文集. 昆明:云南科技出版社,2012:546-554.
[74] 刘俊琳. 历史建筑的动态保护[J]. 中国城市经济,2010(5):201.
[75] 刘奎太. 基于变权模型的厦门某高等级公路路面综合评价研究[J]. 厦门大学学报(自然科学版), 2010, 49(4):531-534.
[76] 刘利元. 拓展文化遗产 合理利用空间[N]. 南方日报,2015-10-10(F02).
[77] 刘敏,潘怡辉. 城市文化遗产的价值评估[J]. 城市问题,2011(8):23-27.
[78] 刘敏. 青岛历史文化名城价值评价与文化生态保护更新[D]. 重庆:重庆大学,2004.
[79] 刘旎. 上海工业遗产建筑再利用基本模式研究[D]. 上海:上海交通大学,2010.
[80] 刘庆余. 国外线性文化遗产保护与利用经验借鉴[J]. 东南文化,2013(2):29-35.
[81] 刘庆柱. 关于遗产功能、保护与利用的问题(代序)[J]. 世界遗产论坛,2009(0):5-7.
[82] 刘尚明,李玲. 论确立绝对价值观念:兼论对价值相对主义与价值虚无主义的批判[J]. 探索,2011(3):161-165.
[83] 刘歆,罗向军. 历史建筑遗产地域性文化特色与保护利用策略研究[J]. 人民论坛,2013(A11):174-175.
[84] 刘艳,段清波. 文化遗产价值体系研究[J]. 西北大学学报(哲学社会科学版),2016,46(1):23-27.
[85] 刘怡涵. 历史建筑的保护和再利用初探[J]. 美术大观,2010(8):193.
[86] 刘正威. 黄山世界文化与自然双遗产的可持续发展研究[D]. 北京:中国地质大学

(北京),2013.

[87] 鲁品越. 价值的目的性定义与价值世界[J]. 人文杂志,1995(6):7-13.

[88] 陆地. 作为方法论的保护及其和利用的关系[EB/OL]. http://blog. sina. com. cn/s/blog_8e15a8d80102wx7m. html.

[89] 吕宁. OUV 定义中加入保护管理评估对世界遗产申报的影响[J]. 自然与文化遗产研究,2019,4(6),21-31.

[90] 吕晓斌. 基于产权视角的自然文化遗产保护机制研究[D]. 武汉:中国地质大学(武汉),2013.

[91] 罗哲文. 历史文化遗产保护要与经济社会发展相结合[J]. 中华建设,2008(6):32-33.

[92] 罗志华,杨宏烈,杨希文. 工业建筑遗产再利用设计策划操作模式研究[J]. 四川建筑科学研究,2012,38(3):263-267.

[93] 麻勇斌. 文化遗产保护与利用工作中的三个关系七个问题和五个矛盾[J]. 贵州师范大学学报(社会科学版),2008(4):38-43.

[94] 马邦娟. 做好项目前期工作和经济评价的几点认识[J]. 有色金属设计,2003(4):6-9.

[95] 马炳坚.《威尼斯宪章》与中国的文物古建筑保护修缮[J]. 古建园林技术,2007(3):34-38.

[96] 马克思,恩格斯. 马克思恩格斯全集:第二十三卷[M]. 中央编译局,译. 北京:人民出版社,1972.

[97] 马克思. 马克思 1844 年经济学哲学手稿[M]. 中央编译局,译. 北京:人民出版社,2000.

[98] 毛磊,吴农,刘煜. 上海世博会部分旧厂房改造场馆中的生态设计策略浅析[J]. 华中建筑,2011,29(5):133-136.

[99] 苗雪,廖启云. 基于整体性思维方式的意识形态特质认知[J]. 吕梁学院学报,2016,6(4):79-83.

[100] 闵庆文,赵贵根,焦雯珺. 世界遗产监测评估进展及对农业文化遗产管理的启示[J]. 世界农业,2015(11):97-100.

[101] 木. 李时英:谈谈整体思维[J]. 百科知识,1983(7):13.

[102] 尼古拉斯·布宁,余纪元. 西方哲学英汉对照辞典[M]. 王柯平,等译. 北京:人民出版社,2001:1050-1051.

[103] 倪斌. 建筑遗产利益相关者行为的经济学分析[J]. 同济大学学报(社会科学版),2011,22(5):118-124.

[104] 彭飞. 我国工业遗产再利用现状及发展研究[D]. 天津:天津大学,2017.

[105] 彭蕾. 文物管理现代化指标体系构建与评价研究[J]. 中国文物科学研究,2016(4):14-19.

[106] 普拉诺. 政治学分析辞典[M]. 胡杰，译. 北京：中国社会科学出版社，1986：378.
[107] 秦红岭. 论建筑文化遗产的价值要素[J]. 中国名城，2013(7)：18-22.
[108] 邱均平，文庭孝，等. 评价学：理论 · 方法 · 实践[M]. 北京：科学出版社，2010：124-125.
[109] 曲福田. 资源经济学[M]. 北京：中国农业出版社，2001.
[110] 阮仪三，顾晓伟. 对于我国历史街区保护实践模式的剖析[J]. 同济大学学报(社科版)，2004，15(15)：1-6.
[111] 阮仪三. 中国历史文化名城保护与规划[M]. 上海：同济大学出版社，1995.
[112] 单霁翔. 文化遗产保护与城市文化建设[M]. 北京：中国建筑工业出版社，2009.
[113] 申秀英，刘沛林，邓运员，等. 中国南方传统聚落景观区划及其利用价值[J]. 地理研究，2006，25(3)：485-494.
[114] 施国庆，黄兆亚. 城市文化遗产价值解构与评估：基于复合期权模式的研究视角[J]. 求索，2009(12)：51-53.
[115] 施劲松. 毁灭与重生：考文垂大教堂的启示[J]. 南方文物，2015(2)：205-208.
[116] 实施世界遗产公约的操作指南[M]. 杨爱英，王毅，刘霖雨，译. 北京：文物出版社，2014.
[117] 司俊男. 上海世博会的品牌作用与城市形象研究[D]. 苏州：苏州大学：2012.
[118] 宋才发. 论世界遗产的合理利用与依法保护[J]. 黑龙江民族丛刊，2005(2)：84-90.
[119] 宋刚，杨昌鸣. 近现代建筑遗产价值评估体系再研究[J]. 建筑学报，2013(S2)：198-201.
[120] 苏飞. 当代整体性思维视野下的文化建设[D]. 烟台：鲁东大学，2014.
[121] 苏州市文物局，苏州市市区文物保护管理所. 苏州平江历史文化街区建筑评估[M]. 北京：中国旅游出版社，2008.
[122] 孙德忠. 马克思主义的整体性与大学生整体性思维的培养[J]. 武汉理工大学学报(社会科学版)，2012，25(5)：753-757.
[123] 孙美堂. 从价值到文化价值：文化价值的学科意义与现实意义[J]. 学术研究，2005(7)：44-49.
[124] 孙艺丹. 论产权制度对中西方历史建筑保护的影响[D]. 青岛：青岛理工大学，2014.
[125] 孙中亚，等."文化"为魂：古城产业提升与空间优化策略研究：以苏州市姑苏区为例[C]//持续发展 理性规划：2017 中国城市规划年会论文集，东莞，2017.
[126] 谭健萍. 凯利方格法在旅游形象研究中的应用综述[J]. 商，2015(17)：272-273.
[127] 谭琳曦. 遗产旅游资源管理与可持续发展研究：以开平碉楼为例[J]. 旅游纵览(下半月)，2017(5)：236.
[128] 汤辉，沈守云. 基于私人产权的潮汕传统宅园现状与保护研究[J]. 中国园林，

2015,31(9):43-46.
[129] 汤莹瑞.文化遗产展示规划与设计初探[D].重庆:重庆大学,2013.
[130] 汤自军. 基于产权制度安排的我国自然文化遗产开发保护研究[D].长沙:湖南农业大学,2010.
[131] 田艳萍,韩喜平.博物馆的经济学分析[J].中国博物馆,1999,16(3):3-5.
[132] 田艳,王若冰. 法治视野下的傣族传统建筑保护研究[J].云南社会科学,2011(1):80-83.
[133] 托马斯·谢林. 冲突的战略[M].赵华,等译.北京:华夏出版社,2006:73.
[134] 王建波,阮仪三. 作为遗产类型的文化线路:《文化线路宪章》解读[J].城市规划学刊,2009(4):86-92.
[135] 王剑.中国世界遗产周边土地利用问题及其对策研究[J].经济师,2005(2):12-13.
[136] 王珺,周亚琦. 香港"活化历史建筑伙伴计划"及其启示[J].规划师,2011,27(4):73-76.
[137] 王瑞珠.国外历史环境的保护和规划[M].台北:淑馨出版社,1993.
[138] 王涛.建筑遗产保护规划与规划体系[J].规划师,2005,21(7):104-105.
[139] 王涛.江苏省历史地段综合价值和管理状况评估模式研究[D].南京:东南大学,2001.
[140] 王晓丹. 谈事实认识与价值认识[J].渤海大学学报(哲学社会科学版),2005,27(4):28-30.
[141] 王信,陈迅. 历史建筑保护和开发的制度经济学探讨[J].同济大学学报(社会科学版),2004,15(5):97-102.
[142] 王妍.珠海历史建筑保护和活化利用的思考[J].中华建设,2018(6):123-125.
[143] 王玉樑. 价值哲学研究中的几点思考[J].天府新论,2014(1):12-16.
[144] 王云才,刘滨谊. 论中国乡村景观及乡村景观规划[J].中国园林,2003,19(1):55-58.
[145] 王正刚. 城市发展中的古建筑保护研究[J].文艺理论与批评,2014(2):132-136.
[146] 魏祥莉. 商业性历史文化街区保护性利用研究[D].北京:中国城市规划设计研究院,2013.
[147] 巫清华,肖红. 中国历史文化村镇保护体系研究述评[J].内蒙古农业科技,2010,38(4):6-8.
[148] 吴美萍.文化遗产的价值评估研究[D].南京:东南大学,2006.
[149] 吴晓枫. 保护与利用乡土建筑的对策研究:关于"多维规划""多维保护""多维利用"的探讨[J].河北学刊,2009,29(6):189-193.
[150] 吴晓,王承慧,王艳红. 大运河遗产保护规划(市一级)的总体思路探析[J].城市规划,2010,34(9):49-56.

[151] 夏征农,陈至立.辞海[M].6版(缩印本).上海:上海辞书出版社,2010:876.
[152] 肖蓉,阳建强,李哲. 基于产权激励的城市工业遗产再利用制度设计:以南京为例[J].天津大学学报(社会科学版),2016,18(6):558-563.
[153] 邢启坤.我国世界文化遗产的合理利用及可持续发展模式探讨[J].世界遗产论坛,2009(0):340-344.
[154] 徐进亮.礼耕堂:平江历史街区——潘宅[M].苏州:古吴轩出版社,2011.
[155] 徐进亮.历史地段经济评价大纲及指标体系研究[J].建筑与文化,2017(4):85-87.
[156] 徐进亮.历史性建筑估价[M].南京:东南大学出版社,2015.
[157] 徐进亮,舒帮荣,吴群.基于变权模型的古建筑价值评价研究[J].四川建筑科学研究,2013,39(3):78-82.
[158] 徐娟.论文物保护业务能力培养和人才队伍建设[J].学理论,2014(13):169-170.
[159] 徐嵩龄.中国文化与自然遗产的管理体制改革[J].管理世界,2003(6):63-73.
[160] 徐嵩龄.中国遗产旅游业的经营制度选择:兼评"四权分离与制衡"主张[J].旅游学刊,2003, 18(4):30-37.
[161] 徐阳.风景园林建设与科学发展观[C]//第七届风景园林规划设计交流年会.北京,2006.
[162] 闫金强.我国建筑遗产监测中问题与对策初探[D].天津:天津大学,2012.
[163] 杨进明. 使用价值的效用和效用价值[J].宁夏党校学报,2011,13(5):86-89.
[164] 仰海峰. 使用价值:一个被忽视的哲学范畴[J].山东社会科学,2016(2):63-69.
[165] 姚迪. 申遗背景下大运河遗产保护规划的编制方法探析:与基于多维与动态价值的保护规划比较后的反思[D].南京:东南大学,2012.
[166] 姚萍,赵晔.基于上海新天地对历史遗产保护利用问题的思考[J].辽东学院学报(自然科学版),2009, 16(1):75-78.
[167] 游群林. 基于价值需求的历史风貌建筑旅游资源保护开发与利用研究[D].天津:天津财经大学,2012.
[168] 于冰.国有文物资源资产管理的几个关键问题[J].中国文化遗产,2019(4):73-80.
[169] 于海广,王巨山. 中国文化遗产保护概论[M].济南:山东大学出版社,2008.
[170] 余慧,刘晓. 基于灰色聚类法的历史建筑综合价值评价[J].四川建筑科学研究,2009, 35(5):240-242.
[171] 余佳.文化遗产价值探讨[J].科协论坛(下半月),2011(3):185-186.
[172] 余建立.我国文化遗产保护管理评估的实践和理论探索[J].中国文物科学研究,2016(3):69-74.
[173] 元丁.从圆明园到考文垂大教堂[J].世界宗教文化,2001(1):21.
[174] 袁磊.上海世博会场馆后续利用再研究[D].天津:天津大学:2013.
[175] 原魁社. 谁之绝对价值?何种绝对价值?——与刘尚明博士商榷[J].探索,2012(2):159-163.

[176] 曾浙一. 上海历史建筑保护管理的实践与探索[J]. 住宅科技,2016,36(11):20-26.

[177] 查群. 建筑遗产可利用性评估[J]. 建筑学报,2000(11):48-51.

[178] 张朝枝,刘诗夏. 城市更新与遗产活化利用:旅游的角色与功能[J]. 城市观察,2016(5):139-146.

[179] 张朝枝. 旅游与遗产保护:基于案例的理论研究[M]. 天津:南开大学出版社,2008.

[180] 张朝枝,郑艳芬. 文化遗产保护与利用关系的国际规则演变[J]. 旅游学刊,2011,26(1):81-88.

[181] 张成渝. 世界遗产视野下的地质遗产的功能及其关系研究[J]. 北京大学学报(自然科学版),2006,42(2):226-230.

[182] 张德昭. 内在价值范畴研究[D]. 上海:复旦大学,2003.

[183] 张广瑞. 海外旅游人造景观成功的奥秘:兼谈中国人造景观建造中存在的一些问题[J]. 旅游研究与实践,1995(2):21-26.

[184] 张佳会,黄全富,王力. 最优线性规划法在土地利用总体规划中的应用[J]. 重庆师范学院学报(自然科学版),2001,18(1):29-33.

[185] 张家浩,徐苏斌,青木信夫. 基于期刊统计的我国工业遗产研究发展分析[J]. 新建筑,2019(4):104-108.

[186] 张建忠. 中国帝陵文化价值挖掘及旅游利用模式[D]. 西安:陕西师范大学,2013.

[187] 张杰. 从悖论走向创新:产权制度视野下的旧城更新研究[M]. 北京:中国建筑工业出版社,2010.

[188] 张杰. 论产权失灵下的城市建筑遗产保护困境:兼论建筑遗产保护的产权制度创新[J]. 建筑学报,2012(6):23-27.

[189] 张杰,庞骏,董卫. 悖论中的产权、制度与历史建筑保护[J]. 现代城市研究,2006,21(10):10-15.

[190] 张劲农,周波. 创新历史文化街区保护[J]. 中国房地产, 2013(23): 71-75.

[191] 张松. 历史城市保护学导论:文化遗产和历史环境保护的一种整体性方法[M]. 2版. 上海:同济大学出版社,2014.

[192] 张希晨,徐丽燕,万骞. 工业遗产在地产开发项目中的再利用[J]. 工业建筑,2012,42(6):16-19.

[193] 张晓,张昕竹. 中国自然文化遗产资源管理体制改革与创新[J]. 经济社会体制比较,2001(4):65-75.

[194] 张欣娟. 浅析城市历史建筑的保护与再利用[J]. 科技情报开发与经济,2012(11):110-112.

[195] 张艳玲. 历史文化村镇评价体系研究[D]. 广州:华南理工大学,2011.

[196] 张玉祥. 基于变权体系的矿区可持续发展综合评价模型研究[J]. 中国矿业，1998,7(5):3-5.

[197] 赵龙飞. 我国非物质文化遗产的知识产权保护模式研究[D]. 兰州：兰州大学，2014.

[198] 赵彦，陆伟，齐昊聪. 基于规划实践的历史建筑再利用研究：以美国芝加哥为例[J]. 城市发展研究，2013, 20(2):18-22.

[199] 赵勇，张捷，李娜，等. 历史文化村镇保护评价体系及方法研究：以中国首批历史文化名镇(村)为例[J]. 地理科学，2006,26(4):4497-4505.

[200] 赵勇，张捷，卢松，等. 历史文化村镇评价指标体系的再研究：以第二批中国历史文化名镇(名村)为例[J]. 建筑学报，2008(3):64-69.

[201] 赵雨亭，李仙娥. 德国历史建筑保护的制度安排、模式选择与经验启示[J]. 中国名城，2016(10):78-82.

[202] 郑理科，李帅兵，王晓东，等. 基于最优变权正态云模型的电力变压器绝缘状态评估[J]. 高压电器，2016,52(2):85-92.

[203] 钟勉. 试论旅游资源所有权与经营权相分离[J]. 旅游学刊，2002,17(4):23-26.

[204] 周欢. 历史文化名村保护管理评价指标体系研究[D]. 石家庄：河北师范大学，2012.

[205] 周黎安. 晋升博弈中政府官员的激励与合作：兼论我国地方保护主义和重复建设问题长期存在的原因[J]. 经济研究，2004,36(6):33-40.

[206] 周卫. 历史建筑保护与再利用[M]. 北京：中国建筑工业出版社，2009.

[207] 周文. 2010 年上海世博会工业遗产保护与利用[J]. 中国建设信息，2012(11):60-61.

[208] 朱光亚，方道，雷晓鸿. 建筑遗产评估的一次探索[J]. 新建筑，1998(2):22-24.

[209] 朱光亚，等. 建筑遗产保护学[M]. 南京：东南大学出版社，2020.

[210] 朱光亚，杨丽霞. 历史建筑保护管理的困惑与思考[J]. 建筑学报，2010(2):18-22.

[211] 朱莺. 互动为核心的博物馆青少年活动设计：以苏州博物馆小小讲解员培训班为例[C]//区域博物馆的文化传承与创新：江苏省博物馆学会 2013 学术年会论文集. 北京：文物出版社，2014:201-206.

[212] 邹文景. 论认识与实践的关系[J]. 北方文学(下旬)，2012(10):237.

[213] 左琰. 工业遗产再利用的世博契机：2010 年上海世博会滨江老厂房改造的现实思考[J]. 时代建筑，2010(3):34-39.

[214] 佐藤礼华，过伟敏. 日本城市建筑遗产的保护与利用[J]. 日本问题研究，2015,29(5):47-55.

[215] Labadi S. Representations of the nation and cultural diversity in discourses on World Heritage [J]. Journal of Social Archaeology, 2007, 7(2): 147-170.

[216] Mason R. Economics and heritage conservation[C]// A meeting organized by the Getty Conservation Institute . Los Angeles: December,1998.

[217] North D C. Institutions, institutional change and economic performance[M]. New York: Cambridge University Press, 1990:54.

[218] Reynolds J. Historic properties: preservation and the valuation process [M]. 3rd ed. Chicago: The Appraisal Institute, 2006.

[219] Weber M. Economy and Society[M]. California:University of California Press,1978: 882.